現代機械製造

孟繼洛、許源泉、黃廷合、施議訓、李勝隆、
汪建民、黃仁清、張文雄、蔡忠佑、林忠志、
鄭耀昌、張銀祐、鍾洞生、陳燦錫、丁傑明
編著

全華圖書股份有限公司

　　機械製造爲進入機械領域最基本的核心能力，不論機械系任何一組都應該具備機械製造的知識，製造組除知識外，更應具有實務操作的能力，以便在進入業界工作時，能夠迅速上手，減少職前訓練的時間。

　　機械製造自傳統的以人工操作進行鑄造、切削、連接等各種基本的製造方法，進展到以半自動、自動化的生產。由於自動控制及資訊科技的迅速發展，同時對機械產品要求的精密度也愈來愈高，促使製造工業邁向精密製造。在需求量上，一些產品尤其是高價值產品也趨向少量多變化的方向。在操作上也日趨減少人工的介入，以人工智慧控制代替人的動作，所謂無人工廠的誕生。

　　但無論如何自動化，每一件產品的製造仍舊需要瞭解其加工的方法以及製作的步驟，方才能設計出生產的系統，更何況仍舊有多種的產品仍需要假諸人的操作。

　　本書針對學習機械工程及工業工程讀者，規劃自基本製造各項工作開始，再逐漸深入至各種特殊加工方法，再至各種自動化技術，使研讀過本書後能對機械製造方法及程序有一整體性認識，具有現代機械製造的觀念，在進入職場後即能進入工作情況，使業界認爲係一具有工作能力的工程人員。

　　每一項機械製造工作，都是專門性的知識及技術，爲了使本書具有各領域的適當深度及前瞻性，特別分別邀請擔任各領域的資深老師或業界專家執筆，就其多年教學及工作經驗，以淺顯易懂的文筆，陳述該項工作的精髓，並附以習題作業，以便作學習後的測驗，無論就講授者或學習者，應爲一學習現代化機械製造知識與技術兼具的學習工具。爲適應不同程度學習者，本書作者編列有深及淺不同層級的內容，教師可就需要作選擇性教學。

國立台北科技大學

榮　譽　教　授

孟 繼 洛　謹識

　　「系統編輯」是我們的編輯方針，我們所提供給您的，絕不只是一本書，而是關於這門學問的所有知識，它們由淺入深，循序漸進。

　　本書由機械製造各領域的資深老師與業界專家，就其多年教學及工作經驗編寫而成，有介紹各種加工技術、自動化技術、智慧化製造及工業 4.0。每章皆附有章末習題，以供學習者練習學習成果。適合大學、科大、技術學院之機械相關科系必修「機械製造」課程或從事機械製造相關產業人員參考使用。

　　同時，為了使您能有系統且循序漸進研習相關方面的叢書，我們以流程圖方式，列出各有關圖書的閱讀順序，以減少您研習此門學問的摸索時間，並能對這門學問有完整的知識。若您在這方面有任何問題，歡迎來函連繫，我們將竭誠為您服務。

相關叢書介紹

書號：0522802
書名：微機械加工概論(第三版)
編著：楊錫杭.黃廷合
16K/352 頁/400 元

書號：03731
書名：超精密加工技術
日譯：高道鋼
20K/224 頁/250 元

書號：0552504
書名：薄膜科技與應用(第五版)
編著：羅吉宗
20K/448 頁/480 元

書號：0546502
書名：奈米材料科技原理與應用
　　　(第三版)
編著：馬振基
16K/576 頁/570 元

書號：0544602
書名：奈米科技導論(第三版)
編著：羅吉宗.戴明鳳.林鴻明
　　　鄭振宗.蘇程裕.吳育民
16K/288 頁/350 元

書號：05474
書名：奈米結構材料科學
編著：郭正次.朝春光
16K/336 頁/350 元

書號：0211606
書名：實用機工學－知識單
　　　(第七版)
編著：蔡德藏
16K/536 頁/500 元

書號：0564701
書名：機械製造(第二版)
編著：孟繼洛.傅兆章.許源泉.
　　　黃聖芳.李炳寅.翁豐在.
　　　黃錦鐘.林守儀.林瑞璋.
　　　林維新.馮展華.胡毓忠.
　　　楊錫杭
16K/592 頁/500 元

◎上列書價若有變動，請以
　最新定價為準。

流程圖

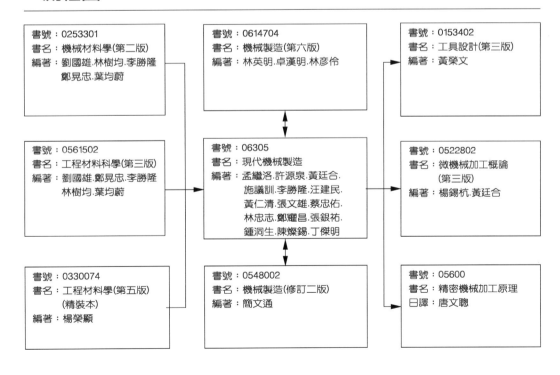

書號：0253301
書名：機械材料學(第二版)
編著：劉國雄.林樹均.李勝隆
　　　鄭晃忠.葉均蔚

書號：0561502
書名：工程材料科學(第三版)
編著：劉國雄.鄭晃忠.李勝隆
　　　林樹均.葉均蔚

書號：0330074
書名：工程材料學(第五版)
　　　(精裝本)
編著：楊榮顯

書號：0614704
書名：機械製造(第六版)
編著：林英明.卓漢明.林彥伶

書號：06305
書名：現代機械製造
編著：孟繼洛.許源泉.黃廷合.
　　　施議訓.李勝隆.汪建民.
　　　黃仁清.張文雄.蔡忠佑.
　　　林忠志.鄭耀昌.張銀祐.
　　　鍾洞生.陳燦錫.丁傑明

書號：0548002
書名：機械製造(修訂二版)
編著：簡文通

書號：0153402
書名：工具設計(第三版)
編著：黃榮文

書號：0522802
書名：微機械加工概論
　　　(第三版)
編著：楊錫杭.黃廷合

書號：05600
書名：精密機械加工原理
日譯：唐文聰

目錄

contents

CHAPTER 01 概論

CHAPTER 02 工程材料

CHAPTER 03 量測與檢驗

CHAPTER 04 金屬鑄造

CHAPTER 05 高分子及玻璃成形

CHAPTER 06 粉末冶金技術與應用

CHAPTER 07 金屬塑性成形

CHAPTER 08 切削加工

CHAPTER 09 改質處理

contents

CHAPTER
10 銲接

CHAPTER 11 自動化製造

contents

CHAPTER
12 先進製造技術

contents

contents

CHAPTER 15 現代機械製造未來展望

CHAPTER 1

概論

·本章摘要·

1-1 機械製造的發展

1-1-1 機械製造的意義

機械為工業之母，機械製造更可稱為機械工業之母，任何工業產品，都是經過機械製造的過程，日常生活用品、交通工具各項零組件、衣著服飾、食用食品無一不是都經過機械加工的程序，成為可用的產品，甚至農業的農產品也都是經過各種機械如輥軋機、烘乾機、切割機等等機械加工的過程，礦業的開採更是需要機械。所以機械製造是機械工程中最基本的基礎，修習機械領域的熱流、固力、材料及控制等也都需要具備製造的知識。

機械製造(Mechanical manufacturing)就是將各種原材料(Raw material)無論金屬或非金屬，經過加工的過程，改變材料的形況或者性質，增加他的可用性及功能，成為一個可直接使用或者組合後可使用的產品。

機械製造可以為單一材的製造，如將鋼料加工製作成一個螺絲，但也可以將多件個別的機件組合製造成一件可具有獨立使用功能的產品，如一台引擎或者一部機車。但是不論任何多功能的產品，其每一個零組件，都是經過機械加工製造的過程，然後再經由各種組合的方式，生產出一件具功能性的產品。

1-1-2 機械製造的演進

機械製造的演進正如同人類生活的演進，自石器時代、鐵器時代而至現代化工業時代。在機械製造的方法演變上，手工業時代屬於小量製造的階段，經過半自動化、自動化生產方式的改進，逐漸演變到大量生產。由於現在大量生產的產品，多偏向原料端需要再加工的產品，如布匹、水泥等在生產技術上需要改進的不多，但是科技快速的進步、產品市場生命週期縮短，小批量多變化的生產方式逐漸增加，機電整合及電腦的普遍應用，在控制方法上，也由機構、液氣壓、電氣控制，而至由電腦主控，更進展到智慧化的製造。

在加工的材料方面，古代人類為了生存，首先將易於加工的材料，如樹木的木材、石塊等用人手加工成為生活中的用具，其後再將熔點較低金屬熔化或加熱成型做成工具或產品，再至硬度及熔點較高不易加工的材料，而逐漸形成現在高功能、高精度及自動化的加工技術。

機械製造工業面臨工資上揚、人工短缺、產品生命週期縮短、客製化及多樣少量化的壓力，需要透過自動化、標準化來縮短製造時程，以及精確化來降低不良率，進而降低生產成本，智慧製造系統正爲機械製造共同開發的方向，尤其是高品質，少量多變化的產品，均在智慧化製造下，作爲追求目標。

1-1-3　機械製造發展的趨勢

由於科技的迅速發展，機械製造發展的趨勢，也產生歷史性的改變，自生產者自行製造出售，而演變至客製化成爲現代製造發展的重要趨勢，工廠依照客戶功能、材料、體積、重量、外型以及交貨時間種種的需要而來設計產品及製造過程，不似以往存貨生產的方式，工廠依據自己產能製造出產品在市面銷售。而客製化又面臨多方面的競爭，同時需要低成本化的配合，所以要依賴大數據、資通訊的應用、物聯網的連接、機器人自動化等相互的配合，方才能達到企業的要求。

現在很多機械製造工作都加上了智慧(Intelligent)二字，其間的差異則爲增加了人的智慧，在人的控制下，能夠具有類似人類智慧的功能。機器上的大腦，可以具有控制、保護、監測、通訊、網路與管理，透過晶片設計與通訊協定來達成智慧的功能，依照加工過程所遭遇的各種狀況，就像人一樣，能夠自行調整改變來適應加工的需要。

製造技術需要自基本加工方法開始，繼續組合連接增加光電等控制的機構，而達到完成一件成品。在過程中根據製造方法的演進，從以手工爲主人手操作技術居於重要關鍵的時代，而至自動化生產，再至智慧製造。因之在學習機械製造的過程，首先亦需瞭解基本加工的方法，再至自動化，再至電腦人工智慧的應用。

1-2　產品製造的過程

1-2-1　產品設計

設計是決定產品成功的基本要素，創新、創意更是現代設計工作最重視的元素。設計決定產品的外型之外，材料、製造方法、檢驗甚至包裝，在設計過程都需要作通盤的考量。一般狹義的設計多指外型設計，也是產品表像的呈現。廣義的設計，則涵蓋自材料至成品整個系列的設計。在使用工具上以前的設計主要在以人工畫出產品的外型及尺寸，而今則賴電腦的協助，在設計過程中不論前置時間(Lead time)或設計時間(Design time)都相對縮減、修改便利，生產力也隨之相對提升。

1-2-2　材料選擇

機械製造在材料選擇上均依據產品的需要、根據材料的性質及製造的特性、限制、成本等作適當的選擇。近年由於世界各國重視，對環境的影響，綠色製造更列為材料選擇重要的因素。

機械加工所使用的材料，以金屬材料中鐵金屬為大宗，其次為非鐵金屬中的鋁、銅、鈦、鎳、錫、金、銀等。塑膠材料由於加工容易，已逐漸取代一些金屬材料使用，陶瓷、玻璃等，則用在耐熱、耐磨等產品為多。在材料選擇時，除了在傳統上使用的材料外，更應思考是否可由其他材料代替，而獲得更佳的成效及低的成本。表 1-1 為機械製造工作常用的材料。

表 1-1　機械製造工作常用的材料

金屬	鋼鐵	鐵：白鑄鐵、灰鑄鐵、可鍛鑄鐵
		碳鋼：低碳鋼、中碳鋼、高碳鋼
		合金鋼：構造用合金鋼、工具鋼、不鏽鋼、磁性鋼、耐熱鋼
	合金	鋁合金、銅合金、鎂合金、鎳合金、鈦合金、銀合金、鉑合金
非鐵金屬	有機	塑膠、橡膠、木材、皮革、紙、布
	無機	陶瓷、水泥、石墨

1-2-3　製造方法的選擇

1.　傳統加工方法

　　金屬、機件加工傳統的方法，不外乎由鑄造、成型、切削、連接到表面處理。表 1-2 為各種傳統加工的方法。

　(1)　鑄造：為將金屬熔化澆鑄於鑄模，冷卻成型後再加工為產品。使用的金屬多為合金以適應產品的需要。依造模方法有砂模(Sand molding)、石膏模(Plaster molding)、脫臘模(Lost wax molding)、陶瓷模(Ceramic molding)、壓鑄模(Die casting molding)等。

表 1-2　傳統製造加工方法

鑄造	砂模、石膏模、陶瓷模、壓鑄模、脫臘模
成型	輥軋：熱輥軋、冷輥軋 鍛造：熱間鍛造、冷間鍛造、溫間鍛造 抽引：實心抽引、空心抽引 擠伸：熱間擠伸、冷間擠伸 沖壓：沖剪、彎曲、引伸、壓縮、成形 粉末冶金：無加壓成型、高溫成型、擠出成型、均壓成型
切削	車削：機力車床、檯式車床、六角車床、立式車床 銑削：臥式銑床、立式銑床、高能銑床、龍門銑床、工具銑床 鑽削：立式鑽床、靈敏鑽床、旋臂鑽床、排式鑽床、多軸鑽床、深孔鑽床 鉋削：平面鉋床、龍門鉋床 磨削：外圓磨床、內圓磨床、工具磨床、平面磨床。 鋸切：往復式鋸床、圓盤鋸床、連續式鋸床
連接	機械式緊固：螺旋緊固、鉚釘緊固、鎖扣緊固、銷鍵緊固 黏接：天然原料黏結劑、有機黏結劑、無機黏結劑 銲接：氣銲、電弧銲、電阻銲、軟銲、硬銲、固態銲、雷射束銲、電子束銲、電熔渣銲、鋁熱銲
表面處理	機械法：研磨、噴砂、珠擊 化學法：電解研磨、化學研磨 冶金法：高週波硬化、火焰硬化、滲碳、氮化 金屬被覆法：電鍍、蒸著、噴覆 無機被覆法：陽極處理、著色處理、琺瑯處理 有機被覆法：塗層、塑膠被覆

(2) 成型：不熔化材料而改變他的形狀，成為有用的產品。如輥軋(Rolling)、鍛造(Forging)、抽拉(Drawing)、擠伸(Extrusion)、沖壓(Stamping)及粉末冶金(Powder-metallurgy)等。

(3) 切削：為將材料切削掉一部份而成為所需要的尺寸及形狀，常用的切削加工有車削(Turning)、銑削(Milling)、鑽削(Drilling)、鉋削(Planning)、磨削(Grinding)及鋸切(Sawing)等。

(4) 連接：將各種加工後的成品或半成品予以連接成另一組件或成品，如以螺紋連接(Screw joint)、鉚接(Riveted joint)、黏接(Adhesive joining)以及銲接(Welding)等。銲接種類繁多，有氣銲(Gas welding)、電弧銲(Arc welding)、電阻銲(Resistance welding)、軟銲(Soldering)、硬銲(Brazing)、固態銲(Solid state welding)以及比較特別的雷射束銲(Laser beam welding)、電子束銲(Electron beam welding)、電熔渣銲(Electro slag welding)及鋁熱銲(Thermit welding)等。

(5) 表面處理：將產品經過加工後，欲獲得表面的改善，而再進行加工處理。最基礎的方法為將工作表面作機械處理，有噴砂(Sand blast)、研磨(Grinding)、拋光(Polishing)、電解拋光(Electrolytic polishing)等。如需表面硬度增加，則可施行表面滲透(Surface penetration)、表面淬硬(Surface hardening)及珠擊法(Shot peeling)。為了對產品表面產生保護的作用，避免生鏽或刮傷，最常用的方法為電鍍(Electroplating)，其他則有噴覆(Spraying)、塗層(Coating)及陽極處理(Anodizing)等。

2. 非傳統與微細加工方法

一般對較精密的金屬產品或已加工的金屬產品，要求使更精密，則採用一些較特殊的方法。

(1) 放電加工(Electrical-discharge machining)：線切割放線加工(Wire-electrical-discharge machining)、微放電加工(Micro electrical-discharge machining)與線切割放電研磨(Wire electrical discharge grinding)等。

(2) 無心研磨(Centerless grinding)。

(3) 超音波加工(Ultrasonic machining)。

(4) 雷射加工(Laser)。

(5) 放電研磨(Wire electrical discharge grinding)。

3. 非金屬加工方法

    (1) 塑膠(Plastic)：壓縮成形法(Compression molding)、傳送成形法(Transfer molding)。

    (2) 複合材料(Fiber-reinforced plastic，FRP)：手疊成形(Hand lay-up)、噴疊成形(Spray-up)、金屬模(Metal die)、冷壓(Cold press)。

    (3) 玻璃(Glass)：人工成形、機械成形。

1-3　電腦輔助設計製造

1. 電腦輔助設計(Computer-aided design，CAD)狹義的係指使用電腦配合軟體，繪出工程圖，更進一步可輔助工程分析，以至整個製程的設計。

2. 電腦輔助製造(Computer aided manufacturing，CAM)以電腦進行製造生產工作相關的規劃、加工、管理、控制、品管以及操作的過程。包括數控工具機、工業機器人及自動化等的技術及設備。通常與電腦輔助設計結合，將 CAD 的資料轉儲存到 CAM，以減少物料的浪費及人力的負擔。

3. 彈性製造系統(Flexibile manufacturing system，FMS)為結合群組技術、自動倉儲系統、搬運系統、製造單元與電腦控制單元等組成，係將各工作站間，藉自動搬運系統與自動儲存系統之間的聯繫，達成系統間工件的輸送、加工及儲存。包括自動化儲存系統、自動化物料搬運系統。

4. 電腦整合製造(Computer integrated manufacturing，CIM)電腦整合製造係運用電腦系統整合全部製造部門，涵蓋工程分析、幾何造型、電腦繪圖、設計審核與評估。內容包括製程控制及監督、工場現場控制及電腦輔助檢驗。

5. 虛擬製造(Virtual manufacturing，VM)以 3D 電腦繪圖來模擬製造的工作，使人有身臨其境的感覺。如模擬零件的組裝及 CNC 加工機的切削等，目前很多製造工件，多先進行虛擬的過程，進過多次改良後，再作實際的製造，以節省製造的成本。

6. 積層製造(Vayered manufacturing)通稱 3D 列印或增材製造。主要為在不斷添加的過程，在電腦控制下，層疊厚材料。

1-4 製造的型式

1. 單次生產(One-off production)製造過程較為單純，可以由一個人或者一小組人獨立來達成整體製造的工作，例如打造一個飾品，由一位技師自材料到成品一系列的完成。

2. 批量生產(Batch production)將類似的產品，依照客戶訂單的需要，分為一批一批來製造。例如家電產品的裝配製造。

3. 大量生產(Mass production)產量龐大的產品，在一條生產線上製造或裝配。例如紡紗、織布。

4. 適時生產(Just-in-time production)為減少庫存，在最適當的時間來製造，完工後即行交貨。現在很多製造業，為節省成本，經精確計算而採用。

5. 智慧生產(Smart production)由於人工智慧(Artificial intelligence，AI)的發展，生產方式大幅進展為自動化、智慧化，以感測代替人工的控制，使生產的時間縮短，產品的精密度增加，不良率減少。未來將隨科技的進步，智慧化的程度將更為增進。

1-5 製造工業的發展

　　機械製造的發展，就是工業發展的縮影，第一次工業革命顛覆了傳統手工製造，每次機械製造的改進，也形成了下一次的工業革命。德國倡導的工業 4.0 更為世界各國仿效的策略，有人將工業 4.0 稱為第四次工業革命，但因工業 4.0 雖與第四次工業革命相似，但前三次則非為完全相同，故予以分別敘述。

　　將工業生產重要改變的階段予以分期，為一般通稱的工業革命，由於改變為逐漸形成，並非有明確的時日，僅能以概略的時段予以說明，同時各學者的分界，也非完全相同，將各方多為認同的分界，而予以處裡。

　　每一次工業革命都是由於產業發展的改變而形成，第一次到第四次工業革命與產業發展如表 1-3。

表 1-3　第一次到第四次工業技術革命與產業發展

變更 ＼ 期間	第一次工業革命 (1760〜1830) (1750〜1850)	第二次工業革命 (1870〜1914)	第三次工業革命 (1970〜2010)	第四次工業革命 (工業 4.0) (2011 至 30 年後)
技術革命	蒸汽動力技術革命	電氣技術革命	資訊(IT)技術革命	電腦化／數位化／智能化集成技術革命
生產力革命	(機械化) 蒸汽動力帶動機械化生產	(電氣化) 電氣動力帶動自動化生產	(資訊化) 電子設備及資訊技術(IT)帶動數位化生產	(智能化) 智能意識化生產
產業經濟創新	蒸汽機動力機械工廠制代替了手工工場(工廠式生產模式興起) 紡織機械替代手工紡織產品 以煤煉鐵，帶動煤業、鐵業 鐵器取代木器，基本機械工具興起	發電機、內燃機、電動機、電燈、有線電話、各類電氣產品 電力工業、電器製造業、鋼鐵、鐵路和化學品等重工業興起 電可傳遞訊息	原子能技術、航太技術、電子電腦技術、生物工程技術的發明與應用 積體電路 電子設備	建構出一個有智能意識的產業世界 集成電腦化／數位化／智能化技術，發展具備有適應性、資源效率、及人因工程的智慧工廠，以貫穿商業夥伴流程及企業價值流程，創造產品與服務客製化供應能力 互聯網 M2M 巨量分析
人才需求變更	工藝人才	科學技術人才	分科專業人才	跨域人才(Domain knowledgy+ICT+工程科技) 巨量分析跨域人才 (Domain knowledgy+資訊工程科技+數學統計學)

(資料來源：行政院科技會報辦公室 2004)

1-5-1 工業革命

1. 第一次工業革面是 18 世紀 60 年代發源於英格蘭中部地區，瓦特發明蒸汽機以蒸汽動力代替人力、獸力及水力，進入了動力機械時代，使機械製造工作進入一個完全不同的紀元，大幅改善了勞動生產力，把農人移動到工廠，同時一名工人利用蒸汽機就可以代替了多個人的工作。由於生產量大量增加，亟需尋求市場及原料的供應，以武力征服取得原料及銷售的市場，形成歐洲國家殖民地主義的興起，對全世界造成莫大的影響。

2. 第二次工業革命發生在 19 世紀末到 20 世紀初，美國開始利用電力、內燃機(石油)、交通工具(汽車)和通訊技術，讓製造業由單一的製造轉向大規模的生產，自人力密集進展到高科技密集，特別是軟體技術開始應用在製造技術上。自動化的機器人也代替了部份的傳統勞工，對人類的生活也作了大幅度的改善，電梯、空調、摩天大樓以及跨國企業及現代銀行系統的興起。同時需要大量資金投注在製造設備，使工廠的規模擴大，小規模傳統人工製造的工廠逐漸消失。第二次工業革命為電力機械大量的採用，也有人稱為電力革命。

3. 第三次工業革命也叫做數位化革命，由於工業數位化，使傳統工業更自動化，使製造工業更可以減少人工，以數位化、人工智慧化製造，以及使用新興的材料，由網路、再生能源以及 3D 技術帶動，強調製造業多樣小量客製化的生產模式，使製造業必需提升服務能力，邁向產品製造系統整合和服務的方向。

4. 第四次工業革命是從資訊科技(Information technology，IT)到數據科技(Date technology)，資訊科技帶動自動化製造，經由智慧網路(Smart networks)及雲端運算(Cloud computing)及智慧裝置(Smart devices)的電腦化，建置一個資通環境(IT Infrastructure)。現在更有許多崁入式系統(Embedded systems)也稱自動化微處理系統，以網路通訊將實體的機械設備和虛擬製造程序整合成一個實體系統。以工業網際網路(Industrial internet)、物聯網及利用網路結合實體工業，做出更佳的服務。

1-5-2　工業化國家對製造工業的規劃

　　生產製造歷經自動化、量產化、全球化發展歷程，世界各國均在積極推展下一世代製造工業的規劃。德國推出工業 4.0，同時期美國再推出工業化政策、日本推出人機共存未來工廠、韓國推出下世代智慧型工廠及中國推出製造 2025 計畫。全球各工業國家均在加速推動建構網實智能化製造、生產、銷售系統、產業供應鏈垂直與水平數位化、智能化，以數位製造、網實整合智慧來因應由於人口數下降及工資昂貴的趨勢，並紛紛推出再工業化(Reindustrialization)策略，以提升高階製造技術，對製造鏈進行再建構，創造高附加價值的生產活動。美、德、日、韓、中五國推動政策如圖 1-1、各國政策與技術重點如圖 1-2。

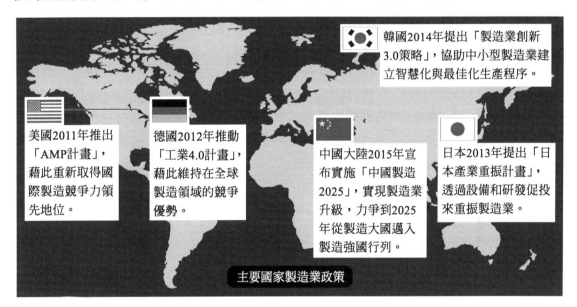

圖 1-1　主要國家製造業推動政策(資料來源：經濟部)

1.　美國伙伴先進製造計畫

　　美國先進製造伙伴計畫(Advanced anufacturing partnership，AMP)為 2011 年 6 月訂定，強化先進材料、生產技術、先進製程、數據資料與設計等基礎能力。在執行上佈建產學研合作國家創新研究網絡(National nextwork of manufacturing institute，NNMI)將產、官、學、研成果落實於產業的應用。

2. 日本產業重振計畫

日本於 2013 年提出「日本產業重振計畫」，以充分利用設備和研發，促進投資重振製造業。2015 年再提出日本機器人新戰略，推展人機共存未來工廠；在技術上發展感測器、控制與驅動系統、雲端運算、人工智慧等機器人，並將機器人相互聯網，因應人口減少老化重振製造業。在技術方面包括接合裝配技術、表面處理技術、機械控制技術、材料製程技術、複合新機能材料技術、量測技術、精密加工技術、資訊處理技術、立體塑性技術與生物科技等。

3. 韓國製造業創新 3.0 政策

韓國於 2014 年提出「製造業創新 3.0 政策」以鼓勵製造業轉型，協助中小型製造業建立智慧化與最佳化生產程序。發展戰略性關鍵材料與軟體整合零件等技術，強化核心競爭力，未來發展強調跨產業融合發展，以資訊產業為主跨產業融合，以創意整合為基礎，促進資訊產業、主力產業及新產業的融合發展。

4. 中國十二五計畫

中國於 2012 年提出十二五計畫，著重在智能製造、技術策略方面。發展智能製造設備、新一代行動通信、三網融合、物聯網、雲端運算等。增強自主創新能力，使產業結構優化，發展高階製造設備及製造資訊化。

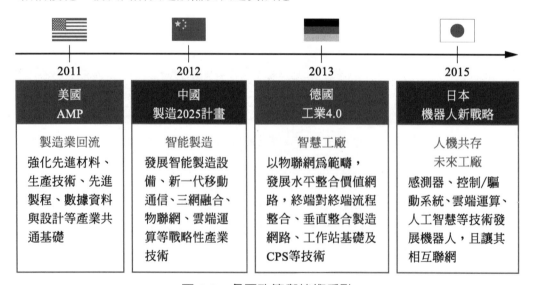

圖 1-2　各國政策與技術重點

5. 德國工業 4.0 計畫

德國於 2011 年月推出「工業 4.0 計畫」以網實製造系統為核心，建構智慧工廠，技術策略是以物聯網(Internet of things，IOT)和網路服務(Internet of service，IOS)為範疇，發展水平價值網路、終端對終端流程整合、垂直整合製造網路、工作站基礎及網實系統(Cyber-physical system，CPS)技術等以保持德國在機械製造業的領先地位。

1-5-3　工業 4.0 計畫

1. 工業 4.0 的演進

工業 4.0 經常也視為第四次工業革命，但工業 1.0 與第一次工業革命開始的時間，仍為不同。為期易於瞭解，而分別予以說明。

(1) 工業 1.0(1982～1991)為將人力密集產業的勞動人力引導向自動化，來提高製造工業的生產量為單點、單線的自動化。

(2) 工業 2.0(1971～2001)為技術密集產業的時代，由於 CNC 工具機的發展，使用高精密度機械設備與整線自動化生產，提升生產效率與品質，為整廠整線的自動化。

(3) 工業 3.0(2001～2011)創新密集時代，以電子化技術來 e 化製作技術，為資訊時代帶來的企業 e 化。

(4) 工業 4.0(2011～)是整合雲端、大數據、物聯網、機器人自動化、人工智慧，使相互感測、溝通、決策、合作，使能產生最佳的製造程序。

2. 工業 4.0 的發展

(1) 工業 4.0 是德國繼「隱形冠軍」後所推出的高科技戰略計畫，用來提升製造業的數位化與智能化，來打造一個高效率的智慧工廠。此一名詞在 2011 年漢諾威博覽會中正式使用。

(2) 工業 4.0 的概念主要經由智慧系統(Intelligent system)及網實系統組合而成，由二者之間的結合，而衍生出全新的生產管理系統。

(3) 工業 4.0 使機器加工業，能夠自加工設備製造資料中萃取出與工件品質及產能有關的信息，以這些信息作為決策與調整製造系統。

(4) 工業 4.0 為將過去製造程序中，所需要的機器、資訊、產品和人力都整合成物聯服務網(Internet of things and Services，ITS)。20 世紀後期電子與資訊科技帶動自動化製造，由智慧網路(Smart networks)或雲端運算(Cloud computing)以及智慧裝置(Cmart devices)的電腦化，將資通環境(IT Infrastructrure)建立起來。

3. 工業 4.0 的內涵

(1) 工業 4.0 是德國政府的策略型計畫，為 2020 高科技策略(High-tech strategy 2020)的一部份，目的在穩固德國的競爭力。

(2) 工業 4.0 是將製造業提升及鞏固和延長科技及製造的能力，主要核心在整合大規模數據及網路資料，運用於智慧工廠、智慧生產及智慧物流。其背後代表的意義則為創新，透過技術創新整合大數據，將大數據整合的產出加以商品化而達到創新的目的。利用製造模式創新，將原有人腦分析加上機器生產轉換為機器分析數據及機器生產。

(3) 工業 4.0 是建構在虛實整合系統的基礎上，讓設備智慧化、生產自主化以縮短產品開發及製造時程，提高生展的靈活性及效能。

(4) 工業 4.0 的雙面價值創造策略是將虛實整合系統(CPS)架構在製造產業中，稱為供應領先(Leading supplier)策略，再將虛實整合系統技術和產品銷售到國際，稱為市場領先(Leading market)策略。在虛實整合系統中，由客戶需求到產品完成，都能數位化整合成一平台，由產品設計、生產規劃、製造工程、銷售服務，橫跨具有完整價值鏈的端對端工程(End-to engineering)。端對端工程源自網路技術，任何有效的資訊傳送，必自輸入端至輸出端，以連貫、完整、正確的方式來完成。在產品製造流程中的設計與開發、生產規劃、生產工程、產品服務都是由資訊通訊技術在虛實整合系統平台中，自客戶需求端經製造流程，製成成品再回到顧客端。

(5) 工業 4.0 在製造領域中是物聯網在工業上的應用，是將過去製造程序中所需要的人力、機器、資訊以及產品等都整合成一個物聯服務網。可以從加工設備資料中萃取出與工件品質與產能有關的信息，利用此信息做出決策與調整製造系統。是整合機電雲端、電子及大數據技術，產生可適性及優質化、智能化的生產線，增加生產效率及工作彈性，建立一緊密的人機協同工作環境。概念主要經由智能系統(Intelligent system)整合而成，由二者的組合衍生出另一組生產管理系統。自機對機(Machine to machine)到人機互通(Machine to man)再進展到工廠物聯網。

(6) 工業 4.0 著重在產品、流程與製程的智慧化，使具有人性化的特質，能處理複雜的流程，具備高效率及高靈活度的製造能力。

4. 國內外推動的特色

(1) 德國推動工業 4.0 的特性

    a. 製造的互動性：將製造人員與製造資源產生互動。

    b. 產品的表徵性：產品在任何地方、任何時間都表明自己的履歷、特徵與狀況。

    c. 顧客的主導性：顧客對產品的要求，都可以融入製造的過程。

    d. 員工的活動性：工作人員需要專注於顧客的需求，從事創新的活動。

    e. 網路的擴充性：大數據為重要的依據，網路要有足夠的頻寬和速度。

    圖 1-3 為工業革命與工業 4.0 產業發展演進歷程。

(2) 台灣推動工業力 4.0 的方式

台灣自 2016 年開始推動五大經濟產業，包括：亞洲矽谷、生技醫藥、綠能科技、智慧機械、國防航太，隨後又增加新農業、循環經濟，所謂 5＋2 經濟政策，其中最直接相關的即為智慧機械。將精密機械注入雲端、機器人、大數據、物聯網等工業 4.0 技術元素升級為智慧機械。

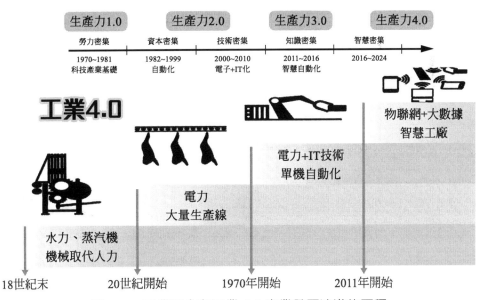

圖 1-3 工業革命與工業 4.0 產業發展演進的歷程

1-6 機械製造未來的發展

1-6-1 機器人大量的採用

機器人在製造工業的使用，已有愈來愈多及愈為重要的趨勢。開始為簡單機械手臂，而後功能增加、構造也愈為複雜，而形成智慧型機器人的產生。

1. 機器人的發展

人類最早從事製造的工作是人類使用雙手打造工具，而後動力發明，電力普遍用於機械製造的工作。自石器時代用手工具敲打石材製造成產品，而至現在有動力驅動的機器，動力的種類自獸力、水力、風力、蒸氣、石油等而至現在使用最廣的電力。由於資訊通訊工業的興起，建立有智慧的機器工具，將機器加上了智慧，給機器具有行動的能力，而有機器人的產生。

2. 機器人的功用

機器人可以提升生產效率及製程精確度，帶動產業升級，並取代重複性高或環境較差的工作，釋出人力進行高附加價值工作。在工業上以用於拾取及組裝工作為多，其次為銲接及無塵室操作等。工業用機器人的應用，逐漸自取放動作進展到產品加工，如拋光、研磨、校正、偵測等工作，同時大幅度改善人的安全。一些危險的動作，由機器人代替，不但可減少人身的傷害，同時可達到精確的目標。在產業別來看最多為3C 電子業，再次為一般製造業及汽車工業。生產中的量測，使用機器人也有逐漸增加趨勢，尤其在量測不便及危險的位置。製造過程中的量測工具，自人工量測到使用游標卡尺到使用三次元量測儀，這些都需要與工作直接接觸，影響到對精密度較高的量測結果。近來發展中非接觸式量測對精密零件，尤其是軟性材料則採用非接觸式量測。在生產過程中將自動化的量測，與機器人結合，使用視覺技術系統，結合機構設計、影像處理、自動控制、照明及光學等整合型技術，進行線上檢測的工作。

3. 智慧型機器人

將智慧、機器與人的功能三者結合，就成為智慧型機器人，但並非將機器做成人的形狀，人型機器人多用在表演動作，並不適用於生產製造。機器人的英文名稱為 Robot，最早出自於捷克作家 Karel Capek 的文章，為虛擬機器的意思。製造工業大量使用機器人的趨勢，是由於機器人動作確實、工作品質穩定，使精度提升，同時不似人會疲勞，可以長時間工作即可以擔任危險性較高的工作。在製造工業中以汽車產業使用最多，其次則為金屬加工業，在工資逐年上昇的情況下，機器人的應用，在普遍的增加。機器人為大眾關心的問題，為會不會取代人，機器人可以取代人部份的工作，也可以學習人工智慧，但不可能全部代替人，未來人將成為機器人的教練，機器人仍是由人指揮的忠實助手。

1-6-2　智慧製造的積極發展

1. 智慧製造是將人納入智慧系統設計，結合人工智慧與人的智慧，將操作者提升為控制者和管理者，將製造工作成為人機協同高品質、高價格、敏捷及人性化的工作。

2. 智慧製造簡單來說就是智慧機械加上智慧機器人、感測器、機聯網及大數據整合的製造觀念。以人、機械為核心，加上智慧型控制器、智慧型機器人、感測器、人機介面、App、無線通訊機器間的通訊標準、不同品牌控制器的通訊標準等，整合成為核心的智慧機械，再加上物聯往 IOT、工業數控、通訊等形成智慧製造。

1-6-3　綠色製造為發展的要項

　　21 世紀人類面臨全球性的能源、生態與環境及氣候變化危機，製造工業對大氣污染、水資源污染、土壤、噪音、農業及生態環境和城市發產帶來破壞性的影響。加工產生的廢料以及產品報廢之後的廢棄物，都對環境造成莫大的影響，因而環保意義日益受到社會的重視，綠色設計及綠色製造在製造工業中，已經列為重要的課題。

1. 產品設計製造時的考量

　　在產品設計及製造的過程中，首先就要考慮到對環境的危害，去選擇最佳的材料及加工方法，摒棄以成本為優先的觀念。首先在材料的選擇上，需要考量在製造階段、使用階段、廢棄階段，對環境的影響。例如在切削時受熱會不會產生有毒性的氣體，做成產品後，材料會不會因加工產生化學變化而影響人的健康，在不能使用成為廢棄物時，會不會無法處理。在製造方法的選擇上同樣如何去選擇一個造成環境影響最少的方法。例如在車削一支塑膠棒時，選擇能夠產生阻力最小、溫度最低的刀具及速度，不致產生有毒的氣體；切削下來廢屑的形狀如何最容易處理；產品的外形如何最安全使用時不易使人受傷，不能使用時破碎方便等等，在以前多未作如此週詳的考慮，因之小則操作者長期受害，大則影響整個工廠的安全。多年前某外商電子廠污染整個廠房土地，至今不易處理，員工多人因癌症死亡。

2. 製造加工及廢棄物可能造成的環境污染

(1) 有毒性的材料及受熱後有毒性的材料。

(2) 銲接時的強光、氣體及熔渣。

(3) 鑄造工作所產生的高溫、未完全燃燒的氣體及廢料。

(4) 金屬切削時使用的潤滑劑、冷卻劑。

(5) 表面處理使用的化學液體及沖洗液體。

3. 廢棄物回收的處理

當製造的產品不能再使用時，如何處理，在設計時亦需作週詳的考慮。

(1) 工業循環：為綠色製造首要的理念，如金屬製品多數材料均可以在熔化之後做成新材料再加工使用，甚至可直接鑄造或鍛造成新產品，金門菜刀就是大家所熟知的例子，將廢炮彈殼，經過鍛造及熱處理成為家庭常用的工具。

(2) 生物循環：塑膠材料成為廢料在土壤中不易消失，如何利用自然分解法使在若干年後自然分化，例如歐洲在汽車零件及電線材料的選擇，換用可分解材料，雖然在產品的壽命週期上會受到影響，但是仍把對環境的影響列為優先。

4. 綠色設計及製造的原則

(1) 製造時產生最少的廢料：例如使用 3D 印表機就較切削加工廢料為少，但因成本的關係，仍限於小量的生產。

(2) 避免使用有害或廢棄時不易處理的材料：部份塑膠材料生命週期甚長，焚化產生空氣污染，在土壤中不易分解，在使用時就需考量滲入有機物質或改以其他易分解材料代替，例如現在很多塑膠袋、垃圾袋都往這方面發展。

(3) 使用能源最少：能源對空污影響最大。中國大陸北方霾害嚴重就是工廠及發電廠能源燃燒所造成。使用再生能源也是現在發展的趨勢，如風能、太陽能等，但是由於氣候及設備成本的限制，在使用上仍不普遍。

(4) 減少對環境衝擊：如噪音、震動、高溫、輻射等。

1-6-4　積層製造的興起

積層製造源自於快速原型技術，自 1988 年推出第一台商業化的機器以來，RP 的技術進展快速，不論在製造方法上或使用材料上產生多種製造的方法。由於電腦輔助製造技術的提升，使用 3D 列印機作積層製造更爲方便。

1. 快速原型技術

快速原型技術(Rapid prototyping technology)通稱 RP，爲利用逐漸增厚的方法製成立體的工件，依據 CAD 的 3 維圖形，進行分層切片，得到二維的平面切層，使用疊層材料選擇黏著劑，或將金屬融解及電化聯結，形成各種截面形狀，依序堆疊成爲三維的工件。快速原型技術可以製造出各種複雜的形狀及克服模型失眞的缺點，多用於模型、小量複雜形狀的產品。

2. 3D 列印

3D 列印(3 Dimensional printing)爲快速原型技術的轉型，以印表機每次形成 2D 積層的原理，由電腦控制經過多次的積層而形 3D 的工件。

積層使用的材料由開始使用的粉狀塑膠，現在已進展到金屬及陶瓷，在功能上也自原型逐漸擴展到小批量成品，但是由於成本的關係，多限於高價值的產品，未來成本降低，將會使用於精緻、小批量、多變化的產品，在製造工作上增加一條新的途徑。

章末習題

1. 試述機械製造的演進及面臨的問題？

2. 試述機械製造發展的趨勢？

3. 廣義的產品設計要考慮哪些問題？

4. 傳統加工的方法可分為哪五類？

5. 非傳統加工方法有哪些？

6. 為節省成本，在實際加工前，對加工過程可作何種方式處理？

7. 何謂智慧生產？

8. 試簡述四次工業革命的發展。

9. 試簡述工業化國家在製造工業的規劃。

10. 試簡述工業 4.0 的內容。

11. 試簡述機械製造未來的發展。

Bibliography

參考文獻

1.　車輛月刊 261 期。
2.　機械工業第 387～392 期。

CHAPTER 2

工程材料

2-1 前言

　　自古以來，材料與製造技術的發展深刻影響人類的生活。由遠古的石器、銅器及鐵器時代演進至今，材料的組成不再侷限於單一素材，功能要求更是多元化。

　　未來材料發展可分為三大類型：

1. 3D 列印材料的發展與應用

　　由目前 3D 列印的發展，技術、材料、經營模式等，都將決定 3D 列印技術發展與應用，若能互相配合，才能發展出 3D 列印技術的產業前景。而對於材料的發展與應用，在未來技術上將扮演引領的角色，透過材料的發展與創新，能讓 3D 列印技術能有更廣大的應用空間。

2. 綠色產品

　　發展綠色、低碳的產業技術是目前國際趨勢，綠色產品設計原則為：

(1) 減量(Reduce)：省能源、省原料、降低之污染材料。

(2) 再使用(Reuse)：永續壽命、模組化易拆卸組合。

(3) 回收再生(Recycle)：材料簡單化易拆卸、易回收材料。

　　各國關注於綠色環保材料及製程技術，要求產品必須節能減碳、減少使用有害物質，因此開啟對環境友善之高效率、低耗能產品。

3. 智能材料

　　因應工業 4.0 及智慧化時代的來臨，智能材料的研發將有新突破性革命。例如在不需要螺絲等扣件，手機零件可利用智能貼合材料而緊密黏合，經過熱度刺激下順利解膠，應用領域包括 3C 電子產品、汽車零組件等等。例如先前 Apple 電腦推出 MacBook Pro Retina，採功能性膠水取代螺絲等配件，將電池貼在鋁製的外殼上，透過熱刺激進行智能黏膠的解膠，追求產品薄型化外，依然能兼顧組件再利用的環保規範，並符合綠色產品之訴求。

　　工程上，依據材料的化學組成及原子結構將材料分為金屬材料、高分子材料、陶瓷材料、複合材料及奈米材料。

2-2　材料分類

2-2-1　金屬和合金

金屬材料泛指金屬和合金材料，所謂合金是指兩種(含)以上的金屬或金屬與非金屬結合，而具有金屬特性的物質。純金屬強度不如合金，因此結構材料顯少使用純金屬，大多採用合金，如鋼鐵、鈦合金、鋁合金等。

一般的金屬特性如下：

(1) 固態爲結晶體。

(2) 具有塑性變形能力。

(3) 爲電和熱的良導體。

(4) 具有金屬光澤。

(5) 熔點與比重高。

金屬材料具有良好的強度、加工性、導電導熱性且價格相對低廉等優勢，爲當今使用最多且應用最廣的材料，一般又將金屬分爲鐵類與非鐵金屬材料。

1. 鐵類合金

鐵類合金主要是以鐵爲主成份，再加入碳、矽、錳、鎳、鉻等元素的鐵碳合金，通常可藉由適當的熱處理得到所需的組織及性質。常見的鐵類合金有碳鋼、合金工具鋼、鑄鐵及不鏽鋼等。

表 2-1　鐵類合金的分類

分類	鋼種
碳鋼	結構用碳鋼、機械構造用碳鋼
構造用合金鋼	高強度低合金鋼、強韌鋼 滲碳鋼、氮化鋼、彈簧鋼
特殊用途合金鋼	工具鋼、不鏽鋼、耐熱鋼、磁性用鋼、電氣用鋼
鑄鐵	灰鑄鐵、延性鑄鐵、展性鑄鐵、縮墨鑄鐵

2. 非鐵類合金

在重視環境永續經營的今日，對材料的需求，將不再侷限於機械強度、加工性及成本的考量，包括具有高比強度(比強度為強度/比重)、高比剛性的材料逐漸被開發出來，加入工程材料的行列，例如以非鐵元素為主的合金，如鋁、鎂、鈦等合金。鎂比重為1.7、鋁為 2.7，都較鐵的比重 7.9 來得低，因此鋁、鎂強度雖不如鋼鐵高，但考慮到重量因素，仍具有其優勢，鋁合金及鎂合金常被用於航太飛行器、車輛等要求輕量化的用途，常用的各類非鐵金屬合金如表 2-2 所列。

表 2-2　非鐵類金屬合金的分類

類別	合金元素	應用
鋁合金	Al-Mg-Cu、Al-Zn、Al-Mg-Si	航太、車輛、建築
鎂合金	Mg-Zn、Mg-Al、Mg-Al-Si	車輛輪圈、運動器材、機殼
銅及銅合金	Cu-Sn、Cu-Zn	化工、車輛零件、貨幣、工藝用品
鈦合金	Ti-Al-V、Ti-Al-Mo、Ti-Al-Sn-V、Ti-V-Fe-Al	飛機結構、航空器、生醫材料、石化產業
耐高溫合金	Nb、Mo、W、Ta	
超合金	Fe、Co、Ni、Nb、Mo、W、Ta	渦輪機、核子反應器、石化設備
貴重金屬	金、銀、鈀、銠、釕、銥	飾品、假牙、接點、觸媒、熱電偶

2-2-2　陶瓷材料(Ceramics material)

陶瓷材料主要是由金屬的氧化物、氮化物或碳化物所構成。常見的陶瓷材料包括玻璃、水泥、氧化鋁(Al_2O_3)、二氧化矽(SiO_2)及氮化矽(Si_3N_4)等，具有與金屬不同的離子鍵和共價鍵結，因此其物性與金屬差異很大。傳統陶瓷材料通常具有高硬度、高熔點、高化學穩定性、抗蝕性等優點，但缺點則是韌性極差且幾乎無延展性。新開發的先進陶瓷材料，則具有優異的力學性質，特別是高溫力學性質稱為結構陶瓷；或具特殊的光、磁、電及生化功能，稱為功能陶瓷。常用陶瓷的分類如表 2-3 所示。

表 2-3　陶瓷分類

分類		應用領域	種類	特性
傳統陶瓷		土木建築	玻璃、水泥、耐火材	高硬度、高熔點、高化學穩定性、抗蝕性、質脆及對缺陷、裂痕敏感性
先進陶瓷	結構陶瓷	氧化物陶瓷	氧化鋁、氧化鋯	高溫強度、韌性、耐磨耗、耐腐蝕、低膨脹係數、低密度
		非氧化物陶瓷	SiC、Si_3N_4、AlN、BN、$Sialon$	
	功能陶瓷	電子陶瓷	$BaTiO_3$、$3PbTiO_3$	壓電性、絕緣性、熱電性、半導性
		磁性陶瓷	$MgFe_2O_4$、$CuFe_2O_4$、Fe_3O_4	軟磁性、硬磁性、磁光效應
		敏感陶瓷	$BaTiO_3$、ZnO、Fe_2O_3、CdS	對熱、光、氣體、壓力變化可靈敏反應者。
		光學陶瓷	Y_2O_3、Gd_2O_3、ThO_2	光透性、光導性
		光電陶瓷	TiO_2、ZnO、GaN、SnO_2、CdS	光電性

2-2-3　高分子材料(Polymers material)

　　高分子(Polymers)材料大多數是以碳、氫及其它非金屬元素(氧、氮、矽)為主所構成的有機化合物。「高分子」顧名思義為具有高分子量結構的材料，又名聚合物，此類材料通常具有巨大的分子結構、低密度、性能柔軟及不耐高溫等特性，現代人類的生活已經與高分子材料密不可分，舉凡穿的混紡衣服、裝東西的塑膠袋、汽車的輪胎和保險桿、精密的電子材料、甚至人工骨骼等，都與高分子材料相關。

　　高分子材料中比較重要的兩種材料分別為塑膠材料與橡膠材料，其高分子材料中以塑膠(Plastic)種類最多，聚乙烯、聚氯乙烯、聚苯乙烯、環氧樹脂、酚類及之類都歸類為塑膠。依受熱後的性質又分為熱塑性(Thermoplastic)和熱固性(Thermosetting)兩類。熱塑性塑膠在加熱後，可塑性流動，冷卻後凝固硬化(Consolidation)，即使重複加熱再冷卻，使材料軟化後固化，也不會改變材料的性質，聚乙烯就屬於這一類。另外一類稱為熱固性塑膠，例如環氧樹脂，初次加熱即發生交聯反應；冷卻硬化後如再加熱，將發生熱裂解，無法再度軟化。高分子材料的分類如表 2-4 所示。

表 2-4　高分子材料分類

	種類	特性	應用實例
熱塑性塑膠	聚乙烯(PE)	耐低溫、化學穩定性、耐酸鹼蝕、電絕緣性優	薄膜、容器、管道、單絲、電線電纜、高頻絕緣材料
	聚苯乙烯(PS)	高品質的亮度及透明度、易加工	食品容器、冰箱內襯、文具、玩具、時鐘及光碟外殼、塑膠橡膠的改質等
	聚丙烯(PP)	低密度、化學惰性，耐熱不變形、 化學穩定性好、無毒	食用容器、汽車零件、電器零件、醫療器材等射出成型製品
	聚氯乙烯(PVC)	強度高、抗化學性、絕緣性、化學穩定性好、耐燃	軟管、電纜、電線、塑膠涼鞋、鞋底、拖鞋等
	聚醯胺(尼龍)	耐磨耗、高韌性、抗化學性	降落傘、漁網、塑膠齒輪、取代蠶絲運用在纖維類的產品
	ABS(丙烯腈/丁二烯/苯乙烯共聚物)	耐熱、表面硬度高、尺寸穩定、耐化學性及電性良好，易於成型和機械加工	工程塑膠
	聚脂(PET)	韌性、高抗張強度、耐磨性，電絕緣性	保特瓶、容器、衣物
熱固性塑膠	環氧樹脂(EP)	熱穩定性高、黏結性佳	塗料、黏著劑、電子電器材料、工程塑料和複合材料、土木材料
	聚胺基甲酸酯(PU)	耐磨性、耐化學性、高絕緣性	泡綿、塗料、人工跑道、床墊、接著劑、直升機螺旋槳
	酚醛樹脂(PF)	剛性好、耐熱、耐磨、電絕緣特性	線圈架、電動工具外殼

2-2-4　複合材料(Composites material)

　　複合材料(Composites)為結合兩種不同相的物質，由基材(Matrix)和強化相(Reinforcement)組成的材料，以獲得單一材料無法呈現的性質，是當今高科技發展重要的方向。早在遠古時代的人類已知道將稻草及泥土築牆，是人工複合材料的實例；而大自然中的樹木，即是一種纖維與木質素基材結合的天然複合材料。

　　複合材料具有高比強度(比強度為強度/比重)、高比剛性(彈性係數/比重)及高耐蝕性等優點，此外其高設計自由度更是現代科技發展不可或缺的特質，但受限於高製造成本，發展初期僅應用於航太及國防等尖端科技。隨著科技進步，加上能源與地球暖化等議題受到關注，複合材料也被廣泛應用於民生用途上，包括腳踏車架、網球拍、高爾夫球桿、風力葉片、遊艇等。

一般複合材料的分類以強化材形狀分類或以基材的種類來區分，如表 2-5 所示。

表 2-5　複合材料的分類

以強化材分類	纖維強化	玻璃纖維、硼纖維、碳纖維、有機纖維、陶瓷纖維、金屬纖維
	顆粒強化	氧化鋁、碳化矽、碳化鎢、石墨、矽紗
	板狀強化	積層板、覆面金屬、三夾板、雙金屬
以基材分類	金屬基	鋁基、鎂基、銅基、鋅基、鈦基、鐵基、高溫合金基、金屬間化合物基
	陶瓷基	氧化鋁基、氧化鋯基、氮化矽基、氮化硼基、碳化硼
	高分子基	環氧樹脂、酚醛樹脂、玻璃纖維

2-2-5　奈米材料(Nano material)

由於能源的短缺及環境污染衝擊著地球的未來，人類對新型材料的開發有著迫切的需求。早在 1965 年理查費曼博士的演說，使人類的思維開始朝向微小空間發展，之後又有日本物理學家發現超微粒金屬的特殊物理性質，而在 1990 年的一場國際奈米科學技術會議，科學家正式提出奈米材料學、奈米生物學、奈米電子學以及奈米機械學的概念。美國在 2000 年正式投入奈米技術於民生與產業領域的應用發展。

奈米材料廣義的定義是至少一維尺度在 $1 \sim 100$ nm(10^{-9} m，亦即十億分之一公尺)範圍內的材料。物質在進入奈米尺度後，會產生有別於巨觀材質的特殊光學、熱、磁、電及力學等性質或現象。在自然界中荷葉出淤泥而不染即是奈米現象的應用；由於荷葉表面充滿奈米級的球狀顆粒，而使髒污、水粒子不易附著，形成自潔效應。奈米技術的應用領域涵蓋各項產業，包括機械、電子、汽車、環境、化學、醫學、醫藥、美容等。

2-3 材料的原子結構

　　材料內部的原子以四種方式結合在一起，又稱為鍵結，這四種結合力包括三種主鍵和一種次鍵。其中主鍵(化學鍵)可分為：

1.　金屬鍵：一般金屬的鍵結方式為金屬鍵。

　　(1)　原理：一般金屬最外層帶負電的價電子會脫離原子的束縛而自由移動，遺留下帶正電的原子核和內層的電子，價電子不再屬於任何特定的原子，可以在電子雲中自由的運動；此時，價電子同時附屬於好幾個核心，與帶正電的核心互相吸引，形成金屬鍵。

　　(2)　金屬鍵不具方向性，使金屬具有延展性：核心與電子之間並沒有特定的位置關係，這個特性使得金屬承受變形時，不會使鍵結斷掉，只是改變相對位置。

　　(3)　金屬鍵使金屬成為電的良好導體：價電子受到外加電壓的影響，會移動而形成電流；其它的鍵結機構，需要極高的電壓才能使電子脫離原子。

2.　離子鍵：典型以離子鍵鍵結機構結合的材料是氯化鈉(NaCl)，為陶瓷材料的主要鍵結方式。

　　(1)　原理：材料內有兩種以上的原子時，其中的一種原子將它的價電子捐贈給另一種原子，使得所有的原子的最外一層都呈現較安定的填滿狀態；同時也使得這兩種原子，因為帶了數量相同且極性相反的電量而互相吸引，這種吸引力稱為離子鍵。

　　(2)　離子鍵不具方向性：但是材料承受外力時會影響離子間的電性平衡，這是以離子鍵結合的材料呈現脆性的一部份原因。

　　(3)　以離子鍵結合的材料導電性不佳：當加電壓於以離子鍵結合的材料時，由離子的運動來傳遞電流，離子的運動較電子不易，因此導電性不佳。

3.　共價鍵：典型以共價鍵鍵結機構結合的材料是矽、鑽石及聚合物的主要鍵結方式。

　　(1)　原理：材料的鍵結方式是將價電子由兩個或兩個以上的原子共用。

　　(2)　共價鍵具有方向性：使材料的延性不佳，承受彎曲變形時鍵結會斷裂。

　　(3)　共價鍵的材料是絕緣體(導電性差)：必需有極的電壓或高溫才能使電子移動而導電。

次鍵(物理鍵)常見為凡得瓦爾鍵，是原子間較弱的吸引力，包括感應電偶、極化分子及氫橋等原子間吸引力。

2-4　金屬的結晶構造與組織

1. 結晶：金屬於凝固過程中，原子隨著溫度的降低，以規則的方式排列形成晶粒此過程稱為結晶。晶粒大小約為 0.01～0.1 mm，其形狀大都為不規則多角形狀。材料中晶粒大小，形狀，方向及組成，即為所謂的組織。

2. 晶粒界面(Grain boundary)晶粒與晶粒交接處稱為晶粒界面(Grain boundary)，簡稱粒界。粒界處原子受兩方影響以致排列混亂，無一定軸向，能量很高，是許多冶金現象－如再結晶、金屬間化合物及異相析出，甚至腐蝕發生之處，其寬度約為 100～200Å，又稱為貝氏層(Beilby layer)。

3. 單位晶胞(Unit cell)金屬晶粒內的原子按照某一定的規則排列，稱為結晶格子(Crystal lattice)，將結晶格子細分至最小程度而仍能代表整個結晶格子的特質者稱為單位晶胞(Unit cell)又稱單包，而整個結晶格子可視為由完全相同的單位晶胞堆積構築而成。

4. 金屬的主要結晶構造。

   工程材料中，常見的結晶格子有：體心立方、面心立方及六方最密堆積等三種結晶格子。

   (1) 體心立方格子(Body-center cubic lattice，BCC)如圖 2-1。常見材料有：鎢、鉬、鈉、鉻、釩、鈦、鉀、鐵(α-Fe)及鐵(δFe)。

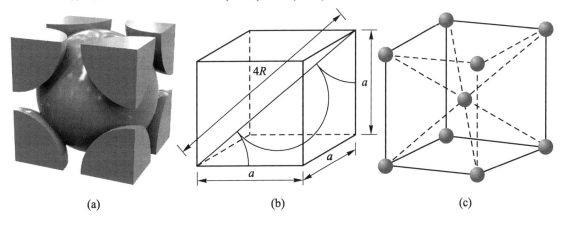

(a)　　　　　　　　　(b)　　　　　　　　　(c)

圖 2-1　體心立方格子

$$a = \frac{4R}{\sqrt{3}}$$

$$原子填充率(PF) = \frac{晶胞內所含原子的體積}{晶胞體積}$$

$$原子填充率(PF) = \frac{2(4\pi R^3 / 3)}{a^3} = \frac{2(4\pi R^3 / 3)}{(4R / \sqrt{3})^3} = 0.68$$

(2) 面心立方格子(Face-center cubic lattice，FCC)，如圖 2-2。常見材料有：金、銀、銅、鐵(γ-Fe)、鋁、鎳、鉛等金屬。

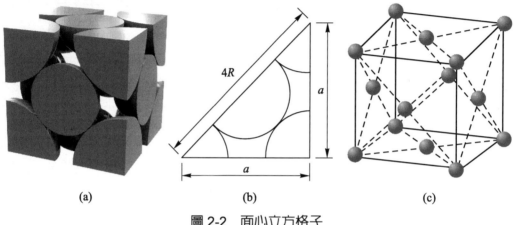

(a)　　　　　　　　(b)　　　　　　　　(c)

圖 2-2　面心立方格子

$$a = \frac{4R}{\sqrt{2}}$$

$$原子填充率(PF) = \frac{4(4\pi R^3 / 3)}{a^3} = \frac{4(4\pi R^3 / 3)}{(4R / \sqrt{3})^3} = 0.74$$

(3) 六方密格子(Hexugonal closed-packed lattice，HCP)，如圖 2-3。結晶格子是六方密集堆積(HCP)的金屬有鋅、鎂、鎘、鉍、鈦、鈷等金屬。

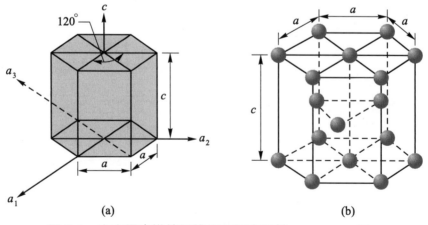

(a)　　　　　　　　　　　(b)

圖 2-3　六方最密堆積晶體的四個座標軸：$\vec{a}_1$、$\vec{a}_2$、$\vec{a}_3$ 及 $\vec{c}$

$$c = a = \sqrt{8/3}$$

5. 原子密集度(Packing factor，又稱堆積因子或原子填充率，PF 或 APF)：原子在結晶格子內所佔空間的百分比。

$$原子填充率(PF) = \frac{結晶格子內原子的總體積}{結晶格子的體積} \tag{2-1}$$

6. 配位數(Coordinate number，CN)：結晶格子內與某一特定原子，相接觸的原子數目。

7. 晶格參數(Lattice parameter)或稱格子常數

　是描述單位晶胞的尺寸與形狀的一種常數，它包含單位晶胞的邊長(如圖 2-1b 及 2-3b 中的邊長 a)和邊的夾角。在立方晶系(Cubic crystal system)中，只要有立方體一邊的長度就可完全描述單位晶胞(其中夾角是 90°，無須特別註明)在室溫下的立方體邊長就是它的晶格個參數 a，此種長度一般以 Å(Angstron，埃)，為單位。

$$1 \text{ 埃(Å)} = 10^{-8} \text{ cm} = 10^{-10} \text{ m} \tag{2-2}$$

8. 結晶構造與機械性質的關係

　(1)　體心立方格子(BCC)：強度高，缺乏延展性。

　(2)　面心立方格(FCC)：延展性佳，易於加工；加工後會有加工硬化的現象。

　(3)　六立密格子(HCP)：硬而脆，高溫時稍具延性。

9. 同素異形變態(Allotropic)：具有二種以上的結晶結構的金屬，常見的同素異形變態金屬有：

　(1)　鐵(Fe)：鐵低於 910℃是 BCC(α-Fe)，介於 910℃到 1400℃間是 FCC(γ-Fe)，大於 1400℃是 BCC(δ-Fe)。

　(2)　鈦(Ti)：鈦在常溫時是 HCP，將鈦加熱到 882℃以上時變成 BCC。

　(3)　鈷(Co)：鈷的溫度低於 417℃時是 HCP，高於 417℃是 FCC。

2-5　材料強化機構

一般常被用來強化或改善材料的方式有：

1. 晶粒尺寸強化(Grain size strengthening)。

2. 固溶強化(Solid solution strengthening)。

3. 應變硬化(Strain hardening)。

4. 散佈強化(Dispersion strengthening)。

5. 時效硬化(Age hardening)。

6. 麻田散變態(Martensite transformation)。

2-5-1　固溶強化

材料的機械性質可利用加入點缺陷來加以控制，尤其是置換型或格隙型固溶體。點缺陷擾亂了晶格中的原子排列，並且阻礙了差排的移動(或滑動)，使材料的強度增高。

1. 相(Phase)：相具有下列特性：

   (1) 在一相內從頭到尾都具有相同的結構或原子排列。

   (2) 在一相內從頭到尾有大致相同的成份及性質。

   (3) 一相與其任何毗鄰的相都有一個清楚的界面。

2. 無限溶解度：兩種物質無論比例多少，將它們混合在一起只會產生一個相。例：酒精及水。

3. 有限溶解度：一個相只能有限度的溶解在另一個相中。例食鹽及水。在極端的情況下，一材料在另一材料中完全沒有溶解度。此種例子有油與水或銅－鉛合金。

4. 金屬內無限固溶溶解度的條件

   為使一合金系統，例如銅－鎳合金，能具有無限固溶溶解度，某些條件必須能滿足。這些條件稱為 Hume-Rothery's 法則，陳述如下：

   (1) 金屬原子必須具有相近的尺寸，其原子半徑差小於 15%。

   (2) 金屬必須具有相同的結晶結構。否則，必定在某些位置有過渡型的結構，從一相過渡到另一不同結構相。

   (3) 金屬原子必須具有相同的價數。否則，價電子的差異可能促進化合物的形成，而非固溶體。

   (4) 金屬原子必須具有相近的陰電性。如果陰電性差異很大，則再度易於形成化合物。例如鈉與氯結合而形成氯化鈉。

   為使兩金屬具有無限固溶溶解度，必需符合 Hume-Rothery's 法則，但它們並非充分條件。

5. 固溶強化(Solid solution strengthening)：固溶強化的程度取決於兩個因素。

(1) 原來的原子(或溶劑)與加入的原子(或溶質)的尺寸差距愈大，強化的效果愈佳。較大的尺寸差距使原來的晶格有較大扭曲，而使差排的滑動更加困難。

(2) 加入的合金元素愈多，強化效果愈佳。Cu-20% Ni 合金的強度高於 Cu-10% Ni 合金。當然，如因加入太多過大或過小的原子，很容易超過溶解度而產生另一種不同的機構－散佈強化(Dispersion strengthenging)。

6. 固溶強化對性質的影響

(1) 合金的降伏強度、抗拉強度及硬度皆以純金屬高。

(2) 大多數的情形，合金的延性比純金屬差。但有少部份，例如銅鋅合金，固溶強化卻能同時增加強度和延性。

(3) 合金的導電度遠低於純金屬。

(4) 利用固溶強化可以改善變形的抵抗力，或高溫下的強度損失。高溫對於固溶強化合金的性質不會造成巨大的改變。

2-5-2　應變硬化

1. 產生應變應化的原因：材料在低於再結晶溫度以下加工稱為冷作。在冷作過程中我們所獲得的強化，是由於加工過程中差排數目增多，互相牽制，影響塑性變形的滑動，稱為應變硬化(Strain hardening)或加工硬化(Work hardening)。

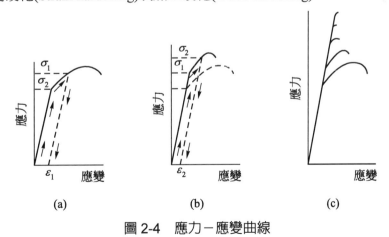

圖 2-4　應力－應變曲線

(1) 一試體受到超出降伏強度的應力，然後除去應力。

(2) 於是此試體有較高的降伏強度和抗拉強度，但延性較差。

(3) 重覆這個步驟，強度會持續增加而延性則降低，直到合金變脆為止。

金屬對冷作的反應程度是以應變硬化係數(Strain hardening coefficient)n 為準據，n 是如圖所示採用 log-log 尺度的真應力–真應變曲線的斜率。

$$\sigma_t = K\varepsilon_t^n \tag{2-3}$$

$$\log \sigma_t = \log K + n \log \varepsilon_t \tag{2-4}$$

其中常數 K 為當 $\varepsilon_t = 1$ 時的應力值。

HCP 金屬的應變硬化係數相當低，但 BCC 金屬和一些特殊的 FCC 金屬則較高。應變硬化係數較低的金屬對冷作的反應較差。

圖 2-5 為具有大應變硬化係數和小應變硬化係數金屬的真應力–真應變曲線。n 值較大的金屬在同一應變量下可獲得較大的硬化程度。

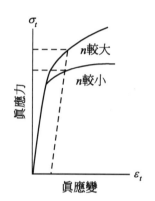

圖 2-5　真應力變化曲線

2-5-3　晶粒尺寸強化

晶粒尺寸強化乃因面缺陷阻礙差排移動，應力生成而強化，而面缺陷是指：表面缺陷也就是晶粒的邊界。表面缺陷(晶粒的邊界)是將材料劃分成許多區域的邊界。其中各個區域內的結晶結構相同，但是它們方向不同。圖 2-6 為晶粒，圖 2-7 為晶界。

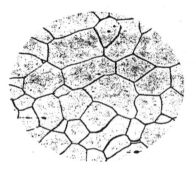

圖 2-6　晶粒

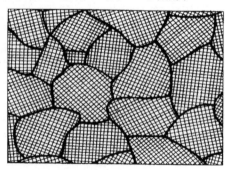

圖 2-7　晶界

1. 晶粒尺寸的計算

   ASTM(美國試驗與材料學會)的晶粒號數(Grain size number)是標示晶粒尺寸的一種技巧。在金屬放大 100 倍之後的照片中，把每平方英吋內所含的晶粒數目計算出來。然後將每平方英吋內的晶粒數目 N 代入下式，就可計算出 ASTM 的晶粒尺號碼 GN(或 n 為代號)。ASTM 晶粒尺寸號碼大者代表晶粒個數多，亦即晶粒較小，強度較高。

$$N = 2^{n-1} \tag{2-5}$$

2. 面缺陷與晶粒尺寸強化，晶粒號碼愈大，晶粒愈細，晶界愈長，差排越容易受阻，強化效果越佳。

2-5-4　散佈強化

1. 當一金屬中所加入的合金元素數量超出它的溶解度時，就會形成第二種相，亦即產生一種兩相合金。兩相間的邊界是一個表面，在此種表面上原子的排列並不完美。結果這種邊界會妨礙差排的滑動，因而使金屬強化。經由第二相的引入所造成的強化，一般的術語稱為散佈強化(Dispersion strengthening)。

2. 基質(Matrix)與析出物(Precipitate)在一散佈強化的合金內必須存在兩種以上的相。我們把連續的相，亦即佔大部分的那個相，稱為基質。第二相，即只佔小部份的那個相，稱為析出物。基地質軟，而析出物則非常硬且脆。

3. 析出物對合金的影響

   (1) 基質應是軟且有延性，而析出物應是硬且脆性。在基質內的析出物的作用為差排滑動的強勁障礙物。然而，基質至少能使合金整體有某程度的延性。

   (2) 硬且脆的析出物應是不連續的，而柔軟性的基質應是連續的。如果析出物是連續的，裂縫將延伸到整個結構中。然而，在脆且不連續的析出物內的裂縫將被析出物與基質的界面所阻擋。

   (3) 析出物顆粒應儘量小且數目多，才能增高妨礙差排滑動的機會。

   (4) 析出物顆粒以圓形為佳，不可呈針狀或有銳角。圓形比較不易衍生裂縫或有類似缺口的行為。

   (5) 大量析出才能增高合金的強度。

4. 金屬間化合物

散佈強化中的析出物通常是金屬間化合物(Intermetallic compound)。金屬間化合物是由兩種以上的元素所組成，而產生一種具有獨特的成分，結晶結構及性質的新相。金屬間化合物一般都很硬且很脆，但它能提供較軟的金屬極佳的散佈強化。

2-5-5　麻田散反應

1. 麻田散反應：是由一種無擴散性固態反應所產生的結果。由於此種反應不依賴擴散，反應只與溫度有關而與時間無關。

2. 鋼中的麻田散鐵：含碳量少於 0.2%C 的鋼，淬火時由 FCC 沃斯田鐵變態為過飽和的 BCC 麻田散鐵含碳量更高的鋼，其麻田散反應是由 FCC 沃斯田鐵變態為 BCT(體心正方)麻田散鐵。某些高錳鋼與不鏽鋼在麻田散鐵變態時由 FCC 結構變成 HCP。

3. 麻田散鐵的性質：硬且脆。低溫回火後得到回火麻田散鐵，包括低碳麻田散鐵及一種很細的 ε-碳化物($Fe_{2.4}C$)高溫回火時則在肥粒鐵的基地中均散佈著極細的 Fe_3C。麻田散反應前後成份不變。

2-5-6　析出硬化或時效硬化

1. 整合析出：析出物在基質內析出，但對結晶格子排列並沒有產生影響稱為非整合析出，非整合析出對差排的干擾效果不佳。但是，當一種整合析(Coherent precipitate)形成時，析出物的晶格內的原子平面將與基質的晶格內的平面有一定排列關係，甚至兩者會連貫起來。這將對基質的晶格產生大範圍的干擾，而使差排運動受到阻礙，即使差排只通過析出物附近。時效硬化，可以用來產生整合。

2. 析出硬化或時效硬化：時效硬化(Age hardening)或析出硬化(Precipitation hardening)的目標在於使較軟且有延性的基質內能產生一種均勻散佈的細且硬的整合析出物。Al-Cu 合金是可時效硬化合金的一個典型代表。時效硬化熱處理可區分三個步驟。

   (1) 固溶處理。

   (2) 淬火。

   (3) 時效。

3. 時效硬化的要件：

(1) 相圖必須顯現固溶溶解度有隨溫度降低而降低的現象。換句話說，合金在加熱到固溶線溫度之上時必須是單相，冷卻時則進入兩相區。

(2) 相比之下基質必須是軟且延性，而析出物應是硬且脆性，多數的可析出硬化合金，其析出是硬且脆的金屬間化合物。

(3) 合金必須是可淬火的。某些合金不論我們以多快的速率淬火都無法阻止第二相析出。

(4) 所形成的析出物必須與基質的結構整合，才能發展出最高的強度和硬度。

4. 可時效硬化合金鋼不宜在高溫使用。

章末習題

1. 說明金屬材料的特性。

2. 說明複合材料的特性。

3. 何謂加工硬化(Work hardening)，解釋其產生的原因。

4. 試述麻田散鐵(Martensite)的變態機制。

5. 說明晶粒尺寸強化機構。

6. 試舉例並說明金屬材料的強化機構(Strengthening mechanism)。

7. 試圖示鋁銅合金的析出硬化之程序。

8. 試簡述固溶強化(Solid solution strengthening)的作用原理。

9. 證明 BCC 的原子堆積因子(原子填充率)是 0.68。

10. 證明 HCP 的原子堆積因子(原子填充率)是 0.74。

Bibliography

參考文獻

1. C. H. Hsu and S.C. Lee, "High Strength High Toughness Compacted Graphite Cast Iron", Materials Science and Technology, Vol. 11, August 1995.

2. "Standard test method for Plane-Strain Fracture Toughness of Metallic Materials1", ASTM-E399-90, 1971.

3. J. F. Janowak and R.B. Gund, "Development of a Ductile Iron for Commercial Austempering", AFS Transactions, 1983.

4. B. Kovacs, "Heat Treating of Austempered Ductile Iron", AFS Transactions, 1991.

5. K. L. Hayrynen, D. J. Moore and K. B. Rundman, "Microstructural Study of Ausform-Austempered Ductile Iron", AFS Transactions, 1995.

6. D.J Moore, K. B. Rundman and T. N. Rounds, "Structural and Mechanical Properties of Austempered Ductile Iron", AFS Transactions, 1985.

7. G.A. Robert and R.A.Cary, "Tool Steel" ASM. 1980.

8. Richard W. Hertzberg, "Deformation and Fracture Mechanics of Engineering Materials", 4th ed. John Wiley & Sons, Inc., New York, 1996.

9. ASTM A247-67, Annual Book of ASTM Standards, 1990.

10. W.L.Bradley and M.N.Srinivasan, "Fracture and Fracture Toughness of Cast Irons", International Materials Reviews, vol.35, N0.3, 1990.

11. Richard W. Hertzberg, "Deformation and Fracture Mechanics of Engineering Materials", 4th ed. John Wiley & Sons, Inc., New York, 1996.

現代機械製造

CHAPTER 3

量測與檢驗

·本章摘要·

3-1　前言

綜觀現代高科技產品，其製造技術的複雜程度與精度要求，與早期產品相比，已不可同日而語。而現代的製造設備高度精密且價格昂貴，並在自動化週邊設備的採用下，製造速度不斷的提高，稍有不慎，常常造成大量的產品報廢甚至巨大的金額賠償，公司信譽也可能因此毀於一旦，造成無法彌補的損失。因此，如何於產品的製造過程中導入高速、自動化、且全數精密量測與檢驗、以及將其結果導入產品履歷中，已是目前各產業著眼的重要課題之一。

3-2　精度觀念

設備或產品的效能(Performance)，決定了其價格(Price)的高低。站在工程師的角度而言，效能的高低都必須以量化的數據加以呈現，而量測技術則是將效高低能量化的必要手段之一。但是，量化後數據的可信度如何，一直是量測技術最重要的核心課題之一。因此，如何判斷數據可不可信，工程師則會以量測的「精度」來作爲參考指標。然而，精度只是一個泛用的說法，其中包涵了兩個較嚴僅的統計概念：準確度與精密度。

1. 準確度(Accuracy)

   準確度是指量測儀器在相同條件下、使用相同的方法對同一待測工件重覆數次的量測，其量測結果的平均值(即實際量測值)與該工件眞值(True value)間的差距，稱之爲準確度。差距愈小，則表示準確度愈佳；反之則準確度愈差。

2. 精密度(Precision)

   精密度是指量測儀器在相同條件下、使用相同的方法對同一待測工件重覆數次的量測，其量測結果分布範圍的大小，稱之爲精密度。分布範圍愈小，表示量測數值愈集中，也就表示量測重覆性(Repeatability)(或稱再現性)愈高，因而精密度愈佳；反之，則精密度愈差。在此需特別注意，精密度與工件的眞值並無直接的關係。

   以射擊爲例來說明準確度與精密度，圖 3-1 表示射擊後靶紙上彈孔的分布狀況，圖3-1(a)的彈著點分布相當大，且平均彈著點與靶心也有相當的距離，所以精密度差且準確差。圖 3-1(b)的彈著點集中於某一區域，但平均彈著點與靶心仍有相當的距離，所以精密度佳但準確度差。圖 3-1(c)的彈著點分布相當大，但平均彈著點相當接近靶心，因此精密度差但準確度佳。圖 3-1(d)的彈著點集中於某一區域，且平均彈著點相當接近靶心，所以精密度佳且準確度佳。因此，一部高精度的儀器或設備，必需同時具有高準確度及高精密度。而以精密量測儀器而言，精密度是最基本的要求，但精密度高的量測儀器不見得準確度就佳，大多需經過「校正(Calibration)」來提高其準確度。

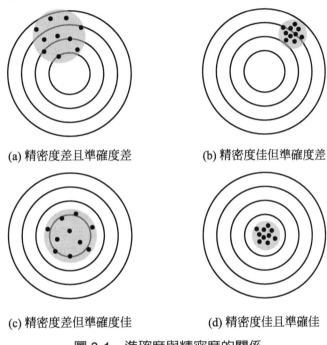

(a) 精密度差且準確度差　　　　　(b) 精密度佳但準確度差

(c) 精密度差但準確度佳　　　　　(d) 精密度佳且準確佳

圖 3-1　準確度與精密度的關係

3-3　量測誤差

工件在進行量測時，實際量測值(量測平均值)與真值的差異稱為量測誤差。產生量測誤差的原因很多，大致可歸類為：人為因素、環境因素、儀器因素以及隨機因素等。必須要了解各種量測誤差產生的原理，才能有效降低量測誤差，進而提高量測結果的可信度。

1. 人為因素

　　由於人為的疏失所造成量測上的誤差，如：儀器設備未歸零、未定期校正、誤讀、誤算、視差、工件未適當清潔、不適當的量測接觸力所造成撓曲的誤差或使阿貝(Abbe)誤差加劇(如游標卡尺)、量測擺設的角度不良所造成的餘弦誤差(如量錶)等。

2. 環境因素

量測時因環境或場地不同所造成量測上的誤差，如：溫度、溼度、塵埃、振動、噪音、電磁場等。

3. 儀器因素

儀器設備本身的因素所造成量測上的誤差，如：刻度誤差、磨損誤差、製造時所累積的公差。一般儀器的誤差，可經由校正或送修的方式來加以改善。

4. 隨機因素

隨機因素為不可預期的量測誤差。如：地震、電壓不穩定、氣流、輻射等，又稱為「偶然性誤差」。

3-4 精密量具

精密量具大致可區分為傳統的基本精密量具，及現代高階精密量測儀器與設備。

3-4-1 基本精密量具

基本精密量具依量對象及功能大致可分為以下六類，各類及所使用的量具如下：

1. 長度量測

   (1) 一次元：游標卡尺、分厘卡、高度規、精密塊規、光學平鏡、指示量表、測長儀、光學尺、電子測微器、氣壓測微器(非接觸式)及雷射掃描儀(非接觸式)等。

   (2) 二次元：光學投影機、傳統工具顯微鏡等。

   (3) 三次元：三次元座標測量儀。

2. 角度與錐度量測

   (1) 一次元：組合角尺、角度塊規、萬能量角器、角尺、正弦桿、角度量規、直角規、自動視準儀、雷射準直儀及水平儀、錐度量規等。

   (2) 二次元：光學投影機、傳統工具顯微鏡等。

   (3) 三次元：三次元座標測量儀等。

3. 水平檢測

   (1) 氣泡水平儀及電子水平儀。

(2)　光學平鏡。

(3)　平台。

4.　表面輪廓與表面粗糙度量測

(1)　輪廓測量儀。

(2)　眞圓度測量儀。

(3)　凸輪形狀測量儀。

(4)　表面粗度儀。

(5)　光學投影機。

(6)　工具顯微鏡。

(7)　三次元座標測量儀。

5.　螺紋及齒輪量測

(1)　螺紋分厘卡。

(2)　縲紋三線規。

(3)　齒厚游標卡尺、圓盤分厘卡及齒輪分厘卡。

(4)　光學投影機。

(5)　工具顯微鏡。

(6)　三次元座標測量儀。

6.　其他

(1)　噪音計。

(2)　壓力計。

(3)　溫溼度計。

(4)　高斯計。

3-4-2　現代高階精密量測儀器與設備

1.　刀具測量儀

以影像或雷射的方式自動量測切削刀具的輪廓、半徑、各種角度、距離、磨耗、倒角寬度、以及其他更多刀具參數(如圖 3-2 所示)。甚至可以將刀量測量的結果傳輸到 CNC 刀具磨床，自動產生 NC 程式，進行刀具的研磨。

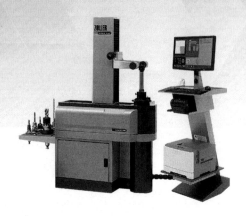

圖 3-2　德國 Zoller 刀具測量儀[1]　　　　圖 3-3　英國 Renishaw 雷射干涉儀[2]

2. 雷射干涉儀

雷射具有高亮度、準直性、方向性、同調性的特點，常用來量測長度，主要以麥克森 (Michelson)干涉為主。以工具機產業為例，雷射干涉儀常用來量測運動軸的線性誤差 (如圖 3-3 所示)。以目前高階的雷射干涉儀，其量測的解析度可達 1 奈米，線性量測精度可達 0.5 ppm。

3. 高精度三維工具顯微鏡

工具顯微主要是利用影像擷取的方式，量測工件的幾何尺寸。傳統的工具顯微鏡無法精確的測定工件垂直方向的距離，屬二次元的量測設備。但現代高精度的工具顯微鏡已可精確的測定工件垂直方向的距離，屬於三次元的量測設備(如圖 3-4 所示)。

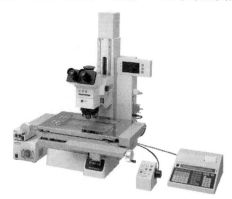

圖 3-4　日本 Olympus 高精度三維工具顯微鏡[3]

4.　齒輪測量儀

　　為量測齒輪幾何外形的專用機(如圖 3-5 所示)，依軟體設定可量測不同型式的齒輪，是一般齒輪加工產業必備的設備之一。較高階機器有 CNC 可程式化的控制器，也可安裝探頭交換座，以自動化方式更換探頭。

圖 3-5　德國 Klingelnberg 齒輪測量儀[4]

圖 3-6　日本大阪精密齒輪嚙合試驗機[5]

5.　齒輪嚙合試驗機

　　實際以工件齒輪與標準齒輪嚙合運轉，量測其振動的狀況，以判定工作齒輪的品質(如圖 3-6 所示)。

6.　高精度真圓度測定機

　　主要用於量測工件的真圓度(如圖 3-7 所示)，一般尚有其他的延伸功能，如真直度、圓柱度、同心度、垂直度、平行度、圓偏轉度等。一般的精度可達 $(0.04 + 6L/10000)\mu m$，高精度的甚至可達 $(0.02 + 3.5L/10000)\mu m$。

圖 3-7　日本 Mitutoyo 高精度真圓度測定機[6]

7. 五軸控制 CNC 三次元測定機

是一種可程式化的三次元測定機(如圖 3-8)，又稱爲「CNC 三次元量床」。一般的精度可達 $MPEE = 2.2 + 4L/1000$，高精度的甚至可達 $MPEE = 0.9 + 2.5L/1000$，其中 MPEE 表示空間精度。若安裝 5 軸控制接觸式測頭，可自由設定各種量測角度，5 軸的移動可使角度變換時間大幅縮減。也可安裝探頭交換座，以自動化方式更換探頭。若安裝掃描測頭可與被測物的保持直接接觸狀態，可在高速(約 120 mm/s)下一邊移動一邊高精度地收集座標值。

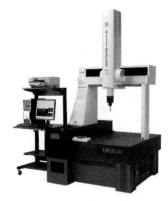

圖 3-8 日本 Mitutoyo 五軸控制 CNC 三次元測定機[6]   圖 3-9 美國 Fluke 熱影像儀[7]

8. 熱影像儀

利用紅外線攝影機，以遠距離非接觸的方式，擷取靜態或動態的影像(如圖 3-9 所示)，是一種高階的溫度測量儀。其特點是並非單點的溫度量測，而是可顯示大範圍的溫度，測量溫度可達 1200℃。甚至可搭配望遠或廣角鏡頭，可由近端或遠端擷取影像。

9. 頻譜分析儀

主要是用於振動與噪音的量測與分析(如圖 3-10 所示)。尤其對振動與噪音有特別要求的產業別(如：精密機械、產品製造、汽機車工業、航太工業、電子電機等)，是不可或缺的量測儀器之一。

圖 3-10 台灣基太克頻譜分析儀[8]

10. 硬度試驗機

主要是以接觸的方式量測材料的表面硬度(如圖 3-11 所示)，若需量測到材料內部的硬度，則需將材料切開研磨後再量測之。由於現代的產品有往愈來愈巨大或微小的趨勢，對材料的品質選擇及要求也格外小心。因此，硬度試驗機已是工廠必備的設備之一。

圖 3-11　日本 Mitutoyo 硬度試驗機[6]

3-5　公差與配合

3-5-1　公差與配合相關名詞

公差與配合相關名詞如圖 3-12。

1. 基本尺寸(Basic size)：設計或製造所決定尺寸，又稱作「公稱尺度或標稱尺寸(Nominal size)」。

2. 實際尺寸(Actual size)：工件經由實際量測所得到的尺寸。

3. 極限尺寸(Limit size)：工件所允許的最大尺寸與最小尺寸，其實際尺寸須介於此兩者之間。其中，允許的最大尺寸稱為「最大極限尺度(Upper limit size，ULS)」，允許的最小尺寸稱為「最小極限尺度(Lower limit size，LLS)」。

4. 公差(Tolerance)：工件所允許的尺寸差異範圍，即最大極限尺寸與最小極限尺寸之差，且公差是絕對值。

5. 公差區間(Tolerance interval)：代表公差極限的兩條直線間地面積，或兩條直線間的距離，即公差的大小。又稱為「公差帶」或「公差位置」。

6. 偏差(Deviation)：極限尺寸或實際尺寸與基本尺度間的差值。

7. 上偏差(Upper limit deviation)為最大極限尺度與基本尺度間的差值。

8. 下偏差(Lower limit deviation)為最小極限尺度與基本尺度間的差值。

9. 基礎偏差(Fundamental deviation)：接近基本尺度的極限尺度與基本尺度間的差值，可由一個子母表示之。

10. 孔：公差制度中表示零件的內部尺寸，包括非圓孔的零件。

11. 軸：公差制度中表示零件的外部尺寸，包括非圓柱的零件。

12. 單向公差：以基本尺寸為基準，只允許單一方向的差異，即上下兩偏差值的符號同為正或同為負，如：$\phi 45 \begin{smallmatrix} +0.076 \\ +0.030 \end{smallmatrix}$ 或 $\phi 45 \begin{smallmatrix} -0.009 \\ -0.034 \end{smallmatrix}$。

13. 雙向公差：以基本尺寸為基準，允許正負雙方向的差異，即上偏差值的符號為正，下偏差值的符號為負如：$\phi 45 \begin{smallmatrix} +0.076 \\ -0.030 \end{smallmatrix}$。

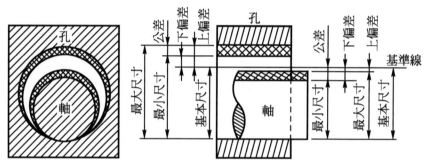

圖 3-12　公差與配合相關名詞

3-5-2　公差

1. 標準公差等級

為了達到工件的互換性，讓設計人員有統一的標準可循依，國際標準組織(ISO)訂有共同的公差標準，稱之為國際標準公差，簡稱 IT。其公差等級共分成 20 級，從 IT01、IT0、IT1～IT18。在相同的基本尺寸下，級數愈大則表示工作的精度愈差。公差數值如表所示。

一般而言，各種公差等級適用的範圍如下：

(1) IT01～IT4：適用於樣規的製造公差。如各種精密樣規。

(2) IT5～IT10：適用於一般配合機件的製造公差。

(3) IT11～IT16：適用於非配合機件的製造公差。

表 3-1 標準公差等級

標稱尺寸 (mm)	標準公差等級																			
	IT01	IT0	IT1	IT2	IT3	IT4	IT5	IT6	IT7	IT8	IT09	IT10	IT11	IT12	IT13	IT14	IT15	IT16	IT17	IT18
	標準公差值(mm)																			
≦3	0.3	0.5	0.8	1.2	2	3	4	6	10	14	25	40	60	100	140	250	400	600	1000	1400
3＜ ≦6	0.4	0.6	1	1.5	2.5	4	5	8	12	30	30	48	75	120	180	300	480	750	1200	1800
48＜ ≦10	0.4	0.6	1	1.5	2.5	4	6	9	15	22	36	58	90	150	220	360	580	900	1500	2200
10＜ ≦18	0.5	0.8	1.2	2	3	5	8	11	18	27	43	70	110	180	270	430	700	1100	1800	2700
18＜ ≦30	0.6	1	1.5	2.5	4	6	9	13	21	33	52	84	130	210	330	520	840	1300	2100	3300
30＜ ≦50	0.6	1	1.5	2.5	4	7	11	16	25	39	62	100	160	250	390	620	1000	1600	2500	3900
50＜ ≦80	0.8	1.2	2	3	5	8	13	19	30	46	74	120	190	300	460	740	1200	1900	3000	4600
80＜ ≦120	1	1.5	2.5	4	6	10	15	22	35	54	87	140	220	350	540	870	1400	2200	3500	5400
120＜ ≦180	1.2	2	3.5	5	8	12	18	25	40	63	100	160	250	400	630	1000	1600	2500	4000	6300
180＜ ≦250	2	3	4.5	7	10	14	20	29	46	72	115	185	290	460	720	1150	1850	2900	4600	7200
250＜ ≦315	2.5	4	6	8	12	16	23	32	52	81	130	210	320	520	810	1300	2100	3200	5200	8100
315＜ ≦400	3	5	7	9	13	18	25	36	57	89	140	230	360	570	890	1400	2300	3600	5700	8900
400＜ ≦500	4	6	8	10	15	20	27	40	63	97	155	250	400	630	970	1550	2500	4000	6300	9700
500＜ ≦630			9	11	16	22	32	44	70	110	175	280	440	700	1100	1750	2800	4400	7000	11000
630＜ ≦800			10	13	18	25	36	50	80	125	200	320	500	800	1250	2000	3200	5000	8000	12500
800＜ ≦1000			11	15	21	28	40	56	90	140	230	360	560	900	1400	2300	3600	5600	9000	14000
1000＜ ≦1250			13	18	24	33	47	66	105	165	260	420	660	1050	1650	2600	4200	6600	10500	16500
1250＜ ≦1600			15	21	29	39	55	78	125	195	310	500	780	1250	1950	3100	5000	7800	12500	19500
1600＜ ≦2000			18	25	35	46	65	92	150	230	370	600	920	1500	2300	3700	6000	9200	15000	23000
2000＜ ≦2500			22	30	41	55	78	110	175	280	440	700	1100	1750	2800	4400	7000	11000	17500	28000
2500＜ ≦3150			26	36	50	68	96	135	210	330	540	800	1350	2100	3300	5400	8600	13500	21000	33000

2. 公差符號及位置

公差符號由英文字母與數字組合之。英文字母表示公差位置，大寫表示孔，小寫表示軸；數字表示公差等級。孔與軸各有 28 個公差位置，如圖 3-13 所示。

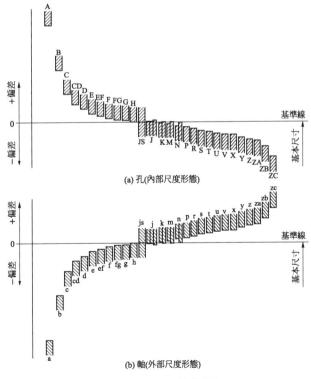

圖 3-13 公差位置

3-5-3 配合

1. 配合種類

工件組裝後依其鬆緊程度可區分為三種配合的情況(如圖 3-14 所示)：

(1) 餘隙配合：餘隙配合時軸的最大尺寸比孔的最小尺寸小，相互配合後必有間隙存在，其裕度為正，兩配合件可活動或轉動。又稱為「鬆配合」(如圖 3-14(a)所示)。

(2) 干涉配合：干涉配合時軸的最小尺寸比孔的最大尺寸大，相互配合後必有干涉產生，組裝時需加熱或加壓才得以裝配，兩配合件無法相互運動。又稱為「緊配合」(如圖 3-14(b)所示)。

(3) 過渡配合：軸的尺寸可能比孔的尺寸大，也可能較小，組裝後可能為餘隙配合或干涉配合。又稱為「靜配合」(如圖 3-14(c)所示)。

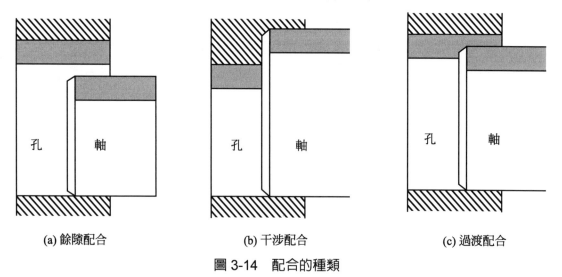

(a) 餘隙配合　　　　　　(b) 干涉配合　　　　　　(c) 過渡配合

圖 3-14　配合的種類

2. 配合制度

工件相互配合時，為達到某種鬆緊的程度，對軸及孔尺寸大小的決定，可選定其中之一為基準件，固定基準件的偏差位置，調整另一個非基準件的偏差位置，以達到不同配合的要求，此種決定配合件尺寸的方式稱為配合制度。常用的配合制度有以下兩種：

(1) 基孔制

將孔的公差固定，以孔的最小極限尺寸為基本尺寸，即定孔的公差位置於 H，然後再調整軸的公差，以達到不同配合的要求。

(2)　基軸制

　　　將軸的公差固定，以軸的最大極限尺寸為基本尺寸，即定軸的公差位置於 h，然後再調整孔的公差，以達到不同配合的要求。

表 3-2　常用基孔制配合

軸之種類及等級（餘隙配合：b c d e f g h／過渡配合：js k m／干涉配合：n p r s t u x）

基準孔	b	c	d	e	f	g	h	js	k	m	n	p	r	s	t	u	x
H5						4	4	4	4	4							
H6						5	5	5	5	5							
					6	6	6	6	6	6	6*	6*					
H7				(6)	6	6	6	6	6	6	6	6*	6*	6	6	6	
				7	7	(7)	7	7	(7)	(7)	(7)	7*	7*	(7)	(7)	(7)	(7)
H8			6	7			7										
				8	8		8										
			9	9													
H9				8	8		8										
		9	9	9			9										
H10	9	9	9														

表中有(　)者盡量不使用。
註(*)：上述之配合，由於尺度之區分可能產生例外。

表 3-3　常用基軸制配合

孔之種類及等級（餘隙配合：B C D E F G H／過渡配合：JS K M／干涉配合：N P R S T U X）

基準軸	B	C	D	E	F	G	H	JS	K	M	N	P	R	S	T	U	X
h4							5	5	5	5							
h5							6	6	6	6	6*	6					
h6					6	6	6	6	6	6	6	6*					
				(7)	7	7	7	7	7	7	7	7*	7	7	7	7	7
h7				7	7	(7)	7	(7)	(7)	(7)	(7)	(7)	7*	(7)			
				8			8										
h8			8	8	8		8										
			9				9										
h9				8	8		8										
		9	9	9			9										
h10	10	10	10														

表中有(　)者盡量不使用。
註(*)：上述之配合，由於尺度之區分可能產生例外。

3-5-4　公差配合的標註

公差配合的標註法，一般先標註孔與軸的基本尺寸，接著標註孔的公差位置及等級，最後再標註軸的公差位置及等級。以下舉列予以說明：

1.　ϕ45H8g7 (或 ϕ45H8 / g7 或 ϕ45 $\frac{H8}{g7}$)，其中(H)表示本配合件採基孔制，基本尺寸為 45 mm。孔公差位置為 H，孔公差等級為 IT8；軸公差位置為 g，軸公差等級為 IT7。查表 3-1、表 3-2 及表 3-3，可得知為餘隙配合。其中孔的公差值為 $\phi45^{+0.039}_{+0.000}$，軸的公差值為 $\phi45^{-0.009}_{-0.034}$ 。

2.　ϕ65F8h6 (或 ϕ65F8 / h6 或 ϕ65 $\frac{F8}{h6}$)，其中(h)表示本配合件採基軸制，基本尺寸為 65 mm。孔公差位置為 F，孔公差等級為 IT8；軸公差位置為 h，軸公差等級為 IT6。查表 3-1、表 3-2 及表 3-3，可得知為餘隙配合。其中孔的公差值為 $\phi45^{+0.076}_{+0.030}$，軸的公差值為 $\phi45^{+0.000}_{-0.039}$ 。

3-6　自動化光學檢測

現代機械製造的特點之一，就是製造快速且數量龐大。除此之外，各產業對於產品品質的要求日益提高，需要運用精準且快速的檢測儀器來確保各個階段的品質，以致於能針對製程中的瑕疵或缺陷進行即時的修復或報廢，以避免耗費不必要的後續處理工作，進而提高產品品質，降低客訴率。另一方面，能讓製程發揮更大的效能，降低製造成本。其中，自動化光學檢測(Automatic optical inspection，AOI)則是達到此目標的選項之一。

利用自動化的光學檢測儀器代替人工檢查，不僅可降低人力成本、增快檢測速度，更可避免人為誤判或個別的標準差異產生，得到更客觀、更一致且更穩定的檢測結果，來確保製程的正確性。

3-6-1　自動化光學檢測的特點

1. 可長時間持續進行相同品質的工作，不會因為視覺疲勞，而造成誤判。
2. 檢測精度與重複性高。
3. 可節省巨大的人力成本。
4. 精確掌握時間、成本，排除人為的因素(如請假、離職、新人培訓等)。
5. 可在缺陷處進行機器噴墨或電射標記，較人工省時。
6. 可利用電腦直接記錄檢測資料，彙整訊速、便捷、準確性高，避免人為造成資料輸入錯誤，進而可做到產品履歷功能。
7. 檢出時間不受樣本尺寸影響。
8. 可正反面同時檢測、降低物件汙染的機率。
9. 自動分類瑕疵，提供所需資訊給工程師，做為改善製程的依據。
10. 可輸出分析表格與圖形，自動產生報表。

3-6-2　適合應用自動化光學檢測的產業

1. 機械工具及自動化機械產業：零件尺寸、外形、瑕疵檢測、零件分類比對、裝配定位、加工定位、熔銲檢測等。
2. 金屬鋼鐵業：鋼板尺寸檢測、表面瑕疵檢測、鑄件瑕疵檢測、材料金像檢測等。
3. 高分子材料製品產業：保特瓶口尺寸檢測、製品顏色分類檢測等。
4. 汽車工業：裁切定位、零件塗黃油檢測、車色檢驗、組裝檢驗等。
5. IC 及一般電子產業：印刷線路板(Printed circuit board，PCB)、球閘陣列封裝(Ball grid array，BGA)、液晶螢幕(Liquid crystal display，LCD)、被動元件形狀腳位及定位、生產插件、晶圓(Wafer)鏡面研磨、生產組裝、被動元件辨識等。
6. 微機電系統(Microelectromechanical systems，MEMS)元件產業：微結構表面形狀檢測。
7. 電機工業：控制器紅外線熱像儀檢測、電線瑕疵、裂縫檢測、纜線配置檢測等。
8. 食品加工及包裝業：瓶內液位高度、異物或灰塵檢測、包裝印刷辨識、打印字形及零件編號檢測與識別等。

9. 紡織皮革工業：表面針織紋路檢測、色差檢測、皮革表面特性檢測等。

10. 家電及辦公業：產品外殼印刷檢測、1 維及 2 維條碼辨識等。

11. 保全及監視系統業：人像特徵辨識、指紋辨識等等。

3-7 統計製程管制

隨著自動化技術的日益成熟，生產自動化設備已愈來愈普及，對產品精度的要求也逐漸走向全數檢驗。面對如此龐大的檢驗工作，及人工成本的益高漲，以傳統人工檢驗的方式勢必不堪負荷，於是全自動、快速、彈性化的檢驗系統逐漸成為主流。然而，投入檢驗工作除了找出不良品以外，更重要的是從檢驗的數據資料中，找出如何改善製程能力來降低產品不良率；以更積極的角度，乃持續提升製程能力，使產品精度及附加價值再提高，進而增加產業的競爭力。

但是，面對如此龐大的檢驗數據，必需要透過統計手法及電腦的運算，才能產生有用的品質資訊。統計製程管制(Statistical process control，簡稱 SPC)，是運用製程統計的回饋系統，利用數據統計量的趨勢，了解製程變化狀況，以求及時對異常作出合理反應，減少品質問題的發生。進一步可運用 SPC 管制圖表算出 C_{pk} (長期穩定製程能力)。品管人員可由量測數據，繪製成管制圖、直方圖、及柏拉圖等，供現場人員掌握製程能力及產品品質變化的趨勢，進而即時的調整。

以下簡介品質管制的概念，若需更詳細的內容，請參閱品管相關的專業書籍。

3-7-1 常用的統計參數

1. 算術平均數(平均值) $\bar{x}$

$$\bar{x} = \frac{x_1 + x_2 + \cdots + x_n}{n} = \frac{\sum_{i=1}^{n} x_i}{n} \quad \text{其中} \quad i = 1, 2, 3, \cdots, n \tag{3-1}$$

x_i：第 i 個數據，

n：數據的總數，或樣本數

2. 全距 R

$$R = x_{\max} - x_{\min} \tag{3-2}$$

$x_{\max}$：一群數據中的最大值

$x_{\min}$：一群數據中的最小值

3. 標準差 σ

$$\sigma = \sqrt{\frac{\sum_{i=1}^{n} \left(x_i - \overline{x} \right)^2}{n}} \tag{3-3}$$

4. 雙邊規格：雙邊規格為對稱規格，即有上下限與中心值，而上下限對稱於中心值，此時數據愈靠近中心值愈佳。

5. 單邊規格：為不對稱規格，即只有上限與中心值，或是下是下限與中心值，此時的中心值即為上限或下限。

6. 規格上限值(Upper specification limit，USL)。

7. 規格上限值(Lower specification limit，LSL) 。

8. 管制上限值(Upper control limit，UCL)。

9. 管制下限值(Lower control limit，LCL)。

10. 規格中心值(Specification level，SL)。

11. 中心線(Central line，CL)。

3-7-2　製程能力指標

製程能力分析可以製程能力指標來加以評估，常用的製程能力指標有 C_a 值、C_p 值與 C_{pk} 值。

1. 製程準確度 C_a (Capability of accuracy)

是指取樣工件的實際值的平均值($\overline{x}$)與規格中心值(SL)之間偏差的程度。規格中心值設定的目的，主要是希望各階段製程所做出來工件的實際值，是以規格中心值為目標，呈上下對稱的常態分布。當樣本數據(x)與規格中心值(SL)的差越小時，C_a 值越接近零，表示品質越接近規格要求的水準；C_a 值是負時表示實際值偏低；反之 C_a 值是正時是偏高。其公式定義如下：

$$C_a = \frac{\overline{x} - SL}{(USL - UCL)/2} \tag{3-4}$$

其中 $(USL - UCL)$ 為規格範圍(Tolerance)，即公差。

2. 製程精密度 C_p (Capability of precision)

是指取樣工件的實際值，其分布範圍的大小。分布範圍愈小，表示工件的實際值愈集中，亦表示重覆性(Repeatability)愈高，則 C_p 值愈大，製程精密度愈佳；反之，則製程精密度愈差。其公式定義如下

$$C_p = \frac{(USL - UCL)}{6\sigma} \tag{3-5}$$

在此需特別注意，C_p 值的大小與規格中心值並無直接的關係。如果是單邊規格，則：

$$C_{p,upper} = \frac{(USL - \overline{x})}{6\sigma} \tag{3-6}$$

$$C_{p,lower} = \frac{(\overline{x} - LSL)}{6\sigma} \tag{3-7}$$

3. 製程能力指數 C_{pk} (Process capability index)

用來衡量製程能力的高低的綜合指數，它包含了製程準確度 C_a 與製程精密度 C_p。C_{pk} 值愈大，表示製程能力愈佳；反之，則製程能力愈差。其公式定義如下：

$$C_{pk} = (1 - |C_a|)C_p \tag{3-8}$$

一般通常若無特別需求，會希望 $C_{pk} \geq 1.33$。亦可以 C_{pk} 值分不同的等級，並執行不同處理方式，如表 3-4 所示。

表 3-4　C_{pk} 建議處理原則與評等參考

等級	C_{pk} 值	建議處理原則
A +	$1.67 \leq C_{pk}$	製程能力充足多餘，考慮降低成本。
A	$1.33 \leq C_{pk} < 1.67$	製程能力足夠，應維持現狀。
B	$1 \leq C_{pk} < 1.33$	製程能力尚可，應開始安排改善計劃。
C	$0.67 \leq C_{pk} < 1$	製程能力不足，應立即檢討改善計劃。
D	$C_{pk} < 0.67$	製程能力嚴重不足，應採取緊急措施，立即進行改善，並檢討規格。

章末習題

1. 試說明何謂精密度及準確度。

2. 產生量測誤差的原因很多，大致可歸類為哪四大類？

3. 試說明何謂製程準確度 C_a、製程精密度 C_p、及製程能力指數 C_{pk}；其值的大小有何品質上的意義？

4. 雷射具有哪四大點？請簡述之。

5. 若孔之尺寸為 $\phi 28 {}^{+0.100}_{-0.000}$ mm，軸之尺寸為 $\phi 28 {}^{+0.000}_{-0.030}$ mm，則二者配合之最大間隙為何？

Bibliography

參考文獻

1. 德國 Zoller 公司型錄。
2. 英國 Renishaw 公司型錄。
3. 日本 Olympus 株式會社型錄。
4. 德國 Klingelnberg 公司型錄。
5. 日本大阪精密機械株式會社型錄。
6. 台灣三豐儀器股份有限公司型錄。
7. 美國 Fluke 公司型錄。
8. 台灣基太克股份有限公司型錄。

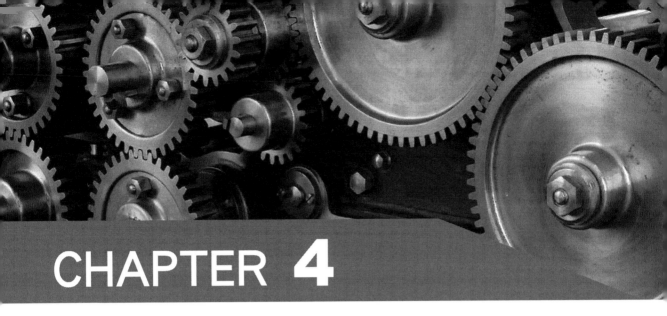

CHAPTER 4

金屬鑄造

4-1　前言

　　鑄造是傳統金屬成型方式的一種，而鑄造在人類歷史上存在了很長的一段時間，如圖4-1為古代鑄件。而隨著工業迅速發展，各種製程方式一一被發展並且將舊有的取代，然而「鑄造」還是難以完全被取代，主要其是製程方式有相當的優越性，例如：由於熔融金屬液的流動性佳，經由澆鑄將金屬液倒入模穴之中，能夠生產形狀複雜及加工困難的零件，零件僅需少量加工即可使用。再者只要模具開發完成即可在短時間內大量生產等等，成為最經濟的零件生產方式。另外藉由幾何形狀的設計與應力的計算，部分金屬零件可由鑄造件取代鍛造件，除了生產更快速也降低工件成形的成本。

(a) 青銅麒麟　　　　　　　　　　　(b) 青銅獅子

圖 4-1　北京頤和園內神獸青銅鑄件

4-2　砂模鑄造

　　鑄造用的金屬視使用範圍或是設計而定，常見的鑄造材料有鋼鐵、銅合金、鋁合金、鎂合金、鈦合金及其他金屬等，針對不同的需求而使用不同的金屬材料。一般鑄造使用的模型材料多以砂模為主，成形的模具價格相較於其他的製程相對低甚多，至今仍是許多機械零件成形的主要製程方式之一。目前業界一般砂模生產的鑄件中，可從重量數克至重量超過百噸(工業用機械零件)以上，重量懸殊差異的零件皆可由同一種製造方式所生產，可見鑄造在機械製造中所占有的重要地位，如圖 4-2 及圖 4-3 所示。

圖 4-2　小型及大型鑄件(資料來源：上展金屬、中國鑄造博覽會場)

圖 4-3　大型重量鑄件

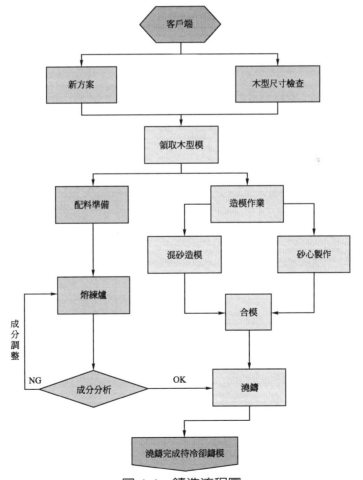

圖 4-4　鑄造流程圖

　　整個鑄造的過程簡單來說即是將金屬藉加熱爐加熱到熔點以上，當金屬呈現液狀後倒入(澆鑄)所想要的模型(模穴)中，等待其冷卻凝固後將模型去除，再將外表非工件的部分去除後就可以得到零件，這即完成整個鑄造過程，圖 4-4 所示為整個砂模鑄造流程示意圖。

　　鑄造法的分類方式相當多，最常見的是依鑄模所使用的材料分類，一般常用的砂模鑄造的分類方式：溼砂模、自硬性砂模(呋喃樹脂砂模、石膏模)、氣硬性砂模(水玻璃砂模)、永久模(金屬模)、消失模(保麗龍模)及殼(熔模)等，製程的運用會依不同的材質、製程方式或不同的鑄件需求而使用不同的鑄模材料進行生產。這些製程當中以砂模鑄造的產品比率占約 90%，是生產零件所使用最廣泛的一種鑄造方法，砂模鑄造法若討論其造型材料，會以砂為主要的重點。

4-2-1　造型用砂

　　隨著技術的發展，對於生產製程也開始做出嚴格的要求，用量最多的砂當然不能例外，如砂的物理性質、顆粒形貌、粒度分布等，按砂的顆粒形狀可分為：角形、次角形、橢圓形及圓形等如圖 4-5，形狀越不規則表面積越大，所以若使用形狀較為尖銳的造型砂，那麼相對使用其他輔助造模材料的用量就會變多。常用的砂有：矽砂、橄欖砂、鋯砂及鉻砂，目前矽砂取得最容易存量豐富是使用最廣泛的一種砂，其他非矽質砂種由於產量較少而價格較高，在使用量上則相對較少。圖 4-6 所示為各式鑄砂的電子顯微鏡下影像。

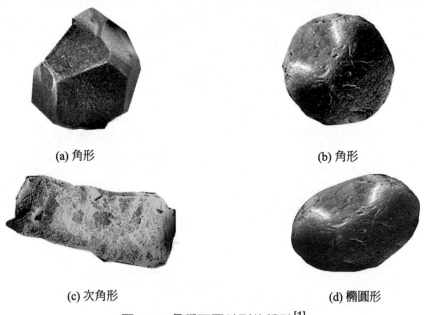

(a) 角形　　　　　　　　　　　　　　　(b) 角形

(c) 次角形　　　　　　　　　　　　　　(d) 橢圓形

圖 4-5　各種不同外形的鑄砂[1]

(a) 矽砂　　　　　　　　　　　(b) 鉻砂

(c) 橄欖砂　　　　　　　　　　(d) 鋯砂

圖 4-6　不同種鑄造用砂的顯微結構[1]

1.　矽砂

　　絕大多數的矽砂是以河口或出海口的砂為主，主要的成分是二氧化矽，二氧化矽具有相當好的特性如：

(1)　耐火度高：可承受多種金屬材料的澆鑄溫度；

(2)　顆粒堅硬：能承受反覆的使用及造模時的衝擊及壓力而不容易破碎；

(3)　接近熔點時仍保有其形狀的強度。

矽砂也有它的缺點如：

(1)　熱穩定性較差：溫度在 570℃ 時會有明顯的體積膨脹發生，將影響鑄件的尺寸精度，而且容易在鑄件表面發生夾砂及脈狀紋路的表面缺陷。

(2)　高溫穩定性較差：鑄件若為鐵系金屬則矽砂容易與表面的氧化鐵反應，易發生鑄件表面與矽砂燒結的問題。

(3) 粉塵危害：當清砂或所使用的矽砂粒度細小時顆粒容易懸浮於空氣中，對於現場的工人容易造成矽肺病的問題。

2. 非矽質砂

非矽質砂目前在世界各地的使用量相對較低，一些特殊的鑄件、金屬材質或特殊環境下須使用非矽質砂才會有較好的鑄件品質，例如耐火性或高溫強度的需求。目前最常使用的為鉻砂(鉻鐵礦砂)、鋯砂及橄欖砂，三者中以鋯砂的特性最為理想，不過鋯砂產量少而價格高。鉻砂及橄欖砂是以破碎礦石獲得，砂的外形較不好而且價格比矽砂高出數倍，除非一些高溫金屬(如鑄鋼)的砂模為了能增加鑄模的耐高溫性或是為了能夠加快鑄件的冷卻速度而使用。不過通常在成本考量下，非矽質砂的使用會以模穴表層以鉻砂或鋯砂披覆方式再輔以矽砂做為背砂進行造模。

目前已有在推廣人工矽砂，一般的人工矽砂是以破碎石英石後再過篩取得，另外也有以燒結的方式生產顆粒大小平均且外形圓滑的陶瓷砂。前者的使用及作用上與天然矽砂相似，而後者由於表面圓滑且外型一致，使用上將有助於減少黏結劑的使用以及提升鑄件的表面精度，不過成本相對高出許多。如氧化鋁、氧化鎂等人造燒結砂，這類人造燒結砂綜合了砂模所需要的優良性質，但缺點是價格偏高。

4-2-2 黏結用材料及其他輔助材料

鑄造所需要的模穴若只有砂是無法造模的，通常需要黏結材料或是其他輔助材料做為砂粒之間的結合劑，而這些輔助材料除了是砂的結合劑外，同時使砂模具有一定的強度能夠承受金屬液在凝固過程中體積的膨脹與收縮的變化。

1. 黏土

黏土是溼砂模造模法所使用的黏結劑，黏土是由火山岩漿凝固後自然風化而形成，黏土後若含鈉量多者即稱之為鈉系黏土(鈉膨潤土或西方黏土)，而含鈣較多者即為鈣系黏土(鈣膨潤土或南方黏土)。這二種黏土的使用與其性質有關，鈉系及鈣系黏土各有其優缺點，如表 4-1。

表 4-1　鈉系與鈣系黏土的優缺點比較[2,3]

	優點	缺點
鈉系黏土	溼強度、熱強度較好 溼和熱變形量較高(適合收縮量多的金屬) 耐用性好 溼抗張強度高(造模時易於拔模)	金屬液在模穴中的流動性較差 混砂不易拌勻 混砂時間短時其乾強度高,清砂不易且容易結塊
鈣系黏土	溼強度高 與水作用後流動性佳 混砂易拌勻 混砂時間短時其乾和熱強度低	崩潰性佳 砂模韌性不佳,不易拔模 對溫度反應敏感 回收性比鈉系黏土差

2. 水玻璃

又稱為矽酸鹽類黏結劑,主要有矽酸鈉及矽酸鉀,大宗的使用是以矽酸鈉為主,可以藉由加熱方式或通入二氧化碳氣體的方式或是自硬方式來做為砂模的黏結材料。

3. 樹脂

目前主要使用的樹脂有三大類:酚醛樹脂、呋喃樹脂及尿素樹脂,另外還有其他類型的樹脂,樹脂的使用需配合硬化劑,同時針對不同的金屬需選擇合適的樹脂及硬化劑。其中酚醛樹脂的價格較高,一般的使用主要是做為砂心的製造,不過此種樹脂的舊砂再生回收問題上顯得較困難,因此使用上會受到環保問題限制。呋喃樹脂是目前使用最廣泛的結合劑,可用做自硬性、熱硬性、溫匣及冷匣的造模製程。此樹脂價格較低而且硬化效果好。近年世界各國對於鑄造業的環保問題相當重視,對於樹脂的使用、來源及後續的廢砂處理更加注意。所以原料供應商開始朝環保方向進行對樹脂性質的改善,開始出現環保型的樹脂的推廣,目前環保型樹脂可由廢棄農作物的殘渣提煉得到[4]。

4. 其他輔助材料

(1) 煤粉:常用在溼砂模中做為防止砂燒結及減少鑄件表面缺陷的材料,由於混入砂模中的煤粉因注入高溫金屬液而產生燃燒現象,使砂模與鐵水的界面產生揮發物如甲烷,並轉變為還原氣體介於模穴與鐵水之間,這氣體可有效防止金屬液在澆鑄過程中發生氧化,對於改善鑄件的表面品質是相當有幫助的。燃燒過程產生的氣體壓力能與金屬液的靜壓力相抵形成平衡,另外鑄砂本身在高溫會產生膨脹問題,煤粉於高溫時的軟化與燒失,可與鑄砂膨脹相互抵消減少鑄件尺寸變形的問題。除了有這些優點外主要價格低而且容易取得，因此在溼砂模鑄造法中大量使用。但是煤粉的添加有其缺點：易使砂模透性氣降低，澆鑄時易產生大量的氣體如二氧化碳、二氧化硫等容易污染環境，同時金屬液接觸到煤粉會有吸熱反應，對於較快凝固的薄鑄件而言較為不利。

(2) 樹脂用磺酸硬化劑：造模前需將砂與硬化劑攪拌後再加入樹脂，藉由硬化劑與矽砂表面反應後再與樹脂反應即可達到砂模硬化的作用[5,6]。

4-3　砂模分類

目前砂模的成形方式大致分為下列幾種：溼砂模、自硬性砂模及氣硬性砂模等製程方式，另外也有不是用砂模做為鑄模材料的鑄造方式。

4-3-1　溼砂模

鑄造製程中最常使用的鑄模材料即是溼模砂，在鑄模中包含的原料有矽砂、黏土、水、澱粉與煤粉等，依適當的比例均勻混合即可做為砂模材料，以人工或機械的方式經由震動、壓實後即形成模穴。此種鑄模材料的回收性佳、損耗量較少且成本較低，是一般鑄造廠中不可或缺的造模生產方式。此種鑄模材料除了以人工造模外，也可以自動造模機(如丹麥的 DISA 垂直造模垂直澆鑄、美國 HUNTER 水平造模水平澆鑄及日本 TOKYU 垂直造模水平澆鑄的自動造模生產線設備)做為生產方式，更能提升生產效率且達到大幅降低成本的效果，溼砂模造模法可說更具競爭性。圖 4-7(a)～(d)為人工造模及(e)～(f)機械造模實際照片。圖 4-8 為全自動造模生產線實際生產線及圖 4-9 為造模方法示意圖[7]。

不過溼砂模造模的混砂過程較為複雜，需要對砂的性質及其他輔助材料在砂模中的作用具有相當的認識，配合電腦控制混砂系統並且隨時記錄溼模砂的基本性質如：乾強度、溼強度、黏土量、水份、壓縮比等隨時調整控制才能真正發揮砂模功能。

溼砂模的強度來源主要依靠其他輔助材料，如所添加的水、澱粉、煤粉及黏土等。但與其他的鑄模材料相比其強度在各種鑄模材料中是最低的，對於一些模數(鑄件體積/鑄件表面積的比值)大的鑄件來說，砂模強度不足或是較為肉厚的鑄件往往容易有脹模的問題，將造成外觀尺寸不良或是內部缺陷(如巨觀縮孔、微觀縮孔)，對於這類模數大的鑄件或厚斷面的鑄件不適用此種砂模，應需要尋找強度更高的鑄模材料。溼模砂比其他的砂模造模法較具有高的回收性，將可降低生產成本，而砂模硬化機制主要是水、黏土及澱粉等做為黏結劑做為砂的硬化來源，沒有化學變化，因此對環境與人體的傷害相對較低。

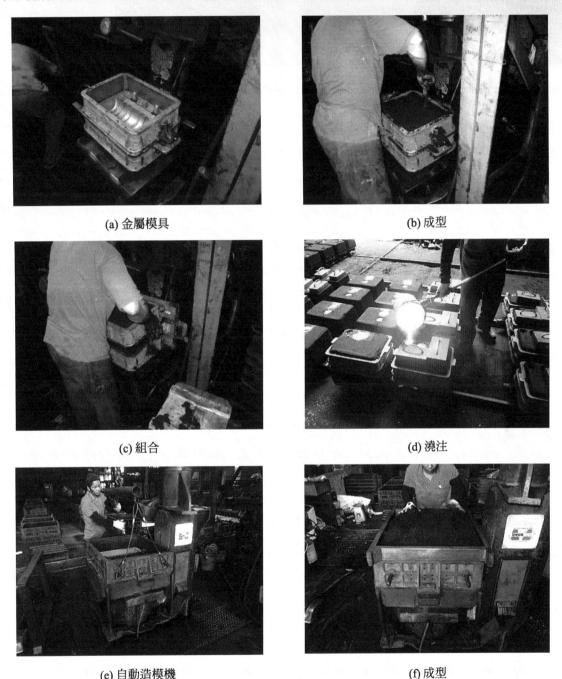

(a) 金屬模具

(b) 成型

(c) 組合

(d) 澆注

(e) 自動造模機

(f) 成型

圖 4-7　砂模鑄造，(a)～(d)為 FD1 人工造模，(e)～(h)為 FD4 半自動造模(資料來源：上展金屬)

(g) 加壓   (h) 澆注

圖 4-7 　砂模鑄造，(a)～(d)為 FD1 人工造模，(e)～(h)為 FD4 半自動造
　　　　模(資料來源：上展金屬) (續)

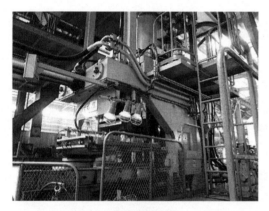

(a) 自動造模主機   (b) 自動造模生產線

(c) 冷卻區（水霧、集塵）   (d) 自動造模生產線人工澆注

圖 4-8 　自動造模生產線(資料來源：亞奇鑄造)

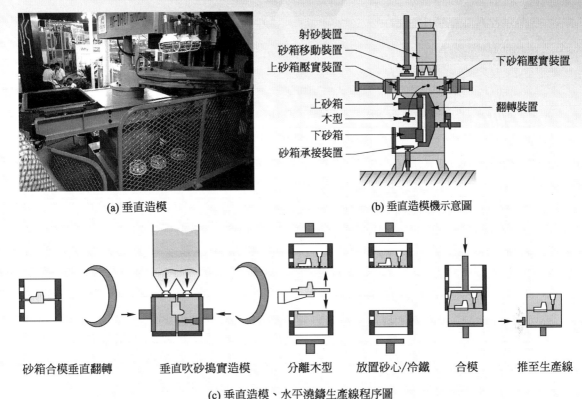

(a) 垂直造模　　　　　　　　　　　　　　(b) 垂直造模機示意圖

射砂裝置
砂箱移動裝置
上砂箱壓實裝置
下砂箱壓實裝置
上砂箱
木型
下砂箱
砂箱承接裝置
翻轉裝置

砂箱合模垂直翻轉　　垂直吹砂搗實造模　　分離木型　放置砂心/冷鐵　合模　推至生產線

(c) 垂直造模、水平澆鑄生產線程序圖

圖 4-9　垂直造模、水平澆鑄生產線及其示意圖
(資料來源：TOKYU 自動造模生產線(2014 中國鑄造博覽會場))

4-3-2　自硬性砂模

　　自硬性砂模是以樹脂及硬化劑依比例與矽砂混合之後進行造模，被覆在矽砂顆粒外表的硬化劑及樹脂混合後即開始產生化學反應結合硬化。砂模硬化後的強度相當高，對於鑄造大型鑄件來說是相當不錯的一種造模材料，如圖 4-10 為呋喃造模實際照片及其砂心、鑄模照片。

　　由於砂模強度較高適合做為大型或厚斷面鑄件的砂模，當鑄件凝固完成後需要適時放鬆砂模的砂箱或是固定用螺栓，否則鑄件冷卻時鑄件將存在較大的殘留應力，對於外形複雜而且較薄的鑄件，易因殘留應力過大，而使鑄件產生裂縫或甚至斷裂。在優點方面，砂模成型是依造樹脂與硬化劑的反應，鑄造金屬液的高溫會將接觸鑄件表面模砂中的樹脂燒盡，使此種造模法具有一定程度崩壞性，對於後處理來說是相當方便，而且廢鑄砂回收性佳，僅需篩選細小粉塵、並且經回收設備後即可重複使用，廢棄物產生量相對較小，對環境的衝擊也較低。由於樹脂可以高溫方式燒解，因此亦有將廢砂以高溫方式燒解掉樹脂部分，重新篩選後回復為原來的矽砂原料。不過樹脂砂也有其缺點，所使用的樹脂呈弱酸性，若接觸到人體可能會有不適感，造模時要特別注意眼睛及人身的安全。再者樹脂與硬化劑反應時會有較刺鼻的味道，對於呼吸道會有傷害，所以造模時需要較開放且空氣流通的空間，以避免反應時的氣體影響人體健康。目前已有推廣環保型的樹脂原料，以降低對環境及人體的傷害，目前相對成本較高，加上尚有一些技術需要突破，因此還沒有普及使用。

(a) 呋喃砂模造模

(b) 造模

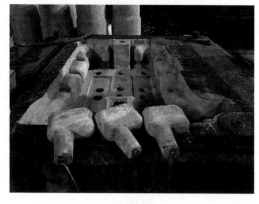

(c) 砂模

(d) 砂

圖 4-10　呋喃砂模造模、砂模與砂心(資料來源：亞奇鑄造/上展金屬/陽明山青商會 Sowell)

(e) 澆注　　　　　　　　　　　　　　　　　(f) 打磨

圖 4-10　呋喃砂模造模、砂模與砂心(資料來源：亞奇鑄造/上展金屬/陽明山青商會 Sowell) (續)

4-3-3　氣硬性砂模

　　主要是以矽酸膠(水玻璃)與砂混合後，倒入砂箱進行造模，在砂模表面打數個通氣孔，將二氧化碳通入砂模內與水玻璃進行反應而硬化。以此方式得到的砂模具有相當高的鑄模強度水玻璃的崩壞性較差，因此在回收再利用上相對較具有困難。但由於此種造模過程的時間較短，若與樹脂砂相比，樹脂砂混合後即需要完全使用，混合後在一定時間內會開始硬化，完成造模後則需等待至完全硬化後才可拔模。氣硬性砂模只要通入二氧化碳氣體後即可馬上硬化，砂模的硬化相對時間較短，而且水玻璃需與二氧化碳反應才能硬化，因此混練後的鑄砂可以在保存一段時間後仍可使用而不會大量硬化。圖 4-11 為水玻璃造模法。

　　水玻璃相對於前述樹脂砂而言，並沒有難聞刺鼻的味道，直接以二氧化碳與水玻璃進行化學反應硬化，相對來說對人體的傷害較少。但是二氧化碳屬窒息性氣體，一旦空間中濃度偏高則容易發生人體缺氧的危險，因此需要在開放通風處進行造模作業。水玻璃算是一種有發展前途的黏結劑，不過存在了一些問題而使使用受到限制，主要問題就是砂模：

1. 崩潰性差，使用後的砂模保有高的殘留強度，鑄件表面的砂模因為高溫而燒結因此鑄模在高溫時殘留強度會提高，因此崩潰性的問題尚無法得到好的解決。

2. 抗溼性差，若砂模、砂心硬化完成後沒有馬上澆鑄或使用時，長時間在溼度高的環境時，水玻璃會重新水合作用使強度降低，目前可使用塗模劑來阻止水份進入，或是添加入與矽酸鈉互不相溶的其他無機物，以形成互不相溶的鹽類以減少鈉離子的分離而改善水玻璃吸溼性的問題。

3. 回收率低再利用困難，就經濟考量及資料再利用的角度來看，鑄造需要高的舊砂再生及回收率，舊砂再生的困難在於使用後的模砂表面包覆了水玻璃，這些水玻璃無法除去。

　另外有以摻入樹脂以降低水玻璃用量，不過受到水玻璃與樹脂的影響，模砂的燒結點與耐火度就越來越低，造成砂模強度變差，鑄件尺寸精度變差、表面粗糙度增加而降低鑄件良率[8]。

(a) 鉻鐵砂面砂　　　　　　　　　　　　　(b) 矽砂背砂

(c) 搗實　　　　　　　　　　　　　(d) 鑽孔通氣

圖 4-11　水玻璃模造模法(資料來源：桐德鋼鐵)

(e) 硬化拔模　　　　　　　　　　　(f) 合模完成

圖 4-11　水玻璃模造模法(資料來源：桐德鋼鐵) (續)

4-4　非砂模鑄造法

　　隨著鑄造技術的進步與對鑄件的要求，單純使用砂模的傳統鑄造法已無法滿足客戶的品質要求，另外亦針對鑄造材料本身的性質而開發出新的鑄造技術，本節將介紹這些非傳統的鑄造方法。這些鑄造技術不管是造模的方式、使用的造模材料、熔湯充填方式及冷卻的方式都與一般砂模鑄造法不同。目前常見的非傳統鑄造方法有：精密鑄造、消失模鑄造、金屬模鑄造、壓力鑄造、離心鑄造、連續鑄造、真空鑄造、半固態鑄造等，這些新的鑄造法讓鑄件的成形方式、尺寸精度及表面粗糙度都有進一步的提升。上述的鑄造方法的適用條件及其特點，如表 4-2 所示。

表 4-2　非傳統鑄造法優缺點比較表[9]

鑄造法	生產難易度	適用材料	重量	最小尺寸	表面粗糙度 R_{max}/μm	成品率 (%)
精密鑄造	過程繁雜，可自動化生產	鋼材、鈦合金、鋁合金、鎂合金、貴金屬及耐高溫合金	0.5～10 kg	0.5 mm	低	30～60
消失模鑄造	一般	鋼、鐵、銅、鋁合金	數克至數噸	約 2～6 mm	視塗料與模型的表面粗糙度而定	30～70

表 4-2　非傳統鑄造法優缺點比較表[9](續)

鑄造法	生產難易度	適用材料	重量	最小尺寸	表面粗糙度 R_{max}/μm	成品率 (%)
金屬模鑄造	簡單	低熔點金屬(鋁、鎂、鋅)、鋼銅、鐵及鋼	小於 20 kg 為佳	約 2～12 mm	較佳	60～75
壓力鑄造	容易	低熔點金屬(鋅、鋁、鎂、銅及錫等合金)	數克至數十公斤	0.8～10 mm	優	20～60
離心鑄造	容易，可自動化生產	所有合金皆可，特別是較難熔的金屬	數克至數噸	視鑄模而定,相對比一般鑄造的肉厚要薄	優	80～100
連續鑄造	容易	所有合金皆可	數克至數噸	最小管壁厚 4 mm	-	99～100
真空鑄造	容易	銅、鋁、鋅合金及含有易氧化元素的金屬	數克至數公斤	與壓鑄差不多	鑄件若為中空件,管內尺寸較難控制	80～95

4-4-1　精密鑄造

亦稱脫蠟鑄造、熔模鑄造；鑄件尺寸公差為所有鑄造法中最少，鑄件幾乎不需要過多的機械加工。

此鑄造法是先做出蠟模的鑄件，再以矽酸膠、矽砂、砂漿等以一定比例及順序方式一層層沾漿到蠟模表面，等耐火材料沾漿到一定厚度時即可以成為殼模模型，殼模硬化後以高溫將蠟模熔出就會形成模穴。再將脫蠟的砂模放入高溫爐燒結增加砂模強度後即完成模型，澆鑄前將砂模由高溫爐取出後直接澆鑄，對於形狀複雜件或小尺寸的鑄件皆可以此法鑄造得到，圖 4-12 為精密鑄造法生產過程照片[10]。

(a) 射蠟　　　　　　　(b) 組樹　　　　　　　(c) 清洗

(d) 沾漿　　　　　　　(e) 檢測

圖 4-12　精密鑄造生產過程(資料來源：承鴻國際實業)

(f) 殼模乾燥/脫蠟

(g) 燒結

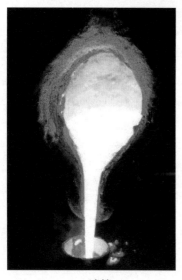

(h) 澆鑄

(i) 後處理/品檢

圖 4-12　精密鑄造生產過程(資料來源：承鴻國際實業) (續)

4-4-2　消失模鑄造法

　　主要利用保麗龍製做出與零件完全一樣尺寸的模型，在塗上消失模專用塗模劑後直接進行造模。一般來說會伴隨以使用真空造模的技術來進行消失模鑄造法，將保麗龍模埋入矽砂後對砂模進行抽真空的動作，當抽取砂箱的空氣後會讓矽砂變得緊實形成堅硬的砂模，保麗龍模不會取出，澆鑄時直接由澆口倒入金屬液，當金屬液接觸保麗龍會開始燃燒產生氣體，這時候即藉由抽眞空的方式將氣體抽除，因此澆鑄完成之後仍需要保持砂箱的眞空度，鑄件完全凝固後只要破除眞空，移除矽砂後即可得到鑄件，整個過程中不會使用到何任黏結劑或其他輔助材料。

　　另外也有以自硬性或氣硬性的樹脂砂來進行造模，造模方式與一般砂模造模相似，但不會拆除保麗龍模，金屬液接觸模型時亦會產生氣體，澆鑄時鑄模的通氣性就格外重要，通常會在砂模中多打通氣孔來解決通氣的問題。而消失模對於形狀複雜而且不易決定分模面的鑄件可以說相當方便。不過由於保麗龍的外表粗糙度較大，對於表面非加工面粗糙度有要求的鑄件則不建議使用。使用此法在大鑄件中比較大宗的屬汽模用模具。如圖 4-13 即爲汽車板金沖壓保麗龍模與鑄件成品。保麗龍模屬一次性造模(模具無法再利用)，近年來已針對保麗龍的表面粗糙度開發新的消失模用來解決表面粗糙度的問題。

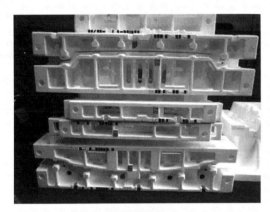

(a) 保麗龍模

(b) 塗模完成的保麗龍模

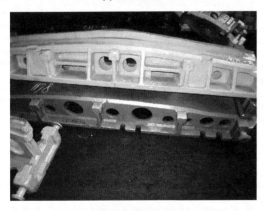

(c) 鑄件成品

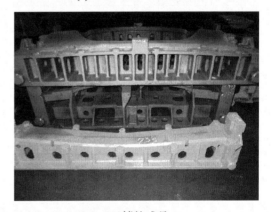

(d) 鑄件成品

圖 4-13　汽車模(資料來源：上展金屬)

4-4-3　金屬模鑄造

金屬模亦稱永久模，澆注後將鑄件取出而不會破壞模具且拆模後可以重複使用。使用金屬模的鑄造方式將有利於生產效率及節省成本。

1. 金屬模的特點

   (1) 優點

      a. 模具導熱快，能在較短的時間內凝固，可得到較緻密的顯微結構。

      b. 表面粗糙度低且尺寸精度高。

      c. 模具使用壽命長，且鑄砂使用量較少可減少對環境的污染，也可避免鑄砂造成的缺陷。

      d. 澆鑄容易且操作程序簡單，生產效率較高而且易於朝自動化發展。

   (2) 缺點

      a. 金屬模剛性好，鑄件的冷卻收縮時無法如砂模具退讓性，易增加鑄件發生裂紋的傾向，對收縮量大的金屬澆鑄而言是較不利的。

      b. 生產的鑄件雖然尺寸精度高，但相對稍遜於壓鑄的鑄件。

      c. 相對其他非金屬模的模具成本較高，若無大批量生產時則較無經濟效益。

一般來說金屬模鑄造多以鋼或鑄鐵做為模具，使用在鋁、鎂、鋅等低熔點合金，但仍有少數的製程是以使用金屬模生產鑄件，最典型的例子是鋼鐵成型或軋鋼用滾輪、滾子。這類的零件主要的特點就是需要有相當的耐磨性及硬度，但同時又需要兼具韌性。此這類鑄件經由金屬模激冷凝固後可以得到表面堅硬耐磨且心部仍有韌性的鑄件。以鑄造的方式配合控制凝固的速度，將可以使同一鑄件獲得表面與心部具有相當大的硬度差異。圖4-14(a)～(c)為油壓缸活塞的鑄模及鑄件照片。

(a) 活塞金屬模鑄造　　　　　　　　　(b) 活塞鑄造模

圖 4-14　以金屬模鑄造活塞(資料來源：上展金屬)

(c) 活塞鑄造模

(d) 活塞鑄件粗胚

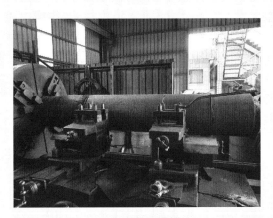

(e) 車床加工外徑

(f) 活塞成品

圖 4-14　以金屬模鑄造活塞(資料來源：上展金屬) (續)

4-4-4　壓力鑄造

　　壓力鑄造(稱壓鑄)是一種將液態或半液態金屬倒入壓鑄機中，以壓力讓金屬液在一定的速率下充填到模穴，此種方式以生產外形複雜且肉薄的輕合金鑄件為主，是一種高效率、高精密度且低耗損的鑄造技術。壓力鑄造與一般鑄造最大的差別在於運用與大氣壓之間的壓力差讓金屬液充填模穴，包括了高壓鑄造、低壓鑄造、差壓鑄造及真空吸鑄等數種運用壓力的鑄造法。

高壓鑄造的特點：

1. 生產效率高，可以展現自動化及機械化的生產方式。

2. 產品品質好，壓鑄的尺寸精度高且表面粗糙度小，如表 4-2。

3. 對大批量產品來說可降低成本。

目前缺點：

1. 一般壓鑄會有氣孔缺陷存在，鑄件若有內凹以及高熔點合金是不適合生產。

2. 投資成本高，壓鑄設備價格高，不適用於小批量零件生產。圖 4-15 所示為壓力鑄造的流程示意圖。

圖 4-15　壓力鑄造流程圖

低壓鑄造是介於壓力鑄造與重力鑄造之間的一種生產方法。藉由施予壓力在金屬液面，讓液面流入型腔中直到完全凝固後再釋放壓力讓金屬流回到坩堝中即完成一次鑄造過程，開模後取得鑄件。低壓鑄造的流程圖如圖 4-16。

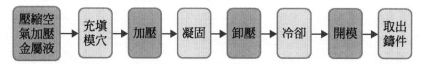

圖 4-16　低壓鑄造流程圖

低壓鑄造的特點：

1. 金屬液充填平穩，避免金屬液產生紊流及捲氣，提升鑄件品質。

2. 受到壓力的關係，金屬液的流動性增加，有利於薄壁鑄件生產。

3. 壓力下鑄造使晶粒組織緻密，機械性質會提升。

4. 鑄造方案簡單，可省下不少澆冒口系統的金屬液，因此得料率高。

5. 適用材料相當多，除了非鐵合金外，鑄鐵與鑄鋼皆可使用。

6. 可自動化批量生產鑄件。

7. 對於形狀複雜鑄件，還需以冷鐵及冒口解決補縮問題。圖 4-17 為低壓鑄造實際照片。

差壓鑄造與上述二種壓力鑄造相當類似，只是差壓鑄造的鑄型與金屬液是有壓力的差別。運用壓差的關係，使坩堝中金屬液流到模穴中。較特別的是模穴也有壓力差，多數會以通入保護氣體來產生壓力差，可以減少有害氣體及降低鑄件內部氣體含量。而眞空鑄造則較爲複雜，一般來說眞空鑄大致有二個方向：(1)眞空熔煉、眞空澆鑄。(2)大氣熔煉、眞空澆鑄。前者利用將鑄模抽取眞空，使金屬液能由坩堝抽吸入模穴之中，而後者類似消失模的鑄造方式，詳細消失模鑄造法。

(a) 造砂心

(b) 低壓鑄造機本體

(c) 開模

(d) 置入砂心

圖 4-17　鋁合金低壓鑄造 (資料來源：振興機械)

(e) 除氣　　　　　　　　　　　(f) 持壓

圖 4-17　鋁合金低壓鑄造 (資料來源：振興機械) (續)

4-4-5　離心鑄造

　　離心鑄造是以機械力將鑄模做高速旋轉，讓金屬液在離心力的作用下充填鑄模的生產方法。依照旋轉的方向與鑄件的相對位置來說，離心鑄造分為立式離心與臥式離心二種，其優缺點：

1. 在不使用砂心的情形之下生產中空狀鑄件，鑄件長/直徑的比例可以很大，如盤狀、杯狀及等狀鑄件等。

2. 可生產中空狀的複合材料鑄件如雙金屬、複合金屬等。

3. 由於離心力的關係加強了金屬液充填的流動性，流動性差的金屬如鈦合金及其他耐熱金屬會以此方生產。

4. 提高金屬液的補縮能力，鑄件組織緻密性高，機械性質優良。

5. 以離心力輔助金屬液補縮，因此可減少補縮系統(冒口、流道等)提高得料率。

6. 如材質為易分離或結晶時有比重差異很大的相時，鑄件易有密度偏析的問題。

7. 鑄件形狀受到限制，一般為管件或中空件。

4-4-6　連續鑄造

連續鑄造是將金屬液倒入特制的金屬模或石墨模中，當開始冷卻凝固時，金屬模或石墨模以一定的速度遠離，不斷延伸的結果可以鑄出長條型的鑄件。鑄件若有限制延伸的長度，此為半連續鑄造。反之則為連續鑄造，例如鋁合金廠用鋁棒連續鑄造即為半連續鑄造，中鋼的鋼板的生產即是連續鑄造。與一般鑄造法相比：冷卻迅速、晶粒細化、易以機械化自動生產、可減少多餘金屬的損耗。其外型較為簡單，一般為管狀、條狀等。

這些鑄造法也並非一成不變，有時為了鑄件需求、金屬液特性、生產快速或降低成本等的因素考量之下，這些鑄造方法將會被產品開發者混合使用，以期能夠達到所需要的鑄件品質。例如利用離心鑄造法與精密鑄造的混合製程流動性差的金屬液充填入對尺寸要求較高的精密鑄造方式生產鑄件。或是以差壓鑄造或低壓鑄造與精密鑄造結合，生產無內部缺陷的鑄件而且可以減少鑄件外觀氧化的問題。雖說金屬鑄造方法依性質及方式做分類，但還是可依鑄件需求、材料需求、客戶需求等做不一樣的不同程度的結合以達到生產的最大效益。

4-4-7　真空鑄造

真空鑄造指的是真空造模法的使用，主要利用讓砂箱形成負壓狀態或是相對與大氣壓力為減壓狀態下的造模方法，國外稱為真空「Vacuum」。讓砂箱呈現負壓或減壓的方法是利用塑膠薄膜覆蓋木型，抽真空使乾砂可以成形，為無使用任何黏結劑的新式造模方法。由於是物理性的造模方式，鑄件的落砂將更為方便，減少了廢砂的回收問題，也提高了鑄件的尺寸精度。

1.　真空鑄造的特點

　(1)　木型覆蓋薄膜，鑄件表面光滑、拔模斜度小、尺寸精度高，加工量少。

　(2)　真空造模的模砂傳熱較慢利於金屬液補充，鑄件得料率高。

　(3)　設備簡單，除了抽真空及專用砂箱，省去混砂及其他輔助設備。

　(4)　砂回收率高，無使用任何輔助材料及黏結劑，清砂容易。砂回收約 95%，溼砂模約 60%。

(5) 改善工廠環境，澆鑄過程可能產生的微量氣體或顆粒將會被真空泵抽走，對環境污染影響少。

(6) 造模前木型披覆薄膜，砂直接接觸木型的機會不高，因此木型使用壽命提高。

2. 其缺點如下：

(1) 由於需要薄膜披覆木型，對於外型複雜的木型在造模上就有難度。

(2) 需要抽真空造模，礙於場地及設備的限制會影響生產率。

(3) 若有放置砂心鑄件，在木型及造模上就有困難，相較下用傳統造模法會比較容易[11]。

圖 4-18　真空鑄造流程圖

4-5　鑄件檢驗

　　鑄件的品質要求包括外觀、內部及客戶使用情形以滿足客戶需求為主要的品管管制。外觀品管包括粗糙度、尺寸、重量及表面缺陷等，內部品管包物理性質、化學成分、機械性質、應力、密度及金相顯微組織。使用情形主要是要求鑄件的使用壽命、抵抗或承受外在環境的能力、耐熱、耐腐蝕性等。一切的判定在世界各地皆有不一樣的標準，如 ASTM、JIS、SAE 及 CNS 等，但皆視客戶的需求而依循其要求的標準為原則。

　　鑄件缺陷的檢驗，一般而言既已鑄造成形的鑄件，除非是開發件或是已列入報廢件，其檢驗會以破壞性檢驗(破壞鑄件切取試樣做機械性質或化學成分的檢驗)，在不破壞鑄件的前提下，非破壞性的檢測則是比較通用的的檢驗方式，因為除了可以得到檢驗結果外，也不會造成製造者與客戶之間的損失。因此非破壞性檢測屬於通用性的檢驗方式，非破壞檢測是在不破壞鑄件的完整性之下進行相關性質的檢測方式，其中包含了材料本身的光學、磁、導電、輻射及超音波的特性做為檢驗的方法。以目視檢驗(VT)、液滲檢驗(PT)、磁粒檢驗(MT)、超音波探傷(UT)、渦電流檢驗(ET)或射線檢驗(RT)。利用適當的非破壞檢驗可對鑄件的表面、次表面及內部做相關缺陷的檢驗並可藉由儀器設備來判斷鑄件是否可以使用的依據。常見各種非破壞檢驗方法優缺點比較如表 4-3[12]。

表 4-3　各種非破壞檢驗法比較[12]

項目	液滲檢測 (PT)	磁粒檢測 (MT)	超音波檢測 (UT)	射線檢測 (RT)	渦電流檢測 (ET)
基本原理	利用液體毛細作用滲透、顯像表面缺陷	以磁漏現象觀察磁粒聚集顯示表面或次表面缺陷	利用超音波在材料內反射、折射與共振檢測材料內部缺陷	以射線穿透鑄件，以底片記錄影像	利用線圈誘導觀察渦電流變化情形
優點	操作判斷簡單價格低 多數材料皆可	操作簡單 可檢測表面及次表面的缺陷	穿透力高，適厚斷面材料 對裂痕敏感度高 可立即判讀內部缺陷位置及深度 可接記錄器	可用於各種材料 可做材料全檢 可做永久記錄 易判別缺陷種類	可測導電率、膜厚 探頭不需直接接觸 適合在高溫、高壓下及形狀不規則物件 可儲存記錄
缺點	只能檢測表面物件溫度需要控制 需要通風環境 無法永久記錄	需為導磁材料物件試驗後要退磁 複雜外形難以辨別 無法永久記錄	組織、晶粒粗大者較不適合 薄件、小件、表面粗糙度高較不適合 需要參考規塊做校正 技術性較高	射線具危險性需管制 儀器價格貴 難以了解內部缺陷深度位置	僅用於導電材料 內部缺陷無法檢測 需用參考規塊做判定輔助 表面若有曲折易有錯誤顯示

4-6　電腦輔助鑄造

　　鑄件的成形歷經澆鑄充填及凝固二個階段，在巨觀上主要有流動、冷卻與收縮等三種物理現象。澆鑄時的流動關係到鑄件的表面缺陷如接水紋、氣孔、渣孔。澆鑄時鐵水的溫度分布則關係到後續的鑄件凝固問題，而凝固時溫度分布則影響到最後鑄件的巨觀縮孔及微觀縮孔，以及與應力有關係的熱裂、冷裂問題。

　　要很精確的了解澆鑄到凝固的變化是相當複雜，通常以理論來做論述，如熱傳學、熱力學、物理冶金、冶金熱力學、凝固理論等。這些理論公式已被軟體商開發成模擬軟體用來輔助研發人員及現場人員對於鑄件的開發與品質的控制。藉由模擬軟體來對鑄件各個階段的變化做控制以期達到提升良率及增加效率的效果。早期的模擬軟體主要是為了消除鑄件的缺陷，目前則開始深入對於鑄件的組織的結晶模擬用來做為預測鑄件機械性質的目的。這些軟體主要以有限元素法及有限差分法為主要的大宗，有限差分法的計算速度相對較快，對於只模擬金屬液流動模擬(前處理)是相當節省時間。常見凝固或鑄造的模擬軟體如 Flow3D、MagmaSoft、ProCast、SolidCast、AnyCasting 等皆有不錯的使用效果。另外尚有對於材質成分的模擬如 JMatPro，利用公式可以計算出材料的物理性質如密度、相變化溫度、熱傳係數、膨脹係數、潛熱及各種可能析出相等。再與上述的模擬軟體結合使用將更可擴大材料的使用範圍，對於開發前期來說可大大縮短時間在這些數據的取得[13~16]。

4-7　綠色鑄造

　　日趨嚴重的地球暖化問題造成的極端氣候，溫室效應已日趨嚴重影響人們的生活，因此各種產業都趨向於降低各種產業的碳排放量。全球大企業的導向也是針對採購以環保的材料或製程所生產的產品，使得各產品的供應鏈被迫也走向環保型材料及製程。

　　為何要有綠色鑄造？主要是希望能維護居住環境的品質及公共安全，對於企業而言則是正向的負起社會責任，同時也是能夠吸引年輕人能從事鑄造相關產業。其中最主要的方向以朝新原物料的開發，以及減少製程中能源的浪費著手進行，如：

4-7-1　盡可能使用可回收造模原料

　　如以人工燒結生產的鑄造砂或在自硬性或氣硬性的造型材料中採用環保型黏結劑(以農業廢料提煉的環保型樹脂或硬化劑)及以水性塗模劑取代醇類塗模劑，可減輕人員傷害以及環境的危害[4]。

圖 4-19　人工燒結球狀陶瓷砂

4-7-2　善用生產過程的餘熱

鑄造過程中所逸散到環境中的熱能是相當多的，若以設備回收這些廢熱而轉做使用，除了可降低環境的危害又能在生產過程中獲得額外的能源，對於鑄造廠而言是有其實際上的效益。

4-7-3　導入電腦輔助改善製程、縮短開發時間及降低成本

現今有相當多的電腦輔助軟硬體運用在鑄造上，電腦輔助技術應用大致分為二個方向：

1. 以繪圖軟體搭配商用鑄造模擬軟體，利用繪圖軟體將鑄件 3D 圖繪出，轉檔輸入至模流軟體中設定熱傳邊界條件後即可模擬金屬液流動及凝固，有助於在短時間內預測及改善方案，將大幅縮短產品開發時間[14,15]，減少試做及打樣所花費的人力及資源。

2. 利用電腦軟體記錄材料的溫度冷卻曲線，利用即時的冷卻曲線數據以及熱分析技術的軟體，可立即呈現由液相冷卻至固相的過程中顯微組織的轉變，藉由得到的數據及實際金相檢驗結果，有助於工程師了解原料的配比以及熔煉的過程中是否達到所要的要求，對於大量生產的工廠來說，可立即判定產品是否符合規範或短時間內可做材質的修正。

 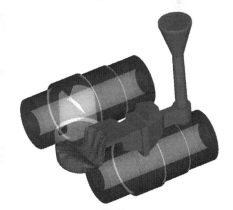

(a) 3D繪製方案　　　　　　　　　　　　(b) 電腦模流分析

圖 4-20　3D 繪圖及模流後製木型生產鑄件，縮短試誤成本(資料來源：京華福士科、上展金屬)

(c) 木型製作

(d) 實際鑄造結果

圖 4-20　3D 繪圖及模流後製木型生產鑄件，縮短試誤成本(資料來源：京華福士科、上展金屬) (續)

4-7-4　運用 3D 列印技術於鑄造產業

　　3D 列印技術就工業來說不算是最新的製程方式，原屬於樣品的打樣稱之為快速打樣成形製程(Rapid prototyping process，RP)。一般來說，不管是傳統的鑄造法或是非傳統的鑄造方法，造模人員都需要經過長時間訓練及經驗的累積，才能實際在鑄造廠從事造模的工作，對於非批量產生的少量多樣的鑄件以及大型鑄件，這些都是考驗著工作人員的技術，這些人的造模技術將影響鑄造廠的運作。隨著人力資源缺乏，近年來開始有將 3D 列印技術應用在造模上，利用 3D 繪圖軟體繪製出砂模，再以 3D 列印設備列印砂模後即可交由工作人員進行合模，澆鑄後得到鑄件。不過目前設備價格高而且生產速度慢，因此還是以打樣為主，通常會配合模流軟體做產品的打樣。除了人力的使用上較為彈性，而且也能節省模具修改的成本。另外對於尺寸上的要求或是複雜的零件，也可用較省時省力的方式從事生產。對於產品的後處理及加工等也能有效降低成本及提升效率。雖然目前此設備要導入的成本門檻很高，相信未來這方面的設備成本會慢慢降低，勢必在某些產品(如航太使用的燃氣渦輪機、高精密機械零件的運用上會成為潮流[17]。

(a) 鑄造用砂模3D列印設備

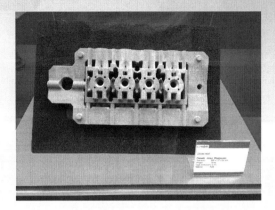

(b) 3D列印砂心

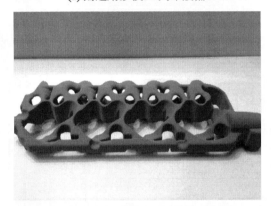

(c) 3D列印一體成形複雜雜砂心

(d) 3D列印船用螺旋槳砂模

(e) 3D列印：鋁合金進氣渦輪殼

(f) 3D列印運用：砂模、砂心、流路系統

圖 4-21　3D 列印鑄造運用(資料來源：皇廣鑄造發展股份有限公司、宏邦國際發展有限公司)

章末習題

1. 簡單敘述砂模鑄造的種類？

2. 常用的鑄造矽砂有何優缺點？

3. 簡述其他輔助材料在砂模鑄造中的作用為何？

4. 試比較各種砂模鑄造法的優缺點為何？

5. 各種砂模所使用的黏結劑是哪些？

Bibliography

參考文獻

1. AMCOL METALCASTING，http://www.amcolmetalcasting.com/
2. 鑄造手冊 5，王君卿，機械工業出版社
3. 鑄造工程，施登士，中央大學機械
4. 綠色是世界鑄造的趨勢，張冠雄，2013 鑄造學會研討會
5. 提升球墨鑄鐵穩定性，Mr. Jeff Meredith，2013 溼模砂技術研討會
6. 模砂對球墨鑄鐵品質影響因素，楊棟賢，2013 高品質「鑄鐵」鑄造技術研討會
7. 2014 年中國國際鑄造博覽會，北京
8. 鑄造用水玻璃及其改性機制，許進，華中科技大學出版社
9. 鑄造手冊 6，特種鑄造，機械工業出版社
10. 熔模鑄造
11. V 法鑄造生產及應用實例，謝一華等著，化學工業出版社
12. ProCast 基礎訓練課程，張主聖，岱冠科技有限公司。
13. 鑄造工藝仿真 ProCast 從入門到精通
14. 鑄造過程解析方法，Alexandre Reikher Michael R. Barkhudarov，Springer 出版公司。
15. Flemings Solidification Processing, Materials Science and Engineering Series, McGRAW-HILL INTERNATIONAL EDITIONS
16. Sand mold by 3D-printer and user's applications，Mr. SoedaExOne Japan manager, 3D 積層製造技術研討會暨精密鑄造技術新知識與市場趨勢分享會。

現代機械製造

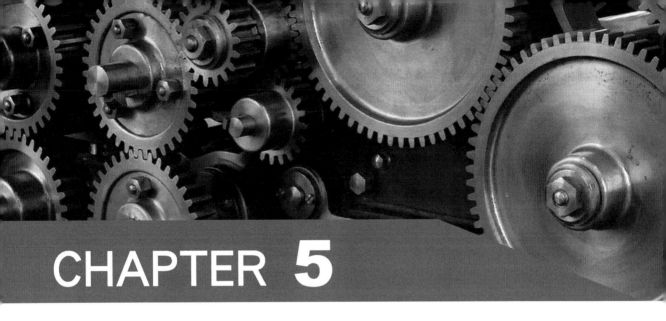

CHAPTER 5

高分子及玻璃成形

5-1 塑膠

5-1-1 塑膠的定義

塑膠(Plastics)的源頭主要來自石油，石油或稱原油是一群難以計數的碳氫化合物的混合物，塑膠可視爲煉油工業衍生的附屬產品。圖 5-1 所示爲我國石油煉製廠，塑膠的主要組成例如乙烯、丙烯、丁二烯和芳香烴等也可稱呼爲石化原料，來自煉油工業經由嚴格化學處理程序製成合適分子量大小和構造，用途是提供爲塑膠、橡膠、纖維和特殊化學品等合成產品的原料。塑膠沒有共同一致的定義，有一些人喜歡定義塑膠在相對狹窄的意義上，側重於特定的屬性(如成型性)。有些人則傾向於更廣泛的定義，焦點放在：廣義的性質、加工和設計特色等有相關的材料。

圖 5-1 台灣中油煉製廠(資料來源：科學發展 2004 年 10 月，382 期)

塑膠材料經由人工合成巨大分子，是屬於具有可高度被修改特性的聚合物(或高分子)材料。塑膠除了是合成聚合物之外，所有塑膠材料在某些階段，可以很容易形成或塑造成一個有用的形狀。聚合物是由小分子經過化學鏈結連接在一起的分子化學鍵結材料，塑膠算是煉油的重要產物之一。如圖 5-1 爲台灣中油煉製廠。

5-1-2 聚合物的定義

聚合物一詞的意思是指 "很多小分子或單體" 結合起來形成大的分子。分子相結合的結果當然就是一個鏈狀分子(聚合物)。通常情況下，聚合物鏈會很長，往往組成的單元有數百個以上，但聚合物組成若只有少數單元連結在一起也會有應用價值。無論是小型或大型的分子，都是由特別的小原子(如碳，氫，氧或氮)結合起來。當任何一個小分子形成時，原子連接在一起成為一個具體特定的排列組合產生特定的分子特徵，該原子的類型和它們的排列方式決定該分子的屬性。舉例來說，稱為甲烷(化學式 CH_4，Methane)的小分子總是有一個碳和四個氫原子，組合成一個類似金字塔的四面體形狀。另一種小分子，乙烯(化學式 C_2H_4，Ethylene)，是一種來源於石油的氣體，它總是有兩個碳原子和四個氫原子組合，使兩個氫原子連接到每個碳原子，兩個碳結合在一個平面的結構。乙烯是一種小分子的類型，可以組合成很長的鏈，成為聚合物分子，而甲烷不能輕易結合形成聚合物。簡單的說，乙烯和甲烷是不同的小分子，有著不同的化學性質。分子的化學性質決定那些種類型的分子可以進入到其中參與反應。在上述的例子中的乙烯和甲烷，形成聚合物所需要的條件下，乙烯較容易產生化學反應。

形成長鏈大分子的各種聚合物可能來自各別相同的單體，但也有可能與其他屬性不同的小分子結合在一起，它們各自聚和之後的特性便全然不同。長鏈分子在室溫下通常是固體或粘稠液體。當分子鏈長很長(通常包含數千個單體)的時候，此類聚合物可稱為塑膠，也可以被稱為一個巨大的分子或高分子。所有塑膠都是巨大分子，雖然有一些巨大的分子是自然發生的，但是一般對塑膠的定義還是指一般由人工合成的巨大分子。

5-1-3　塑膠的發展歷程

聚合物在極端條件下被合成，例如簡單的氣體經過聚合反應(通常是高熱和高壓力)可被製作成粉體材料。今天這種合成的方法被稱為接枝或自由基聚合法。最常見的例子是乙烯氣體反應形成聚乙烯。相同時期其他聚合物也有相似的方式被製造出來，如聚氯乙烯(PVC)，聚苯乙烯(PS)和聚甲基丙烯酸甲酯(PMMA)。有些製程結果往往很難預知；成功的結果往往只是因為偶然的或無意中的發現。例如，使用原來理論的合成方式製造聚乙烯時，具有很大的複製難度。經過仔細的檢查，他們發現進行反應時需要一些微量的氧氣，原因是當時在進行實驗過程中儀器發生不小心洩漏，因此提供了這個小量氧氣來源，才能產生聚乙烯。就算是早期的工作者如凱庫勒和菲舍爾在大多數情況下，對聚合物的一些性質都不甚理解(許多科學家認為固體產品的小分子只是小分子物理性緊緊聚在一起，而不是化學方式結合或結構上是不同的天然聚合物)。現代合成塑膠的結構模型，可以追溯到在 1924 年提出聚合物理論結構的赫爾曼施陶丁格(Herman Staudinger)。他提出聚合物結構是一種一般化學鍵結合的小單位所組成的線性結構。早期許多的化學家對這種結構模型有爭議。但是，出現了 X 射線繞射儀及超速離心機提供關鍵分析工具，可分析聚合物的結構，並最終證實了施陶丁格的論點。

杜邦公司於 1930 年代初開始研發特定的聚合物。杜邦公司聘請美國哈佛大學華萊士卡羅瑟斯(Wallace Carothers)，研發類似天然蠶絲性質的材料。經過幾年的實驗和開發，終於開發出我們現在所說的尼龍材料(Nylon)。更重要的是卡羅瑟斯開發出一種新的製造聚合物的方法，明確的驗證分子結構模型是研發的基礎。在很短的時間，這方面的知識運用在尼龍聚合過程(稱為縮聚或逐步聚合)為首的開發和只需不同類型的小分子作為起始原料延續此製程，便可用於製造其他聚合物。

塑膠摻入纖維補強材料，例如陶瓷或金屬，可以形成剛性或機械性質佳的工程用塑膠，提供更多的材料選擇給社會大眾。這些組合的材料稱為複合材料(Composites)，因為是以塑膠為基本材料所以很容易成型，並且有添加物的補強所以物性可被提升。玻璃纖維補強塑膠，碳纖維環氧樹脂，碳-碳複合材料已經被廣泛應用於汽車，航太，體育用品等領域。

其它塑膠的發展包括導電、導熱塑膠的發展，光敏感聚合物，生物可分解塑膠，生物相容性醫療用塑膠，目前也進行開發除了石油，煤炭等傳統的塑膠原料來源以外新的原料作為塑膠材料的來源，例如植物材料(玉米、木粉等)。

塑膠開始的歷史與人們對天然聚合物使用和好奇心有關，透過改進這些天然聚合物可以得到更多用途。今天，塑膠的開發，製造和應用集合了化學家，數學家，統計學家，設計工程師和製造工程師...等等。在許多情況下，這些專家的分工與合作有助於推動該領域的技術水準繼續向前邁進。

5-1-4　塑膠加工方法

雖然塑料材料的發展已快速成長，但在加工，製造和檢測分析也同樣重要。不斷改良的技術可以讓開發過程中找到合適的材料和找到最佳的加工方法，使得塑膠製造更有效率且符合經濟考量，因此新設備和新方法仍然持續被廣泛發展。目前工業上最常用的塑膠加工方法有(1)押出成形法及(2)射出成形法兩種。

5-2　押出成形

　　押出成形(Extrusion molding)是由泵不間斷地供應材料流動到一個成形模具頭(Die，一般業界稱為：模頭)產出特定截面形狀的成形製程。押出成形是塑膠加工產量最高的製程，衍生的變化也是最多，例如：押吹成形，被覆，…等。塑膠材料可以被押出成形。然而，並非只有塑膠可以被用來押出，金屬也可以被押出成形(通常稱為擠出成形)，例如製作成鋁窗框。在日常生活中，也經常看到使用押出成形的方法，如擠壓牙膏就是一種押出的製程；壓膠槍也是大家所熟悉的另一種押出製程，潤滑油槍或蛋糕裝飾工具，還有義大利麵條的製作方式也都是押出成形，它是由機械推動麵團通過適當形狀的圓孔而成形為食用的義大利麵，漢堡肉的製作方式是使用攪肉機，將肉放置於頂部，然後掉落到螺旋絞刃，肉被絞碎後也被推動向前，直到它離開機器而得到連續的碎肉。熱熔膠槍是押出的特別範例，因為它包含加熱與押出材料的兩項功能。許多塑膠押出設備的設計原理類似這些日常生活中的各種押出製程應用。

　　除了可以製作成形各種零件外，押出製程還可用來製作塑膠原料稱為押出造粒，是最廣泛使用的塑膠加工方法，它可以用來熔融塑膠做為添加或混合填充料、著色劑和其它添加劑的押出造粒加工。押出成形可以直接製造出各種形狀的產品，並且也可用來做為原料上游的加工製程。當應用於直接成形時，會把一個成形設備或模具直接安裝在押出機(Extruder)的出口端進行生產，這個過程稱為押出成形製程，或者更簡單的說，就簡稱為押出成形(Extrusion)。塑膠吸管的生產過程是製作塑膠管件的一個例子。若是押出機是被用來準備做塑膠材料的二次加工成形，這時押出機被視為成形機器的一部份，並不適合把它分割出來。圖 5-2 為各種押出製程的產品。

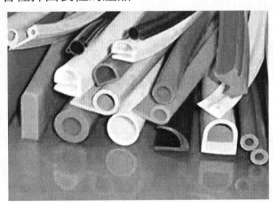

圖 5-2　各種押出製程的產品

　　圖 5-3 爲押出製程的示意圖。一般來說押出成形是將塑膠粒和其它材料混合後，送入押出機的料斗，材料從料斗通過押出機螺桿上面的洞口(又稱入料口)，這時螺桿(Screw)在押出機料管(Barrel)裡面轉動，運送塑膠粒往前行進，透過外部加熱片和內部螺桿摩擦產生熱量，將塑膠粒熔融。螺桿旋轉產生對熔膠向前推動的動力，直到熔膠通過料管出口進入到模頭(Die)。熔膠流動通過模頭後形成固定的形狀，立即開始冷卻(在水槽中)定形，因此押出的產品可以保持模頭所設計的形狀(只有輕微變化)。押出的製程是一個連續動作。押出成形輔助設備履帶夾具引取機是用來把押出成形品在適當的速度下從押出機出口引取出來。其它輔助設備行走式鋸檯是將零件切割成適當的長度後，方便於包裝運送，軟性押出品可以用捲曲的設備收集押出品。

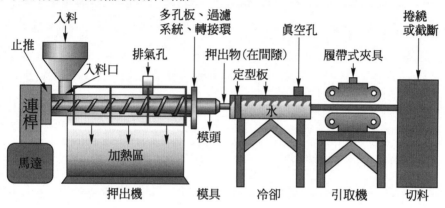

圖 5-3　典型的押出生產線設備示意圖

　　在實際生產線工廠，押出生產線可能很長。圖 5-4～5-7 顯示是押出生產線在生產 PVC 材料的管件的實際狀況。圖 5-4 可以看到押出機和冷卻槽。圖 5-5 可以清楚地看見模具置於押出機末端，但不直接連接到冷卻槽，如圖 5-6 爲冷卻槽。管子在模具末端和冷卻槽之間的部分可以被看到。這區域被稱爲間隙，是形狀、速度和一些其它製程參數的控制重點。圖 5-7 是切割機，一般放置在生產線最末端。

圖 5-4　押出成形生產線(押出機和冷卻槽)

圖 5-5　押出成形生產線(模具或稱模頭)

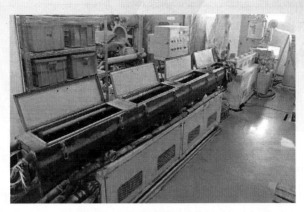

圖 5-6　押出成形生產線冷卻槽

圖 5-7　實際的押出生產線引取切割器

5-2-1　押出成形加工參數

　　押出製程具有動態與連續的特性，因此要生產出高品質的產品需要在穩定的條件下運轉。要得到這種穩定的條件往往需要相當長的時間調整機台。因此，應該避免押出成形時發生運轉中斷現象。常見嚴重的中斷包括停電、汙染、更改樹脂、更換模具或其它狀況導致生產中斷。若發生這些中斷現象，某些關鍵參數需要可以被追蹤或控制，以便再次啟動時該製程可順利地回到穩定狀態。當製程處於穩定狀態時，也可以透過監控這些關鍵參數來維持穩定的生產條件，以便持續生產出優質的產品。這些參數將被優先考慮做開機及之後正常穩定狀態運轉時的關鍵參數。

　　押出成形時廣泛應用感測進行器監視回饋或自動控制裝置，例如加熱區域。熱電偶 (Thermocouples)通常設置在料管外圍感溫並將信號傳送到溫度控制器，做為開啟熱電熱片或關閉電熱片的判斷依據。因此，這些熱控制器具有完全的回饋控制裝置。各種複雜的控制器提供能讓操作更穩定的模式，使溫度被控制在適當範圍內。

熔膠壓力的量測裝置通常安裝在螺桿前端的料管內，是測量螺桿前端壓力的裝置，它可以反應出濾網是否受到汙染，止推軸承受到的負荷狀態，和螺桿最後的混合狀況。壓力感測器(Transducer)的壓力感應是透過內部壓電陶瓷作動轉換成電子信號傳輸到顯示器上。這種壓力測量方式可和自動更換濾網設備搭配，它是可以在適當的時候被觸發，自動更換濾網的機構。已經有一些成功的案例能夠經由押出機的轉速控制進料的速度，或是從零件的尺寸控制押出機的速度。其實有許多影響零件尺寸的因素，因只憑控制系統是不容易做到的。大都數控制系統的目的是在嘗試控制整個生產線，但是有太多變數，可能在一些料管區域中有相似的結果，但在另外的料管區域會有不同的結果，這是控制的難處。即使如此，越來越多回饋控制設備已被使用於押出成形。

5-2-2　開關機注意事項

1. 開機

   使用押出機生產前應先預熱，預熱區域包括螺桿加熱區和模頭。在預熱階段，通常是模頭與押出機分開加熱，有時押出機尾端出口處也會被打開以避免累積的壓力使樹脂裂解，同時也可以更換濾網。開始時應先啟動靠近模頭末端的押出機加熱器預先加熱，讓氣體通過模頭尾端逸出。如果安裝新的濾網時應鎖緊螺栓和模頭讓它牢牢固定，再打開模頭加熱器。在啟動螺桿之前應確保料斗有足夠的材料和已經乾燥及混合處理好的材料。在預熱和材料的前處理都已完成後才能開始啟動押出機螺桿(旋轉)。如果使用到冷卻系統或中心冷卻螺桿在螺桿開始運轉之前都應先開啟，螺桿轉速從緩慢開始而逐漸增加到所需的穩定操作狀態。

2. 關機

   要關機前一些容易分解的塑膠，特別是那些可能會因長時間加熱而裂解的塑膠，需用另一種塑膠通過押出機來清除。此過程稱為清機(Purging)。清機用的塑膠應該很容易熔融，並有足夠的能力可以清除殘留的樹脂，將來押出機運轉才沒有啟動的問題。聚乙烯塑膠是被廣泛地用來作為清機的材料，市面上也有一些專門作為清機用的塑膠。開機的過程包括將料斗充滿準備加工的塑膠，可隨後替換在料管中的清機材料，之後押出機開始進入穩定狀態。

3. 串聯牽引

最初，押出成形品會先讓它直接落入地面。因爲初始的材料不會全部熔融，並且材料溫度可能要一段時間才能穩定。應注意沒有線路或其它設備留在模頭內。當溫度、速度和壓力接近穩定狀態且清機塑膠已經被替換成眞正加工塑膠材料，串聯牽引(String up)的過程可以開始準備。串聯的目的是用來將押出通過模頭的材料以手動方式將押出物拉出，通過冷卻系統和後段的引取設備。在串聯牽引的過程中應戴上手套，因爲押出半成品很熱容易被燙傷。

若要開始串聯牽引的動作，先將押出機尾端垂流的押出料從模頭的附近切斷，再拉新出來的料通過冷卻槽。導引設備(例如：夾繩)可以用於導引從押出機出來的成形品通過各種孔洞。此時冷卻槽的頂部是打開的，方便將押出物導引通過定位板或環，然後通過槽內其餘部分。在進行串聯牽引過程中，手拉押出物的速度應與自動離開押出機的速度相同。押出物以手動插入引取器入口，引取器的速度和押出的速度要相匹配。進行串聯牽引的過程，可能先降低押出機的轉速，以便有足夠的時間以手動方式拉出押出的材料。完成串聯後便可以再增加押出機與引取器的速度。引取器和押出機達到同步後便可以關閉冷卻槽的上蓋(如果使用眞空設備)。其它加工條件，例如速度、溫度和壓力，可以納入穩定狀態下的條件。最後達到穩定狀態時可以進行產品尺寸的調整。

5-2-3　零件尺寸控制

模頭的幾何形狀主要是影響產品的大小和形狀，但其它因素也可能產生很大的影響。不同於修改模頭的幾何形狀，有些是針對產品的尺寸作調整。調整的工作大大地影響押出物剛離開模頭和冷卻形成固定形狀時。押出物在這整個過程是動態變化。其中最重要的現象是當押出物通過模頭時發生橫截面膨脹的現象。此膨脹稱爲模頭膨脹(Die swell)，在圖5-8 中說明了這一點。模頭膨脹定義爲押出物離開模頭後的外部直徑 Dx 與模頭內孔直徑 Dd 的比值。該比值表示成(Dx/Dd)。

模頭膨脹是由於聚合物熔體的黏彈特性產生的。因爲黏彈性，聚合物熔體的應力會慢慢地消散。此時推動聚合物熔體通過模頭平衡板與模頭狹小出口的壓縮應力在離開模頭時完全被釋放，因此聚合物離開模頭後就會發生膨脹現象來反應殘留的壓縮應力。之後材料恢復到進入模頭緊縮區域前的大約形狀。此形狀恢復現象如同聚合物模頭膨脹現象。黏彈性材料存在此特性讓它恢復到先前保持的形狀，彷彿材料具有記憶性，因此此現象被稱爲塑膠記憶(Plastic memory)。高分子量材料會增加塑膠記憶特性，這是因爲當分子變得更長，要消散解開分子間糾纏的應力會更加困難。材料其它性質，如分子間的鍵結(氫鍵等)也可以增加塑膠記憶。當然，如果材料是固體狀態，則塑膠記憶相當於彈性恢復。因此，塑膠記憶是一種術語，僅適用於熔融或半熔融狀態的材料。

　　模頭出口前深度的擴充(延長)可依據壓縮條件的不同來消散壓縮應力，使聚合物具有足夠的時間可以減少模頭膨脹現象。提高溫度也可以減少模頭膨脹，因爲它提供解開分子間糾纏的能量。如果模頭膨脹的情形沒有做任何處理或在模頭之後的產品尺寸做任何改變，則會使得已完成的押出產品尺寸將因模頭膨脹而大於模頭內的尺寸。

　　在正常的押出過程中，有幾個影響產品尺寸的變數是可以做更改的。這些機械和操作的變數包括調整模頭表面和水槽間的距離及引取器與押出轉速間的相對速度。若縮短了模頭和水槽之間的距離(稱爲間隙距離)，押出物會更快通過入口孔進入水槽，因此，直徑通常會小於膨脹的押出物的直徑。進一步調整產品的直徑，可經由冷卻槽內選擇適合的定位板尺寸來調整產品的尺寸。這些調整設備如圖 5-8。

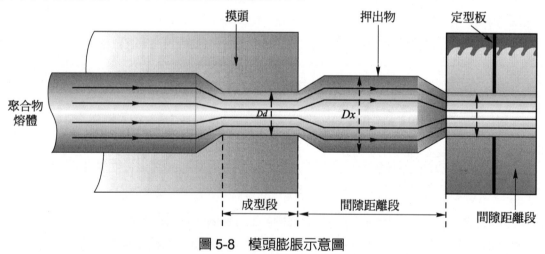

圖 5-8　模頭膨脹示意圖

　　引取器和押出機的相對速度對於押出物冷卻時有很大的影響。如果引取器速度稍高於押出機速度(與正常的引取速度相比較)，零件厚度會在冷卻後變薄。量測押出機和引取器速度的差異造成尺寸變化的比值稱爲牽伸比(Drawdown ratio)，其定義爲模頭膨脹後的最大直徑與最終產品直徑的比值。總之，押出產品的尺寸受到以下因素影響：模頭孔徑、模頭長度、溫度、材料特性(例如分子量及氫鍵)、間隙距離、定位板的尺寸和位置、押出機與引取器的相對速度等。這些參數對於產品尺寸精度帶來複雜影響，不過也可以利用各種參數的組合來得到想要的產品尺寸。

　　除了尺寸精度外，很多變數也會影響押出產品的特性。其它重要的變數也對於押出牽伸比有影響。例如使引取速度大於押出速度，則會讓分子多一些拉伸和順向排列的效果。這些順向排列會造成押出產品的強度在機械或流動方向(軸向)增加，而在另一方向(徑向)則是減弱。一般情況下，在管件的應用上，損失的徑向強度將會影響管件爆破壓力。機械方向的分子排列也將增加材料發生應力龜裂的趨勢。因此，太大的牽伸比應要避免，除非在需要高速度生產等特殊的狀況。其它可增加分子配向性的機械參數包括：增加模頭出口前深度的長度、提高分子量和降低生產溫度。

　　除了那些用來控制產品尺寸和配向性的參數，其它加工參數也會對押出生產線產生重要的影響。關鍵參數之一是在押出生產線上調整塑膠種類。正如前面討論的當從一種樹脂更改為另一種樹脂，可能需要使用符合材料最佳熔融特性的螺桿。在一些押出操作中，尤其是使用同一台押出機加工許多不同種類的樹脂，可採取不同的方法迅速完成更換另一種材料。除了專用螺桿(每次針對不同的樹脂使用不同的螺桿)，一般使用滿足各種樹脂加工的通用型螺桿。通用型螺桿一般設計入料段比聚乙烯類型螺桿長但是比尼龍類型螺桿短，而且通用型螺桿壓縮段比聚乙烯類型螺桿壓縮段短，卻比尼龍類型螺桿長。為了彌補使用通用螺桿處理各別樹脂沒有最佳化的表現，通用螺桿加熱區域的溫度通常會做改變，才會得到很好的效果。

　　為了要了解如何彌補一支非最佳化的螺桿在加熱區域的溫度如何做改變，需要考慮到兩種情況：押出聚乙烯和押出尼龍，兩者同時使用相同的通用螺桿。對於聚乙烯而言，通用螺桿比理想螺桿(聚乙烯類型螺桿)具有較長的入料段，因為材料停留在入料段時間比理想螺桿長，因此大部分材料可被輸入較多熱量。這個較長的滯留時間表示如果加熱溫度沒有做改變，將會有較多熱量輸入到入料段。為了要彌補此情況，入料段的加熱溫度應該要比理想聚乙烯類型螺桿低一些。

　　使用通用螺桿押出聚乙烯時，壓縮段長度比理想螺桿短。此較短的壓縮段意味著，在此區域中機械加熱將不會與理想狀況相同，並且聚乙烯離開壓縮段的溫度將比理想狀況低。聚乙烯離開較短的壓縮段時可能也帶走一些未熔融的材料。為了要彌補與理想狀況下溫度的差異，並且確保材料能夠完全熔融，在壓縮段的末端及計量段的加熱需要比理想聚乙烯型螺桿提高一些。

相反的，當使用通用螺桿押出尼龍時，此通用螺桿比理想螺桿(尼龍類型螺桿)具有較短的入料段，因此需要提高入料段溫度做為補償。壓縮段比理想螺桿長，因此壓縮段的末端及計量段的加熱需要低一些做為補償。

5-2-4　押出設備的維護和安全

押出機若做到良好的保養，包括日常預防性維護，可以使用很多年。妥善的維護需要熟悉使用手冊和製造商的建議。押出生產線主要元件的一般性維護的幾點建議如下：

1. 機台：押出機設置在地板上基地位置並用螺栓固定住。然後，應確保從機台到下游生產設備對齊在一直線上。

2. 驅動馬達：大多數直流馬達是使用送空氣的風扇冷卻馬達內部。要確保風扇轉動正確的方向，否則灰塵會被吸入馬達內。有些馬達有空氣濾清器，應定期更換濾心。應定期清潔馬達內部，若馬達內刷子過度磨損要定期更換。齒輪需要保持潤滑，並且定期檢查潤滑劑以確保機油不會變質。依照建議的時間表，更換潤滑劑和過濾器。此外應檢查驅動馬達是否會異常振動及馬達機構內螺桿的同軸度是否足夠。

3. 止推軸承：檢查押出機內馬達末端的空間中有無任何損壞或過度磨損現象(出現粉狀物質是過度磨損的一種訊息)。檢查潤滑油滲漏的狀況，這是過度磨損的訊號。

4. 螺桿：螺桿應經常抽出來確認並量測磨損量。檢查螺牙是否有嚴重擦傷或碎片及裂縫。清潔螺桿上任何過度堆積碳化或交聯的材料。檢查螺桿上是否生鏽或有其它沉積和腐蝕的斑點，並將其移除。

5. 料管：隨著螺桿的取出，用燈光檢查料筒內部有無過度磨損或污染現象。

6. 加熱或冷卻系統：檢查料筒表面的加熱器及檢查所有電器加熱裝置是否是導通狀態。檢查熱電偶是否有適當溫度感測能力。更換外表已經損壞的電線。檢查所有的電器連接點是否發生腐蝕，並且鎖緊鬆開的連接點。檢查整個冷卻系統的水流狀況。如果有必要，沖洗冷卻系統並清除水垢。

7. 模頭零件：檢查接合點是否洩漏，尤其是在多孔板周圍。清除任何停留在多孔板上面碳化或交聯的材料並檢查多孔板是平整的。更換濾網和安全插銷。校正壓力感測器和熱電偶。清潔和整理所有的模頭。如果可能的話，測試警報器和安全裝置。

8.　其它：更換已經過度磨損和無法緊密配合的所有水管。檢查抽眞空設備的眞空度和密封狀況。校正牽引機的速度並保持適度的潤滑。磨銳或更改裁切系統中的刀片和潤滑裁切系統中的零件。

　　安全性是押出機等大型設備主要關注的問題。最明顯的問題是押出機受熱的表面和高溫的材料。當押出機已加熱時任何工作或處理應戴上手套。處理大塊塑膠料時應注意高溫，因爲它外表看似很冷，但可能會非常的熱。押出機具有很多運轉的零件。應避免穿寬鬆的衣服。安全防護裝置、連鎖裝置，警報器都要齊全，而不是在機器運作中將它們移除、忽略或關閉。

　　與押出機相關的模頭和許多其它設備及原料可能會很重。應小心處理這些東西及小心將原料裝載至料斗。應遵循正確的重物吊掛方式。押出機周圍應保持清潔。如果不小心傾倒樹脂顆粒在地板上會容易讓人滑倒，應立刻掃起來。大量的押出物品，應清理並妥善丟棄。

5-2-5　押出成型產品設計

　　大多數熱塑性和熱固性材料可以被押出成型。但是有些熱塑性材料因爲熔點溫度太高，材料容易裂解而不能押出，例如聚四氟乙烯(PTFE)溫度到達熔點時就會開始裂解。橡膠材料是最常見被押出的熱固性材料。對於這些熱固性材料，螺桿通常設計很短(低的長徑比)，並且考慮到某些原因必須停止押出及熱固性材料在押出機內會交聯(凝結)，因此押出機需要設計方便清洗。熱固性材料的押出溫度需低於固化溫度，以避免材料過早固化。押出熱固性材料時也可能要被限制，也就是，材料投入押出機料溫要低於固化溫度或加工次數不能超過某些數值。在開機時必須注意押出機開始加熱時不可投入熱固性塑料。若要防止此狀況發生，在關機前必須先清除掉押出機內熱固性材料。典型的熱固性押出產品包括電線及電纜包覆層、防水膠條、用來輸送成型品的輸送帶等。這些熱固性押出很常見到，但是押出成型仍被認爲是以熱塑性樹脂爲主的加工製程。

　　不是所有熱塑性樹脂都可同樣輕鬆地押出，而且不是所有規格的樹脂都適合押出。事實上，當押出時會指定材料是"押出級"或是其它適合特定製程的規格。押出級材料有某些特性可以提高它被押出的能力。其中最重要的是材料的分子量要高和分子量分布要寬廣。高的分子量是押出成型最需要的。通常會從熔融指數中判斷分子量大小。低的熔融指數表示高的分子量。押出級樹脂通常使用較低熔融指數的規格，通常會小於 1 克/10 分鐘。

極低熔融指數的樹指被稱為部份熔融材料。較高的分子量對押出很重要，因為熔膠必須在離開模頭後到冷卻前還能夠維持它的形狀。在這相同的短時間內，該材料必須能夠被拉伸。材料具有這種能力被稱為具有熔融強度(Melt strength)。例如，水沒有熔融強度；蜂蜜則具有熔融強度。材料具有較高的分子量則具有較高的熔融強度。這些材料還具有較高的黏度。大多數的熱塑性材料在溫度不太高時都具有此特性。

對押出而言，寬廣的分子量分布是很重要的，因為熔融過程中低分子量材料會先熔融，然後協助潤滑螺桿上的高分子量材料。因此，押出級樹脂也需要具有較寬廣的分子量分布(MWD)。

熱敏感性樹脂，例如 PVC，如果添加低分子量材料可以降低裂解。最常見的添加劑是低分子量有機酸類，例如硬脂酸。這些添加劑被稱為潤滑劑(Lubricants)。

雖然普遍存在使用不同密度的材料混合在一起押出，例如樹脂和填充材、粉體和膠粒、純料和回收料等，但是一些入料及混合這些不同材料的問題會出現。通常，問題圍繞在低密度材料的流動特性較差。一旦出現這種問題，低密度材料可使用強迫進料方式(有時稱為填滿進料)，可以使進料更加均勻。

有一些材料，特別是押出時可能會被螺桿轉動破壞的材料，可在位於入料段下游的排氣口處送入該材料。短的玻璃纖維和其它補強纖維通常用此方法添加到樹脂內。

樹脂的剛性有助於材料在押出過程中被緊密地結合在一起使尺寸更穩定。硬質 PVC 和聚苯乙烯在押出薄的產品時可能有 0.5%的公差，押出厚的產品時有 1.3%的公差。而彈性的氯乙烯和聚乙烯在相同尺寸厚度時薄的產品有 9.6%和厚的產品有 2.1%的公差。

5-3　射出成型

射出成型與押出成形最大的不同在於押出成形是適合有相同截面產品的生產模式，且為連續生產的製程；而射出成型恰好是進行批次式產品的生產，適合形狀複雜形狀的產品成型，所生產零件外形較不受限制及產品表面的紋理和特徵也有廣泛的變化性。許多不同類型的產品，皆可以使用射出成型來生產。這也是射出成型機在塑膠加工製程中使用量比其他塑膠加工設備還多的原因。幾乎所有的熱塑性塑膠和一些熱固性塑膠都可以使用射出成型生產，增加了射出成型的靈活性。射出成型普及的另一個重要原因是生產的產品精度具有高度的重現性，產品尺寸的變異性可以控制得很精準，因此減少了二次加工的需要。

此外，射出成型可以高度的自動化控制，因此勞動成本在整個生產成本中算是相當的低。各種產業使用到的零件如圖 5-9 所示，射出成型便是最佳選擇的成型製程。

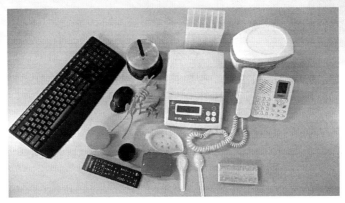

圖 5-9　各種射出成型的產品

　　射出成型擁有許多的優點，但也存在一些缺點。例如：射出機台和模具成本都非常的昂貴，因此射出成型必須要有相當的產量才能分攤整個製程的成本，在高成本、高精度的競爭中，產量是不得不注意的事項。而面對龐大的產量規模必需要有適當的自動化控制系統和裝置來降低產品不良率的產生。

　　射出製程的整個成型過程非常簡單。塑膠在未融化前是固態的顆粒形狀，在經過料管加熱後會變成有流動性的液體或稱為熔膠(Melt)，然後被螺桿擠壓向前送進閉合的模具當中，經過一段時間的冷卻使熔膠定型之後，熔膠變硬之後才能打開模具，最後利用頂出將產品推出離開模具，這個週期為完整的射出生產製程。決定射出成型成本的主要因素包含：塑膠材料的種類、模具成本、每次週期生產的數量(模穴數量)和生產的週期時間。塑膠材料種類的選用通常是依照產品設計和產品性能要求而決定，例如使用在汽車引擎室內的塑膠材料要有比一般的水桶或杯子選用的材料有較高的耐溫特性或是強度。

　　射出成型製程的為三個主要的設備：(1)射出裝置(Injection)；(2)模具(Mold)；(3)鎖模裝置(Clamping)。如圖 5-10 所示為每個部分的各項組成元件。射出裝置包含有電熱片、料管與螺桿，其主要目的是將顆粒狀的塑膠材料熔化並且可射出進入模具內部；模具的主要功能是依照設計者的需求設計加工而成的量產工具，模具由不同的零組件組合而成依照不同的產品屬性而有簡單或複雜的設計方式。模具設計需要有專業的技術才能夠滿足各種產業的要求，模具的設計工作包含：產品的分模線(Parting line)選擇、流道設計、冷卻系統設計及頂出機構設計。圖 5-11 是實際的射出成型機，圖 5-12 射出成型機在工廠運作的實際狀況，圖 5-13 為常用的塑膠射出模具及內部的部分組成零件。

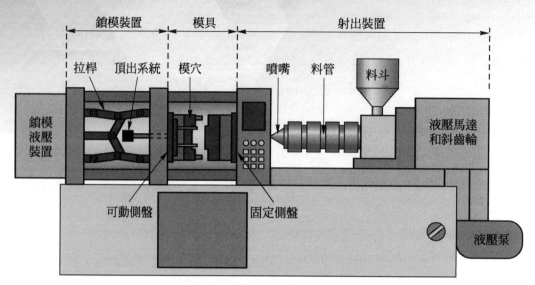

圖 5-10　射出成型機的三項主要部分(射出、模具和鎖模裝置)

圖 5-11　射出成形機(資料來源：FANUC 公司，全電式 50 噸)

圖 5-12　射出機在生產現場的狀況

圖 5-13　射出成型模具 3D 設計圖與實際完成後的模具

5-3-1　射出成型的製程

　　射出成型的週期，開始為先將塑膠粒倒入射出成型機上方的料桶(Hopper)中。一台射出機器可以使用多個料桶同時讓主成份塑膠粒、著色劑或其他添加劑同時間自動方式混合進入料管。由於受到射出機本身螺桿的設計限制，大多數的射出成型機其混合能力都相當的差，所以如果想要做多種材質的射出，最好是將塑膠粒以攪拌設備先混合好後，再倒入料桶進行射出成型的操作。色料(通常是粉體)一般通常是以押出造粒的方式製作成濃縮色母粒再添加到塑膠粒，色料很少直接加在射出成型機的料桶直接混色。為了掌握塑膠粒進料的情況，料桶上附有透明刻度的量尺以便觀察。此外，常用的料桶有些會附有還有除溼乾燥的功能，由於一些塑膠粒具有吸濕性，因此在做射出成型前需要先將這些塑膠粒烘乾除溼，如：尼龍(PA)、聚碳酸酯(PC)、PET 和 ABS 等等。

　　射出機在轉動螺桿前應讓料管預熱，包括預熱射座區的周圍和加熱噴嘴。在預熱噴嘴時通常是將射座保持在後方不觸模具，原因是加熱材料時，熔化的材料從噴嘴流出來可能會跑到模具內，這有可能會阻塞澆道口。解決方法便是在開始加熱噴嘴前將射座向後移動，這個作法可確保模具的注道不會被阻塞，加熱過程中無意形成空氣能夠輕鬆地逸散。

　　射出機關機應非常謹慎以確保塑膠的剩料不會殘留在射出機料管中。殘留的塑膠在下一次啟動過程中可能會在預熱時分解出氣體，這些氣體可能是有毒氣體，在射出時有可能釋放在作業區。聚縮醛塑膠(POM)在加熱時會分解有毒氣體的材料類型。因此，每當使用完聚縮醛塑膠時，關機程序應使用其他熱穩定性高的塑膠做為清機材料清除射出機料管(例如，聚乙烯或聚苯乙烯)。其他使用每種塑膠的開機過程可以諮詢塑膠材料製造商。

即使正在使用熱穩定性高的塑膠粒做為清機，也要等材料充分加熱後開始轉動螺桿，此期間噴嘴流出來的材料不得再用於產品，因為材料已有些分解。清除完畢後，正常程序為噴嘴移動到注道襯套的模具開始射出。一般來說，這些最初的產品都不在符合的驗收規格內，因為模具一開始是冷的，成型條件尚未達到生產狀態，模具透過射入的材料而加熱，有熱度的熔膠傳導給模具造成模具溫度上升，因此慢慢達到正常成型條件，此時產品就可以符合驗收規格。射出成型的製程設定包含兩項主要階段，第一為充填(Filling stage)，此階段的射出機螺桿快速往前移動，將熔化之後的熔膠快速推送進入模具內，此階段的重要設定原則描述如下：

1. 螺桿的控制以螺桿位置及充填速度為主。
2. 確保熔膠可以快速穩定的流入到模具內。
3. 多段速度設定以螺桿位置為改變點。
4. 盡可能讓產品的 98%形狀或是體積在此階段完成充填。
5. 不發生產品瑕疵前，充填速度設定愈高愈好。

射出設定的首要階段充填完成之後，接著為保壓階段(Post filling stage)的設定，兩者之間的轉換稱為保壓切換點(V/P switch)，保壓其實可以再細分成衝壓階段(Packing stage)和持壓階段(Holding stage)，衝壓階段主要是將模具內剩餘的空間充填完畢，例如某產品已充填 98%體積，則剩下的 2%體積在此階段完成，接著模具內的壓力會瞬間上升，接下來的設定為持壓階段，此階段的重要設定原則描述如下：

1. 螺桿的控制以壓力及時間為主。
2. 螺桿最終位置取決於產品體積收縮量及保壓切換點位置。
3. 多段壓力設定一漸增獲是漸減，可以減少殘留應力。

5-3-2 產品尺寸控制

頂出產品時，只須讓產品冷卻到有足夠的剛性就可進行頂出。因此，大多數射出成型產品是在產品尚還有熱度的時候就從模具被頂出。這樣的做法讓模具週期縮短許多，但有時候零件在取出後能仍繼續冷卻。這種冷卻過程會造成產品的形狀改變，因為冷卻收縮量的變化導致從預定的形狀變成扭曲變異成其他形狀，要消除這種變形最常用的方法是使用矯正的治具將零件保留於在所需要的形狀治具上。但是產品到達最終的冷卻後，此強迫被保留下來的形狀通常會造成一定的殘餘應力留在產品。如果這些應力是有害產品的性能，那麼可以把產品放在治具上，再送入烤箱中保溫，予以紓緩殘留應力，這種應力釋放的過程稱爲退火。

　　盡可能要求每次射出時模具需完全填充以得到正確的尺寸。每個週期時間的射出壓力也儘量相同。而熔膠黏度是最容易受到熱因素而影響，所以射出機噴嘴和模具在溫度上應盡可能維持穩定，使生產條件穩定，射出機壓力系統應提供足夠的射出壓力讓熔膠快速移動通過注道、流道和澆口，快速使熔膠在流道系統中不易冷卻。在充填結束後這時保壓應該緊接著把熔膠充填進每個模穴，確保這種額外的保壓壓力將模穴填滿，甚至在產品最初已經發生熱收縮的區域也能獲得補償。最後澆口會關閉，凍結了額外壓力的進入。這個時候射出壓力再也無法對模穴產生任何的作用，而螺桿也可退回，補充下一次充填時所需的熔膠量。

　　冷卻後的產品有相對穩定的尺寸。有些結晶材料，射出時應該讓冷卻結晶速度一致。舉例來說，當模具從一台機器移動到另一台。不僅影響加熱和冷卻的差異還有可能使成型困難，如果機器大小不同這些影響將被放大。由於零件尺寸的不同，冷卻不均勻讓結晶發生得很慢導致結晶程度的不同，此時應充分確保在模具中的結晶發生，這需藉由冷卻速度盡可能變得更加緩慢。

5-3-3　射出成型問題和故障排除

　　射出的瑕疵問題是非常複雜，很多方面的影響是相互作用。因為有這麼多製程變數，所以解決射出成型操作方面的問題總是比較困難。然而，由主要變數所分離出的問題可以獲得一些改善。主要潛在的領域問題將在以下討論。特定的缺陷與克服以及適當的補救措施，可參考 (表 5-1) 射出成型故障排除指南。射出最容易被注意到問題就是產品，足夠熟悉機器的操作才能做出具體完美的產品，操作人員應注意機械變數中的偏差可能產生的產品品質異常問題，任何理想的控制系統是以塑膠品質能夠被控制。

表 5-1　射出成型故障排除指南

問題	可能的原因
射出產品燒焦或燒灼(黑色汙點、斑點或條紋的部分)	**熔融溫度**：料管加熱器可能過熱，降低料管的溫度或加熱時間。可能其中一組電熱片異常，例如比其他電熱片提供更多熱，造成一個熱點。摩擦熱量可能會造成塑膠顆粒的燃燒，這需要增加塑料中溫度或使用塑膠內部潤滑劑。 **模具的排氣**：模具排氣不良時，的空氣被困住造成局部加熱與壓縮會產生燃燒。 **料管或噴嘴設計**：機器將塑膠困住並開始降低。檢查上述元件，以及需要定期檢查清洗 **材料停留時間**：週期可能過長，造成熔膠在料管中過熱。減少溫度並且確定週期延長的起因。
不好的接合線(或稱縫合線)	**熔融溫度**：相對較高溫度條件下可以讓塑膠產生的縫合線不明顯，但是過高的溫度會導致塑膠裂化和產生毒氣。 **模具的表面溫度**：如果溫度過低，熔膠流入模穴提早冷卻會產生明顯的接合線。 **熔膠的壓力**：射出壓力太低無法強迫縫合線的熔融材料緊密靠在一起。或是流道和澆口尺寸可能太小，導致射出壓力損耗。 **材料的選擇**：如果產品性能影響不大，材料可能需要變更為更容易流動的材質(高 MI)。 **模具潤滑劑**：模具潤滑劑可以加速熔膠推進緊密結合。 **排氣**：通風口可能太小或位置不當，造成氣體被困在縫合線。
產品的翹曲(尺寸缺乏穩定性)	**成型件溫度太高時頂出**：原因可能是產品強度不足就做頂出導致變形。內部結晶的殘餘應力可能造成翹曲，冷卻不均勻也可能會導致體積收縮不均勻製造成產品的翹曲。產品掉落到收集桶太久未取出，而在桶中累積溫度過多而變形。 **模具的表面溫度**：不平均的表面溫度可能會導致翹曲。檢查表面溫度。尤其是在模具未冷卻充分時，複雜形狀的零件可能會導致冷卻不均勻。 **頂針**：可能是不正確使用頂針，無法正常運作。 **模具下陷變形**：模具強度不足產生變形，使產品頂出困難而變形。 **產品的幾何形狀**：產品厚度不均勻，各部位尺寸收縮不同，導致增加翹曲。
顆粒未熔化成型	**熔融溫度**：溫度如果過低，一些添加劑沒有被熔化就通過料管進入模穴。可增加料管的溫度、提高背壓、降低螺桿轉速或是要更改不同的螺桿設計。 **料管溫度分布**：燒壞的電熱片可能會造成加熱融熔不佳。請檢查控制器、熱電偶或是電熱片。 **加熱容量**：料管不夠長可能無法適當熔化塑膠。 **螺桿轉速**：螺桿轉速過高導致塑膠輸送過快，使用最高轉速塑膠可能不容易受到加熱，可降低轉速以獲得更多加熱的熱能。

5-4　玻璃成形

5-4-1　玻璃的特性

　　玻璃從高溫熔融液體冷卻，冷卻過程不會析出結晶而固化的無機物，又稱為過冷卻液體。多數液體在冷卻時到達一定溫度後，會有凝固生成結晶的特性，但玻璃在冷卻過程中，僅逐漸增加其黏性而不會凝固，最後也不產生結晶的堅硬的固體，若將玻璃再從常溫加熱時，又會逐漸軟化再度成為液體，但不像其他結晶物質顯示一定的熔點。

5-4-2　玻璃狀態及轉移溫度

　　玻璃狀態與一般固體及液體的關係如圖 5-14。一般物質於高溫液體狀態 L 時，其體積隨溫度降低沿著 LM 而減小，於凝固點 T_f 溫度時體積沿 MM' 急速減少，同時進行固化而成結晶狀態，溫度繼續降低體積沿著 M'S 減少。

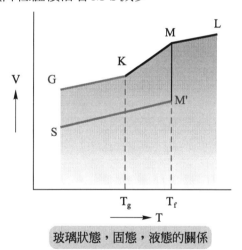

圖 5-14　玻璃狀態與固體、液體的關係

　　玻璃由高溫液體狀態 L 冷卻，其體積也會隨溫度降低沿著 LM 減小，但到達 M 點時不會呈現 MM' 的急速體積變化，而是沿著 LMK 變化減少，同時其黏度也隨著增加，再沿 KG 減少體積不呈結晶質而達到玻璃狀態(Glass state)。在 K 點及 T_g 溫度以下，玻璃呈硬脆狀態，黏度達 10^{14} poise 以上，體積變化率也變小，此時 K 點稱為玻璃「轉移點」，相對溫度稱為「轉移溫度」。

5-4-3　玻璃原料

玻璃是由 SiO_2、B_2O_3、P_2O_5 等酸性氧化物，Al_2O_3 等中性氧化物及 1 價鹼金屬、2 價鹼土類金屬所形成，其構成玻璃主體及重要特性者為主原料，而賦予其某種特殊性質如著色劑、乳白劑、澄清劑、熔解促進劑等為副原料。常用玻璃原料特性概述如下：

1. 矽砂(SiO_2)：是容器玻璃、平板玻璃中最主要成分，含量約 65～75％。

2. 硼酸(B_2O_3)：使玻璃具有低膨脹性、化學耐久性、耐熱性等特性。

3. 磷酸(P_2O_5)：折射率高可做光學玻璃。

4. 氧化鋁(Al_2O_3)：玻璃製程中，促使熔融的助熔劑。

5. 鈉(Na_2O)：使玻璃變軟而易於成形。

6. 石灰(CaO)：加速澄清及均質化且可減少玻璃的失透。

7. 氧化鎂(MgO)：使高溫環境下的玻璃粒子，膨脹係數降低，提高耐熱性。

8. 氧化鋅(ZnO)：增強玻璃成分的化學耐久性，並使玻璃具有安定著色效果。

9. 氧化鋇(BaO)：使玻璃的光學曲折率變大，是光學玻璃中不可缺少的成分。

10. 碎玻璃(Cullet)：可降低粉末飛散，助熔省能、提高均質度及機械強度。

5-4-4　玻璃分類

玻璃的物理化學性質是由玻璃結構決定，不同的玻璃成份使玻璃具有不同的結構及各種玻璃性質。但即使成份相同的玻璃，經由熱處理、物理或化學處理也可以改變玻璃的結構及性能。玻璃以主要成分可分為氧化物玻璃和非氧化物玻璃。非氧化物玻璃種類和數量很少，又可分硫系玻璃和鹵化物玻璃。硫系玻璃可截斷短波長光線而通過黃、紅光，以及近、遠紅外光，其電阻低，具有開關與記憶特性。鹵化物玻璃的折射率低，色散低，多用作光學玻璃。

氧化物玻璃的主要成分是 SiO_2，可分為磷酸鹽玻璃及矽酸鹽玻璃。磷酸鹽玻璃以 P_2O_5 為主要成分，折射率低、色散低，用於光學儀器中。矽酸鹽玻璃通常依玻璃中的 SiO_2、鹼金屬及鹼土金屬氧化物的含量，又可分為以下幾種。

1. 石英玻璃：SiO_2 含量大於 99.5％，熱膨脹系數低，耐高溫，化學穩定性好，透紫外光和紅外光，熔製溫度高、黏度大，成型較難。多用於半導體、電光源、光導通信、鐳射等技術和光學儀器中。

2. 高矽氧玻璃：SiO_2 含量約 96%，其性質與石英玻璃相似。

3. 鈉鈣玻璃：SiO_2 含量約 72%以及 13%的 Na_2O 和 12%的 CaO，其原料成本低，易成型，適宜機械自動化生產。鈉鈣矽酸鹽玻璃是歷史最悠久的玻璃，也是目前產量最高，用途最廣的一種玻璃。我們日常生活中所見到的玻璃製品，如窗玻璃、板玻璃、玻璃纖維、食品藥物包裝用的瓶罐及日用器皿，絕大部分都是鈉鈣矽酸鹽玻璃。

4. 鉛矽酸鹽玻璃：主要成分有 SiO_2 和 PbO，具有獨特的高折射率，與金屬有良好的浸潤性，可用於製造燈泡、眞空管芯柱、晶質玻璃器皿、光學玻璃等，含有大量 PbO 的鉛玻璃能阻擋 X 射線和 γ 射線。

5. 鋁矽酸鹽玻璃：以 SiO_2 和 Al_2O_3 爲主要成分，軟化變形溫度高，用於製作放電燈泡、高溫玻璃溫度計、化學燃燒管和玻璃纖維等。

6. 硼矽酸鹽玻璃：又名耐熱玻璃，以 SiO_2 和 B_2O_3 爲主要成分，具有良好的耐熱性和化學穩定性，可製造烹飪器具、實驗室儀器、金屬銲封玻璃等。硼酸鹽玻璃以 B_2O_3 爲主要成分，熔融溫度低，可抵抗鈉蒸氣腐蝕。含稀土元素的硼酸鹽玻璃折射率高、色散低，是一種新型光學玻璃。

7. 鉀玻璃：又名硬玻璃，以 K_2O 代替鈉玻璃中的部分 Na_2O，適當提高 SiO_2 含量，玻璃質硬且有光澤，其他性能也比鈉玻璃好。多用於製造化學儀器，用具和一些高級玻璃製品。

如圖 5-15 典型鈉鈣玻璃(Soda lime glass)是由 72%矽砂、13%鈉及 12%石灰三種主要成份及其餘 2%氧化鋁及 1%如鎂、鐵等微量成份所組成，鈉鈣玻璃是玻璃製品最常用的配方，約 90%的玻璃製品都是鈉鈣玻璃。玻璃成分並不是嚴格不可變動，可依照產品要求、成形方式、製程條件及原料供應等調整。如典型鈉鈣玻璃是以 Na_2O-CaO-SiO_2 爲基礎，考慮成形

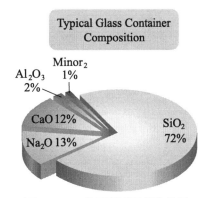

圖 5-15　典型鈉鈣玻璃成分
(資料來源：www.doublehungwindowrestoration.com)

及性能要求，可加入 Al_2O_3 及 MgO 來降低玻璃析晶傾向，增加玻璃的化學穩定性、機械強度及改善玻璃成形性能。考慮玻璃顏色時則可加入著色劑，如鐵可使玻璃顏色由黃色到綠色或藍色，微量(1/5,000)鈷可得深藍色玻璃，1/1,000 鉻可得深綠色玻璃。

5-5　玻璃熔製

　　玻璃熔製是玻璃製造過程中最重要，且會直接影響玻璃品質，一旦操作失誤，玻璃成品會出現結石(Stone)、疤痕(Knot)、筋紋(Cord)、氣泡(Blister)及細泡(Seed)等缺陷。玻璃熔製過程可分為原料調配及玻璃窯爐兩大部分。

5-5-1　原料調配

　　將各種已純化乾燥的玻璃原料，由原料庫以各式輸送設備運送貯存於原料塔(Silo)，再經輸送設備、秤料機及自動控制系統以固定比例調配成配方原料，混料機再將配方原料拌合均勻，拌合均勻的配方原料必須均勻搭配適當比例的碎玻璃，均勻的配方原料及碎玻璃一般通稱批料(Batch)，最後將批料送至窯爐批料桶(Batch bin)，以加料機將批料均勻投入窯爐加熱熔化，這一系列調配設備就稱為「批料工場」(Batch plant)。容器玻璃工廠典型批料工廠如圖 5-16 所示。

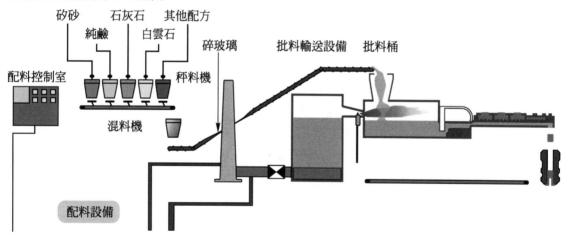

圖 5-16　容器玻璃工廠典型批料設備佈置圖

5-5-2　玻璃熔製

　　批料經高溫熔融成合於品質和成形要求的玻璃液的過程稱為玻璃熔製。玻璃熔製是一個非常複雜及一系列的物理變化過程(配合料加熱、配合料脫水、熔化、晶相轉變、揮發等)、化學變化過程(固相反應、化合物分解、矽酸鹽的形成等)和物理化學過程(共熔體的生成、固溶、液體間溶解、玻璃液與爐氣和氣泡間的作用、玻璃液與耐火材料間的作用等)。一般可分為矽酸鹽形成、玻璃形成、澄清、均化與冷卻等五個階段，每個階段的特點說明如下：

1. 矽酸鹽形成：配合料在加熱過程經一系列物理及化學變化結束後，約在 800～900℃時大部分氣狀物逸出，配合料化合成矽酸鹽和游離二氧化矽的不透明燒結物。

2. 玻璃形成：不透明燒結物的溫度繼續升高，燒結物開始熔化，矽酸鹽融化成液態並將二氧化矽溶解於熔融液中，約在 1,200～1,250℃時燒結物變成含有大量氣泡、條紋且化學組成不均勻的玻璃液體。

3. 澄清：玻璃液體溫度再升高，玻璃液黏度持續降低，玻璃液中的氣泡以較快的速度逸出，在 1,400～1,500℃時完成澄清階段，此時玻璃液黏度約為 100～10 poise。

4. 均化：澄清後的玻璃液於高溫狀態持續一段時間，各種成份的熔融液體互相熔解與擴散，條紋逐漸消失，玻璃化學組成逐漸趨於均勻，均化階段的溫度略低於澄清階段的溫度。

5. 冷卻：將已澄清及均化的玻璃液溫度降低 200～300℃，使玻璃液黏度增加，以適應各種玻璃的成形製程。

　　上述五個階段順序，是在逐步加熱的狀況下進行，而實際上熔製過程並不嚴格按照以上順序進行。玻璃熔製設備通常分為坩堝窯、日窯與槽窯三種，坩堝窯及日窯的五個階段於同一空間不同時間內完成；槽窯的熔製過程五個階段在不同空間同一時間完成。以容器玻璃為例，其槽窯玻璃熔製五個階段間相互關係如圖 5-17。

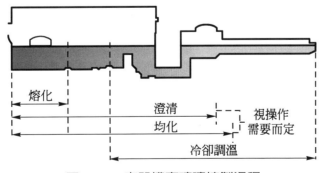

圖 5-17　容器槽窯玻璃熔製過程

5-5-3 玻璃窯爐

玻璃窯爐通常以火焰或電力加熱達到升溫的效果,熔融玻璃的窯爐可分為坩堝窯、日窯(Day tank)、槽窯(Tank furnace)三大類。十九世紀以前,所有玻璃都是用坩堝窯熔融的。十九世紀後半葉,西門氏(Siemens)發明西門氏槽窯,可熔融品質優良且均質的玻璃,此後大部分玻璃均由槽窯熔融生產。

1. 坩堝窯

   坩堝窯是由耐火磚、耐火泥等耐火材料所構築的耐高溫窯爐,圖 5-18 內置有一至數個耐高溫的坩堝供作玻璃原料的熔解之用。所謂的八卦窯爐就是環繞著八卦形的窯爐中有八個坩堝所構成的八個窯口,因此利用坩堝窯爐進行加工作業的方式又稱為「坩堝窯爐作業」或「窯口作業」,其熔解玻璃的熱源則有重油、瓦斯及電力。

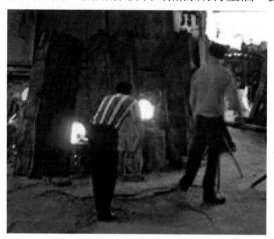

圖 5-18　坩堝窯(資料來源:新竹市玻璃工藝館)

2. 日槽窯(Day tank furnace)

   日槽窯又稱間歇式槽窯,由耐火磚、耐火泥等耐火材料所構築,其作業方式和坩堝窯相同,以 1～2 日為週期,使用重油、瓦斯、液化石油氣及電力為熱源,將批料進行熔融、澄清與成形,可製造 1～2 日需要的玻璃量,在成形作業時,不再投入批料,待熔融玻璃減少到無法作業時,才再加入批料反覆進行熔融、澄清與成形。間歇式槽窯是用於產量較少,組成特殊的玻璃及有色玻璃,槽的面積,以數平方公尺至十平方公尺者較多。

3. 槽窯(Tank furnace)

槽窯是由塊狀耐火磚材構築成的熔解窯，因其外形類似長方形水槽故稱爲槽窯。槽窯內置入玻璃批料，以火焰通過批料上部加熱或以電力在批料內部加熱熔化玻璃原料，窯爐熔化量約數公噸至數仟公噸。槽窯是由熔融室(Melteing zone)、澄清室(Refineing zone)、喉部(Throat)及作業室(Working zone)所組成，熔融室設有批料投入口(Dog house)投入玻璃批料，批料在熔融室加熱到 1400～1500℃溶化，熔融玻璃經澄清室、喉部流入作業室，最後進入成形機械自動成形。

槽窯可概分爲蓄熱式窯爐、換熱式窯爐、電窯、純氧窯爐等四大類。另有如低氮窯爐(Low NO$_x$ furnace)，窯爐結構類似，其目的是要減少氮氧化物使更符合環保需求。

經由槽窯熔融室排出的廢氣溫度約在 1,450℃以上，若直接排放至大氣中，不僅浪費能源也對環保產生重大衝擊。爲回收廢熱再利用及降低能源成本，槽窯必須附設廢熱熱交換設備以進行燃燒空氣的預熱，熱交換設備可分爲蓄熱式及換熱式。

(1) 蓄熱式窯爐(Regenerative furnace)

蓄熱式窯爐設有兩個蓄熱室，蓄熱室內安裝一定數量的蓄熱磚，1450℃以上高溫廢氣通過蓄熱室加熱蓄熱磚，燃燒空氣通過高溫蓄熱室達到預熱效果，預熱後的燃燒空氣與燃料混合後在槽窯內燃燒並熔化玻璃原料成熔融玻璃。兩個蓄熱室中一個從低溫吸熱至高溫，另一個從高溫放熱至低溫，兩個蓄熱室以 15～30 分鐘輪流自動交換進行吸熱及放熱過程。由於直接熱交換至預熱空氣，預熱的溫度可高至 1,100～1,250℃，故可達到節能省能的效果。現今大多數的玻璃窯爐使用蓄熱式窯爐，以重油、天然氣及液化石油氣加熱，蓄熱式窯爐依火焰行進方向可分爲後燒蓄熱窯爐(End fired regenerative furnace)及側燒蓄熱窯爐(Side fired regenerative furnace)。

a. 後燒蓄熱窯爐(End fired regenerative furnace)

後燒蓄熱窯爐的蓄熱室(Regenerator)及火口(Port)位於槽窯的後方，原料加料口設在槽窯的側邊，圖 5-19 顯示典型後燒蓄熱窯爐各部位的配置。如圖 5-20 顯示後燒蓄熱窯爐火焰的行進方向呈馬蹄形，故也稱爲馬蹄形窯爐。後燒蓄熱窯爐佔地少、構造簡單、設置成本較低、耗能低、熱效率較佳，適用於生產透明及有顏色的容器玻璃、平板玻璃、太陽能玻璃等鈉鈣系列的玻璃製品。

後燒蓄熱窯爐的日熔化能力約在 50～450 MT/D，最大可達 600 MT/D，以重油、瓦斯、液化石油氣為熱源，也可安裝電極加熱輔助設備來增加玻璃熔化能力，安裝鼓泡設備提升玻璃品質。

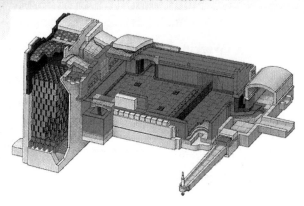

圖 5-19　後燒蓄熱窯爐

(資料來源：[End fired regenerative furnace]Glass global consulting gmbh)

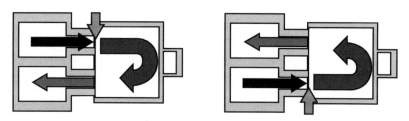

圖 5-20　後燃蓄熱窯爐火焰的行進方向

(資料來源：www.teplotechna-prima.com)

b. 側燒蓄熱窯爐(Side fired regenerative furnace)

側燒蓄熱窯爐的蓄熱室(Regenerator)及火口(Port)位於槽窯的兩側，原料加料口設在槽窯的後方，圖 5-21 顯示典型側燒蓄熱窯爐各部位的配置。如圖 5-22 顯示側燒蓄熱窯爐火焰的行進方向與玻璃液的流動方向成垂直，火焰從一側噴向另一側。側燒燃蓄熱窯爐佔地較大、設置成本較高、可個別調整爐溫分布、比後燒蓄熱窯爐耗能，適用於生產透明及有顏色的容器玻璃、浮板玻璃等鈉鈣系列的玻璃製品。

側燒蓄熱窯爐的日熔化能力約在 300～1,000 MT/D，以重油、瓦斯、液化石油氣為熱源，也可安裝電極加熱輔助設備來增加玻璃熔化能力，安裝鼓泡設備提升玻璃品質。

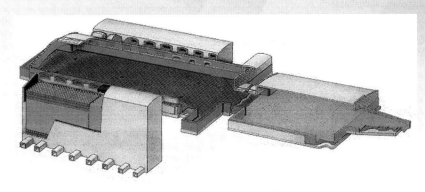

圖 5-21　側燒蓄熱窯爐

(資料來源：[Side fired regenerative furnace]Glass global consulting gmbh)

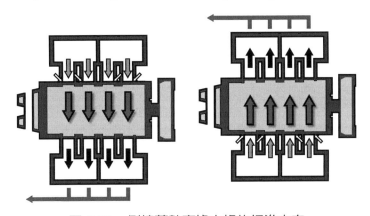

圖 5-22　側燒蓄熱窯爐火焰的行進方向

(資料來源：www.teplotechna-prima.com)

(2) 換熱式窯爐(Recuperative furnace)

換熱式窯爐設有換熱室，一般使用具有邊緣突出管狀磚的複熱管(Recuperative tube)，管內通燃燒後的氣體，管外通欲預熱的空氣。因預熱空氣被傳熱壁隔開，間接熱交換至預熱空氣，再加上傳熱壁若有小細縫時，空氣會洩漏，故熱效率較差。換熱式窯爐預熱溫度約在 700～800℃之間，最高可達 1,000℃。換熱式窯爐熱交換原理如圖 5-23。

(3) 電窯(Electric furnace)

以電能加熱玻璃批料，使玻璃批料熔化成玻璃液的窯爐就稱為電窯。電能加熱方式有間接法、直接法及高周波加熱等三種。間接法以電弧或電阻發熱體產生的熱量將玻璃批料熔化，因熱效率差僅能在實驗室中使用，無法商業化。高周波加熱法是以感應電流加熱坩堝，使玻璃批料發熱熔化，因高周波設備費用成本高、大規模製作困難，故無法大量運用於玻璃工業。

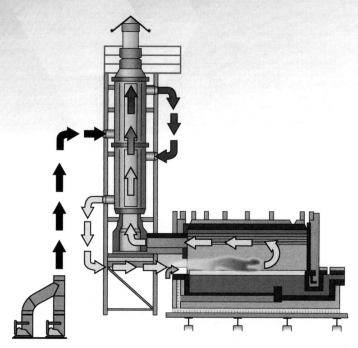

圖 5-23　換熱式窯爐熱交換原理(資料來源：SORG gmbh)

直接加熱法的電窯在玻璃窯爐應用最
廣，日熔化能力約 5～50 MT/D。如圖
5-24 顯示典型直接加熱電窯的各部位配
置。玻璃批料在窯爐上方投入，窯爐的
底部及側邊插入電極(Electrode)，通入電
流以玻璃本身為發熱體，自內部加熱沿
垂直方向進行熔化、澄清與均化。因熱
源在玻璃內部，批料表面溫度低，保溫
效果良好，熱效率高且玻璃熔化均勻，
適於特種玻璃、器皿玻璃、纖維玻璃的
生產。

圖 5-24 電窯
(資料來源：TECO Glass)

(4)　純氧窯爐(Oxy-fuel furnace)

傳統玻璃窯爐以空氣助燃，因空氣中僅含 21％氧氣，卻有 78％氮氣，在窯爐內
高溫燒時會產生大量的氮氧化物及熱氣，大量的氮氧化物及熱氣排入大氣，會導
致溫室效應及酸雨造成環境污染。為因應日益趨嚴的環保法規及減少氮氧化物的
排放，採用純氧燃燒是最佳的方式。純氧(氧純度＞90％)窯爐以純氧和燃料在爐

內完全燃燒時，燃燒產物只有 CO_2 及 H_2O，可大幅降低氮氧化物的排放，更能符合環保要求。

典型純氧窯爐如圖 5-25，取消蓄熱室(Regenerator)或複熱管(Recuperative tube)及火口(Port)，燃燒器設在窯爐兩側，可減少約 40％窯爐體積，純氧窯爐比傳統窯爐約可節省 15～35％的設置成本，同時純氧窯爐具低能耗、高熔化玻璃品質及低氮氧化物排放，是未來玻璃窯爐的趨勢，但目前因造氧設備成本昂貴，致無法大量應用於玻璃窯爐。

純氧窯爐日熔化能力約 50～400 MT/D，以重油、瓦斯、液化石油氣為熱源，也可安裝電極加熱輔助設備來增加玻璃熔化能力，安裝鼓泡設備提升玻璃品質。

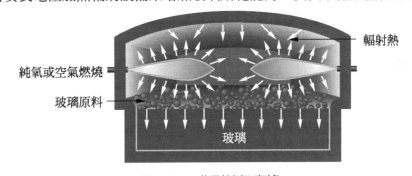

圖 5-25　典型純氧窯爐
(資料來源：www.ceramicindustry.com，October 1，2002)

5-6　玻璃製造方法

　　玻璃製造是指將熔融玻璃液轉變為具有固定幾何形狀玻璃製品的過程。玻璃可接受各種冷熱製造方式，使具有各種用途、各種形狀及各種尺寸的玻璃製品。玻璃製品可分為平板玻璃、容器玻璃、玻璃纖維、光學玻璃及其他玻璃，其中 80％是平板玻璃及容器玻璃。

　　黏度是玻璃製造過程最重要的物理性質，玻璃在某種黏度範圍內具可塑性，玻璃製造就是利用其可塑性進行成形製造成各種玻璃製品。不同的成形方式有不同的黏度需求，如澆注成形需要玻璃黏度小及流動性佳；自動化機械高速成形要求 "短性" 玻璃；而壓製成形時則要求 "長性" 玻璃。黏度是液體一層對另一層移動所需的力，單位為 poise，水於 20℃時黏度為 0.01 poise，煤油為 1 poise，甘油為 10 poise，故使甘油流動所需的力比使水流動所需的力大 1,000 倍。

玻璃製品成形黏度範圍一般約為 $10^3 \sim 10^4$ poise，成形黏度依玻璃製品及成形方式而定，同時玻璃黏度變化具可逆性，可在成形過程中多次加熱反覆成形達到複雜形狀。表 5-2 顯示常用玻璃特定黏度值，玻璃特定黏度可顯示某特定溫度的玻璃的特性。

表 5-2　常用玻璃特定黏度值

黏度(poise)	溫度點	現象
10^2	熔解點	溶解除氣泡
$10^3 \sim 10^4$	作業點	成形作業
10^5	流動點	玻璃液流動
$10^{7.65}$	軟化點	受自身重量變形
10^{10}	軟化點	膨脹儀軟化點
$10^{11.3}$	變形點	在壓力下變形
$10^{13.4}$	退火點	十幾分鐘退火
$10^{14.5}$	應變點	幾小時退火
$10^3 \sim 10^8$	失透區	玻璃產生結晶
$10^4 \sim 10^8$	作業區	加工作業範圍
$10^{13} \sim 10^{14.3}$	退火區	精密徐冷範圍

5-6-1　板玻璃(Sheet glass)

以抽拉法(Sheet drawing process)製造成平板形的玻璃稱為板玻璃(Sheet glass)，抽拉製程可分為引上法、平拉法及浮上法等三種成形方式。早期平板玻璃以引上法及平拉法為主要製程，但引上法及平拉法所生產的平板玻璃，玻璃厚度及內應力分布不均、扭曲度差，故不好切割；同時玻璃板面有輕微波紋、輪紋，需耗費鉅資精細研磨加工成磨光平板玻璃，才適合製作鏡板、反射、強化、汽車玻璃等加工玻璃。

1959 年英國爵士 Pilkignton 發明浮法玻璃製程(Float glass process)，浮法玻璃製程是玻璃發展史上一項革命性的最大發明，浮法玻璃表面不經任何精細研磨加工，即可製造高品質的磨光平板玻璃，玻璃板面近乎平整無波紋，透視防眩性佳及優質的反射映像，原板即適合製作鏡板、反射、強化、汽車玻璃等各種加工玻璃。自 1959 年發展至今，目前全世界大約 90%以上的平板玻璃是由浮法玻璃製程所生產。

1. 引上法

   引上法製程以 1913 年的 Fourcault 製程為代表,如圖 5-26 槽窯出口設置抽拉設備及引上磚,抽拉玻璃時在引上磚上方,以鐵棒塞入熔融玻璃,玻璃就由引上磚裂口上湧,經由裂口上的抽拉板將玻璃往上抽拉及一系列成對滾輪垂直向上,抽拉板以水冷降溫。通常槽窯設有數個抽拉設備同時抽拉玻璃,可生產 1～8 mm 厚的平板玻璃。1925 年 Pittsburgh plate glass 公司改良 Fourcault 製程成 Pittsburgh 製程,如圖 5-27 其原理與 Fourcault 製程類似,以沉磚耐火物取代引上磚,沉磚耐火物深入熔融玻璃至一定深度,熔融玻璃由沉磚上方往上抽拉。

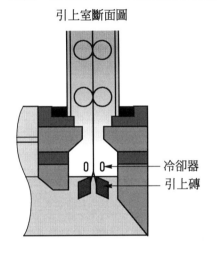

圖 5-26　Fourcault 製程
(資料來源:玻璃製造學)

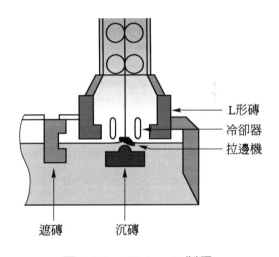

圖 5-27　Pittsburgh 製程
(資料來源:玻璃製造學)

2. 平拉法

   平拉法製程以 LOF-Colburn 製程及 Ford 製程為代表。如圖 5-28 為 LOF-Colburn 製程,抽拉設備於槽窯出口抽出槽 "A" 及水冷器 "B" 垂直往上抽拉玻璃,經彎曲滾輪 "C" 轉彎成水平,以滾輪磨擦力將玻璃往前移動,進入緩冷窯 "D" 緩冷消除熱應力。

   如圖 5-29 為 Ford 製程,抽拉設備於槽窯溢流口抽拉玻璃,以一對上下滾輪驅動玻璃往前移動,進入緩冷窯緩冷消除熱應力。調整上下滾輪間隙可生產各種厚度的玻璃,若在滾輪表面刻各種花紋,可生產各種花紋平板玻璃,如圖 5-30。

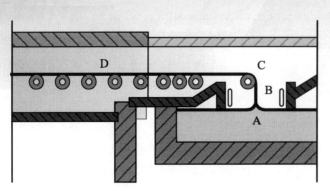

圖 5-28　LOF-Colburn 製程

(資料來源：玻璃製造學)

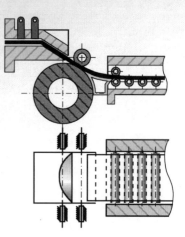

圖 5-29　Ford 製程

(資料來源：玻璃製造學)

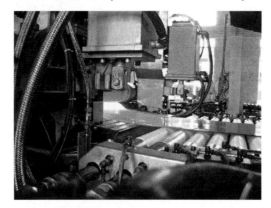

圖 5-30　花紋平板玻璃製程(資料來源：www.hellotrade.com)

3. 浮上法

1952 年英國爵士 Pilkignton(1952)依肥皂泡沫浮於水面上的原理，發明浮法玻璃(Ploat glass)生產製程。Pilkington 經過七年的努力與研究開發，1959 年於英國建立全世界第一條浮法玻璃生產線。Pilkignton 浮法玻璃製程可生產 0.4～25 mm 厚度的玻璃。

Pilkignton 浮法玻璃製程如圖 5-31 所示，批料工廠精細調配的玻璃批料，經由加料機自動投入槽窯，槽窯內暫存 1,000～2,000 公噸的熔融玻璃，經過約 1,500℃高溫及 50 小時的熔融、澄清及均化，均質熔融玻璃於槽窯溢流口溢流，以一對上下滾輪驅動玻璃往前移動進入錫槽(Tin bath)，將約 1,100℃熔融玻璃液置於熔融如鏡面的錫液上，藉由重力及表面張力的物理現象，使熔融玻璃浮上錫液表面面後自然形成兩邊平滑的表面，慢慢冷卻至 600℃離開錫槽，藉由滾輪磨擦力將玻璃往前移動，進入緩冷窯消除熱應力；爲製造高品質浮板玻璃，製程中設有自動檢查設備剔除不良品，最後依客戶需求自動裁切及包裝。

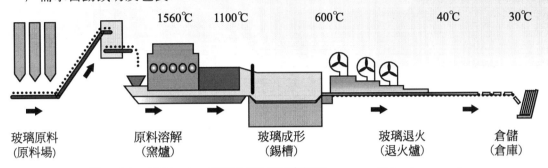

| 1560℃ | 1100℃ | 600℃ | 40℃ | 30℃ |

| 玻璃原料
(原料場) | 原料溶解
(窯爐) | 玻璃成形
(錫槽) | 玻璃退火
(退火爐) | 倉儲
(倉庫) |

圖 5-31　Pilkington 浮法製程(資料來源：www.pilkington.com)

由浮法製程或其他製程所生產的平板玻璃一般稱爲原板玻璃，原板玻璃有透明無色及有色(綠色、海洋藍色、茶色、灰色)玻璃，原板玻璃經特殊加工可生產反射玻璃(金屬濺鍍)、低輻射玻璃(金屬濺鍍)、雙層玻璃(內層注入惰性氣體)、強化玻璃(加熱後急冷)、熱浸處理(去除硫化鎳)、膠合玻璃(內層夾樹脂膜)、網印玻璃(印刷)、漆板玻璃(印刷)、彎曲玻璃(模具加熱)、鏡板玻璃(鍍膜)、汽車玻璃(強化及膠合)及太陽能光電玻璃(表面植晶)等。

5-6-2　容器玻璃(Container glass)

凡盛裝食品、飲料、化妝品、醫藥及化學等各類產品，使容易保存及運輸的玻璃製品通稱爲容器玻璃。容器玻璃依功能可分爲瓶玻璃(Bottle glass)、食器玻璃(Tableware glass)及耐熱廚器玻璃(Kitchenware glass)三類。容器玻璃具有絕佳的透明度，能讓產品表現出眞實色彩；化學穩定性好、易封蓋、氣密性好，可長時間保存內容物風味能及漸進加熱至高溫而不變形等優點。其缺點是質量大(質量與容量比大)，脆性大，易碎。但近年來生產技術改進可製造薄身輕量瓶，再加上物理化學強化的新技術，使這些缺點有顯著改善，因而能夠在塑膠、鋁罐、鐵罐的激烈競爭下，容器玻璃產量仍逐年增加。

容器玻璃成形方式可分爲手工成形、半自動成形及自動化成形等三種成形方式，手工成形已有幾百年的歷史，現容器玻璃形狀複雜、特殊需求或需求量少時，無法以機器成形或大量生產時仍可採手工成形。十九世紀末隨著容器玻璃需求量增加及工業技術日漸成熟發達，才開始出現機器生產，半自動成形及自動化成形機械陸續出現，歷經百年發展研究，今日容器玻璃生產已完全自動化。典型容器玻璃設備佈置如圖 5-32 所示。

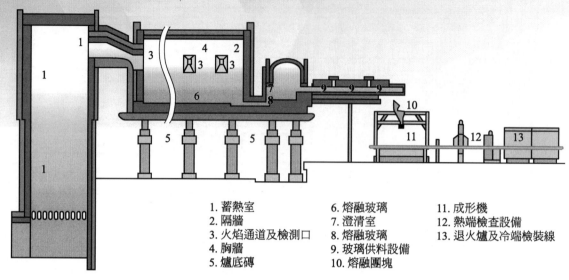

1. 蓄熱室
2. 隔牆
3. 火焰通道及檢測口
4. 胸牆
5. 爐底磚
6. 熔融玻璃
7. 澄清室
8. 熔融玻璃
9. 玻璃供料設備
10. 熔融團塊
11. 成形機
12. 熱端檢查設備
13. 退火爐及冷端檢裝線

圖 5-32　容器玻璃設備佈置(資料來源：www.lirkorea.com)

　　製造容器玻璃時需要一個溫度均勻及特定形狀的玻璃熔融團塊(Gob)，自動生產玻璃熔融團塊及供應成形機的設備就稱為玻璃供料設備。玻璃供料設備由供料槽(Forehearth)及供料機(Feeder)兩大部分組成，供料槽是引流及貯存熔融玻璃的耐火材料結構，供料機是製作玻璃熔融團塊的機械設備。供料槽常用加熱方式以天然氣及電力加熱為主。

　　如圖 5-33 典型天然氣加熱供料槽及供料機。供料槽與窯爐連接，承接來自窯爐的高溫熔融玻璃。供料槽區分為冷卻部(Cooling section)及調整部(Conditioning section)，冷卻部兩側設有許多燃燒器及冷卻設備，可改變熔融玻璃的溫度。調整部兩側設有許多燃燒器，可使熔融玻璃溫度均勻以利成形。

　　供料機由爐口(Spout)、回轉環管(Tube)、上下衝頭(Plunger)、決定熔融團塊直徑的環狀鐵圈(Orifice)及剪刀機構所組成，供料機可依產品規格、機速及成形條件供應熔融團塊形狀，熔融團塊形式有單熔融團塊(Single gob)、雙熔融團塊(Double gob)、三熔融團塊(Triple gob)及四熔融團塊(Quad gob)等四種。圖 5-34 顯示供料機單熔融團塊成型過程及各成型機械需要的熔融團塊形狀，圖 5-35 顯示壓-吹雙熔融團塊的實際形狀。

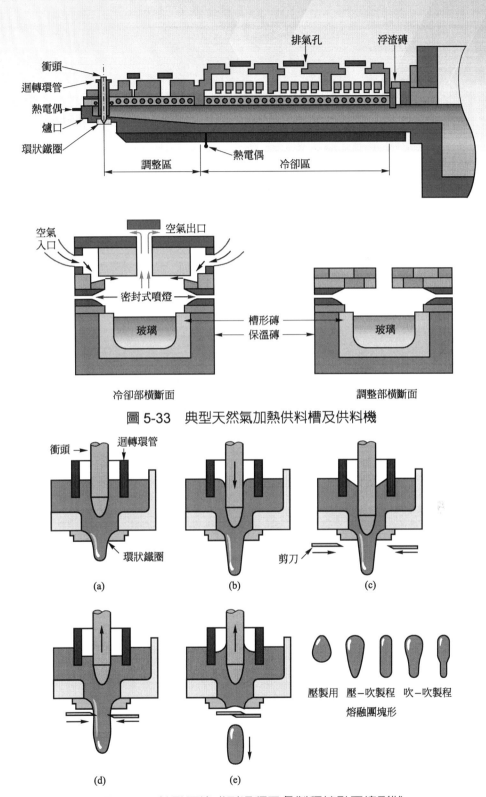

圖 5-33　典型天然氣加熱供料槽及供料機

圖 5-34　熔融團塊成形過程及各製程熔融團塊形狀

圖 5-35　壓-吹雙熔融團塊形狀(資料來源：Bottero)

　　色料供料槽(Color forehearth)是在供料槽內設數組攪拌設備及色料加料設備，將色料直接投入供料槽內，經預熱、熔解、攪拌、均化、冷卻、調整穩定等過程，可生產綠色、藍色、粉紅色及其組成色等有顏色玻璃。色料供料槽著色時間短約 5～6 HR，適量小但價格高的產品，可彈性生產有色玻璃及彈性調配生產線。如圖 5-36 為色料供料槽各部位置。

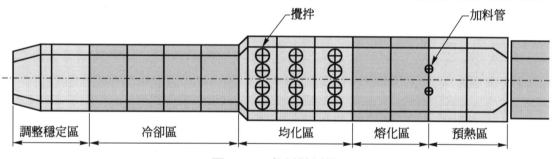

圖 5-36　色料供料槽

　　常用容器玻璃自動成形機械可概分為製瓶機(瓶玻璃)、製杯機(食器玻璃)及吹製機(耐熱廚器玻璃)等。

1. 製瓶機

　　生產瓶玻璃的成形機械一般稱為製瓶機，製瓶機有歐文斯製瓶機(Owens machine)、IIBM 製瓶機、林取製瓶機(Lynch machine) 及行列式製瓶機(Individual section machine，I.S. M/C)等。前三種機型的特點是模具與機台一起轉動，若機械故障需全部停機修理會影響生產能力；行列式製瓶機則模具自行轉動但機台不動，各段機可獨立運轉及停機修理，不會影響生產能力。

　　1922 年英格勒斯(Ingles)發明行列式製瓶機，1925 年第一台行列式製瓶機正式開始量產，行列式製瓶機是分段式製瓶機，每一段都可獨立運轉，生產時不需停機即可進行保養維修、更換模具是其一大特色，目前大部份廠商均以行列式製瓶機來製造玻璃瓶。行列式製瓶機經多年研究發展，目前各種機型均已標準化和系列化，機型已從最初的 2 段機(2 Section)、4 段機(4 Section)，現在已發展至 20 段機(20 Section)。常用機型有 8 段機(8 Section)、10 段機(10 Section)及 12 段機(12 Section)。如圖 5-37 為 10 段行列式製瓶機。

圖 5-37　10 段行列式製瓶機(資料來源：Emhart glass)

行列式製瓶機傳統成形方式有吹-吹(Blow and blow，B&B)、壓-吹(Press and blow，P&B)二種成形製程。製瓶作業需準備兩組玻璃模具-初模及細模，初模負責雛形成形，細模負責最後的成形。

吹-吹製程(B&B)如圖 5-38 所示，適用於製造小口瓶，吹製成形順序為：(1)熔融團塊進入模具、(2)口部成形、(3)吹成雛形、(4)雛形翻轉、(5)雛形重熱、(6)吹氣成形、(7)成形瓶移出。

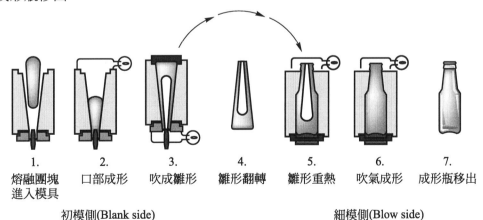

1.	2.	3.	4.	5.	6.	7.
熔融團塊進入模具	口部成形	吹成雛形	雛形翻轉	雛形重熱	吹氣成形	成形瓶移出

初模側(Blank side)　　　　　　　　　　細模側(Blow side)

(a) 吹製過程(資料來源：British glass)

圖 5-38　吹-吹製程(Blow and blow，B&B)

(b) 成品(資料來源：台灣玻璃公司)

圖 5-38　吹-吹製程(Blow and blow，B&B)(續)

壓-吹製程(P&B)如圖 5-39 所示，適用於製造廣口瓶，壓製成形順序為：(1)熔融團塊進入模具、(2)衝頭壓入、(3)壓製雛形、(4)雛形翻轉、(5)雛形重熱、(6)吹氣成形、(7)成形瓶移出。

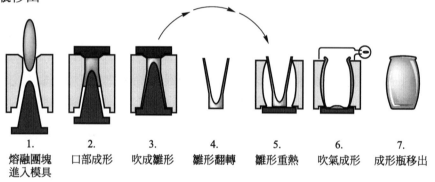

| 1.
熔融團塊
進入模具 | 2.
口部成形 | 3.
吹成雛形 | 4.
雛形翻轉 | 5.
雛形重熱 | 6.
吹氣成形 | 7.
成形瓶移出 |

初模側(Blank side)　　　　　　　　細模側(Blow side)

(a) 壓吹製過程(資料來源：British glass)

(b) 成品(資料來源：台灣玻璃公司)

圖 5-39　壓-吹製程(Press and blow，P&B)

Heye(1967)研發創新改造行列式製瓶機並發展窄口壓-吹(Narrow neck press and blow，NNPB)輕量瓶製造技術，NNPB 輕量瓶製造技術可減少 40%的玻璃重量，可節省原物料、能源、空氣污染、水污染、運輸成本等，可大幅降低容器玻璃生產成本，使容器玻璃更具競爭力。窄口壓-吹製程(NNPB)如圖 5-40 所示，適用於製造小口輕量瓶，窄口壓-吹成形順序為：熔融團塊進入模具→細長衝頭壓入→壓製雛形→雛形翻轉→雛形重熱→吹氣成形→成形瓶移出。

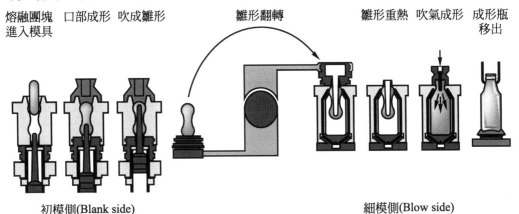

初模側(Blank side)　　　　　　　　　　　　　細模側(Blow side)

(a) 窄口壓吹製過程(資料來源：Heye glass)

(b) 成品(資料來源：台灣玻璃公司)

圖 5-40　窄口壓-吹製程(Narrow neck press and blow，NNPB)

Emhart(2000)研發新世代行列式製瓶機 NIS machine (Next generation IS machine)，NIS machine 如圖 5-41 所示，適用於 B&B、P&B、NNPB 等製程。藉由尖端科技控制系統及彈性生產模式，使生產機速更快而精準、節能減噪，可大幅降低生產及能源成本，符合綠色環保的理想，是未來容器玻璃成形的創新技術。

圖 5-41　10 段行列式製瓶機(資料來源：[10 Section NIS machine]Emhart glass)

2. 製杯機

食器玻璃是指日常生活需要的玻璃製品，如玻璃杯(水杯、飲料杯、酒杯、高腳杯)、碗、盤(煙灰缸)、炊具(烤盤、煎鍋、燒鍋)等，食器玻璃應具有高透明性、潔白或鮮豔顏色，良好光澤及清晰圖案，不可有破壞外形的結石、氣泡、條紋等缺陷，同時要能滿足使用要求的熱穩定性、化學穩定性及機械強度。食器玻璃中以玻璃杯數量最多，生產食器玻璃的成形機械一般稱為製杯機，製杯機成形方式有自由成形及機械成形，機械成形可分為壓-吹成形及壓製成形二種成形製程。

自由成形一般為手工無模成形，玻璃製品從成形到定形，除特殊部位外，玻璃表面皆不與模具接觸，因此玻璃表面光滑具有光澤性。熔融玻璃膏在冷卻前，利用鉗子、鑷子、夾子、剪刀、模具等手工具，以勾、拉、捏、接、黏等方法進行形狀修飾，重複加熱及多次加工可製作形狀複雜的玻璃製品。

壓-吹成形是最適合生產玻璃杯的製程，精密加工的模具可生產表面光滑細緻的玻璃製品，以哈特福德-28 成形機(Hartford-28 machine)為主，另外如威斯特萊克成形機(Westlake machine)、O90 成形機(O90 machine)等。H-28 有 12 或 18 個機頭可連續旋轉吹製的成形機，12 頭機速約 42～78 個/分，18 頭機速約可提高 40%。H-28 成形製程如圖 5-42，熔融團塊進入模具→衝頭準備下壓→衝頭壓製雛形→模具退出及雛形重熱→吹氣拉伸→細模關閉→成形完成→製品移出→製品翻轉→口部切除及燒口→未退火的成品。

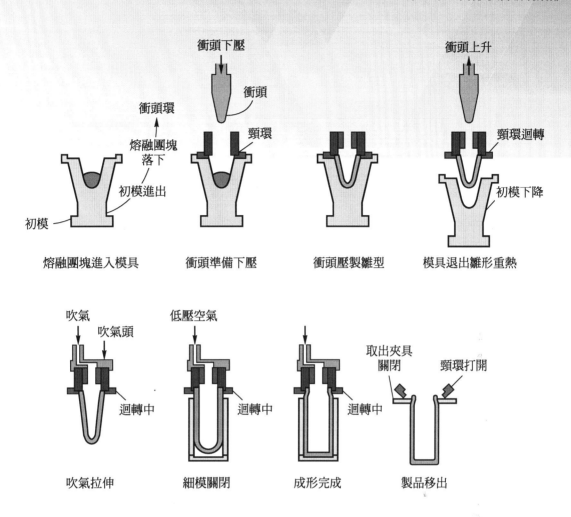

衝頭下壓

衝頭上升

衝頭環

熔融團塊落下

初模進出

初模

衝頭

頸環

頸環迴轉

初模下降

熔融團塊進入模具　　衝頭準備下壓　　衝頭壓製雛型　　模具退出雛形重熱

吹氣　　吹氣頭

低壓空氣

取出夾具關閉

頸環打開

迴轉中

迴轉中

迴轉中

吹氣拉伸　　　細模關閉　　　成形完成　　　製品移出

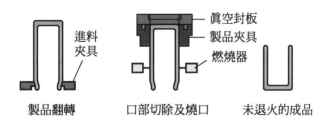

進料夾具

真空封板

製品夾具

燃燒器

製品翻轉　　口部切除及燒口　　未退火的成品

(a) 壓吹製過程

圖 5-42　H-28 壓-吹製程

(b) H-28 成形機及成品(資料來源：台灣玻璃公司)

圖 5-42　H-28 壓-吹製程(續)

壓製成形可生產一體成形口大體小的玻璃製品，如杯、盤、燒鍋及煙灰缸等，以開模方式可生產有柄啤酒杯高腳杯，模具內部刻圖案花紋時，則可生產圖案玻璃製品。壓製成形以 MDP-16 成形機(Motor drive press machine)為代表。MDP-16 成形製程如圖 5-43，熔融團塊進入模具→衝頭準備下壓→衝頭壓製雛形→成形完成→製品推出→製品移出。

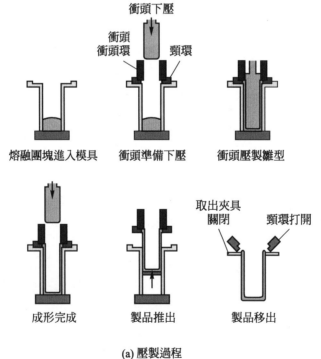

(a) 壓製過程

圖 5-43　MDP-16 壓製成形製程

(b) MDP-16 成形機及成品(資料來源：台灣玻璃公司)

圖 5-43　MDP-16 壓製成形製程(續)

高腳杯是食器玻璃主要產品，製程較複雜品質要求高，1950 年前為手工成形，1950年後開始機械成形。高腳杯一般以組合加工方式為主，上杯由壓-吹或壓製成形製程製造，腳座以壓製成形製程生產，然後再將上杯及腳座以熱熔接或冷熔接方式相互熔接。組合加工方式較複雜，適合生產細長高腳杯，另一體成形製程可製造腳座短胖的高腳杯。

熱熔接製程需配置兩台成形機，分別製造上杯及腳座，上杯及腳座在溫度尚未降低時，經由輸送設備將上杯及腳座送至熔接生產線加熱熔接如圖 5-44，①熔融團塊進入→②上杯及腳座成形→③上杯及腳座加熱軟化→④上杯及腳座熔接→⑤熔接修飾→⑥燒口及退火去除熱應力。冷熔接製程是將已退火的上杯及腳座依圖 5-44(a)的③～⑥程序進行熔接。

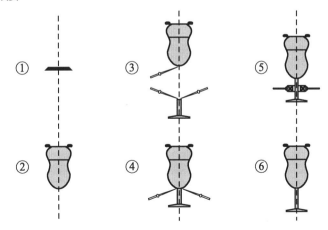

(a) 熱熔接過程

圖 5-44　高腳杯熱熔接製程

(b) 成品

圖 5-44　高腳杯熱熔接製程(續)

3.　吹製機

以行列式製瓶機、H-28、MDP-16 等成形機所製造的玻璃製品，玻璃壁較厚且有合縫線；耐熱廚器玻璃如咖啡壺、沖茶器、保溫瓶膽、燒杯及其他如高腳杯的上杯、燈泡殼等，不僅玻璃壁較薄且瓶身不能有合縫線，為滿足耐熱廚器玻璃的特殊需求，成形雛形與模具之間必須不停的相對運動，同時須嚴格控制各階段的吹製製程，確保玻璃料均勻分布。吹製機(Blowing machine)以機體公轉模具自轉的持續旋轉方式吹製玻璃容器，可生產薄壁肉厚均勻、無合縫線、表面光滑細緻的玻璃製品。吹製機成形製程如圖 5-45，熔融團塊進入→吹氣拉伸雛形→模具關閉→吹製成形→模具開啟→製品移出→未退火的成品。

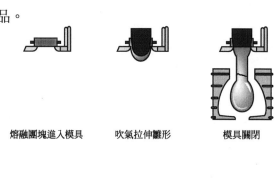

熔融團塊進入模具　　　吹氣拉伸雛形　　　模具關閉

吹製成形　　　模具開啟　　　製品移出

(a) 吹製過程

圖 5-45　吹製機吹製製程(資料來源：Glamaco gmbh)

(b) 吹製機及成品(資料來源：台灣玻璃公司)

圖 5-45　吹製機吹製製程(資料來源：Glamaco gmbh)(續)

5-6-3　玻璃纖維

玻璃纖維(Glass fiber 或 Fiberglass)是一種性能優異的無機非金屬材料，種類繁多，如長纖維、短纖維及光纖維等，優點是絕緣性好、耐熱性強、抗腐蝕性好，機械強度高，但缺點是性脆，耐磨性較差。玻璃纖維單絲直徑約幾個微米到二十幾米個微米，相當于一根頭髮的 1/5～1/20，每束纖維原絲都由數百根甚至上千根單絲組成。玻璃纖維紗為玻璃纖維布的上游原料，玻璃纖維紗依下游應用領域又分為強化塑膠用玻璃纖維與電子級玻璃纖維紗。

典型玻璃纖維紗製程如圖 5-46，主要是將精矽砂、碎玻璃、石灰石、純鹼與高嶺土等，經軋碎、分級、混合均勻後，投入窯爐高溫熔化生產成玻璃膏，經過抽絲、捲取、撚紗等過程製成玻璃纖維紗。抽絲方式主要有噴嘴拉出(Nozzle-drawing)、桿拉出(Rod-drawing)及噴嘴吹出(Nozzle-blowing)等三種。

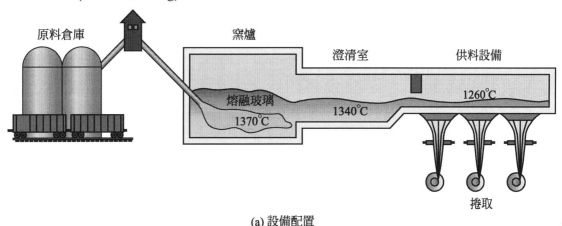

(a) 設備配置

圖 5-46　玻璃纖維紗製程(資料來源：compositesworld.com)

(b) 抽絲

圖 5-46　玻璃纖維紗製程(資料來源：compositesworld.com) (續)

　　玻璃纖維布可當做補強材料(Reinforcement)、充實絕緣材料(Insulation)及樹脂的骨幹，擔負起全板的強度與搭載零件的支撐。為確保玻璃纖維布產品品質與製程穩定性，玻璃纖維布製程均採用最先進生產設備，並配合電腦監控系統隨時可掌握設備運轉與產品品質狀況。典型玻璃纖維布製程如圖 5-47，上游玻璃纖維紗必須經過整經(將經紗整理捲取於經軸上)→漿紗(上漿避免經紗破損、毛羽或斷紗)→穿綜(將經紗穿過停經片、綜絲及鋼筘等)→織布→胚檢(初步檢查)→一次退漿(高溫退漿將大部份漿料燒除)→二次退漿(悶燒退漿將殘漿完全去除)→處理(矽烷偶合劑增加界面強度)→成品檢查。玻璃纖維布的品質優劣，除了玻璃纖維紗的品質外，後段的矽烷處理也為重要的技術之一。

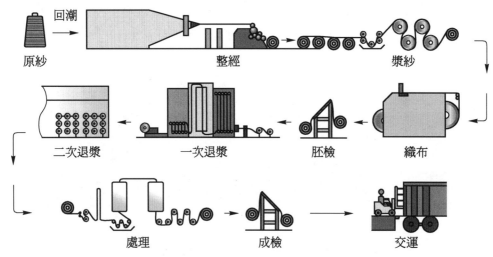

圖 5-47　玻璃纖維布製程(資料來源：南亞塑膠)

5-6-4　玻璃基板

　　TFT–LCD 用玻璃基板的成型製程，主要區分為三大類型：薄板浮式玻璃製程、溢流融合下拉法製程及開口下拉法製程。

　　薄板浮式玻璃製程如圖 5-48，熔爐流出的熔融玻璃，以漂浮方式通過熔融狀態的金屬錫槽，利用液態錫表面光滑的特性拉出玻璃基板。薄板浮式玻璃製程產出的玻璃因與液態錫接觸，須再經過拋光、研磨等後段加工步驟，因此對於成品良率、單位成本、量產速度與後續製程所引發的環保問題都較為不利。目前日本旭硝子公司是利用這個製程產製不含鹼金屬的玻璃。

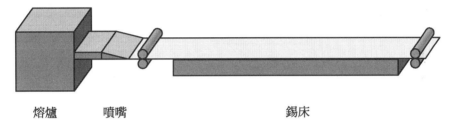

　　　熔爐　　　噴嘴　　　　　　　　　　　錫床

圖 5-48　薄板浮式玻璃製程(資料來源：科學發展 2006 年 10 月，406 期)

　　溢流融合下拉法製程於 1930 年代由 Libbey-owen-ford glass company 開發出來，並先後獲得多項專利。到了 1960 年代中期，康寧公司為了使產品厚度能更平坦與均勻，改進這個製程的缺點進而獲得多項專利。溢流融合下拉法製程如圖 5-49，的主要關鍵步驟是使熔爐內熔融狀態的玻璃原料通過耐火導管，再由導管頂部分兩側沿管壁向下溢流而出，並在導管底部匯流融合，以形成單一片狀玻璃基板，利用這種製程所生產的玻璃基板不需再經研磨。因專利早已過期，所以除康寧公司外，NEG 及 NHT 都採用溢流融合下拉法生產TFT–LCD 用的玻璃基板。

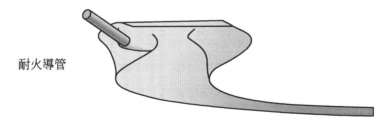

　　耐火導管

圖 5-49　溢流融合下拉法製程(資料來源：科學發展 2006 年 10 月，406 期)

　　開口下拉製程是德國 EPT 公司開發的。開口下拉製程如圖 5-50，以低黏度的均質玻璃膏導入鉑合金所製成的流孔漏板(Slot bushing)槽中，利用重力的下拉的力量及模具開孔的大小來控制玻璃的厚度，其中溫度和流孔開孔大小共同決定玻璃產量，而流孔開孔大小和下引速度則共同決定玻璃厚度，溫度分布則決定玻璃的翹曲。

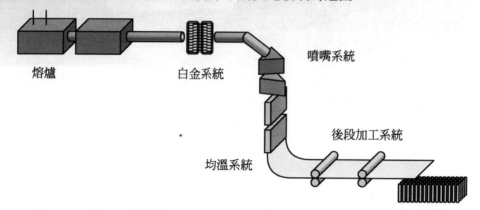

圖 5-50　開口下拉製程(資料來源：科學發展 2006 年 10 月，406 期)

5-6-5　玻璃緩冷

　　玻璃製品在成形的過程中，與外界接觸的玻璃表面溫度比較低，內部的溫度比較高，這樣的溫度差會在玻璃製品內部形成無法預知的應力，殘留應力將會降低玻璃製品的機械強度及熱穩定性，若應力超過玻璃製品的極限強度，便會自行破裂。在使用這種玻璃製品時，因為有無法預知的應力，對玻璃的安全性無法掌握，因此成形後的玻璃製品，大都需要經過一定的緩冷程序，以消除玻璃製品內部應力，確保使用者的安全。

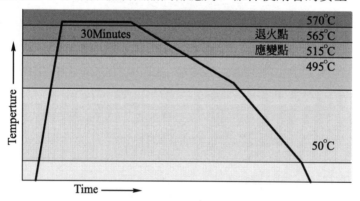

圖 5-51　典型玻璃二次緩冷曲線(資料來源：www.sigmascientific.in)

　　緩冷是將成形或加工後的玻璃置於緩冷爐(Annealing lehr)中，加熱到緩冷溫度並保持一定時間，然後緩慢冷卻的過程，即加熱→保溫→緩慢降溫→快速降溫 4 個階段。玻璃製品成形後立即緩冷稱為一次緩冷；玻璃製品冷卻後再進行緩冷稱為二次緩冷。無論一次緩冷或二次緩冷，玻璃製品進入緩冷爐時，都必須將玻璃製品加熱到緩冷溫度。如圖 5-51 典型玻璃二次緩冷曲線，各階段功能如下所述：

加熱階段：玻璃進入緩冷爐加熱到緩冷溫度。玻璃受熱時，表層受壓應力，內層受張應力，玻璃的抗壓強度遠大於抗張強度，所以加熱速度可較快。但考慮玻璃製品厚度均勻性、大小、形狀及緩冷爐中溫度分布的均勻性等因素，都會影響加熱升溫速度。一般玻璃加熱速度約為 $20/a^2 \sim 30/a^2 °C/min$，光學玻璃要求更嚴格，加熱速度須＜$5/a^2 °C/min$。$a$ 為玻璃製品厚度，單位 cm(實心製品為厚度的一半)。

1. 保溫階段：玻璃製品在緩冷溫度下進行一段時間的保溫，使玻璃製品各部份溫度均勻，目的是消除快速加熱時產生的溫度梯度，並消除玻璃製品中固有的內應力。

   保溫階段須確認保溫溫度及保溫時間，根據玻璃的化學組成可計算出最高緩冷溫度，保溫溫度通常比緩冷溫度低 $20 \sim 30°C$；由玻璃製品的最大容許應力可計算出保溫時間。保溫時間計算式如下：

   $$t = 520 \times (a^2/\Delta n)$$

   式中 t：保溫時間，min

   　　a：玻璃製品厚度(實心製品為厚度的一半)，cm

   　　Δn：玻璃緩冷後容許內應力，nm/cm

2. 慢冷階段：玻璃中原有應力消除後，必須防止降溫過程中由於溫度梯度而產生新的應力，此階段冷卻速度應慢。慢冷速度依玻璃製品的容許永久應力而定，容許永久應力大，慢冷速度可相對加快，慢冷速度計算式如下：

   $$h = \delta/13a^2 °C/min$$

   式中 δ：玻璃製品的容許永久應力，nm/cm

   　　a：玻璃製品厚度(實心製品為厚度的一半)，cm

3. 快冷階段：應變點到室溫。快冷的開始溫度必須低於玻璃的應變點，此階段只會引起暫時應力，不會產生永久應力，在保證玻璃製品不致因熱應力而破壞的前提下可儘快冷卻玻璃製品。快冷速度可由公式 $h = 65/a^2 °C/min$ 計算。實際生產時都採用較低得冷卻速度，一般玻璃約取此值的 $20 \sim 30\%$，光學玻璃取 5%以下。

   根據玻璃製品及生產特性，緩冷爐可分為間歇緩冷爐及連續緩冷爐兩種。緩冷爐必須依照緩冷曲線溫度梯度進行緩冷去除殘留應力，以確保玻璃製品的使用安全。

間歇緩冷爐結構簡單，適合量小、形狀複雜、壁厚不均勻及特大型玻璃製品，但耗能高、爐內溫度分布不均、生產能力低且無法自動化連線生產。

連續緩冷爐適合大量自動化生產的玻璃製品，其結構如圖 5-52 所示。連續緩冷爐一般以瓦斯、液化石油氣或電力為熱源，同時以風機系統使爐內溫度分布更均勻及加速冷卻，以確保能完全依照緩冷曲線溫度梯度進行緩冷。連續緩冷爐耗能低、緩冷品質高、生產能力強及可連續生產不間斷，配合成形機連線，可自動化連線生產。

(a) 外型

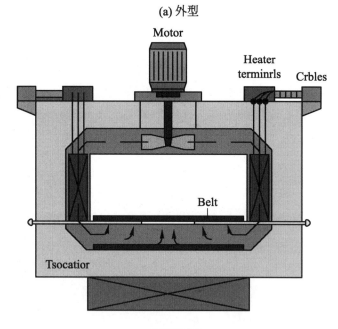

(b) 橫斷面圖

圖 5-52　連續緩冷爐(資料來源：www.jochenlee.com)

章末習題

1. 聚合物的定義為何？

2. 何謂塑膠記憶特性？

3. 塑膠材料加入補強材料的目的為何？

4. 影響射出成型的產品尺寸因素包括哪些？

5. 塑膠材料加工之前的除濕乾燥目的為何？

6. 射出成型的三個主要設備。

7. 何謂玻璃狀態？

8. 常用玻璃原料有哪些？其特性為何？

9. 典型鈉鈣玻璃的成份為何？

10. 簡述玻璃的熔製過程。

11. 簡述玻璃窯爐的分類。

12. 玻璃製造過程最重要的物理性質為何？

13. 簡述 Pilkignton 浮法玻璃的製程。

14. 容器玻璃的優點為何？

15. TFT-LCD 玻璃基板的成型製程有哪些？

16. 玻璃製品緩冷的目的為何？

參考文獻

1. Robert A. Malloy, Plastic part design for injection molding, Hanser, 2005, Muhich.

2. A. Brent Strong, Plastics: Materials and Processing, Prentice Hall, 2001.

3. 科學發展，2004 年 10 月，382 期。

4. British glass.

5. Pilkignton glass.

6. Heye glass gmbh.

7. Emhart glass.

8. Glass global consulting gmbh.

9. Sorg gmbh.

10. Teco glass.

11. Glmaco gmbh.

12. 邱標麟：玻璃製造學。台灣復文興業股份有限公司。

13. 科學發展：2006 年 10 月，406 期。

14. 新竹市玻璃工藝館。

15. 台灣玻璃公司。

16. 南亞塑膠公司。

CHAPTER **6**

粉末冶金技術與應用

·本章摘要·

6-1 概說

　　粉末應用的歷史悠久，早期人類會使用機械研磨或搗碎等方式取得金屬粉末，並將金屬粉末作為塗料裝飾器具表面。而現今的粉末冶金的雛型要追溯到二十世紀初，美國科學家 William D. Coolidge 利用粉末冶金的方式來製造鎢絲，除了大大降低鎢絲的生產成本，也開啟了現代粉末冶金製程的蓬勃發展。

　　粉末冶金的製程：粉末冶金(Powder metallurgy)是以金屬粉末作為原料(Raw material)，利用各種成形(Forming)的方式將粉末聚集成零件的形狀，再利用燒結(Sintering)將粉末與粉末連接在一起，最後經過後加工(Optional operations)的製程完成。如圖 6-1 所示為粉末冶金的製造流程：

圖 6-1　粉末冶金的生產流程

　　金屬零件製造可以利用的方法有很多種類，例如：沖壓、鍛造、鑄造、切割與擠出等方式。每種工藝都有不同的特性，其中粉末冶金的優點有：

1. 大批量生產性：粉末冶金是靠模具成形的製程，利用模具可以快速複製金屬零件的形狀，一般機械式加壓成形的循環時間約 5～10 秒，生產效率優於其他工藝。

2. 材料使用效率：金屬粉末藉由模具成形可以接近金屬零件成品 95% 以上的形狀，材料使用效率相較於鑄造或沖壓製程，可以免除流道與邊料的損耗，提高原料的使用效率。

3. 多孔性(Porosity)：粉末產品是利用高壓將粉末顆粒互相靠近結合成零件的形狀，但是單純的加壓無法使粉末顆粒結合成塊材，加壓成形的粉末零件密度約可達塊材的 95%，粉末顆粒之間的間隙造就了粉末件多孔的特性。軸承、消音器與過濾器等產品就必須有多孔的特性，軸承零件的孔隙可以儲存潤滑油，當套件在運轉時，內部的零件會互相摩擦產生熱能，儲存在粉末件孔隙中的潤滑油就會釋出到零件間以減低摩擦產生的磨耗與噪音，而當套件停止轉冷卻後，潤滑油會因為毛細現象再回到孔隙中。

4. 高熔點與複合合金：高熔點金屬鎢(熔點 3,422℃)與鉬(熔點 2,623℃)無法使用一般熔煉的方式塑形，只能使用粉末冶金的製程來製造所需的零件。此外，粉末冶金可以應用在熔點落差大、互相溶解度差、或是比重落差大的合金上。例如：鎢銅就是先利用鎢粉燒結成多孔的鎢塊，再將銅滲入鎢塊中，如此就能得到綜合了鎢和銅的優點，如：耐高溫、強度高、導電導熱性好與易於切削加工等特性。

5. 組織均勻性：粉末件是由金屬粉末所組成，不均勻的微結構組織只侷限於單一粉末顆粒中，在整體金屬零件的微結構組織仍可保持其均勻性，相較於鑄造時會產生的微結構組織偏析或是滾壓造成的織構(Texture)，粉末件的組織是相對均勻的。

　　以上皆是粉末冶金製程的製程優勢，有其特殊的應用與必須性。雖然粉末冶金有上述的優點，但仍有其較不足的缺點。

1. 孔隙：一般粉末冶金產品中約有 5～20%的孔隙，換算密度約為塊材的 90～95%，與密度為 100%的零件相比，其延性(Ductility)與抗疲勞性(Fatigue resistance)等機械性質的表現較差。此外，孔隙間容易吸附異物或化學藥劑，零件若需要進行表面處理，必須需增加前處理製程。

2. 設備與模具成本：粉末冶金生產需要的成型機、燒結爐與後製程設備等都相當昂貴，產線的架設需要透入大筆資金。成形需要的模具屬於組合模具，需搭配零件的形狀分別切割不同大小的沖頭，並製作每個沖面上的面曲，模具的成本相對其他製程高，所以粉末冶金適合大批量的工件來攤提模具的費用。

3. 材料成本：粉末是從塊材熔煉再加工所得到的材料，因此粉末的成本較一般塊材成本高。考量到材料佔成本的比重，粉末冶金適合發展重量小且形狀複雜的工件，才能夠凸顯此項工藝的優勢。

6-2　常用粉末材料

　　粉末冶金的材料主要分為三大類別鐵、銅與不鏽鋼，其中以鐵系的產品為最大宗。以下將就各材料的特性與應用做進一步地介紹。

6-2-1 鐵系材質

純鐵的材質軟且脆,需要依靠合金元素的添加才能提升其應用的性質。如圖 6-2 所示。以下將針對各種元素對鐵的燒結與機械性質做進一步的解釋。

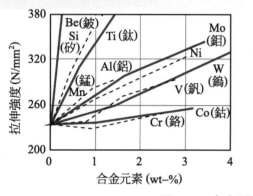 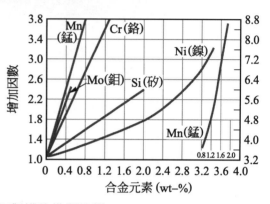

圖 6-2 合金添加對鐵的性質改變

1. 碳:碳是強化鐵的合金元素,原子量小能快速地擴散進入鐵的基材中。碳為 γ 相穩定元素,可以與鐵生成奧斯田鐵相,經過焠火與回火製程,可以得到強韌的回火麻田散鐵相。鐵碳合金的組合如:MPIF 的 F 系列、JIS 的 SMF 3xxx 系列和 DIN 的 Sint-01 系列。應用在較低機械要求的零件或軟磁產品,其硬度會隨碳含量的增加而增加。

2. 銅:銅是奧斯田鐵相的穩定元素,能降低 γ→α 相變態溫度,如圖 6-2 所示。銅的熔點 1083℃低於燒結溫度,能夠快速地滲入鐵粉之間的孔隙,再擴散入鐵粉內部,利用固溶強化的原理增加零件的強度與韌性。入奧斯田鐵約可溶 9wt%銅,但肥粒鐵只能溶入 0.4 wt%銅,因此鐵銅合金可以藉由燒結後的低溫退火,產生析出硬化的效果。鐵銅合金的組合如:MPIF 的 FC 系列、JIS 的 SMF 4xxx 系列和 DIN 的 Sint-10 和 11 系列。應用在自潤軸承、高強度機械件與耐衝擊材料,零件熱處理後可提高強度、性能和耐磨性。

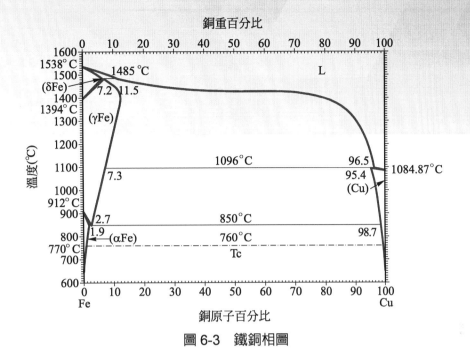

圖 6-3　鐵銅相圖

3. 鎳：鎳也是奧斯田鐵相的穩定元素，利用固溶強化的原理增加零件的強度與韌性。圖 6-4 為不同銅鎳比例的燒結品特性。碳銅鎳的添加都有助於抗拉強度的提升，但隨著合金元素的添加延伸率 (Elongation)會下降。鐵粉中添加銅與鎳都會影響胚料的尺寸，銅因為熔點低容易滲進鐵粉之間將鐵粉撐開，造成胚料燒結後脹大；鎳的原子大小與鐵接近，能快速進入鐵粉的表面與晶界，抑制鐵粉的晶粒成長，細小晶粒的晶界擴散機制可以消除胚料中的空孔，造成胚料燒結後縮小。鐵銅鎳合金的組合如：MPIF 的 FN 系列和 JIS 的 SMF 5xxx 系列。應用耐衝擊性與高強度的機械部件，零件熱處理後可提高強度和耐磨性。

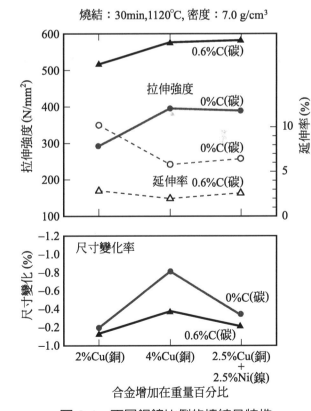

圖 6-4　不同銅鎳比例的燒結品特性

(資料來源：Höganäs handbook，2004)

4. 錳：錳也是奧斯田鐵相的穩定元素，但錳不會與碳產生碳化物，但可以融入雪明碳鐵中。錳的硬化能很高，可以增加熱處理後的機械性質。若提供足夠的燒結時間給錳擴散，胚料的微結構就能由肥粒鐵，變為變韌鐵或麻田散鐵，大幅增加胚料的硬度。

5. 鉻：鉻是 α 相穩定元素，但是少量的鉻還是能降低 γ→α 相變態溫度。鉻添加入鐵中具有固溶強化的效果，連同和碳氮反應的碳化物與氮化物，都能提高胚料的機械強度與硬度。

6. 鉬：鉬可以利用固溶強化增加胚料的機械性質，也可以將 CCT 圖的變態曲線往右移動，燒結後可得到變韌鐵結構，提升胚料強度。鉬與碳在回火時容易產生碳化物 Mo_2C，具有二次硬化的功能。各國對粉末冶金鐵系材料的分類，如表 6-1～表 6-3。

表 6-1　美國(MPIF)對粉末冶金鐵系材料的分類

編號	密度	硬度	化學成分(%)					
			鐵	銅	碳	鎳	鉬	錳
F-0000	6.1～6.7	HRF 40～60	Bal.		0～0.3			
F-0005	6.1～6.9	HRB 25～55	Bal.		0.3～0.6			
F-0008	5.8～7.0	HRB 35～70	Bal.		0.6～0.9			
FC-0205	6.0～7.1	HRB 37～72	Bal.	1.5～3.9	0.3～0.6			
FC-0208	5.8～7.2	HRB 50～84	Bal.	1.5～3.9	0.6～0.9			
FN-0205	6.6～7.4	HRB 44～78	Bal.	0～2.5	0.3～0.6	1～3		
FN-0208	6.7～7.4	HRB 63～88	Bal.	0～2.5	0.6～0.9	1～3		
FLN2C-4005	6.7～7.4	HRB 81～93	Bal.	1.3～1.7	0.4～0.7	1.5～2	0.4～0.6	0.05～0.3
FLNC-4408HT	6.8～7.2	HRC 21～30	Bal.	1～3	0.6～0.9	1～3	0.65～0.95	0.05～0.3
FD-0205	6.75～7.4	HRB 72～86	Bal.	1.3～1.7	0.3～0.6	1.55～1.95	0.4～0.6	0.05～0.3
FD-0208	6.75～7.25	HRB 80～90	Bal.	1.3～1.7	0.6～0.9	1.55～1.95	0.4～0.6	0.05～0.3
FX-1008	7.3	HRB 89	Bal.	8～14.9	0.6～0.9			
FX-2008	7.3	HRB 90	Bal.	15～25	0.6～0.9			

表 6-2　日本(JIS)對粉末冶金鐵系材料的分類

編號	密度	硬度	化學成分(%)					
			鐵	銅	碳	鎳	鉬	錳
SMF 1015	6.8	HRF 60	Bal.					
SMF 1020	7.0	HRF 60	Bal.					
SMF 3030	6.6	HRB 30	Bal.		0.4～0.8			
SMF 3035	6.8	HRB 40	Bal.		0.4～0.8			
SMF 4040	6.6	HRB 30	Bal.	1.5	0.2～1.0			
SMF 4050	6.8	HRB 84	Bal.	1.5	0.2～1.0			
SMF 5030	6.6	HRB 83	Bal.	0.5～3.0	0.8 max	1～5		
SMF 5040	6.8	HRB 85	Bal.	0.5～3.0	0.8 max	2～8		
SMF 6040	7.2	HRB 50	Bal.	15～25	0.3 max			
SMF 6055	7.2	HRB 80	Bal.	15～25	0.3～0.7			
SMF 6065	7.4	HRB 90	Bal.	15～25	0.3～0.7			
SMF 8040	6.8	HRB 80	Bal.		0.4～0.8	1～5		

表 6-3　德國(DIN)對粉末冶金鐵系材料的分類

編號	密度	硬度	化學成分(%)					
			鐵	銅	碳	鎳	鉬	錳
Sint-C 01	6.4～6.8	>HRB 70	Bal.		0.5			
Sint-D 01	6.8～7.2	>HRB 90	Bal.		0.5			
Sint-C 10	6.4～6.8	>HRB 40	Bal.	1.5				
Sint-D 10	6.8～7.2	>HRB 50	Bal.	1.5				
Sint-E 10	>7.2	>HRB 80	Bal.	1.5				
Sint-C 11	6.4～6.8	>HRB 80	Bal.	1.5	0.6			
Sint-D 11	6.8～7.2	>HRB 95	Bal.	1.5	0.6			
Sint-C 30	6.4～6.8	>HRB 55	Bal.	1.5	0.3	4.0	0.5	
Sint-D 30	6.8～7.2	>HRB 60	Bal.	1.5	0.3	4.0	0.5	
Sint-E 30	>7.2	>HRB 90	Bal.	1.5	0.3	4.0	0.5	
Sint-C 31	6.4～6.8	>HRB 50	Bal.		0.2	2.0	1.5	
Sint-D 31	6.8～7.2	>HRB 60	Bal.		0.2	2.0	1.5	
Sint-E 31	>7.2	>HRB 90	Bal.		0.2	2.0	1.5	
Sint-C 32	6.4～6.8	>HRB 55	Bal.	2.0	0.6		1.5	
Sint-D 32	6.8～7.2	>HRB 60	Bal.	2.0	0.6		1.5	
Sint-C 39	6.4～6.8	>HRB 90	Bal.	1.5	0.5	4.0	0.5	
Sint-D 39	6.8～7.2	>HRB 120	Bal.	1.5	0.5	4.0	0.5	

6-2-2 不鏽鋼系材質

不鏽鋼可分為奧斯田鐵系、麻田散鐵系與肥粒鐵系三種。以下介紹粉末冶金最常使用的各系材料。

1. 奧斯田鐵系 304L：以添加鎳與鉻兩種合金為主，標準成分是 18%鉻+8%鎳，若編號為 304L，L 代表含碳量小於 0.03%以下。材料特性為耐蝕性佳、無磁性強度高、低溫韌性佳，但不耐應力腐蝕破裂。適用於外觀飾品或機械強度要求不高的零件。

2. 奧斯田鐵系 316L：同樣是添加鎳與鉻兩種合金為主，但提高鎳的含量與增加鉬合金，大幅增加了耐酸鹼性。適用於高腐蝕環境的零件。

3. 麻田散鐵系 410：為高強度鉻鋼，含 11.5～13.5%的鉻合金 0.15%以下的碳。優點是耐磨性好且原料成本低，缺點是抗腐蝕性較差且具有磁性。適於幫浦、軸承和醫療用具等產品。

4. 肥粒鐵系 430：含 16～18%的鉻合金且不含鎳，比較不耐腐蝕，但可耐中低溫氧化，屬於耐熱鋼的一種。適用於廚具或外觀飾品。

5. 麻田散鐵系 17-4PH(630)：為添加銅與鈮的析出硬化型不鏽鋼，經過熱處理製程可以大幅稱增加機械強度。應用在防蝕的機械結構件上。表 6-4～表 6-5 為各國對粉末冶金不鏽鋼系材料的分類。

表 6-4　美國(MPIF)對粉末冶金不鏽鋼系材料的分類

編號	密度	硬度	化學成分(%)							
			鐵	碳	銅	鎳	鉬	錳	鉻	鈮
SS-303L	6.6～6.9	HRB 21～35	Bal.	0～0.03		8～13		0～2	17～19	
SS-304L	6.6～6.9	HRB 30～45	Bal.	0～0.03		8～12		0～2	18～20	
SS-316L	6.6～6.9	HRB 20～45	Bal.	0～0.03		10～14	2～3	0～2	16～18	
SS-410L	6.9	HRB 45	Bal.	0～0.03				0～1	11.5～13.5	
630 (17-4PH)	6.6～6.9	HRC20	Bal.	0～0.07	3～5	3～5		0～1	15.5～17.5	0.15～0.45

表 6-5　日本(JIS)對粉末冶金不鏽鋼系材料的分類

編號	密度	硬度	化學成分(%)					
			鐵	碳	鎳	鉬	錳	鉻
SMS 1025	6.4	HRB 50	Bal.	0.08 max	8～14		2～3	16～20
SMS 1035	6.8	HRB 50	Bal.	0.08 max	8～14		2～3	16～20
SMS 2025	6.4	HRB 60	Bal.	0.2 max				12～14
SMS 2035	6.8	HRB 60	Bal.	0.2 max				12～14

6-2-3　銅系材質

除了鐵系材料外，銅系材料也廣泛的應用在粉末冶金上，大部分屬於自潤軸承產品上。表 6-6～表 6-8 為各國對粉末冶金銅系材料的分類。

1. 青銅：成分由銅與鋅合金組成。大多應用在自潤軸承的產品上，藉由控制密度大小 5.6～7.4 g/cm^3 與含油率 9～27 vol%的參數，調整軸承的使用性質。此外，不同青銅粉末粉粒的大小尺寸，經過壓緻與燒結後，就能產生不同孔隙大小的多孔結構件，可以應用在過濾器上。

2. 黃銅：成分由銅與錫合金組成，機械性能和耐磨性能都很好，可用於需要機械強度或外觀的零組件上。

表 6-6　美國(MPIF)對粉末冶金銅系材料的分類

編號	密度	硬度	化學成分(%)			
			銅	碳	錫	鋅
CT-1000	7.2	HRH 82	87.5～90.5		9.5～10.5	
CZ-1000	7.6	HRH 65	88～91			9～12

表 6-7　日本(JIS)對粉末冶金銅系材料的分類

編號	密度	硬度	化學成分(%)			
			銅	碳	錫	鋅
SMK 1010	6.8	HRH 70	Bal.	1.5 max	9～11	
SMK 1015	7.2	HRH 80	Bal.	1.5 max	9～11	

表 6-8　美國(MPIF)、日本(JIS)與德國(DIN)對粉末冶金銅系材料的分類

編號	密度	硬度	化學成分(%)			
			銅	碳	錫	鋅
Sint-C 50	7.2～7.7	>HRB 35	Bal.		10	
Sint-D 50	7.7～8.1	>HRB 45	Bal.		10	

6-3　粉末成形方法

　　成型是依照模具的幾何形狀,利用壓力將粉末聚集出零件的形狀。圖 6-5 為模具冷壓成型的示意圖,將粉末填入特定形狀的模具內,以一組沖頭將其壓實到一定的密度,再由模具中取出,即成生胚(Green compact)。粉末冶金成型模具可分為上沖、中模、下沖與芯棒等四個部分,依照零件幾何形狀的複雜度,可以增加模具上沖與下沖的數量。

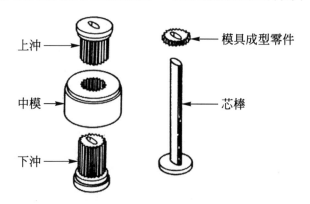

上沖　中模　下沖　模具成型零件　芯棒

圖 6-5　模具冷壓成型

　　一般模具冷壓成型的步驟如圖 6-6 所示,先將中模固定在機台上,下沖向下作動,空出與中摸之間的空間。填粉盒向前移動,盒中的粉末就會落進模具中。粉末填滿中模與下沖形成的空間後,粉盒向後退,上沖向下移動進入中模壓縮粉末。壓縮動作結束後,上沖與下沖同時上移,上沖離開中模,而下沖將壓縮後的胚料頂出中模,填粉盒再向前移動將胚料推出模具,同時再進行填粉。如此步驟不斷重複,這就是冷壓成型的連續生產循環。

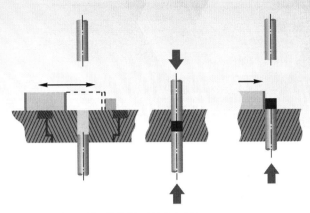

圖 6-6　模具冷壓成型循環(資料來源：Höganäs PM-school)

　　工件的大小、粉末的流動性與模穴的截面積皆會影響粉末填充的速率與均勻性。當零件的厚度較薄時，模具的孔穴相對狹小，粉末不容易均勻地填入，甚至會產生架橋現象，如圖 6-7 所示。減低架橋現象的方法有很多種，如在填粉時藉由控制模具的作動方式，先將下沖與芯棒下降，粉末可以先填入較大的模穴範圍後，再將芯棒往上升，如此就能大幅提升填粉的均勻度。此外也可以在中模的模架上加裝震動馬達或加熱器，有助於在填充過程增加粉末的流動，提升填粉的效率與品質。

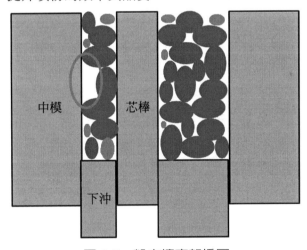

圖 6-7　粉末填充架橋圖

　　粉末成形的加壓方式大致可分為四種：(1)單向加壓(Single action)；(2)雙向加壓(Double action)；(3)中模浮動加壓(Floating)；(4)強制浮動加壓(Die withdrawn)。單向加壓成形時，只有上沖向下施力，坯體成形後，下沖再將胚料頂出中模。由於加壓的方向只有一個，坯體加壓面的密度會比較高，厚度較大的零件容易造成坯體密度分布不均，在後製程容易變形。單向加壓只適用於幾何形狀簡單且薄的產品，且設備的機構簡單便宜。雙向加壓可以解決坯體密度不均勻的問題，如圖 6-8(a)所示，加壓成形時，上沖與下沖同時施力，坯體成形後，下沖再將胚料頂出中模。中模浮動加壓方法是在中模下方裝置彈簧，當中模受壓時，坯體與中模之間的摩擦力會造成中模向下移動，與上、下沖產生相對運動，造成雙壓的效果，如圖 6-8(b)所示。強制浮動加壓與中模浮動加壓原理相似，利用油壓或機械的方式控制中模的下降速率，一般約為上沖下降速率的的一半，如圖 6-8(c)所示。

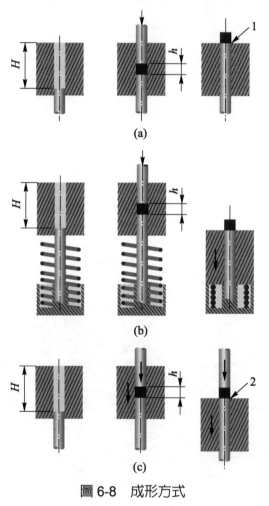

圖 6-8　成形方式

　　粉末成形需要考慮的因素很多，例如料胚受到逕向壓力產生的摩擦力，會影響脫模的力量與模具壽命，一般會在粉末中添加潤滑劑並維護模具的表面粗糙度，這些方法都能減低粉末與模壁之間的摩擦係數。零件的設計也會影響成形的所需的噸數與調整作動的順序，以下表 6-9 列出幾項不良與改善後的設計。

表 6-9　粉末成型不良與改善後的設計

1. 尖角：避免上、下模冲出現脆弱的尖角，尖角的位置應力集中，容易造成模具崩損。可以增加一段平直區 d 或修改成 R 角。斜面底部倒角 $C \times 45°$ 處增加一平臺，寬度約 $0.1 \sim 0.2$ mm。	
2. 厚度：厚度模具與胚料出現太薄的厚度會影響粉末填充的均勻性與密度分布，燒結時容易變形或翹曲，零件厚度建議於 1.5 mm。	
3. 拔模角：胚料經過加壓後會往逕向模壁擠壓，胚料脫模時會產生磨擦，嚴重時胚料可能會產生魚鱗紋(Delamination)或是裂紋。設計模具冲面的面取時，可以增加拔模角度(約 5°)或將芯棒圓柱改為圓錐，都可以降低脫模力與減少胚料在脫模頂出時變形。	

表 6-9 粉末成型不良與改善後的設計(續)

4. 側孔與螺紋：成形零件結構設計要避免垂直於壓制方向的側凹、側孔或螺紋，否則胚料無法脫模。零件若有這些需求時，在需仰賴後加工製程來完成。	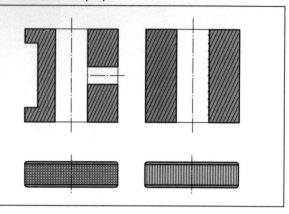

6-4 進階原理概説

6-4-1 粉體製程的意義與方法

　　粉體製程(Particulate processing)的意義含括金屬粉末或陶瓷粉末的成形加工，前者稱為粉末冶金(Powder metallurgy，P/M)，是製取金屬粉末或用金屬粉末(或金屬粉末與非金屬粉末的混合物)作為原料，經過壓製成形、燒結(Sintering)和後處理，以製造各種類型產品的加工技術；應用上可概分為汽車與機械零件、超硬合金、磁性材料、鑽石刀具等類別。後者稱為精密陶瓷製作(Advanced ceramics or fine ceramics fabrication)，是指用純度高、化學成分確定的陶瓷原料，如氧化鋁、鈦酸鋇、鐵氧磁體、氧化鋯、氮化矽及碳化矽等粉末，在嚴謹製程控制下所做成各類卓越機能產品的技術，目前已廣泛地使用在各型工業及日常生活上。精密陶瓷具有堅硬、耐磨、耐壓、耐高熱、持久耐酸耐鹼等的特性，並具有相當優異的光、電磁、熱功能以及生物相容性，可將之分成三大類：結構陶瓷、電子陶瓷和生醫陶瓷，後兩者又通稱功能陶瓷。

　　粉末冶金與精密陶瓷製作有雷同之處，其製程核心均屬於粉末燒結技術，因此，一系列先進粉末冶金技術也可用於陶瓷產品的製造。簡而言之，粉體製程的基本工序包含：(1)粉體製備→(2)粉末混合或造粒→(3)壓製成形→(4)脫脂與燒結→(5)完工處理(又分為初加工 Primary operation 和二次加工 Secondary operation)。謹將重要的粉末冶金和陶瓷製作流程分別顯示如圖 6-9 和圖 6-10，每個步驟會於後續章節逐一說明。

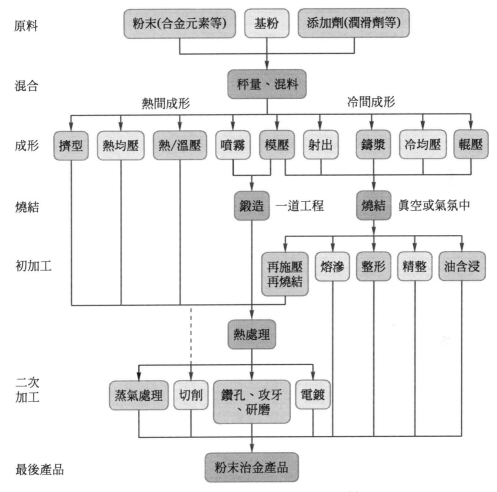

圖 6-9　重要的粉末冶金製造流程[1]

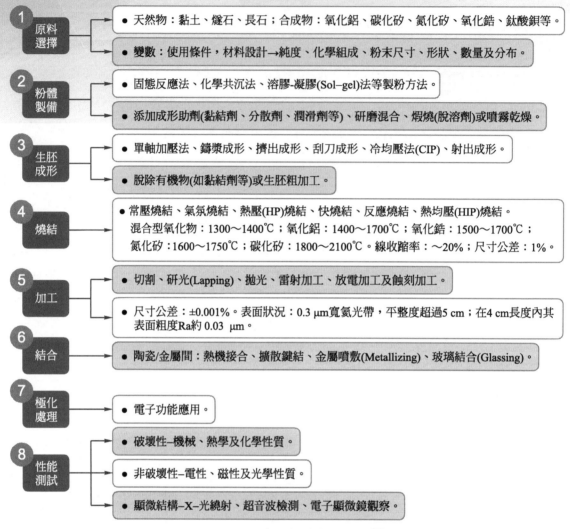

圖 6-10　主要的陶瓷製作流程[2]

6-4-2　粉體製程的特色與應用

　　粉體製程之零組件具有獨特的化學成分、微細顯微結構和機械、物理性能，而這些性能是用傳統的熔鑄方法無法獲得的。粉末冶金技術的製作優勢和重要應用[1~4]，已說明如第 6-1 節。

　　由於粉末冶金方法能壓製成最終尺寸的壓胚，可以實現近淨成形、半自動化和各種不同材料之複雜形狀的零件生產，且不需要或極少的機械加工，具有高度生產性、材料利用率很高(達 95%)及成品率也高的本質性優勢，適於生產同一形狀而數量多的產品如汽車用齒輪，能顯著地節約原料和能源，降低成本。如圖 6-11 所示，用粉末冶金方法製造產品時，金屬的損耗只有 1~5%，而用一般切削方法生產時，金屬的損耗可能會達到 80%。

另外，由於粉末冶金製程在生產過程中並不熔化材料，也就不怕混入由坩堝和脫氧劑等帶來的雜質，而燒結一般在真空和還原氣氛中進行，不怕氧化，也不會引進任何污染，故有可能製取高純度的材料。代表性的粉體製程產品，如圖 6-12 所示。

原料利用率	製造方法	每公斤成品所需能源
90	鑄造	30～38
95	燒結	29
75～80	鍛造	46～19
40～50	切削加工	66～82
(%) 75 50 25 0		0 25 50 75(MJ)

圖 6-11　在材料與能源利用率上粉體燒結製程和其他製造方法的比較

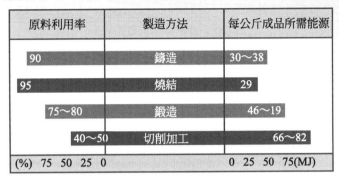

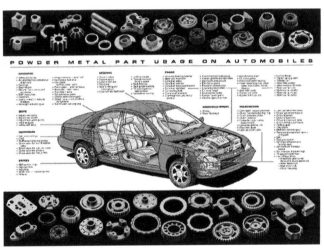

(a) 汽車P/M零件　　　　　　　　　　(b) 電子構裝陶瓷

(c) 結構陶瓷　　　　　(d) 生醫陶瓷

圖 6-12　代表性的粉體製程產品

6-4-3　粉體製程的沿革與未來發展

　　粉末冶金技術之工業應用可以溯源至 1910 年 Coolidge 所開發的白熾燈泡鎢絲製造技術，才廣為世人注意並開始發揚光大。隨後有下述重要里程碑：1914 年製成碳化鎢、碳化鉬粉末；1922 年 Sauerwald 研究燒結現象；1927 年德國 Krupp 公司開始生產碳化鎢超硬合金；1930 年發明銅系自潤軸承；1931 年發明鐵氧磁石；1945 年起 Fenkel、Kuczynski、Rheines、Herring 等建立燒結理論基礎以及 SAP 之發明；1956 年後大量鐵基及鋁基燒結零件上市，迄今幾乎所有常見之合金均已可採用粉末冶金方法製作，每年的金屬粉用量已超過 100 萬噸。

　　精密陶瓷為二十世紀材料界的新寵，諸如應用在高科技產品之電子陶瓷：低溫共燒陶瓷 (LTCC)模組與積體電路板、磁浮車用高溫超導磁鐵、通訊光纖；應用在太空梭、汽車或發電機之高溫隔熱磚、氮化矽陶瓷轉子與汽缸：可耐高溫，提高引擎效率；應用在人造骨骼、人造齒根之相變韌性氧化鋯陶瓷：化學安定性、機械特性及人體親合性優異等等，不一而足，格外引人注目。

6-5　原料粉體製備

6-5-1　粉末及粉體特性(Properties)測定

　　粉末是指尺寸小於 1 mm 的顆粒，而粉體是指大量固體顆粒的集合體。粉體特性是指粉末所有性能的總稱，宜依據零件應用需求而有不同的考量，一般而言可歸納為以下五大類別：

(1) 顯微結構：如粒度(又稱粒徑 D，Particle size)和形態 (Morphology)、表面積、晶粒大小、相分布等。

(2) 孔隙結構：如孔隙率($\leq$10%即為高密度產品)、真密度(True density)、孔徑分布及孔曲度(Tortuosity)等。

(3) 化學性能：如化學成分、純度、氧含量和酸不溶物等。

(4) 力學特性：如視密度(Apparent density)、敲擊密度(Tap density)、流動性(Flow rate)、成形性、壓縮性(Compressibility)、安息角(Angle of repose)和剪切角等。

(5) 物理性能和表面特性：如熱性、電性、光澤、吸波性及磁性等，以及表面活性、濾過性、觸媒性及腐蝕性質等表面性質。

實務上，每一種粉體只需依照需求，量測上述部分代表性之性質即可。理想粉體之條件：粒度恰當(如精密陶瓷 $D_{50} \leq 1$ μm)且粒形勻稱(Equiaxial)、粒徑分布狹窄且無凝聚現象、高純度且結構正確(化學成分、化學計量比、添加劑、相等的控制)，以及流動性、壓縮性、成形性與燒結性好，視密度穩定，容易處理，價格便宜。

粉體性能相當程度上決定了粉末冶金或精密陶瓷產品的性能。其中顯微結構特性內最基本的是粉末的粒度和形態：

1.　粒度：它影響粉末的加工成形、燒結時收縮和產品的最終性能。通常粉末冶金製品的性能幾乎和粒度(在 1 μm 至 1000 μm 間)直接相關，例如，鐵基機械零件用鐵粉平均粒度約 80 μm 而差距較大的過濾材料的過濾精度在經驗上可由原始粉末顆粒的平均粒度除以 10 求得；硬質合金產品的性能與碳化鎢相的晶粒息息相關，要得到較細晶粒的硬質合金，惟有採用較細粒度的碳化鎢原料(小於 1 μm)才有可能。目前工業量產使用的粉末，其粒度範圍從幾百個奈米到幾百個微米。粒度越小，活性越大，表面就越容易氧化和吸水。當小到幾百個奈米時，粉末的儲存和輸運很不容易，而且當小到一定程度時量子效應開始起作用，其物理性能會發生巨大變化，如鐵磁性粉會變成超順磁性粉，熔點也隨著粒度減小而降低。

2.　形態：即粉末的顆粒形狀(Shape)與團聚狀態，它取決於製粉方法，如電解法製得的粉末，顆粒呈樹枝狀；還原法製得的鐵粉顆粒呈多孔海綿片狀；氣體霧化法製得的基本上是球狀粉。此外，有些粉末呈卵狀、盤狀、針狀、洋蔥頭狀等。粉末顆粒的形狀會影響到粉末的流動性和視密度，由於顆粒間機械嚙合，不規則粉的壓胚強度也大，特別是樹枝狀粉其壓胚強度最大。但對於多孔材料，採用球狀粉最好。圖 6-13 顯示各種金屬粉末的形狀。

圖 6-13　各種尺度的金屬粉末形狀

　　力學特性：粉末的力學性能即其製程特性，是粉末冶金成形技術中的重要參數。諸如粉末的視密度是壓製時用容積法稱量的依據；粉末的流動性決定著粉末對壓模的充填速度和壓機的生產能力；粉末的壓縮性決定壓製過程的難易和施加壓力的高低；而粉末的成形性則決定壓胚的強度。

　　化學性能：主要取決於原材料的化學純度、成分及製粉方法。如較高的氧含量會降低 P/M 壓製性能、壓胚強度和燒結製品的機械性能，因此都會有一定規範。例如，粉末的允許氧含量為 0.2%～1.5%，這相當於氧化物含量為 1%～10%。

　　總結：粉體特性分析的完整報告應涵括下列各項：(1)粒度分析、(2)形狀、(3)表面積、(4)化學成分、(5)真密度、(6)視密度、(7)敲擊密度、(8)生胚密度(Green density)、(9)安息角、(10)流動性、(11)生胚強度、(12)壓縮性、(13)型號、(14)製造商及(15)製作方法等。可見粉體之特性多種多樣，故在選用粉末時，必須針對其用途選擇最主要之特性，以作為原料粉規格。

1. 粉體粒度測定(或稱分級 Sizing，Classification)

　　粉體粒度的分類及測定方法(或稱分級)有多種，一般採用的分類方法有篩分法 (Sieving，≥38 μm)及空氣分級法(Air classifying，<38 μm)，而粒度測定常用的有顯微鏡法、篩分法、沉降法、光散射法等，其應用尺度範圍如表 6-10 所示。

表 6-10　粉體粒度分析方法

方法	尺度範圍(μm)
光學顯微鏡法	0.25～250
電子顯微鏡法	0.0005～5
篩分法	38 μm～100 mm
自然沉降法	0.1～300
離心沉降法	0.0005～50
雷射光散射法	0.01～3000
X 光散射法	0.005～0.05

(1) 顯微鏡法：此法是可直接觀察粉末的形狀、大小，為一種最簡單的方法。在水或是溶劑中加入粉末(可添加分散劑攪拌)，取一滴懸濁液在顯微鏡片上，再直接或間接測定(乾燥後)粉體粒度。優點為可直接觀察粒子形狀及粒子團聚；缺點為代表性差、重複性差、速度慢。

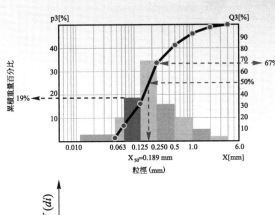

粒徑區間[mm]			P_3[%]	Q_3[%]
	<	0.045	3.0	3.0
0.045	～	0.063	10.0	13.0
0.063	～	0.125	19.0	32.0
0.125	～	0.250	35.0	67.0
0.250	～	0.500	16.0	83.0
0.500	～	1.000	10.0	93.0
1.000	～	2.000	5.0	98.0
2.000	～	4000	2.0	100.0
>	4.000		0.0	100.0

X_{50}=0.189 mm

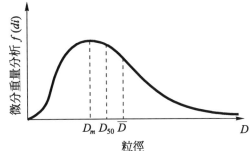

資料來源：HORIBA Scientific Com

圖 6-14　粉體的粒度分析及其累積分布、頻率分布曲線圖($\overline{D} = \sum_{i=1}^{n} f_{di} D_i$)

(2) 篩分法(Sieve analysis)：此法是讓粉體試樣通過一系列不同篩孔的標準篩，將其分離成若干個粒級，分別稱重，求得以質量百分數表示的粒度分布，適用約 20 μm 至 125 mm 之間的粒度分布測量，如傳統粉末冶金製程所使用之粉末常在 38 μm(400 目)～180 μm(80 目)間做粒徑量測。篩孔的大小習慣上用"目"(Mesh)表示，其含義是每英寸(25.4 mm)長度上篩孔的數目，也有用 1 cm 長度上的孔數或 1 cm² 篩面上的孔數表示的，還有的直接用篩孔的尺寸來表示。常使用標準套篩，篩分法有乾法與濕法兩種，測定粒度分布時，一般用乾法篩分；若試樣含水較多、顆粒凝聚性較強或是顆粒較細的物料時，則應當用濕法篩分。若允許與水混合時，最好使用濕法，因為可避免很細的顆粒附著在篩孔上面堵塞篩孔；另外，濕法可不受物料溫度和大氣濕度的影響，還可以改善操作條件。篩分結果往往採用頻率分布和累積分布來表示顆粒的粒度分布。頻率分布表示各個粒徑相對應的顆粒百分含量(微分型)；累積分布表示小於(或大於)某粒徑的顆粒佔全部顆粒的百分含量與該粒徑的關係(積分型)。用表格或圖形來直觀表示顆粒粒徑的頻率分布和累積分布。篩分法使用的設備簡單，操作方便，但篩分結果受顆粒形狀的影響較大，粒度分布的粒級較粗，測試下限超過 38 μm 時，篩分時間長，也容易堵塞。優點：統計量大、代表性強、便宜、可計算重量分布；缺點：下限 38 μm、人為因素影響大、非規則形狀粒子誤差、操作速度慢。對於更細的粉末測定，可以使用雷射光散射法或顯微觀測法或費修亞篩粒度分析法(Fisher subsieve sizer)，後者因為設備便宜且工業界常用，但無法得到粒徑分布，只有平均值，若經費足則用雷射光散射儀，可得到平均粒度及粒徑分布。

在製作觸媒或應用微細粉體時，粉末之表面積會影響其催化效能或燒結難易甚鉅，應是最主要之特性。一般常用之量測方法有兩種：(1)費修亞篩粒度分析法；(2)B.E.T.法。兩法係以氣體之透氣性或吸附性為原理，其測定結果以比表面積 S(單位為 m^2/g)代表，也可換算為粒度。

2. 粉體密度測定

與粉體相關之密度有真實密度(True density 或 Pycnometer density)、視密度及敲擊密度三種。測量真實密度的方法可用真實密度計(Pycnometer)，相當準確；視密度又稱鬆裝密度，是將已知重量的粉末填入已知體積的容器後所測得之密度，可參考美國 MPIF Standard 04 之測試標準以霍爾流動計(Hall flowmeter)測定，一般視密度高者流動性也快，安息角較小；敲擊密度可用振實密度量測儀測得，其中之玻璃量筒受到底部偏心輪之作用而上下振動，此時管內之粉末高度將逐漸降低，由其體積及重量即可計算出粉末之敲擊密度，通常在冷、熱均壓時都希望粉末之敲擊密度越高越好，使填入模具內粉末的重量增加，生胚密度也就可提高，而生胚密度愈高則燒結密度越高。

6-5-2　粉末製造方法[5~11]

製取粉末是粉末冶金與精密陶瓷製程的第一步。由於粉體製程產品持續地推陳出新，其性能和品質不斷提高，要求提供的粉末的種類也就愈來愈多。例如：從材質範圍來看，不僅使用金屬粉末如鐵、鎢、鉬、銅、鈷、鎳、鈦、鉭、鋁、錫、鉛等，合金粉末如不鏽鋼、工具鋼、銅合金等，用作粉末冶金製品的原料金屬粉末消耗量約佔金屬粉末總產量的 2/3 以上，也使用精密陶瓷粉末如氧化鋁、鈦酸鋇、氧化鋯、碳化鎢、氮化矽等；從粉末外形來看，須依應用需求採用不同形狀的粉末，有球狀、樹枝狀、海綿片狀、盤狀、針狀等；從粉末粒度來看，可選擇各種粒度的粉末，如傳統粉末冶金製程使用較粗粒度粉末分布在 38～200 μm 間，精密陶瓷則使用較細粒度粉末在 0.2～20 μm 間，甚至奈米粉末(Nano-size powders，≤100 nm)等等。

為了滿足對粉末的各種要求，也就要有各種各樣製造粉末的方法，從過程的本質來看，現有製粉方法大體上可歸納為兩大類，即機械法和物理化學法。機械法是將原材料機械式地粉碎或分離，而其化學成分基本上不發生變化的製作過程，可分為機械加工法

(Machining)、搗碎法、球磨法(Ball milling)、冷流衝擊法、機械合金化法(Mechanical alloying)及霧化法(Atomization)等；而物理化學法是藉助化學的或物理的作用，改變原料的化學成分或聚集狀態而獲得粉末的製作過程，又分為：還原法、還原－化合法、電解法、電化腐蝕法、化學共沉法(Chemical co-precipitation)、固態反應法(Solid state reaction)、熱分解法、氣相沉積法、溶膠凝膠法(Sol-gel)以及電漿電弧沉積法(Plasma arcing)等。

　　粉末製備從工業規模而言，其中粉末冶金應用最為廣泛的是霧化法、還原法和電解法，在製作合金鋼粉時可採用混合元素粉或預合金粉兩種方式，元素粉硬度低，容易加壓成形，但其缺點為成分及顯微組織較不均勻；而預合金鋼粉較硬，較不易成形、成本較高及燒結密度較低之缺點，但其組織則相當均勻。而精密陶瓷粉末製造常用(1)固態反應法：組成成分均勻性較差、粒度較粗，且需較高溫的燒結溫度；(2)化學共沉法：組成成分均勻性佳、粒度較細，且燒結溫度介於其他兩方法之間，適合大量生產；及(3)溶膠凝膠法：組成成分均勻性最佳、粒度極細，且可較低溫的燒結溫度，但產量少較適合於薄膜生產製程。表 6-11 為金屬粉末的製取方法，表 6-12 為乾壓成形及射出成形最常用的四種粉末之特性及其優缺點比較。以下進一步就常用的霧化法、還原法、電解法、化學共沉法、固態反應法和機械粉碎法等，概要說明其製法與要點。

表 6-11　金屬粉末的製取方法

製取方法		主要使用範圍		顆粒形狀	粒度(μm)
		金屬粉末	合金粉末		
霧化	空氣霧化	Al、Fe		近球形	1000～20
	水霧化	Fe、Ni、Cu、Su、Pb 等	低合金鋼、不鏽鋼、青銅	不規則形	
	惰性氣體霧化	熔點低於 1700℃的金屬	合金鋼、高溫合金	球形	
	離心霧化	熔點低於 1700℃的金屬	合金鋼、鈦合金、高溫合金	球形	
機械粉末	球磨等一般研磨	Fe、Si、Mn、Cr、Be	鋼、鐵合金		
	旋渦研磨	塑性金屬	合金鋼	盤狀	500～10
	冷流破碎	低溫脆性金屬		不規則形	<10
	高能球磨	Fe、Ni、Cr、W、Mo 等和氧化物		近球形、不規則形	

表 6-11　金屬粉末的製取方法(續)

製取方法		主要使用範圍		顆粒形狀	粒度(μm)
		金屬粉末	合金粉末		
還原	碳還原	Fe、W		海綿狀	<500
	氣體還原	W、Mo、Fe、Co、Ni、Cu	Fe-Mo、W-Re	海綿狀	<150
	金屬熱還原	Ta、Nb、Ti、Zr、Hf		海綿狀	<150
	濕法冶金	Ni、Cu、Co	Cu-Ni	近球形	<150
電解	水溶液電解	Fe、Cu、Ni、Ag、Cr、Mn	Fe-Ni、Fe-Mn、Fe-Mo、Cu-Ni、Cu-Zn 等	樹枝晶形或不規則形	<150
	熔鹽電解	Zr、Th、Be、Ta、Ti			<1000
羰基	羰基物熱分解	Fe、Ni	Fe-Ni	近球形葡萄串狀	10～0.05

表 6-12　乾壓成形及射出成形最常用的四種粉末之特性及其優缺點

製程	常見金屬粉	粒徑 D_{90}	形狀	氧含量	優點	缺點	製程成本	應用
氣噴霧法	高速鋼、不鏽鋼粉	<150 μm	球形	<0.1%	氧含量低、生胚密度高	生胚強度弱、較易變形	稍高	乾壓成形及射出成形
水噴霧法	鐵、高速鋼不鏽鋼粉	<150 μm	不規則	<0.4%	生胚強度佳、不易變形	氧含量高	中	乾壓成形及射出成形(鐵除外)
化學分解法	羰基鐵粉、羰基鎳粉	<10 μm	球狀或刺蝟狀	<0.3%	燒結密度高	價格高	高	射出成形
氧化還原法	鐵、鉬、鎢粉	<150 μm	不規則狀、立方體形	<0.2%	有孔隙、成本低、生胚強度佳	生胚密度低	低	乾壓成形(鐵)及射出成形(鉬、鎢)

1.　霧化法

霧化法是將熔融金屬以噴漆原理從狹小噴嘴噴出，在氣體或液體中噴射成粉末狀的方法，可分為氣體噴霧法、水噴霧法、油噴霧法、離心噴霧法、真空或溶解氣體噴霧法、超音速噴霧法等類別。此法生產效率高，並易於擴大工業規模。目前不僅用於大量生產工業用鐵、銅、鋁粉和各種合金粉末，還用來生產高純淨度(O_2＜100 ppm)的高溫合金、高速鋼、不鏽鋼和鈦合金粉末。此外，用激冷技術製取快速冷凝粉末(冷凝速度＞10^5 s)日益受到重視，可以製出高性能的微晶材料。

(1)　氣噴霧法：係先將金屬塊在坩堝內熔融，然後讓金屬液從坩堝底部之圓柱塞流下，當金屬液一離開噴嘴時，即受到外界高壓之氮氣、氬氣或氦氣等惰性氣體之衝擊，使得熔液被打碎成金屬液滴，此液滴在飛行途中凝固，最後沉降在桶槽之底部，圖 6-15 為氣噴霧法和噴嘴設計之示意圖。所得到的粉末純度高、氧含量低、外觀為球形，且視密度及敲擊密度高，常用於製造鈦、不鏽鋼、工具鋼、銅等易氧化之粉末。

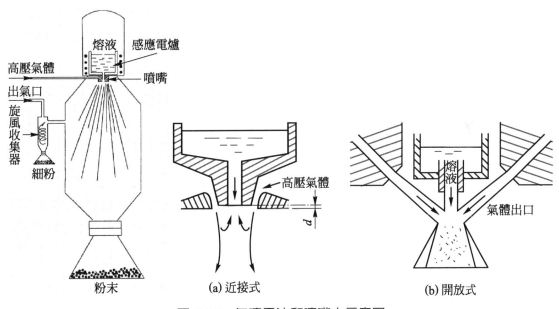

圖 6-15　氣噴霧法和噴嘴之示意圖

氣噴霧法製程設計的考量：由於氣體動量小，打散金屬液之效果不若液體來得好，所以採用氣噴霧法時，噴嘴之設計特別重要。一般的噴嘴可分為近接式(Close-coupled)(圖 6-15a)及開放式(Open)兩種(圖 6-15b)，前者之氣體與熔液之出口相當接近，熔液在離開坩堝出口後隨即被霧化，且霧化多在一較小的區域中進行，所以較多氣體之能量可用在噴霧上，能量損失不大，且粉末之粒徑大小較易控制，爲近年來較爲普遍之設計。除了噴嘴之設計外，製程參數也會影響液滴之形狀及大小，主要的參數有：

a.　金屬液表面張力：可由溫度之高低及合金元素如矽、磷之多寡調整。

b.　金屬液黏度及溫度：金屬液之黏度愈低則愈易被霧化，此可藉由提高液體過熱度(Super heat)來達成。

c.　氣體流量及壓力：氣體之流量、速度及壓力愈大且金屬液之流量愈低時所得之粉末將愈細，氣體壓力多在 0.7 至 5 MPa 之間。

d.　霧化介質之種類：若金屬液易氧化則可採惰性氣體如氮氣，若易氮化(如鈦粉)則可使用氫氣，若要求高冷卻速率則可用熱傳導率較佳之氦氣。

e.　金屬液之壓力及流量：在噴粉初期由於金屬液多、液壓大，造成金屬液流量較大，粉末較粗，但隨著噴霧之進行，此液壓將逐漸降低，因而影響熔液之流速並影響粉末粒徑之大小及分布等。

(2) 水噴霧法：相較於氣噴霧粉，水噴霧法成本低，因水之動量大，對金屬液所形成之衝擊力大，且水之導熱快，所以金屬液滴在飛行過程中很快地即凝固，而無足夠的時間藉表面張力將液滴聚成球形，所製粉末之形狀較不規則，其鬆裝密度低、流動性差，但由於粉末間能有較好之機械鎖合(Mechanical interlocking)，所以成形後胚體之生胚強度高。此外，由於其凝固速率非常快，所以即使鐵水中之含碳量很低也會生成微量麻田散鐵或變韌鐵，再加上熱應力高，表面有氧化層，使得粉末非常硬，不適於成形，所以水噴霧鐵粉才需在還原氣氛下退火以降低其氧含量及碳含量並提高其壓縮性。水噴霧法中所用水壓之壓力越大時，所得之粉末愈細。目前乾壓成形用鐵粉所用之水壓多在 3.5 至 50 MPa 之間，而製作金屬射出成形用之細粉時，其壓力多在 50 至 150 MPa 之間。目前水霧化鐵粉和不鏽鋼粉已逐漸取代其他製法成爲主流，供應商有加拿大的魁北克(Quebec Metal Powder)公司、美國的 A.O.Smith 公司及瑞典的 Höganäs 公司。

2.　還原或還原－化合法

還原法係利用還原劑使金屬氧化物粉末還原成金屬粉狀，可製取大多數的金屬粉末，是一種廣泛應用的方法。氣體還原劑有氫、氨、煤氣、天然氣等，常用來生產鐵、銅、鎢、鉬、鎳、鈷等金屬粉末；固體還原劑有碳和鈉、鈣、鎂等金屬，常用來生產鐵、鉭、鈮、鈦、鋯、釩、鈹、釷、鈾等金屬粉末。用高壓氫氣還原金屬鹽類水溶液，可製得鎳、銅、鈷及其合金或包覆粉末。還原法製成的粉末顆粒大多爲海綿結構的不規則形狀。粉末粒度主要取決於還原溫度、時間和原料的粒度等因素。

還原鐵粉的製造方法：是利用固體或氣體還原劑(如焦炭、木炭、無煙煤、氫、裂解氨、水煤氣、轉化天然氣等)還原鐵的氧化物如鐵精礦、軋鋼鐵鱗等，來製取海綿狀的鐵粉。還原過程中分爲一次還原和二次精還原，前者也就是以固體碳或裂解氨還原劑製取海綿鐵(Sponge iron)，主要流程是：鐵精礦和軋鋼鐵鱗→烘乾→磁選→粉碎→篩分→裝罐→進入一次還原爐 1200℃→海綿鐵；繼之二次精還原流程爲：海綿鐵→清刷→破碎→磁選→二次還原爐 800～900℃→粉塊→解碎→磁選→篩分→分級→混料→包裝→成品。此法所製優質鐵粉的規格：有如成分 Fe ≥ 98%，碳≤ 0.01%，磷和硫都小於 0.03％，氫損爲 0.1～0.2%，粒徑 > 20 μm。還原鐵粉的主要用途有以下四個方向：傳統粉末冶金製品，耗用還原鐵粉總量的 60%～80%；電銲條用還原鐵粉，在銲料中加入 10～70%鐵粉可改進其銲接工藝並顯著提高熔敷效率；化工用還原鐵粉，主要用於化工催化劑、貴金屬還原、合金添加、銅置換等；切割不鏽鋼鐵粉，在切割鋼製品時，向氧－乙炔焰中噴射鐵粉，可改善切割性能，擴大切割鋼種的範圍，提高可切割厚度。

3. 電解法

金屬鹽水溶液中通以直流電、金屬離子即在陰極上放電析出，形成易於破碎成粉末的沉積層。金屬離子一般來源於同種金屬陽極的溶解，並在電流作用下自陽極向陰極遷移。影響粉末粒度的因素主要是電解液的組成和電解條件。一般電解粉末多呈樹枝狀，純度較高，但此法耗電大，成本較高。電解法的應用也很廣泛，常用來生產銅、鎳、鐵、銀、錫、鉛、鉻、錳等多種金屬粉末；在一定條件下也可製取合金粉末。對於鉭、鈮、鈦、鋯、鈹、釷、鈾等稀有難熔金屬，常採用複合熔鹽作爲電解質以製取粉末。

電解銅粉的製造方法：在電解槽中將銅塊或銅板當作陽極，以高純度銅、不鏽鋼或鈦當作陰極，硫酸銅當作電解質，銅離子由陽極釋出後將沉積在陰極上，此法與電鍍銅類似，只是所用之操作溫度較高，電解液之酸性較強，電流密度較大，使陰極板與沈積物之結合力偏弱，以便將陰極板上附著之海綿狀或硬脆的沉積銅刮下。此高純度之電解銅粉經水洗、眞空乾燥、退火、粉碎之後即可用於傳統粉末冶金製程。以此法所取得之銅粉，形狀多為樹枝狀或海綿狀，純度相當高，通常含銅量超過 99.5%，其氧含量可在 0.05%以下，硝酸不溶解物也低於 0.05%，適合製作需要高導熱、高導電性之工件。由於電解銅粉之表面清淨度高，為了保持此優點，一般製造廠商多會作一些特殊之表面處理，防止銅粉之氧化，以延長粉末之使用期限。

4. 化學共沉法

化學共沉法是許多種液相反應法製備精密陶瓷粉體中之一種合成方法，其基本製法是按照化學計量配方將兩種或兩種以上的金屬離子水性溶液與 OH^-、CO_3^{2-}、$C_2O_4^{2-}$ 等離子溶液，以一定摩爾比率混和產生化學反應，得到難溶性的氫氧化物、碳酸鹽、草酸鹽等沉澱物，再經過濾、洗淨、乾燥、煆燒分解而得到氧化物粉末。由於此法製程重複性好、所需設備簡單、易商業化等優點，已相當成功地被應用於製備高純度、多成分、微細且均勻的鐵氧磁體、半導體陶瓷、鈦酸鋇、PZT、YSZ、高溫超導 YBCO 氧化物等系列粉末，而缺點是價格昂貴、粉末易凝聚。製程控制參數不外乎反應溫度、濃度、沉澱劑加入方式、攪拌狀態、反應時間及後處理條件等；但從化學平衡理論來看，溶液的 pH 值是一個重要操作參數，即溶液中金屬離子隨 pH 值得上升，按滿足沉澱條件(達溶解度積常數 K_{sp})依序沉澱，形成單一或幾種金屬離子構成的混和沉澱物。反應過程中，提高共沉澱劑的濃度，可使溶液中所有金屬離子同時滿足沉澱條件，減少達完全沉澱的反應時間。其他液相反應法還有所謂的溶膠凝膠法，是將金屬醇鹽 $(M(OR)_n)$先驅物與溶劑產生水解或醇解反應，形成微粒子溶膠進行凝膠化而使之粉末化的方法；因為有除去溶劑和生成沉澱的情況，所以可歸屬於溶劑脫除和沉澱生成法之列。

茲以鈦酸鋇粉末製造為例說明：

(1) 草酸鹽化合物沉澱法：以氯化鋇及四氯化鈦為原料，按等摩爾量分別溶於水後均勻混合溶解，加熱至 70℃，然後滴入草酸，得到水合草酸鈦醯鋇(BaTiO$(C_2O_4)_2$·4H$_2$O)白色沉澱，經洗滌、過濾、乾燥，最後在 600 至 1000℃煆燒，得到鈦酸鋇粉末。

$$BaCl_2 + TiCl_4 + 2H_2C_2O_4 + 5H_2O = BaTiO(C_2O_4)_2 \cdot 4H_2O \downarrow + 6HCl$$

$$BaTiO(C_2O_4)_2 \cdot 4H_2O = BaTiO_3 + 2CO_2 \uparrow + 2CO \uparrow + 4H_2O$$

(2) 也有以金屬硝酸鹽為起始材料，將其配成水溶液，使其與草酸銨水溶液加熱混和後共沈析出所需之粉末；或是通過金屬碳酸鹽與偏鈦酸共沉澱製得。如偏鈦酸經打漿後加入氯化鋇溶液，然後在攪拌下加入碳酸銨，生成碳酸鋇和偏鈦酸共沉澱，煅燒後得產品。

$$BaCl_2 + (NH_4)_2CO_3 = BaCO_3 + 2NH_4Cl$$

$$H_2TiO_3 + BaCO_3 = BaTiO_3 + CO_2 \uparrow + H_2O$$

5. 固態反應法

大部分精密陶瓷粉末仍以固態反應法製造爲主，如鈦酸鋇、壓電陶瓷 PZT 等。此法係將各別成分原料(多爲氧化物或碳酸鹽)按照化學計量比稱種、充分混合後，於高溫下煅燒、粉碎而成；產品粒度大，純度低，不均勻，反應時間長，能耗高；但因爲製造成本較低，製程容易，粉末較少凝聚且品質穩定，故廣泛爲工業上採用。茲以固態反應法製作鈦酸鋇粉爲例說明於後：將碳酸鋇與二氧化鈦粉末充分混合後，直接在眞空中高溫(1100℃～1300℃)煅燒數小時乃至更長的時間。其反應式如下：

$$BaCO_3 + TiO_2 \rightarrow BaTiO_3 + CO_2 \uparrow$$

此固態反應主要藉高溫時原子的擴散，爲了提高反應性，必須提高煅燒溫度及時間，使得粉末粗化或凝聚；加上起始原料粒徑過粗或混合不均，會造成粉末化學成分不均勻，純度不高。在製造多成分系統粉末時，擴散速率最低者，其起始粒徑愈小愈好。

6. 機械粉碎法

機械粉碎法主要是通過壓碎、擊碎和磨削等作用將固態金屬或陶瓷碎化成粉末。設備分粗碎和細磨兩類。主要起壓碎作用的有碾碎機、輥軋機、顎式破碎機等粗碎設備；主要起擊碎和磨削作用的有錘碎機、棒磨機、球磨機、振動球磨機、攪動球磨機等細碎設備。機械粉碎法主要適用於粉碎脆性的或易加工硬化的陶瓷、合金和金屬，如錫、錳、鉻、高碳鐵、Nd-Fe-B、鐵合金等，也用來破碎還原法製得的海綿狀金屬、電解法製取的陰極沉積物；還用於破碎氫化後發脆的鈦，然後再脫氫製取細鈦粉。機械粉碎法效率低，能耗大，多作爲其他製粉法的補充手段，或用於混合不同性質的粉末。此外，機械粉碎法還包括旋渦研磨機，它靠兩個葉輪造成渦流，使被氣流所夾裹的顆粒相互高速碰撞而粉碎，可用於塑性金屬的碎化。冷流破碎法是用高速高壓惰性氣體流載帶粗粉噴射到一金屬靶上。由於在噴嘴出口處氣流產生絕熱膨脹，溫度驟降至 0℃以下，使具有低溫脆性的金屬和合金粗粉粉碎成細粉。機械合金化法是用高能球磨機將不同的金屬和高熔點化合物研磨成爲固溶或精細分散的合金狀態。有關細磨的工法與製程將於第 6-5-3 節闡述。

7. 其他粉末製取法及直接應用

直接化合法是在高溫下使碳、氮、硼、矽直接與難熔金屬化合；還原－化合法則是用碳、氮、碳化硼、矽與難熔金屬氧化物作用。此兩種方法都是常用的生產碳化物、氮化物、硼化物和矽化物陶瓷粉末的方法。其他利用羰基法、溶膠凝膠法、電解法、真空蒸發冷凝法、電弧噴霧、共沉澱復鹽分解、氣相還原等方法，製造小於 10 μm 的微細粉末和超細粉末，由於成分均勻、晶粒細小、活性大，在製造材料(如分散強化合金、超微孔金屬、金屬磁帶)和直接應用(如火箭的固體燃料和磁流體密封、磁性墨水等)方面有著特殊的地位。而採用氣相和液相沉積兩類化學製粉方法，如氫還原熱離解、高壓氫還原、置換、電沉積等方法，可以製取金屬和金屬、金屬和非金屬混合的各種包覆粉末，可應用於熱噴塗、原子能工程材料、電子構裝材料等。

綜合說來，粉末的直接工業應用多種多樣，十分廣泛。例如：

(1) 銲條、火焰切割製程用鐵粉；

(2) 表面著色、裝飾、塗料顏料、油漆用鋁、銅、雲母片、BN 等粉末；

(3) 噴塗、噴銲、熔燒銲用 Ni-Cr-B-Si、Fe-Cr-B-Si、Co-Cr-W 合金、ZrO_2 等粉末和鎳包鋁或 Al_2O_3、鎳或鈷包碳化鎢等包覆粉末，用以強化工件表面的耐磨、耐熱和耐蝕性能；

(4) 催化劑用鎳、鈀、銠、鐵、鈷粉和奈米觸媒用金、銀、TiO_2 粉；

(5) 電子漿料用功能性 R、C、L 原料粉和電子構裝用軟銲球(Solder ball)等；

(6) 炸藥、焰火用鐵、鎳、鈷、錳、鎂、鋁、鋁鎂合金等粉末；

(7) 脫氧劑、化學試劑、金屬熱還原劑、置換劑等用鋁、鎂、鐵粉等；

(8) 離合器、錄音帶、複印機用磁性粉末，如鐵基合金粉等；

(9) 表面加工用鋼丸、青銅噴丸等；

(10) 二次鋰電池正負電極用 $LiNi_xCo_yMn_zO_2$、C-$LiFePO_4$、MCMB 等陶瓷粉末。

6-5-3　粉末研磨與分散

粉末合成後通常會有凝聚結塊的現象，必須經由研磨(Grinding)與分散(Dispersing)、分級、混和(Mixing or Blending，合批)與造粒(Granulation)等後續改質處理，達到粒度微細化、粒度分布均勻化或顆粒形狀特定化、品質高純化等標的，而成為適用的商業化粉體。上述處理方法的功能會有重疊之處。

研磨是將大尺寸的固體原料粉碎細磨、超細磨至要求尺寸的方法，適於小塊及細顆粒的粉碎。較常用之微細研磨設備有氣流磨機(Jet mill)、介質運動式磨機(分容器驅動磨機如球磨、振動磨、行星磨 Planetary mill 等，及介質攪拌磨機 Attritor 兩種)。氣流磨機是利用高速氣流(300～1200 m/s)噴出時形成的強烈多相紊流場，使其中的顆粒自撞或與設備內壁碰撞、摩擦而引起顆粒超細粉碎的設備；粉末產品粒度通常可達 1～5 μm，且粒度分布窄、顆粒形狀規整、顆粒表面光滑、純度高、活性大等特點。球磨機是一種最常用的研磨兼具混合功能機械，機身呈圓筒狀，內裝磨球和物料(如粉料：磨球：水=1：2～4：1)；機身旋轉時所產生的離心力和摩擦力，將物料和磨球同時帶到一定高度後落下，經過不斷地相互撞擊和摩擦將物料磨成細粉，可分為乾法和濕式兩種方式球磨。振動磨機是裝有研磨介質和物料的容器安裝在彈簧支架上，利用研磨介質在高頻振動時產生的沖擊和研磨作用粉碎物料的超微粉碎機械；振動器的振動頻率通常為 25～50 赫；當給料粒度小於 2 mm 時，乾法粉磨的排料粒度為 85～5 μm，濕法粉磨的可達 0.1 μm。介質攪拌磨機是以砂粒狀物質作為研磨介質的超微粉碎機械；筒體內的旋轉主軸上裝有多層葉片，其線速度約為 3～5 m/s，高速攪拌者還要大 4～5 倍。當主軸轉動時，研磨介質在旋轉圓盤的帶動下研磨壓入筒內的漿料，使其中的固體物料細化，合格的漿料穿過小於研磨介質粒度的過濾間隙或篩孔流出。攪拌球磨機特點：生產效率高(是滾筒球磨機的十倍以上)；消耗能源低(耗電量為滾筒球磨機的 1/4，是氣流磨的 1/13)；超細粉磨至 1 μm 以下等等。

粉末分散是將分散劑(Dispersant，一種非表面活性聚合物或表面活性劑)加入懸浮液(通常是膠體)中，藉由複雜交互作用力，如靜電排斥力、立體排斥力及體積排除作用力(Electrostatic，Steric，and Excluded volume interaction)等力，形成固體或液體界面的穩定狀態，主要目的是促進懸浮液中的粒子分離，避免產生沉降或凝集(Clumping)的情形。粉體為使處於安定狀態必須團聚一起來減少表面積降低能量，當研磨分散時因粉粒間的聚集或鍵結被打開時，表面積增加，雖然粉體表面帶有相同電荷會相互排斥，但電位只有±0～10 mV，不足以防阻粉體團聚回去，並且將粉體表面上溶劑因粉體再次團聚被鎖住在粉體之間，致使系統黏度上升，例如從 50 vol%氧化鋁漿料加入聚丙烯酸酯(Polyacrylate)量與黏度及電位的關係圖中(圖 6-16a)可看出：未加電解質/分散劑/表面活性劑時黏度可高達 10,000 cps 以上；當加入適當電解質/分散劑使其電位高過±25 mV 時，就可穩定分散粉體不會再次團聚，大大降低黏度至 50 cps 以下。圖 6-16b 為粉體吸附電解質/分散劑之示意圖及圖 6-17 為電位大小與分散穩定性之關係。這可用 Gouy-Chapman 的電雙層理論來描述，粉體表面吸附最多與本身電性相反之這些電解質/分散劑稱為吸附層(Adsorbed layer)，之後吸附量隨著距離以擴散方式遞減到正常值，此層稱為擴散層(Diffuse layer)，這兩層就稱為電雙層。

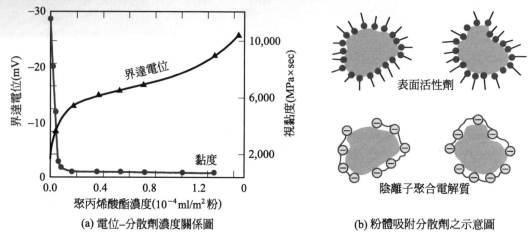

(a) 電位–分散劑濃度關係圖　　　　(b) 粉體吸附分散劑之示意圖

圖 6-16　電位－分散劑濃度關係圖及粉體吸附分散劑之示意圖

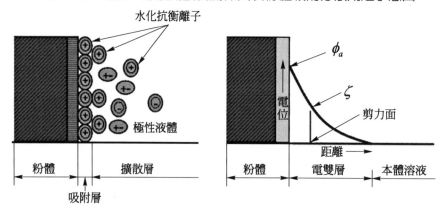

圖 6-17　電位大小與分散穩定性之關係圖

　　奈米粉體較常藉由立體排斥作用力來形成固體與固體、固體與液體間的穩定狀態，最常選用具高分子量之高分子或單體來當分散劑，當漿料之粒徑要求為微米或次微米時，此方法效果相當好；但當所欲分散或研磨之漿料的粒徑要求小於 100 nm 時，若仍選用具高分子量之高分子或單體來當分散劑，當粉體被奈米化時，漿料內之大部分體積已被高分子量之高分子或單體所形成之障礙物所佔據，此時漿料容易遇到下列之問題：

(1) 固體成分大幅降低，一般為 35% wt 以下。

(2) 漿料之黏滯性因而提高，不利研磨機內小磨球之運動，導致最後之粒徑降不下來。

(3) 粉體容易產生再凝聚之現象，導致奈米現象無法產生。

6-6　粉末混和及造粒

6-6-1　粉末混和的意義與製程

　　成形前的粉末處理主要為粉體的混合與造粒。

　　粉體混合是將兩種或多種粉粒體透過機械的或流體的方法，經由對流、擴散及剪切作用，使不同物理性質(如粒度、密度等)或化學性質(如成分)的顆粒在宏觀上均勻化；一般是將粉粒體置於圓筒型或 V 型的混合機，攪拌達到均質的混合物。就塑性體而言，把高黏度的液體和固體粉粒相互混和的操作叫捏合或混練(Kneading)；捏合機是化工設備中塑膠混練的一種。通常將上述操作統稱為混合。一般所混合之材料有協助成形和燒結的潤滑劑、黏結劑(Binder)、分散劑、塑化劑(Plasticizer)、止泡劑等有機助劑或配製合金/陶瓷用之成分粉；後者之功能在於提高燒結產品之機械或物理性質，如 P/M 結構零件除鐵粉外最常添加石墨粉、銅粉、鎳粉、鉬粉或預合金鋼粉(Prealloyed powders)。

　　一般在壓製成形前，添加潤滑劑與母體粉末混合，其量約在 0.5～1.5%間，使粉末易於流動，提高視密度，改散壓縮性，並減少胚體與模壁間的摩擦力，易於脫模；而其他成形需要則會添加黏結劑、塑化劑等。另一重要的考慮因素為胚體燒結過程中，這些有機添加劑能否被排出胚體及會不會污染到燒結爐等。目前業界常用的潤滑劑有硬脂酸鋅(Zn-Stearate：$Zn(C_{18}H_{35}O_2)_2$)、硬脂酸鋰、白臘(EBS)、其他如石墨、合金元素(可直接添加於模壁)等，但鐵基工件多以硬脂酸鋅為主。常見之混合機器有滾筒型、V 型、雙錐體型、螺旋型、葉片型、旋轉立方體型、雙殼型等，部分如圖 6-18 所示。

(a) 雙錐體型　　　　　(b) V型　　　　　(c) 滾筒型

圖 6-18　常用之混合機(資料來源：台溢實業公司提供)

6-6-2　粉末造粒的意義與製程

　　粉末造粒是乾壓成形的一個先行工作。因為金屬粉料粒度約為幾微米至數百微米，而陶瓷粉料粒度更小約為次微米至幾微米，粉粒愈細，表面活性愈大，其表面吸附氣體和堆集間隙氣體也就越多，且細粉末間之摩擦力大，使得其流動性相當差，不易填入模穴中，因而視密度非常低，即使在粉料中加上黏結劑，往往也難於一次壓成緻密的胚體，因此需要造粒解決此難題。最主要的噴霧造粒技術流程是在較細的原料粉中加入水及黏結劑如聚乙烯醇(PVA)、阿拉伯膠或甲基纖維素(Methyl cellulose)，或塑化劑如聚乙二醇(PEG)、甘油、橡膠或石蠟等攪拌成漿料狀，然後經由噴嘴高速噴出霧狀液滴，受到迎面而來之熱空氣或熱氮氣吹襲，使得其中水分蒸發，細粉間即黏結製成粒度較粗、具有一定假顆粒度級配(球形粒為主)、流動性較好的粒子，可改善粉末的成形性和可塑性，因而造粒有時又叫糰粒。造粒方法可以分為一般造粒法、加壓造粒法(Simple pressing)、噴霧造粒法(Spray drying)、冷凍乾燥法等，其中噴霧造粒法有噴嘴式及旋轉盤式兩種。以粉之粒徑分布而言，旋轉盤式所得之分布較窄；以離心式旋轉盤造粒時，其粉末之大小是由粉漿在離開旋轉盤之剎那間決定的，圖 6-19 所示為常用之旋轉盤式造粒機。圖 6-20 所示為 1 μm Al_2O_3 粉末經噴霧造粒的結果。

　　造粒完粉體之測試除了一般的粒徑分析、流動性、安息角之外，必須作殘留水分及外觀之檢驗，水分過多時流動性不佳、原粉易生鏽，而過少時成形性較差。

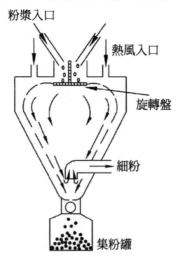

圖 6-19　常用之旋轉盤式造粒機

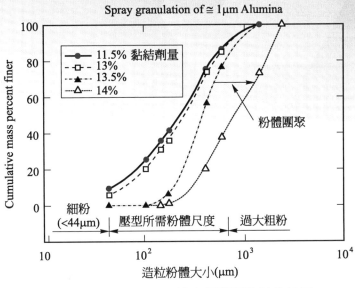

圖 6-20 1 μm Al₂O₃ 粉末經噴霧造粒的結果

6-7 壓製成形

6-7-1 壓製成形的意義與分類[5~11,16~17]

粉體製程之成形機制可概分為粉末重排、塑性變形及彈性變形三個階段，所衍生之成形方法有多種 (如圖 6-9 和圖 6-10 內所示)，其中最常用的為壓製成形(Compaction，pressing)，係將粉末加壓成生胚(Green compact)，其目的在於提供產品需要的形狀與尺寸，並儘量地增加生胚密度(Green density)，然後才予以燒結，以提高成品的密度及機械、物理等性質。

綜合言之，粉體成形方法大致上區分為：

(1) 低溫成形法：如模壓法(Die pressing)、鑄漿法(Slip casting)、粉末擠壓法(Powder extrusion)、冷均壓法(Cold isostatic pressing，CIP)、粉末射出成形法(Powder injection molding，PIM)、刮刀成形法(Doctor blading)、粉末軋製法(Powder rolling) 等。

(2) 高溫成形法：係利用高溫下，同時進行加壓成形與燒結的方法，如熱壓法(Hot pressing)、熱均壓法(Hot isostatic pressing，HIP)等，將於第 6-14 燒結節討論。

(3) 熔融成形法：應用於玻璃與玻璃陶瓷的製作。

(4) 其他如溫壓成形(Warm compaction)、旋轉成形、側壓成形、熔滲、化學反應成形法等特殊成形方法。

如表 6-13 為陶瓷成形方法的一般做法。通常成形方法的選擇尚需考量：生胚密度及成分之均勻性、避免層裂/碎邊/裂痕/氣孔/針孔等缺陷之產生、工件精度要求，以及此法的量產性、生產速率、品質再現性、成本等因素。

表 6-13　陶瓷成形方法

成形法	含水量	成形量	附註	例子
(1) 乾壓法 (Dry pressing)	0～2%	小、簡單大量生產、尺寸精確	造粒使能流動、單向壓力	藥片狀
(2) 均壓法 (Isostaic pressing)	0～2%	小、緻密	造粒、三向壓力	抽線模
(3) 半乾式壓成法 (Semi-dry pressing)	5～10%	較大、火磚	單向壓力、造粒較不易、產生裂縫	瓷磚
(4) 擠出成形法 (Extrusion)	15～20%	斷面簡單	去除氣泡、加入聚合劑	紅磚
(5) 射出成形法 (Injection molding)	10～35% 聚合物(熱塑型)	形狀最複雜	分高、低壓鑄模(模具冷卻、聚合物燒除)	葉片
(6) 壓模成形法 (Compression molding)	2～20% 聚合物(熱固型)	形狀簡單	加熱高壓成形(模具冷卻、聚合物燒除)	葉片
(7) 滾筒成形法 (Rolling forming)	2～20% 聚合物(熱塑型)	片狀、條狀	加熱、混合成形	玻璃片
(8) 鑄漿成形法 (Slip-casting)	≧40%	各種形狀	多孔模具、分高/低壓鑄漿	茶壺
(9) 刮刀法 (Doctor blading)	≧30%溶劑	片狀	調漿、成形	基板
(10) 化學反應成形法 (Chem-react forming)	—	各種幾何形狀	例如 Sol-gel 法	—

6-7-2　模壓成形法

模壓成形法是將混合好的原料粉末填入鋼模穴後，通過上沖頭(Upper punch)、下沖頭(Lower punch)及芯棒(Core)對粉體施壓使之成形；模具的基本結構為上沖頭、下沖頭、中模體(Die)、芯棒、退模組件等五種部件，如圖 6-21 所示。

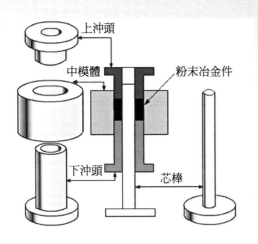

圖 6-21　模壓成形及模具示意圖

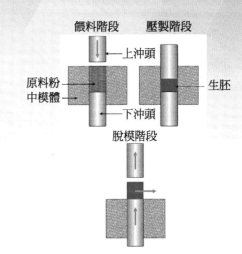

圖 6-22　單向模壓成形法的基本步驟示意圖

1. 模壓過程模壓成形法的基本步驟為：餵料→壓製→脫模，如圖 6-22 為單向施壓示意圖。先將中模上昇至最高點之位置後，填粉盒(Feed shoe)才到達模穴正上方，使粉末落入模穴內；當餵料(Die filling)結束後，填粉盒向外移，挪出空間，使上沖能向下移動進入中模擠壓粉末；粉末壓製成形後，中模向下移動(Die withdrawal)，使胚體露出中模面，而填粉盒向前進，利用其前端將胚體頂入收料盤，或可用機械手臂將工件檢出，此步驟稱為脫模頂出(Ejection)。模壓成形之施壓方式大致可分為四種：單向施壓法、雙向施壓法、中模浮降法(Floating die)及強制浮降(Die withdrawal)法，如圖 6-23 所示，工業界量產大多採用後兩者製程。

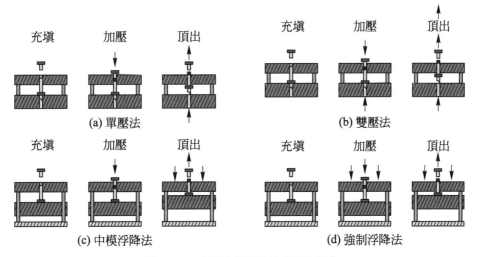

圖 6-23　模壓成形法之施壓方式

2. 模壓成形原理在模壓過程中粉體在 15～800 MPa 壓力下，其體積被壓縮成所需形狀，而壓製壓力主要消耗於以下兩部分：(1)克服粉末顆粒之間的內摩擦力和粉末顆粒的變形抗力；(2)克服粉末顆粒對模壁的外摩擦力。其過程可用壓胚相對密度－壓製壓力曲線來表示 (如圖 6-24)。在初期階段粉末顆粒相對移動並重新排列，常會產生「架橋」現象，一旦孔隙被填充，壓胚密度急劇增加，達到最大裝填密度；這時粉末顆粒已被相互壓緊，故當壓製壓力增大時，壓胚密度幾乎不變，曲線呈現平坦；隨後繼續增加壓製壓力，粉末顆粒將發生彈、塑性變形或脆性斷裂，使壓胚由於顆粒間的機械嚙合(Mechanical interlocking)和接觸面上的金屬原子間的引力而具有一定的壓胚強度。壓胚在除去壓力或脫模以後，由於內應力鬆弛，壓胚體積發生彈性膨脹，這種現象稱為彈性後效，為設計壓模的重要參數。由於外摩擦力的存在，壓胚密度的分布實際上是不均勻的：例如單向壓製時，離施壓模沖頭較近的部分密度較高，較遠的部分密度較低；在雙向壓製時，壓胚沿壓力平行方向的兩端密度較高，中心部位較低。將潤滑劑加入粉體中或塗於模壁上可改善壓胚密度的不均勻性。

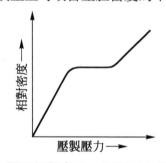

圖 6-24　壓胚相對密度－壓製壓力曲線示意圖

有關粉末壓製理論，從 1923 年沃克(E.E.Walker)起，已出現有數十種理論和經驗公式，其中阿吉(L.F.Athy，1930)、巴利申(М.Ю.Бальшин，1938)、川北公夫(1963)等人的公式有一定的實用意義；儘管如此，這些理論至今仍處於探索階段。近年來粉末冶金工件的應用越來越廣，工件的形狀也越驅複雜，在模具設計、模具材料的選擇及成形機的設計、製作及數位化方面均愈形精進。

3. 壓模和壓機模壓成形法的主要設備是壓模和壓機。壓模設計的原則是：充分發揮粉體製程少切削和無切削的技術特點，保證達到壓胚的幾何形狀、尺寸精度和光潔度、密度的均勻性等三項品質要求；合理地選擇模具材料和壓模結構，提出模具的加工要求。設計模具尺寸時，不只要考慮成品圖上之尺寸 D(mm)，還須考慮成形時之脫模

膨脹量 (Spring back，ε)、燒結後之收縮量(Shrinkage，s)及後加工之預留校正量 d(mm)，故中模之尺寸應為：$(D+d)/(1-s\%)/(1+\varepsilon\%)$。而製作模具之公差一般多為 0.005 mm 左右，又由於上、下沖與中模及芯棒間必須有間隙，若間隙太大，細粉末易進入其中，會被輾平或硬化，造成模具之磨耗、拉傷。一般而言，模具間隙值隨成品尺寸和粒徑之增加而稍為變大，一般多在 0.02～0.03 mm 左右，表 6-14 為可供參考之間隙值。模具材料必須具有高硬度、高耐磨耗性，一般內圈多使用工具鋼如 D2、SKD11、M2 等；若產品量大，模具之壽命必須長，以減少維修及上、下模之時間，此時則可考慮使用更耐用之粉末高速鋼如 CPM10V 或 VANADIS-60 或 ASP-60，甚至含鈷量在 8～20%間之碳化鎢(含鈷量高者韌性佳，但硬度低)。沖子屬動態模具，其韌性及抗疲勞性之要求遠超過中模，所以大部分之沖子均以工具鋼製作，如 A2、SKD11、SKD12、M2 等。

表 6-14　上、下沖與中模或芯棒間之間隙值

工件尺寸，mm	間隙(≈ IT5 之標準)，μm
≤10	10～15
10～18	12～18
18～30	15～22
30～50	18～27
50～80	21～32
80～120	25～38

　　壓機分為機械壓機、液壓機及電動壓機三類。機械壓機的特點是速度快，生產率高；其缺點是壓力較小、衝程短，沖壓不夠平穩、保壓困難，不適於壓製較大和較長的製品。與機械壓機相比，液壓機的特點是壓力大、行程長，比較平穩，能實現無段調速和保壓，適於壓製尺寸較大較長的製品；其缺點是速度慢，生產率低，維修較困難。電動壓機為新型機種，採用伺服馬達及電腦數值控制(CNC)分別帶動各沖子及中模，所能壓製的形狀複雜度與 CNC 油壓式相同，但行程之準確度更佳，且成形速度也較油壓機快，常用於碳化鎢刀具；其缺點是受限於伺服馬達之扭力及空間之大小，致成形噸位(Tonnage)偏小，多在 70 噸以下，價格也較昂貴。壓機所需噸位與成形壓力、零件截面積、粉末壓縮性，以及所需之生胚密度有關，對粉末冶金工件而言，目前業界最常用的壓力在 400～800 MPa 間，所用成形機噸數多在 4～1,600 噸間。

6-7-3　冷均壓法(Cold isostatic pressing，CIP)

　　均壓成形法係通過液體或氣體傳遞壓力使粉末體各向均勻受壓而實現緻密化的方法，可分為冷均壓法(CIP)與熱均壓法(HIP)兩種，其中熱均壓法將於第6-8燒結節討論。

　　冷均壓法是在常溫下以均壓方式成形之製程。一般先以加工方式製出與成品形狀相同之公模，在外以聚胺脂橡膠(Polyurethane Rubber，PU)、天然橡膠或乳膠(Latex)鑄成一母模，再將粉末密封在此橡膠模內，然後放到高壓容器內的液體介質中，通過對液體施加壓力使粉末體各向均勻受壓，從而獲得所需要的複雜且近實形壓胚。液體介質可以是油、水或甘油，圖 6-25 為其基本流程。金屬粉末可直接裝入母模套或模壓後裝母模套。由於粉末在橡膠模內各向均勻受壓，致可獲得密度較均勻的壓胚，因而燒結時不易變形和開裂。其缺點是壓胚尺寸精度差，還要進行機械加工。冷均壓法已廣泛用於硬質合金、難熔金屬及其他各種陶瓷粉末材料的成形。

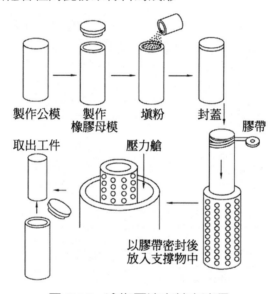

圖 6-25　冷均壓法之基本流程

　　冷均壓製程可分為濕式(Wet bag)及乾式(Dry bag)成形法兩種，在圖 6-26(a)所示之濕式法中，模子是浸在液體中，四方均勻受壓，所以生胚密度較均勻，但生產速率慢，不易自動化。在圖 6-26(b)及圖 6-26(c)乾式冷均壓法中，模子之下方固定於設備上，僅周圍或上方受到液體的包圍，其受壓並非真正之均壓，但因方便填料，且容易取出工件，故生產效率較高。為了更進一步提高效率，工業界甚至常準備多個成形模，一旦均壓完成即把成形模取出置於旁處，取出胚體，在此同時則將另一填完粉之成形模置入均壓機中成形，如圖 6-26(d)所示。

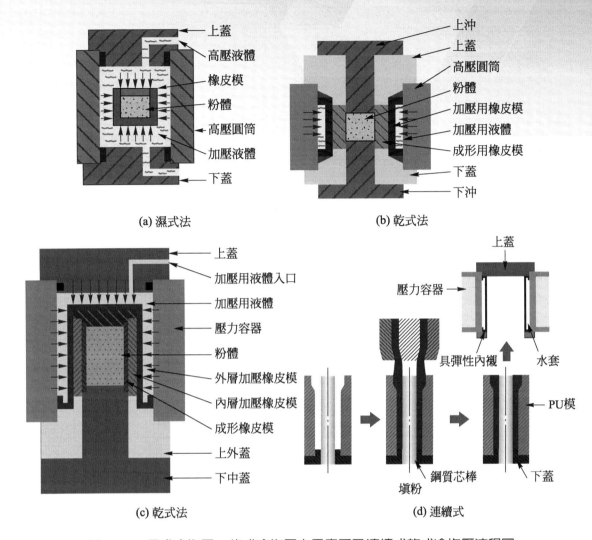

(a) 濕式法　　　　　　　　　　(b) 乾式法

(c) 乾式法　　　　　　　　　　(d) 連續式

圖 6-26　濕式冷均壓、乾式冷均壓之示意圖及連續式乾式冷均壓流程圖

6-7-4　粉末射出成形(Powder injection molding，PIM)

粉末射出成形乃金屬射出成形(Metal injection molding，MIM)和陶瓷射出成形(Ceramic injection molding，CIM)技術的總稱。金屬粉末射出成形(MIM)源自 1930 年代之陶瓷粉末射出成形(CIM)，由美國 Parmatech 公司於 1970 年代末期開始商業化量產，迄今近五十年，已成為粉末冶金產業中重要一環，全世界年產值於 2012 年已達 15.1 億美元，會以每年 11.4%的速度增長。圖 6-27 為 PIM 示意圖。

　　圖 6-28 顯示 PIM 之基本技術流程，此製程使用近球形且粒徑在 20 μm 以下之金屬粉末或更細之陶瓷粉末，將此粉末與熱塑性黏結劑(10～35%)以高剪力之混煉機予以混合，製得具擬塑性(Pseudoplasticity)之射出餽料(Feedstock)，繼之以射出成形機(160～180℃)射出生胚，再經脫脂(De-binding)、燒結後可得到密度在 96% 以上之射出成形產品(尺寸通常不大於 100 mm、重量不大於 120 g，公差可達±0.1%～0.2%)。由於 PIM 可一次製作出具複雜形狀、機械性質、功能性質均相當優異的產品，已取代許多精密鑄造、壓鑄、機械加工等的產品市場，並廣泛應用於 3C、電動工具、汽車電子、醫療器具等高附加價值產業。

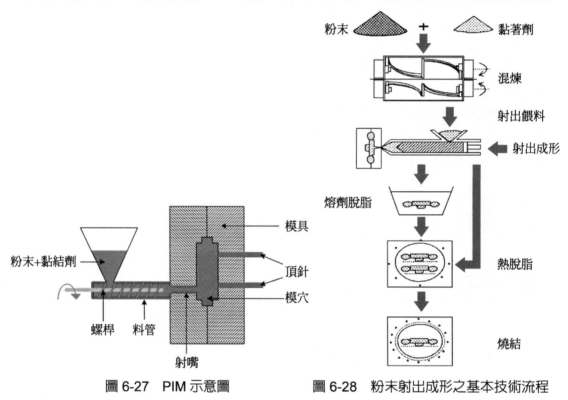

圖 6-27　PIM 示意圖　　　　　　圖 6-28　粉末射出成形之基本技術流程

6-7-5　粉末擠壓(Powder extrusion)

　　粉末擠壓的特點在於擠壓件長度尺寸不受限制，密度均勻，生產可連續進行、效率高、靈活性大，設備簡單、操作方便，可分為粉末直接擠壓和裝包套後熱擠壓兩種製程。前者將塑性良好的有機物/水(15～20%)和粉末混合後，置入擠壓模具內，在外力作用下使增塑粉料通過一定幾何形狀的擠壓嘴擠出，成為各種管材、棒材及其他異形的半成品。製程影響主要參素有增塑劑的含量、預壓壓力、擠壓溫度和擠壓速度。圖 6-29 為粉末擠壓示意圖。

　　包套熱擠壓係將熱壓和熱塑性加工結合在一起，可獲得全緻密的優質材料；但為了防止粉末或壓胚氧化，需要將粉料裝入包套內進行熱擠壓。包套的材質必須滿足下列要求：包套材料在擠壓溫度下的剛性應盡量接近被擠壓粉末，不與粉末發生反應並可通過酸洗或機械加工的方法除掉。

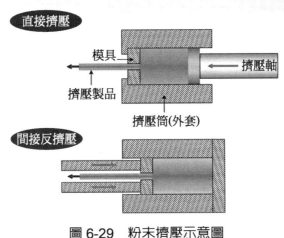

圖 6-29　粉末擠壓示意圖

6-7-6　粉末鍛造(Powder forging)

　　將金屬粉末壓製成預成形胚，燒結後再加熱進行鍛造，以減少甚至完全消除其中的殘餘孔隙的方法，稱為粉末鍛造。其鍛造方式有三種：(1)熱復壓：預成形胚的形狀接近成品形狀，外徑略小於鍛模模腔內徑；因為鍛造時材料不發生橫向流動，鍛件有 0～2% 的殘餘孔隙度。(2)無飛邊鍛造：這種鍛造在限模中進行，材料有橫向流動，鍛件不產生飛邊。(3)閉模鍛造：預成形胚的形狀較簡單，且外徑比鍛模內徑小得多，鍛造時產生飛邊，是一種與常規鍛造相類似的方法。無飛邊鍛造和閉模鍛造常用於生產要求緻密度很高的零件。預成形胚的設計和製造是粉末鍛造的關鍵步驟之一。此外，對於熱鍛預成形胚必須加以保護，以免氧化和脫落的氧化皮陷入鍛件中造成鍛造廢品。粉末鍛件的密度可達理論密度的 98% 以上。與常規鍛造相比，粉末鍛造的壓力小，溫度低，材料利用率高，製程簡單，尺寸精確；鍛件的性能可接近普通鍛件，而且方向性小。粉末鍛件廣泛應用於汽車工業、運輸機械等方面。

6-7-7　粉末軋製(Powder rolling)

將金屬粉末餵入一對轉動的軋輥輥縫中，由於摩擦力的作用粉末被軋輥連續壓縮成形的方法，是生產板帶狀粉末冶金或精密陶瓷材料的主要技術。一般包括粉末直接軋製、粉末粘接軋製和粉末熱軋等。粉末軋製的特點是：能生產特殊結構和性能的材料，成材率高，工序少，設備投資小，生產成本低。

6-7-8　鑄漿成形法(Slip casting)

鑄漿成形法常用於製造各種複雜形狀的產品，如管、坩堝、球形器皿及空心製品等，特別在大量生產衛浴陶瓷上。把水(≥40%)與胚體混合後製成漿料，再倒入高吸水性的石膏模中。漿料的水份吸入模中，留下一層胚體包裹內部表面及形成內部形狀。多餘的漿料被倒出模外，接著模會被打開，其內裏的成品會移走。

6-7-8　其他方法

(1)松裝燒結：用於製造各種多孔材料和製品，如過濾器等。(2)高能高速成形和爆炸成形：可製造大型、複雜形狀製品，如渦輪葉片等；近年來用於成形激冷凝固粉末引起了普遍的重視。(3)軟模成形：可成形諸如球體、圓錐體、多台階體等各種普通壓製方法難以成形的壓胚。(4)楔形壓製：適用於製造環形長製品和較厚的帶材。(5)放電成形：用於中、小型而且形狀複雜的製品成形。

6-8　脫脂與燒結

6-8-1　脫脂的目的與方法

脫脂是將成形後之生胚體在 350～600°C 之間加熱、次第燒除潤滑劑/黏結劑等有機助劑，藉有機質分子鍵加劇振動、高分子裂解成小分子而氣化揮發掉，仍保持原來幾何形狀，以避免這些有機物阻礙後續高溫燒結時粉體間的鍵結與緻密化。有些零件在脫脂時會產生起泡、破裂或積碳現象，其中起泡和破裂是因工件中之潤滑劑分解速率過快所造成，而積碳是因脫脂區之氣氛流速太慢或水氣太少，使得其間所產生之一氧化碳在試片中停留過久，易反應成碳及二氧化碳，尤其是使用吸熱型氣氛時所含之 CO 已達 15 至 20%，故積碳現象更明顯。為解決此問題可以加大氣氛流量並讓工件在 500℃以下有足夠之時間脫脂，並快速跳過 500℃至 600℃之範圍；亦可在脫脂區單獨使用放熱型氣氛裝置，即俗稱的快速脫脂設備(Rapid burn off，RBO)。

6-8-2　固態燒結原理與製程[5,12~15]

1. 燒結的意義與類別

　　燒結是將成形、脫脂後之生胚體在大氣或保護性氣氛中加熱(或同時加壓)，當溫度維持於主成分絕對熔點(T_m，以 K 計)約 1/2(高熔點者)至 4/5 處適當時間後，粉體間以各種擴散機制互相緊密鍵結在一起的過程與現象，可提高製品密度、硬度、強度等機械特性，是粉體製程中最主要的關鍵步驟。

　　燒結類型可以分為固態燒結法(Solid state sintering)、液相燒結法(Liquid phase sintering)、加壓燒結法(Pressure sintering)、反應燒結法(Reactive sintering)及活化燒結法(Activated sintering)等類。燒結時若胚體在部份或全部時間內皆有液相存在時，稱為液相燒結法；而在燒結時並無液相存在，稱為固態燒結法，又可分在大氣壓狀態下或在保護性氣氛下的常壓燒結法或氣氛燒結法，大部份 P/M 元件和氧化物陶瓷都用此種方法製造。加壓燒結法是在燒結時，同時對粉體施加壓力，以加速促進其緻密化的過程，較常用於精密陶瓷或難鍵結之 P/M 材料，有熱壓燒結法(Hot pressing，HP)和熱均壓燒結法(Hot isostatic pressing，HIP)兩類。反應燒結法是通過多孔胚體元素粉間或同氣相或液相發生化學反應，使胚體溫度增加，孔隙減少，並燒結成具有一定強度和尺寸精度的成品的一種技術，可用於 Ni_3Al 介金屬化合物、氮化矽、碳化矽合成上。活化燒結法是在燒結過程中採用某些物理的或化學的措施，使燒結溫度大大降低，燒結時間顯著縮短，而燒結體的性能卻得到改善和提高，如用於高熔點金屬如鎢、鉬等添加鈀、鈷、鎳過渡金屬，可大幅降低燒結活化能(Activation energy)。以下謹就常用的固態燒結法、液相燒結法和加壓燒結法三者，概要說明其原理與實務。

2. 固態燒結法原理

　　燒結理論緣起：早在 1949 年庫琴斯基(G.C. Kuczynski)即提出金屬球與金屬板的燒結模型及四種燒結機構，認為燒結時的物質傳送主要是以擴散方式，把燒結理論的研究推向新的里程碑，如今吾人已能以電腦模擬整個胚體之燒結過程，但儘管如此，燒結理論仍未能完全解釋燒結現象，不過在定性方面則多已能作完整之詮釋並大量應用在工程上。

巨觀而言，固態燒結法之驅動力(Driving force)為粉體表面積減少($\Delta A_{sv} < 0$，且 $\gamma_{SV} > \gamma_{gb}$)和固體－氣體界面消失($\Delta A_{ss} > 0$，$\gamma_{gb}$ 為晶界的表面能)所造成表面自由能的降低($\Delta G = \Delta A_{sv}\gamma_{SV} + \Delta A_{ss}\gamma_{gb} < 0$)。微觀上，由於固體的表面凹、凸處之應力及化學能(Chemical potential) 並不相同，進而導致凹、凸兩處因空孔濃度(Vacancy concentration difference，$\Delta C \propto -\gamma_{sv}/\rho$)和表面蒸氣壓之差異而產生空孔及原子之轉移如圖 6-30 所示。具高表面曲率者(ρ為頸部的曲率半徑)有高之蒸氣壓或溶解度，此壓力差($\Delta P = \gamma_{sv}/\rho$)可藉物質從凸面轉移至凹面，或由小顆粒轉移至大顆粒來降低。

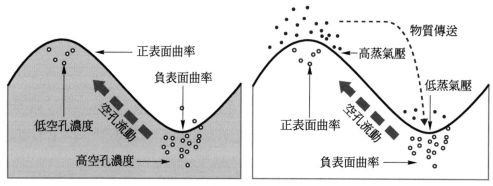

圖 6-30　固體凹、凸面的內部空孔濃度(左)與表面蒸氣壓(右)的差異

燒結緻密化過程中粉體內之顯微組織隨粉末間之幾何位置、外觀、受外界壓力與否而有所變化，這些變化可區分為三個階段(如圖 6-31)：(1)初期階段(Initial stage)：為相鄰粉體顆粒間頸部之生成與成長，以及粒間氣孔之消失與少量收縮現象產生；(2)中期階段(Intermediate stage)：為物質傳送過程或緻密化；(3)後期階段(Final stage)：為晶粒成長，消除孤立的孔洞。

(1)　初期燒結機理：

在脫脂燒結過程中生胚要經歷一系列的物理化學變化，如水分或有機物的蒸發或揮發，吸附氣體的排除，應力的消除，粉末顆粒表面氧化物的還原，顆粒間的物質遷移、再結晶、晶粒長大等，因而使顆粒間的晶體接觸面增加，孔隙收縮甚至消失。出現液相時，還會發生固相的溶解與析出。這些過程彼此間並無明顯的界限，而是互相重疊，互相影響的。再加上其他燒結製程條件，使整個燒結過程的反應複雜化。後來的許多研究工作都是圍繞著燒結過程中的物質傳送機理進行的。

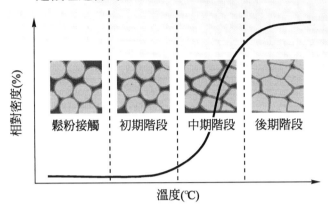

燒結階段	微結構特徵	相對密度	理想化模型
初期	顆粒間頸部快速成長	約達65%	球形顆粒相接觸
中期	平衡時空洞形狀呈連續通孔	65～90%	十四面體的每邊係管狀孔
後期	平衡時空洞形狀呈獨立孔隙	≥90%	十四面體的晶粒邊角呈圓孔

圖 6-31　燒結過程三階段的示意圖

燒結初期過程中原子的傳送可沿著以下六種不同的路徑 (或稱六種物質傳送機理) 進行(如圖 6-32 顯示 Ashby 的三球模型)：

a.　表面擴散(Surface diffusion)：原子由凸面經表面擴散至粉末相接處(頸部)之凹陷處。

b.　體擴散(Volume diffusion)：此又可分為兩種，第一種為原子由粉體表面經體擴散移至頸部，第二種為原子由粉體內部及晶界經由體擴散移至頸部。

c.　蒸發與凝結(Evaporation and Condensation)：原子在凸面處蒸發而在頸部之凹處凝結。

d.　晶界擴散(Grain boundary diffusion)：原子由粉體相接之晶界處經由晶界擴散移至頸部。

e.　黏性流動(Viscous flow)：有足夠的液體量(～40 Vol.%)，而可完全充滿顆粒間之空間；由於應力之存在使得原子透過黏性流動之方式移至頸部，此只適用於非晶質之材料。

f.　塑性流動(Plastic flow)：在應力下藉差排的移動來達到物質傳送的目的，常見於加壓燒結系統。

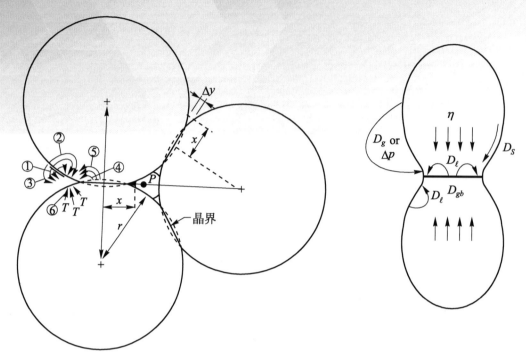

圖 6-32　Ashby 的三球模型及物質傳送機構的相關參數

以上各種原子移動至頸部之傳送機構中，若原子之來源在粉末之表面，則兩粉末間雖有燒結情況發生並使得頸部之直徑增加，但因粉體間之中心距離不變，所以並沒有收縮現象，屬於非緻密化機構 (Non-densification mechanism 或稱 Adhesion mechanism)，此機構主要包括了表面擴散(D_S)，蒸發與凝結(ΔP)，以及原子來源爲粉末表面之體擴散(D_l)三種。相對地，若原子之來源是粉末內部或晶界，則燒結時兩粉末中心點之距離將逐漸縮短，同時頸部也將逐漸增大，此類則屬於緻密化機構(Densification mechanism)，此機構主要包括了晶界擴散(D_{gb})，原子來源爲粉末內部之體擴散(D_l)及黏性流動三種，但對一般之粉末而言，因具有晶體結構，並非非晶質材料，所以只有前兩個機構適用。

兩個相互接觸的球形顆粒燒結時，接觸頸部尺寸(Neck size，X)的增長、密度/表面積變化等均會因燒結時間(t)、燒結溫度及粉末粒徑(D)而變化，爲了方便瞭解製程及材料參數對這些外觀及性質之影響，可將燒結初期階段物質的各種傳送機構公式予以正常化如下：

$$(\frac{X}{D})^n = \frac{Bt}{D^m}$$

此公式之 n，m 及 B 值將視不同之機構而異，如表 6-15 內所示。以上之現象及公式只適用於燒結初期，亦即 $X/D < 0.3$ 時，此乃由於推導公式時所用於描述 ρ、V 與 X 及 R 之間之一些幾何公式在 $X/D > 0.3$ 時其誤差值將過大所致。

若當兩組半徑分別為 R_1 及 R_2 之粉末欲達到相同之燒結程度時，(所謂相同之燒結程度乃兩組粉末雖然粒徑不同，但在不同放大倍率下之外觀是相同的，亦即其 X/R 值相同)，其所需燒結時間之比值可由下式表示

$$\frac{t_1}{t_2} = \frac{R_1^m}{R_2^m}$$

此式由 Herring 根據擴散原理所導得，由於其演繹過程中不牽涉到前述 $\rho = x^2/2R$ 或其他幾何形狀之假設值，所以其結論是一般性的且相當合理，故俗稱 Herring's scaling law。由 Herring's scaling law 可知使用細粉可大幅縮短燒結時間或大幅降低所需的燒結溫度。

表 6-15　燒結初期階段物質的傳送機構

傳送機構	物質源頭	物質終點	n	m	B	相關參數
表面擴散*	晶粒表面	頸部	7	4	$56D_s\delta_s\gamma_{sv}\Omega / k_BT$	表面擴散係數，D_s
晶界擴散	晶界	頸部	6	4	$96D_{gb}\delta_{gb}\gamma_{sv}\Omega / k_BT$	晶界擴散係數，D_{g_b}
體擴散	晶粒表面*或	頸部	5	3	$20D_l\gamma_{sv}\Omega / k_BT$	體擴散係數，D_l
	晶界、差排	頸部	4	3	$80\pi D_l\gamma_{sv}\Omega / k_BT$	體擴散係數，D_l
氣相傳送*						
1.蒸發與凝結	氣體表面	頸部	3	2	$3P_0\gamma_{sv}\Omega / (2\pi mk_BT)^{1/2}k_BT$	蒸氣壓差，ΔP
2.氣體擴散	氣體表面	頸部				氣相擴散係數，D_g
黏性流動	內部晶界	頸部	2	1	$3\gamma_{sv} / 2\eta$	黏度，η
塑性流動	差排	頸部	2	1	$9\pi\gamma_{sv}bD_l / k_BT$	體擴散係數，D_l

*-- 非緻密化機構，且 n 為奇數；m-- Herring's Scaling Law exponent.

(2) 中期燒結機理[5,12~15]

當兩顆粉末間之燒結達到 $X/D = 0.3$ 時，相鄰粉末間頸部已長大，此時即進入中期燒結。對於一個燒結時收縮約 16%的胚體而言，由於初期燒結時其線性收縮量大約只有 2%，而後期燒結亦僅有 3%左右，故燒結緻密化現象均發生於中期燒結階段。

在中期燒結階段可將孔洞視為互通之管狀孔，Coble 曾以十四面體(Terakaidecahedron)模型模擬中期燒結，此十四面體可視為上、下兩個金字塔型的四面體在結合後將其六個角切平而成，依此模型而導出了中期燒結之公式如下：

$$\frac{dp}{dt} = \frac{10D \cdot \gamma \cdot \Omega}{G^3 \cdot k \cdot T}$$

其中 P 為孔隙率、D 為擴散係數、Ω 為原子之體積、k 為氣體常數，而 G 為晶粒大小。在此階段燒結時，若欲達到最高之密度則應儘量使孔隙與晶界相連接。此乃因晶界本身可視為空孔沉積、消失之處(Vacancy sink)，同時晶界也是空孔擴散至外界最快之路徑。當孔隙與晶界相連接時，胚體緻密化速率相當快；而晶界移動速率過快、孔隙一旦與晶界分離，孔隙(空孔)只能藉緩慢之體擴散移至晶界處，故如何維持孔隙與晶界之相聯性乃是決定燒結速率快慢的一個關鍵。此可藉由添加氧化物(如 Al_2O_3-2.5%MgO)、氮化物或碳化物阻止晶粒之成長，或改變製程參數如提高升溫速率等來達成。

(3) 後期燒結機理[5, 12~15]

當胚體之相對密度超過 90%時，所有孔隙幾乎都互不相通，即成為獨立空孔(Isolated pore)，可謂已達後期燒結。在此階段中孔隙之數目有逐漸減少之趨勢，但孔隙之平均直徑則有逐漸變大之現象，此乃因小孔與大孔周圍之空孔濃度不同，造成空孔之擴散，產生小者愈小消失、大者愈大之奧氏熱化(Oswald Ripening)現象。

由於在後期燒結時，孔隙與外界互不相通，所以氣體將被陷入孔隙內，當孔隙收縮時其體積變小，使得內部氣壓變大，造成孔縮之阻力，此時孔隙內的氣體分子雖仍能緩慢地擴散逸出，但由於速率相當慢，故氣孔不易消失。不過當氣孔內之氣體分子小時，如氫氣，則仍可相當快地擴散出去。此外，若使用真空燒結或氣孔內之氣體可溶入周圍之基地時(例如氧氣在氧化鋁中)，則這些氣體仍能以相當快之速率消除，使得孔隙仍能逐漸縮小而提高燒結密度。

後期燒結的另一個特殊現象是晶粒成長速率加快，晶粒成長的原因是相鄰晶界合併後晶界的總面積可減少，能量可降低；但在燒結初期及中期時此現象不易發生，因為此時粉末間的頸部小、孔洞大且多，若晶界離開頸部時晶界之面積、能量將增加很多，而晶界脫離半徑為 r 之孔洞時所增加的能量($\Delta\gamma_{gb} = \pi r^2 \gamma_{gb}$)高過晶界合併所降低的能量，所以晶界不易移動，晶粒不易成長。但在燒結後期頸部大、孔洞小且少，晶界脫離這些地方所增加的能量不高，但晶界合併所降低的能量大，此使得晶界移動變得容易，導致晶粒迅速成長。

3. 固態燒結法製程及實務

燒結必須在保護氣氛或真空的燒結爐內進行，以避免燒結體氧化，或發生不利的化學反應。量產理想的燒結成品，謹慎選擇粉末最為關鍵，燒結參數和燒結設備也極為重要。在燒結參數方面，燒結持溫溫度及時間、升降溫速率、燒結氣氛、載盤種類、真空度、氣氛之露點或氧含量等，均會影響工件的機械、物理性質及尺寸穩定性。由此可知要找出最適當的燒結條件有賴對燒結製程及設備的深入瞭解，且不同材料的最佳燒結條件也不同，其中幾個重要因素有：(1)一般燒結溫度約為主成分絕對熔點之 4/5；(2)燒結速度和燒結緻密程度與燒結時間、粉體粒徑等息息相關，而氣泡和晶界、雜質及添加劑、燒結氣氛等，也會對燒結產生影響；(3)添加劑可以分為燒結促進劑、燒結阻滯劑、反應接觸劑或礦化劑等幾類；(4)燒結氣氛可分為氧化性氣氛、中性氣氛、還原性氣氛。

通常燒結溫度和燒結時間之設計隨粉體性質、製程方法、工件尺寸與性能要求而異，如模壓胚體代表性的溫度有青銅 810℃、黃銅 870～900℃、鐵系 1120℃、不鏽鋼 1200℃、氧化鋯 1500℃、氧化鋁 1600℃、氮化矽～1700℃、碳化矽～1900℃等；燒結時間約為 30～120 分鐘，而高溫加壓同時進行之火花燒結，則在 12～15 秒內即完成。若升溫速率愈快，最大收縮速率所對應的溫度愈高，可能有利於緻密化，但也有可能晶粒粗化；若升溫速率慢，使原子有足夠的時間於升溫過程中擴散，也因此成品的品質和尺寸穩定性較高。

在燒結設備方面，燒結爐的種類很多，可用天然氣、煤氣、油、電等作熱源；其中電爐經濟方便，易於調節控制。常用的保護氣氛有氬、氦、氮、二氧化碳等惰性氣體或氫、裂解氨、一氧化碳、天然氣等還原性氣體。當單一工件的訂單大時應使用連續式燒結爐，產品品質較穩定、人工成本低且較節能，有時雖然單一產品之數量不大，但如果相同材料(如 316L 不鏽鋼)的數種工件之總數相當大，仍能維持連續爐的高稼動率的話，則連續爐仍是較佳的選擇。相對地，訂單量不大時則應選擇批次爐，惟每公斤或每個工件的單位電費成本及操作成本較高。

若以輸送方式或結構而言，最常用的連續式燒結爐有網帶式爐(Mesh belt furnace)、推盤式爐(Pusher furnace)、步進樑式爐(也稱動樑式爐，Walking beam furnace)、駝峰式爐(Humpback furnace)及真空爐(Vacuum furnace)。連續式燒結爐大致上可分為脫脂區、燒結區及冷卻區三部份，在脫脂區中，生胚內之潤滑劑或黏結劑將被分解而逸出，並經由氣氛向爐口帶出。燒結區之主要目的在於促進粉體間之燒結，提高密度，並將各合金元素均質化，而冷卻區則有調整顯微組織、冷卻胚體以便取出之功能。茲就量產鐵基零件用網帶式爐和不鏽鋼零件用步進樑式爐及其燒結溫度分布，分別顯示如圖6-33 及圖 6-34。

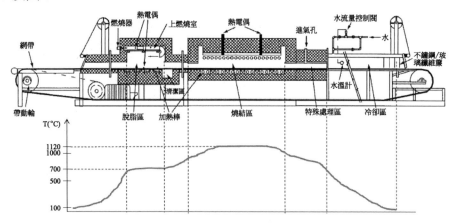

圖 6-33 鐵基 P/M 零件量產常用之網帶連續式燒結爐及其溫度分布示意圖

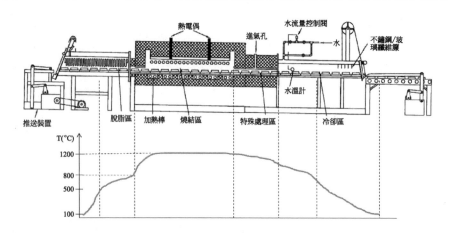

圖 6-34 不鏽鋼 P/M 零件量產常用之步進樑式燒結爐及其溫度分布示意圖

一般連續爐所需之氣氛大多由燒結區之尾端進入，當氣氛進入高溫燒結區時，由於溫度升高、氣體急速膨脹，因而欲向爐口及爐尾流動，但一般之爐尾常有外接之氮氣向下吹，形成氣簾(Gas curtain) 以阻隔燒結氣氛與外面之空氣接觸，此外，對網帶爐而言，其爐尾亦常加上玻璃纖維簾布或不鏽鋼片以增加氣流之阻力，而對推式爐或步進樑式爐而言，其爐尾之爐門大部分時間均處於關閉狀態，所以氣氛只能朝爐口方向流動，雖然有些爐子之爐口大部分時間也是關閉的，但爐口有煙囪提供了氣體的出口。氣氛由燒結區尾部進入的好處在於燒結越趨近結束時，胚體所在位置之氣氛越新鮮、乾淨。相對地，氣氛愈接近爐口時，因其中已累積了不少潤滑劑所分解之氣體分子及氧化物被還原所產生之水氣和二氧化碳，所以較髒，因此由高溫燒結區尾端進氣之設計可確保產品之乾淨度。

另外氣壓燒結法具製備方法簡便、再現性佳、可大量生產等優點，常用於氮化物或碳化物精密陶瓷之燒結合成；其與傳統常壓燒結與氫氣還原氣氛法比較，優點為合成環境屬高純度氮氣氣氛且高壓，較易合成出純度較高之氮化物樣品。圖 6-35(a)所示為日本富士電波公司的真空氣壓燒結爐(FVPHP-R-5，FRET-25)，爐體外殼為不鏽鋼包覆，內側爐壁為石墨材質，加熱棒為石墨材質之電阻棒，經高電流通電產生熱能而加熱爐體，並使用液態氮為氮氣來源，此熱壓燒結爐可承受之最大壓力約 0.92 MPa 及最高溫度為 2300℃。圖 6-35(b)為氮化物螢光粉代表性之氣壓繞結曲線。

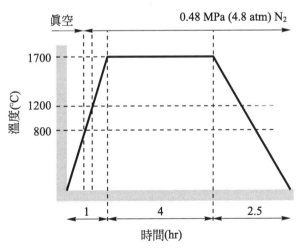

(a) 精密陶瓷使用之真空氣壓燒結爐　　　　(b) 氮化物陶瓷之代表燒結曲線

圖 6-35　精密陶瓷使用之真空氣壓燒結爐及氮化物陶瓷之代表燒結曲線

6-8-3　液相燒結法原理與製程

　　液相燒結法乃屬有效促進燒結速率的方法之一，其所使用之粉體多為混合粉末，當燒結溫度超過其中一種元素粉或燒結助劑之熔點，或是已超過元素粉間之共晶或包晶點時，液態將產生。由於液體之毛細力可凝聚粉末且原子在液體中之擴散速率較在固體中快，所以液相燒結之燒結速率相當快。基本上，液相燒結可分為持久型(Persistent)液相燒結及過渡型(Transient)液相燒結，此乃依材料之成分及燒結溫度而定；例如 W-Cu、W-Ni-Fe 及 WC-Co 等混合粉之燒結即屬前者，其中 W-Cu 當燒結溫度大於 1083℃時，銅將熔融形成液體，由於銅、鎢彼此間幾乎不互溶，所以銅之液相將持續至燒結終了，故屬持久型液相燒結。而過渡型則是元素粉間產生共晶或包晶點者，液相會與其他成分起反應而消失，例如 Cu-Sn、Ai-Ni-Co 及 Co_5Sm 磁石等。

　　另一種常見之液相燒結法使用的粉末是預合金粉，例如 440C 不鏽鋼粉、M2 高速鋼粉、SKD11 工具鋼粉等，當燒結溫度及合金成分使得燒結狀況正好落在固相線及液相線間之雙相區時，液相將先在粉末間之接觸面以及粉末中之晶界生成，此粉末間之液相將產生毛細力把粉末聚在一起造成緻密化，並產生第一次之粉末重排，如圖 6-36 所示。之後，晶界上之液相將逐漸增多，此液相有助於晶粒之滑移，並使得粉末內之晶粒再重排一次，使密度再提高。由於此種燒結法採用預合金鋼粉，所以只要溫度夠高，超過合金之固相線而到達雙相區，液相燒結即開始，所以又稱為超固相線液相燒結(Supersolidus liquid phase sintering，SLPS)。

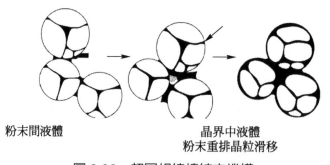

粉末間液體　　　　　　　　　　晶界中液體
　　　　　　　　　　　　　　　粉末重排晶粒滑移

圖 6-36　超固相線燒結之機構

　　液相燒結之驅動力也是源自表面能量之減少，液體除了可能潤溼粉末表面外，也有可能會穿入粉末間之接觸面或粉末中之晶界，此時 $\gamma_{ss} = 2\gamma_{sl}\cos(\phi/2)$。其中 ϕ 稱為雙面角(Dihedral angle)，當 γ_{ss} 非常大或 γ_{sl} 非常小時，液體將很容易穿入晶界而形成能量較低之兩個固/液面。如圖 6-37 所示液相燒結可分為三個階段：(1)液態生成，粉末顆粒重排；(2)溶解與析出；(3)固態燒結。圖 6-38 顯示液相燒結的(a)理想相圖及(b)熔滲金相。

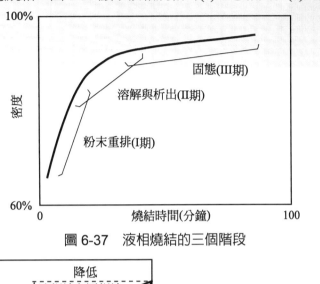

圖 6-37　液相燒結的三個階段

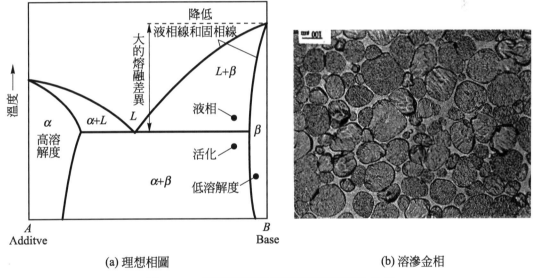

(a) 理想相圖　　　　　　　　　　　　(b) 溶滲金相

圖 6-38　液相燒結的理想相圖及熔滲金相

6-8-4　加壓燒結法原理與製程

　　加壓燒結法是為促進燒結的目的而同時加熱與加壓的方法。依壓力呈軸向或藉流體將其轉為均勻靜水壓，可區分為熱壓燒結法(HP)和熱均壓燒結法(HIP)兩種，具有燒結時間短、溫度控制準確、燒結製品組織均勻、相對理論密度接近 100%等優點，而且能有效抑制成品晶粒的長大，提高材料的各種性能。傳統粉末冶金產品之密度多在 95%以下，且其形狀並不複雜，工件面積多在 200 cm^2 以下，故要提升其性能可改用加壓燒結法，而難以燒結的非氧化物陶瓷，此法更是製程首選。

加壓燒結法之全緻密化過程可區分為三階段：

(1) 初期階段：相鄰粉體顆粒因外加應力而碎裂、滑移，收縮現象產生。

(2) 中期階段：物質因應力加表面張力作用藉塑性流動傳遞過程，收縮並鍵結緻密化。

(3) 後期階段：由應力加上空孔濃度差驅使，藉擴散潛變(Diffusion creep)+差排滑移(Dislocation glide)機制，消除孤立封閉的孔洞而全緻密化。

加壓燒結機構中最主要的乃是體擴散潛變和晶界擴散潛變，前者又稱為 Nabarro-herring 潛變，在此機構中空孔由張力區移向壓力區，亦即原子經由體擴散由壓力區進入張力區，而晶界擴散潛變機構中原子移動之起始點及終點亦相同，只是擴散路徑為晶界擴散，此機構又稱 Coble 潛變。而差排滑移區中因應力大，所以並非以擴散方式進行緻密化，而是藉差排之快速滑移而達到高密度。

1. 熱壓燒結法

熱壓燒結法(簡稱熱壓法)是一種將模壓與燒結相結合的成形方法。燒結的同時加壓以增大粉體顆粒間的接觸應力，加大緻密化的動力，使顆粒通過塑性流動進行重新排列，改善堆積狀況，同時可降低燒結溫度。因為金屬和合金粉末在高溫下塑性好，容易變形，只需添加少許燒結加劑，所以熱壓產品通常比常壓燒結產品更緻密、尺寸精確、化學成分均勻且強度也較高，常用於生產硬質合金軋輥、濺鍍靶材及頂錘等大型零部件；還適用於生產燒結性很差的鑽石刀具、摩擦材料等瓷金材料；而陶瓷 Si_3N_4、SiC、Al_2O_3 等使用該法，因成本較高，其應用受到限制。簡言之，熱壓的缺點是生產率低，成本較模壓成形高，只能限於製作形狀單純的工件，也容易在特性上顯示方向性。

熱壓法可在大氣、保護氣氛或真實條件下進行；加熱方式主要有三種：傳導、感應和電阻加熱；所施加的壓力分為動態與靜態，以單軸或雙軸施壓的方式直接接觸受壓體。圖 6-39 為熱壓機示意圖。熱壓製品的密度與熱壓溫度、壓力、時間和粒度有關，其中熱壓時間影響較小，一般在 60 分鐘之內即已達到飽和點，即使延長時間其密度之增加也有限；熱壓成形之壓力一般多在 50 MPa 以下。但是，當熱壓溫度高到材料中出現液相時，壓力就不能太大了；否則液相成分會被擠出，這不僅能引起材料成分的改變，而且會嚴重地損壞模具。熱壓只要配備有加熱系統的壓機和耐高溫的模具即可。常用的模具材料為石墨，其他也有用氧化鋁、TZM 鉬合金及熱作工具鋼。

近年來受到矚目的火花電漿燒結法(Spark plasma sintering，SPS)也是熱壓法之一種，亦稱電漿活化燒結法(Plasma activated sintering，PAS)或脈衝電流熱壓燒結法(Pulse current pressure sintering)，是在電場、溫度場和應力場三場耦合下的一種快速燒結(5～10 min)之新興粉體製程技術。最大之不同是熱源乃由粉體本身產生，此製程將數千甚至數萬安培之直流電以間歇的方式通過胚體，而非以傳統之通電加熱。

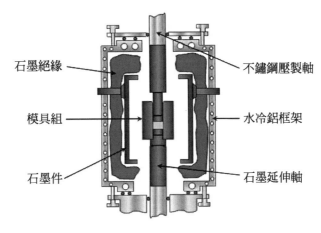

石墨絕緣　　　　　　　　　　不鏽鋼壓製軸

模具組　　　　　　　　　　　水冷鋁框架

石墨件　　　　　　　　　　　石墨延伸軸

圖 6-39　熱壓機示意圖

2. 熱均壓燒結法

熱均壓燒結法(簡稱熱均壓法)是 50 年代出現的新穎技術，乃將裝入包套的粉料或是預燒結成封閉孔的胚體置入密閉的缸體(內壁配有加熱體的高壓容器)中，關緊缸體後用壓縮機打入氣體並通電加熱。隨著溫度升高，缸內氣體壓力增大(100～300 MPa)；胚體在這種高溫和各向均衡壓力的作用下燒結成為具有一定形狀、完全緻密且晶粒細小、結構均勻、等方性和可靠度高的製品。圖 6-40 為熱均壓機系統之配置圖：壓力艙主體由多層鍛造鋼板組合而成，或是鋼板外再以鋼環或鋼線箍住；加熱體為 Fe-Cr-Al 合金、鉬/鎢或石墨，可達之最高溫度各約為 1350℃、1600℃及 2200℃；而氣體則一般多用氬氣或氮氣。

熱均壓粉末粒度之選擇上以 D_{50} 在 40 至 90 μm 之間的金屬粉末較適合。此外為了增加粉末之充填密度，其形狀以近球形者較佳，敲擊密度應在真密度的 60%以上。常用的包套材料為壁厚約 2 至 3 mm 之金屬(低碳鋼、不鏽鋼、鈦)圓柱罐、長方罐或異形罐，還可用玻璃和陶瓷；裝了粉料的包套後，將其內部抽成真空並將開口封銲住，此稱封罐(Encapsulation)，製程結束後加工去除罐體，得高緻密化塊材。熱均壓法最適宜生產多種難以成形的產品如硬質合金、粉末高溫合金、粉末高速鋼、精密陶瓷和金屬鈹等；也可對熔鑄製品進行二次處理，消除氣孔和微裂紋；還可用來製造不同材質緊密黏接的多層或複合材料與製品。圖 6-41 為 2.5 μm Al$_2$O$_3$ 於 1200℃、100 MPa 下之熱均壓燒結圖。

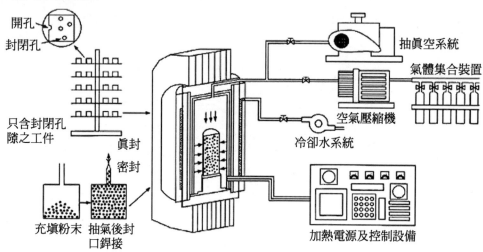

圖 6-40 熱均壓機系統之配置圖

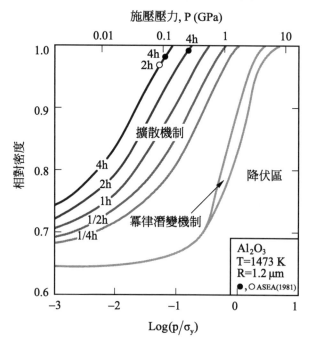

圖 6-41 2.5 μm α-Al$_2$O$_3$ 於 1200℃、100 MPa 下之熱均壓燒結圖[18]

6-8-5　燒結體特性評估

一般燒結體的特性評估林林總總，須視應用需要而抉擇，可歸納為以下五大類別：

(1) 顯微結構：如晶粒大小及分布、空孔、表面粗度、相分布等。

(2) 物理性質：如燒結密度、收縮率、孔隙率等。

(3) 機械性質：如四點抗折強度、硬度、疲勞強度、破壞韌性、楊氏係數等。

(4) 熱學特性：如熱傳導、熱膨脹等。

(5) 光電磁性和表面特性：如透光率、導電度、電阻、吸波性及磁性等，以及表面活性、濾過性、觸媒性及腐蝕性質等表面性質。

6-9　後處理加工

6-9-1　後處理加工的意義

由於一般粉體製程工件內難免含有孔隙，其機械、物理性質未臻理想，且燒結時也會產生尺寸的變化，這些缺點均有待後處理加工予以補救，常見的後加工製程涵括用來改進尺寸精度的精整(Sizing)、整形(Coining)及機械加工，用以改善氣密性、電鍍品質及機械性質的熔滲(Infiltration)、含滲處理(Impregnation)、熱處理(Heat treatment)，及改進耐蝕性的黑化、電鍍等製程。

6-9-2　熔滲(Infiltration)

為了提高多孔胚體的機械性質或鐵基燒結零件的密度至 7.2 g/cm^3 以上，可在高溫下把含孔工件和良好潤濕性的金屬如銅、銀或合金直接接觸，藉助熔融金屬液體之毛細作用力，會充填工件中的孔隙，也會有固溶強化效果，故熔滲又稱浸透，適用於製造鎢銀、鎢銅、鐵銅等產品。

鐵基零件的銅熔滲法之成分除了銅片之外常加入一些鐵、錳或鋅，如 Cu-2Fe-0.5Mn。其製程可採用下列兩法：(1)成形後生胚上方擺置銅片，然後燒結，此製程之成本低；(2)燒結後才在其上擺置銅片，然後再次燒結，此製程之成本較高，但工件之機械性質較好。

6-9-3 含滲處理(Impregnation)

含滲處理分爲油含滲(Oil impregnation)和樹脂含滲(Resin impregnation)兩種。

燒結金屬含油軸承或軸襯之最後工序需做眞空油含滲，係將銅基或鐵基粉末冶金軸承置於網籃中，再浸入 50℃之油槽，抽眞空，將孔隙內之空氣抽出，待油進入孔隙後再通入空氣藉大氣壓力將油進一步壓入孔中，形成塡滿油之自潤軸承。銅基(鐵基)自潤軸承成品的密度一般爲 6.2～7.4 (5.6～6.5) g/cm^3，含油率爲 12～30 (18～25) vol.%。

樹脂含浸適於氣動工具或冷氣機用粉末冶金零件連通孔洞之封塡，常用製程是將零件置入槽中並抽眞空 10 至 15 分鐘，然後引入樹脂，灌入一大氣壓或更高壓力之空氣，使樹脂進入孔隙，含浸完畢之胚體先以離心方式將表面多餘之樹脂甩乾，再於約 97℃空氣中硬化即可得到成品。

6-9-4 精整及整形

精整或稱尺寸矯正，乃將燒結胚體再放入模具或治具中加壓以使其眞圓度、平坦度、平行度、內徑、外徑或某些尺寸更爲精確之步驟。一般尺寸 25 mm 經嚴謹製程監控之燒結品，其公差可在 0.05%(12.5 μm)至 0.08%(20 μm)，即 JIS B0401 規格在 IT6 與 IT7 之間，若不能滿足客戶之需求，燒結體常需再予以精整及整形。另外，一般傳統乾壓燒結製品只能達到約 90%之密度，如鐵系 7.1 g/cm^3 左右，爲了提高其密度及機械性質，可採用雙壓雙燒結法(Re-pressing and Re-sintering or Double pressing double sintering，DPDS)。

6-9-5 熱處理(Heat treatment)

鐵系燒結零件之熱處理大致上與一般之鑄鍛製品相同，有淬火、滲碳、氮化、滲碳氮化、固溶及析出等，較大之差異在於前者有孔隙，例如滲碳處理時，傳統鍛製品只有表面硬化而心部仍具有很好之韌性，但燒結密度在 95%以下之零件卻因有孔隙而不同，熱處理氣氛會沿孔隙進入內部，使表面與心部整體均硬化，因此其顯微組織及機械性質將與高密度粉末冶金工件不同。

6-9-6　切削加工(Machining)

　　雖然粉體製程之優點為能製作出具複雜形狀之工件,但由於傳統成形方式只是上下加壓,對於橫向孔、清角(Undercut) 或特殊、複雜之形狀如螺牙等仍不易一次成形,此外,有些尺寸因成本問題、品質問題或精密度問題,仍必須藉二次加工才能完成。但刀具之鋒刃碰到孔隙,容易崩角或變鈍;又由於工件之熱傳導性差,且顯微組織並不均勻,所以切削之動作不太連續,導致刀具壽命短,切削面粗糙,加工成本上升。此外,機械加工常使得孔隙被切削面附近之金屬擠入或被切削油填入,或研磨時被研磨材及研磨屑填滿,這些都對必須具有孔洞之產品如自潤軸承造成不利之影響,且對於需電鍍、油含浸及樹脂含浸之工件將增加其清洗之困難度,所以在加工粉體製程工件時,儘量不要使用切削油,若需冷卻可先嘗試噴氣式之空冷方式。

6-9-7　清潔－超音波洗淨(Ultrasonic cleaning)

　　燒結後之工件常需經機械加工、噴砂、振動研磨、熱處理、精整等步驟,這些工件之表面常黏附油脂、細砂、加工液等,因此必須清除,常用之方法為將工件置入超音波洗淨機中將這些外物洗淨。早期較常用之洗淨液有三氯乙烷、三氯乙烯、二氯甲烷、庚烷、己烷、溴丙烷等,由於環保意識之提高,前三者已列為毒性物質必須管制,而後者或因是易燃性物質或因含滷素元素,使用者已少,故逐漸改用水溶性清潔劑。

6-10　結語

　　「粉體製程」涵蓋粉末冶金和精密陶瓷製作,為省料省時的新興精密加工技術之一。其基本製造流程為:粉體製備→粉末混合→壓製成形→燒結→後處理加工,以燒結為核心。惟要量產理想的燒結成品,首先須慎選合適粉末,其次要精細調控製程參數,並使燒結設備運作最適化。相關影響因素有:原料成分之選擇是否恰當,粉末之特性是否合乎要求,製程參數中之成形壓力、燒結溫度/時間及氣氛之控制是否合適等等。

　　燒結類型可分為固態燒結法、液相燒結法、加壓燒結法 (如 HP 與 HIP)、反應燒結法及活化燒結法等類。固態燒結之驅動力(Driving force) 為粉體表面積減少或固體－氣體界面消失所造成表面自由能的降低。若要得到高燒結密度，須使用較細粉體，目的是為了擁有大量的表面積作為燒結驅動力，此粒度對燒結密度之影響可由燒結公式判斷，亦可由燒結公式看出溫度及時間的影響，但其他因素也相當重要，例如如何抑制晶粒成長，使孔隙連結在晶界上，或是如何調整材料成分以改變晶體結構，使工件的擴散速率加快，或是利用液相燒結，藉助毛細力及其他特有之加壓機制加速緻密化，這些都有其理論基礎，所以在瞭解燒結理論之後再配合燒結實務、診斷工具如熱膨脹儀等，才能掌握最佳燒結條件。

粉體製程技術正邁向高緻密化、高性能化、高加值化和低成本等方向迅猛發展。新穎的粉末冶金近淨成形及燒結技術，如：粉末射出成形、溫壓成形、噴射成形、高速壓製成形、電漿放電燒結技術、自蔓延高溫合成等等不斷湧現；而精密陶瓷作為特殊材料和高性能零組件的製備技術，成為二十世紀材料界的新寵。這些發展不僅促使國防暨產業科技發生重大變革，且都已廣泛應用在全球汽車工業、機械製造、電子家電、金屬行業、航空航天、儀器儀表、五金工具及其他高科技產業等領域，為粉體製程行業帶來了不可多得的發展機遇和龐大的市場空間。

Exercise
章末習題

1. 粉末冶金生產流程有哪些？

2. 為什麼金屬粉末的流動特性是重要的？

3. 為什麼粉末冶金零件一般比較小？

4. 為什麼粉末冶金零件需要有均勻一致的橫截面？

5. 怎樣用粉末冶金來製造含油軸承？

6. 採用壓制方法生產的粉末冶金製品，有哪些結構設計要求？

7. 解釋粉體製程的意義，其基本技術有哪幾些？

8. 說明生活上有哪些含有粉末冶金零件？並舉出此物採用粉末冶金製程的理由。

9. 闡釋精密陶瓷的意義、功能及其用途。

10. 一個 304 不鏽鋼圓筒，其外徑為 20 mm，內徑為 16 mm，長為 8 mm，擬分別以機械車削、精密鑄造及粉末冶金法製作，若需生產 100 及 100,000 件時，採用何法最佳？原因為何？

11. 下列何種方法適合製造 5 μm 之鐵粉？原因為何？(a)水噴霧法，(b)氣噴霧法，(c)羰基分解法，(d)還原法，(e)旋轉電極法，(f)其他方法。

12. 下列方法中何者適合用來製作奈米粉末？(a)化學分解法(Carbonyl process)，(b)氣噴霧法，(c)水噴霧法，(d)機械研磨法(Attritoring)，(e)電解法，(f)旋轉電極法，(g)還原法。

13. 比較模壓法、鑄漿法、冷均壓法、刮刀成形法和粉末射出成形法的差異。

14. 說明模壓法的模具設計與模具材料選擇的要領。

15. 製作一個壁厚僅 0.6 mm 之軸承，須注意之事項有哪些？(粉之選擇、模具之設計及模具動作之次序等均須考量)

16. 說明燒結的意義、分類及驅動力。

17. 傳統成形燒結鐵基零件之密度約為 6.8 g/cm³，若欲改用約 10 μm 之細粉以改進燒結密度會有何缺點？要如何改進？此改進方法本身是否造成其他問題？

18. 何謂加壓燒結法及其緻密化機構？下列製程何者能做出最緻密化之零件，請以高低依序排列之(熱均壓、熱壓、傳統模壓、粉末鍛造)。

19. 說明如何製作氧化鋁、鈦酸鋇及氮化矽產品？

1. 黃坤祥，粉末冶金學，中華民國粉末冶金學會，2006。

2. 黃坤祥，粉末冶金學，新文京開發出版有限公司，2002。

3. 黃坤祥，金屬粉末射出成形(MIM)，中華民國粉末冶金學會，2011。

4. 汪建民，粉末冶金技術手冊，中華民國粉末冶金學會，1999。

5. 徐仁輝，粉末冶金概論，新文京，2002。

6. 楊玉森、許憲斌、卓廷彬，模具材料與熱處理，五南圖書出版公司，2014。

7. 楊啓杰，製造程序，五南圖書出版公司，1999。

8. William F. Smith, Structure and Properties of Engineering Alloys, McGRAW-Hill, 1993.

9. William D. Callister, Materials Science and Engineering, WILEY, 2007.

10. Mikell P. Groover, Principles of Modern Manufacturing, WILEY, 2011.

11. Powder Metallurgy Science Second Edition, R. M. German, MPIF.

12. Höganäs PM-school，1997.

13. Höganäs Handbook，2004

14. 汪建民主編，《粉末冶金技術手冊》，中華民國產業科技發展協進會暨粉末冶金協會出版，1994 年 7 月，pp.3～17 和 pp.199～231。

15. 汪建民主編，《陶瓷技術手冊(上冊)》，中華民國產業科技發展協進會暨粉末冶金協會出版，1994 年 7 月，pp.3～26 和 pp.50～88。

16. 汪建民主編，《精密陶瓷技術概論》，工研院材料所出版，1989 年 11 月，pp.6-1～6-35。

17. 黃培雲主編，《粉末冶金原理》，冶金工業出版社，北京，1982。

18. 黃坤祥，《粉末冶金》，中華民國粉體及粉末冶金協會出版，第三版，2003。

19. Joel S. Hirschhorn, Introduction to Powder Metallurgy, APMI, New York, 1969.

20. F. V. Lenel, Powder Metallurgy Principles and Applications, Metal Powder Industries Federation, Princeton, New Jersey, 1980.

21. W. D. Jones, Fundamental Principles of Powder Metallurgy, Edward Arnold Ltd. , London, 1960.

22. Y. M Chiang, D. P Birnie, and W. D Kingery, Physical Ceramics, Wiley, 1997.

23. James S. Reed, Introduction to the Principles of Ceramic Processing, Wiley-Interscience, 1988.

24. Powder Metal Technologies and Applications, Metal Handbook, Vol. 7, ASM International, Materials Park, Ohio, 1998.

25. G. C. Kuczynski, Self-diffusion in Sintering of Metallic Particles, Trans. Am. Inst. Min. Met. Eng. , 185, pp.169~178, 1949.

26. C. Herring, Effects of Change of Scale on Sintering Phenomena, J. Appl. Phys. , 21 (4), pp.301~303, 1950.

27. R. L. Coble, Initial Sintering of Alumina and Hematite, J. Am. Ceram. Soc. , 41(2), pp. 55 ~62, 1958.

28. R. L. Coble, Sintering Crystalline Solids. I. Intermediate and Final State Diffusion Models, J. Appl. Phys, 32(5), pp.787~792, 1961.

29. R. M. German, Powder Metallurgy Science, 2nd ed. , Metal Powder Industries Federation, Princeton, New Jersey, 1994.

30. R. M. German, Powder Injection Molding, Metal Powder Industries Federation, Princeton, New Jersey, 1990.

31. E. Arzt, M. F. Ashby and K. E. Easterling, Practical Applications of Hot-Isostatic Pressing Diagrams - 4 Case Studies, Metall. Trans A, 14(1), pp.211~221, 1983.

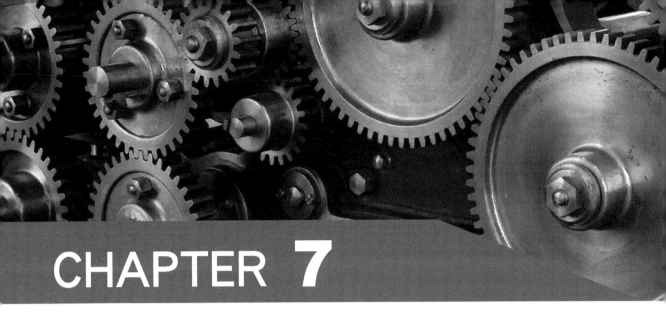

CHAPTER **7**

金屬塑性成形

·本章摘要·

7-1　金屬塑性成形概說

7-1-1　金屬塑性成形的意義與方法

金屬成形(Metal forming)或稱塑性加工(Plastic working)，係對金屬材料施加外力使其產生塑性變形，以獲得所需形狀與性質的製品的加工方法。各種金屬塑性成形加工法在機械製造領域中佔有極爲重要的地位，它是一種具經濟性的大量生產方法，在工業中的應用甚爲廣泛。

金屬塑性成形法依加工溫度分有熱加工(Hot working)與冷加工(Cold working)，依材料形態分有塊體成形加工(Bulk deformation process)與薄板成形加工(Sheet-metal forming process)。通常，在高於材料再結晶溫度以上的溫度進行的塑性成形謂之熱加工，反之，則稱爲冷加工。金屬胚料的表面積與體積比較小者屬於塊體成形加工，包含滾軋、鍛造、擠伸、抽拉等。反之，胚料的表面積與體積比較大者則爲薄板成形加工，沖壓加工即是此類典型的加工法。因此，金屬塑性成形基本方法有五大項：滾軋(Rolling)、鍛造(Forging)、擠伸(Extrusion)、抽拉(Drawing)、沖壓(Stamping)，如圖 7-1 所示。

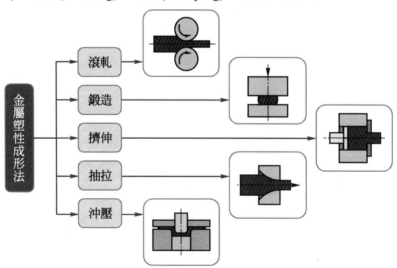

圖 7-1　金屬塑性成形的基本方法

7-1-2　金屬塑性成形的特色與應用

金屬塑性成形法與其他加工方法比較，具有如下特點：

1. 組織與性能佳：金屬經塑性成形後，原有內部組織疏鬆孔隙、粗大晶粒、不均勻等缺陷將改善，可獲優異機械性能。

2. 材料利用率高：金屬塑性成形乃經由金屬在塑性狀態的體積轉移而獲得所需外形，不但可獲得分布合宜的流線結構，而且僅有少量的廢料產生。

3. 尺寸精度佳：不少金屬塑性成形法已能達到淨形或近淨形的要求，尺寸精度也能達到應有的水準。

4. 生產效率高：隨著金屬塑性成形機具的改進及自動化的提昇，各種塑性成形的生產效率不斷提高，有益於大量生產的需求。

金屬塑性成形加工的應用範圍愈來愈廣，譬如：鐵鎚、鉗子等手工具，螺絲、螺帽等扣件，金屬盒、罐等容器，鋁門窗、接頭等建築構件，電子用沖壓零件，汽車、機車、工具機、飛機等工業重要零組件。

7-1-3　金屬塑性成形的基本原理

金屬材料受到外力作用時，將產生形狀及尺寸改變，如果外力去除後，無法恢復至原來形狀者謂塑性變形(Plastic deformation)。金屬材料受不同大小的應力及溫度作用時，可藉不同的變形方式進行塑性變形，其主要有：(1)晶粒內部–滑動(Slip)、雙晶(Twin)，(2)晶粒界面–晶粒邊界滑動(Grain-boundary sliding)及擴散潛變(Diffusion creep)。金屬晶體主要以何種方式進行塑性變形，乃是取決於那種方式變形所需的剪應力較低。在室溫下，大多數體心立方格子(B.C.C)金屬滑動的臨界剪應力小於雙晶的臨界剪應力，所以滑動是優先的變形方式。金屬熱間塑性變形的機構除了晶粒內的滑動與雙晶外，尚有晶粒邊界滑動和擴散潛變等。一般而言，滑動也是最主要的變形機構，雙晶多在高溫高速變形時發生，但對於六方密格子(H.C.P)金屬，這種方式也頗為重要。晶粒邊界滑動和擴散潛變則只在高溫變形時才發揮作用。

金屬的塑性變形可分為三類：

1. 冷間變形：變形溫度低於回復溫度時，金屬在變形過程中只有加工硬化而無回復與再結晶現象，變形後的金屬只具有加工硬化組織。

2. 熱間變形：變形溫度在再結晶溫度以上，在變形過程中軟化與加工硬化同時並存，但軟化能完全克服硬化的影響，變形後金屬具有再結晶的等軸細晶粒組織，而無任何硬化痕跡。

3. 溫間變形：於溫間變形過程中，不但有加工硬化也有回復或再結晶現象，或稱謂加工硬化與軟化同時存在，但硬化較具優勢。

可塑性係指材料受外力作用時塑性變形的難易程度，一般而言，材料的塑性愈大，變形阻力愈小，則可塑性愈好。影響金屬可塑性的因素主要有：

1. 化學成份：一般純金屬的可塑性比合金好。

2. 組織結構：純金屬和固溶體具有良好的塑性和低的變形阻力，而碳化物的可塑性就比較差。

3. 變形溫度：一般而言，升高溫度，可使塑性提高，變形阻力減小，因而改善可塑性。

4. 變形速度：變形速度對金屬可塑性的影響取決於硬化及溫度兩種效應。

5. 應力狀態：通常三個方向中壓應力的數目愈多，則塑性愈好，拉應力的數目愈多，則塑性愈差。

7-2 滾軋加工(Rolling)

7-2-1 滾軋意義與分類

滾軋乃是將金屬材料通過於上下兩個反向轉動的輥子間，以連續塑性變形方式獲得所需形狀的塑性成形法。換言之，它是利用材料與輥子間的摩擦力，將材料引入輥子間以進行連續軋壓，其目的在於使材料厚度縮減或改變其斷面形狀，如圖 7-2 所示。滾軋加工係由連續鑄造或鑄錠(Ingot)先經滾軋成中胚(Bloom)、扁胚(Slab)及小胚(Billet)後，再進一步滾軋爲各種板材、棒材及型材等，如圖 7-3 所示。

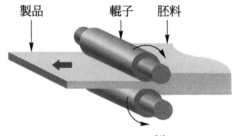

圖 7-2　滾軋[1]

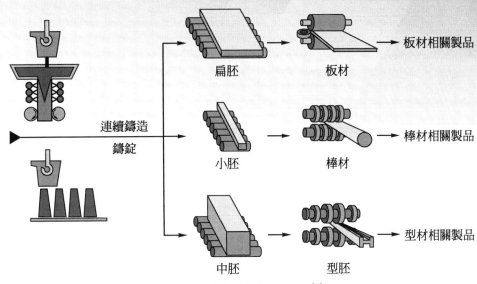

圖 7-3　滾軋的基本流程[1]

　　滾軋加工依加工溫度分有熱作滾軋(Hot rolling)、冷作滾軋(Cold rolling)，依輥子配置分有縱向滾軋(Longitudinal rolling)、橫向滾軋(Transverse rolling)、歪斜滾軋(Skew rolling)。於金屬材料的再結晶溫度以上進行滾軋謂之熱作滾軋，簡稱熱軋，反之，則稱冷作滾軋，簡稱冷軋。縱向滾軋係加工材料的變形乃發生於具有平行軸且旋轉方向相反的兩軸之間，橫向滾軋係加工材料僅繞著其本身之縱軸而移動，歪斜滾軋則係利用不平行軋輥的設置，使金屬材料不但可繞其本身的軸而移動，而且又可使其沿該軸進行，如圖 7-4 所示。

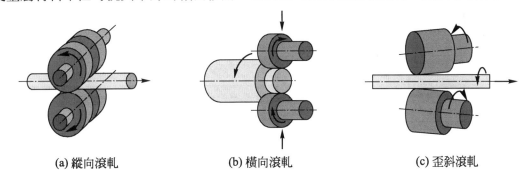

(a) 縱向滾軋　　　　　　　(b) 橫向滾軋　　　　　　　(c) 歪斜滾軋

圖 7-4　不同輥子配置的滾軋[4]

7-2-2　滾軋基本原理

　　板材滾軋係最單純的滾軋加工，如圖 7-5 所示為材料與軋輥間的幾何關係，在圖中軋輥直徑為 D，軋輥半徑 R，入口材料厚度 h_1，出口材料厚度 h_2，入口材料寬度 b_1，出口材

料寬度 b_2，入口材料速度 V_1，出口材料速度 V_2，接觸長度 l_d，咬入角 α。兩軋輥間的間隙稱爲輥縫(Roll gap)，材料與軋輥間接觸弧的水平投影稱爲接觸長度，通常接觸長度 $l_d = \sqrt{R \cdot \Delta h} = \sqrt{R - (h_1 - h_2)}$。當材料通過輥縫時，材料將產生如下的變形：高度減少(稱爲壓縮)、寬度增加(稱爲展寬)、長度增加(稱爲延伸)，滾軋加工後，板厚的減少量稱爲減縮量(Draft)，即 $\Delta h = h_1 - h_2$。

在滾軋時，作用在材料的摩擦力是以中性點爲分界點，在進口區係沿材料進行方向，在出口區則爲阻礙材料流出的方向作用。若設滾軋前後材料體積不變，則在入口處附近材料速度對於輥面速度發生了滯後現象，而在出口處附近則發生超前現象。因此在滯後和超前間，稱爲中性點(Neutral point)或不滑動點(Non slip point)，在此處，材料不與輥面作相對滑動。中性點不單是材料與輥子間無相互滑動地方，更是材料與輥子間摩擦力變換方向的位置所在。

滾軋負荷的計算以下式較簡便：

$$P = p_s \cdot b \cdot l_d = p_s \cdot b \cdot \sqrt{R \cdot \Delta h} \tag{7-1}$$

上式中，P 爲滾軋負荷，P_s 平均滾軋壓力，b 材料平均寬度，R 軋輥半徑，l_d 接觸長度及 Δh 減縮量。影響滾軋負荷的因素有很多，主要有摩擦、材料的降伏強度、減縮比、滾軋溫度、材料厚度、軋輥直徑、張力等。

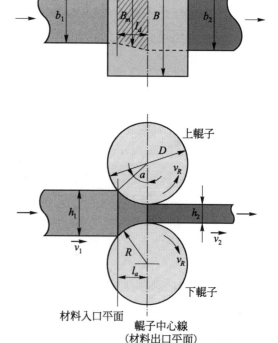

圖 7-5　材料與輥子間的幾何關係[3]

7-2-3　滾軋設備

　　滾軋加工所用的滾軋機組的種類如圖 7-6 所示，二重式(Two-high)是最早期且最簡單的形式，但因工件需調回，故較耗費工時。三重式(Three-high)機組又稱反轉機組，每滾軋一道次需用升降機升降至另一輥縫，並改變材料方向。通常二重式及三重式適用於開胚滾軋或一般的粗滾軋。四重式(Four-high)、六重式(Six-high)及叢集式(Cluster)乃基於軋輥直徑較小滾軋負荷亦小的原則發展而來。但因工作軋輥直徑較小，材料減縮量不大，故此類滾軋機組大多使用在冷滾軋或熱滾軋的精軋作業。行星工作軋輥是指圍繞在支撐軋輥周圍，以保持器固定並隨支撐軋輥周轉的小直徑輥子。由於小直徑輥子與材料的接觸面積小，可更有效地將滾軋負荷傳遞到材料上，於是上下成對的行星工作軋輥依次嵌入金屬材料內，終致其軋成板條狀，但此種機組因其行星工作軋輥無法與材料產生有效的摩擦，無法將材料咬入而進行自由滾軋。

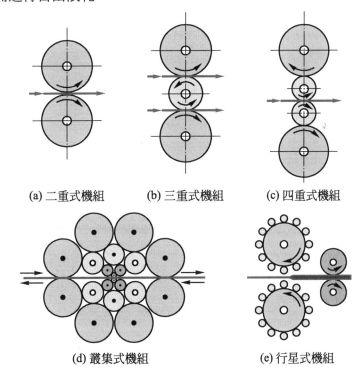

(a) 二重式機組　　　(b) 三重式機組　　　(c) 四重式機組

(d) 叢集式機組　　　　　(e) 行星式機組

圖 7-6　滾軋機組的種類[1]

7-2-4 滾軋實務

鑄胚進行初始的滾軋加工謂開胚滾軋(Break-down rolling)，其主要目的在於將鑄胚(Ingot)加熱壓延成滾軋工廠所要的各種尺寸的扁胚、中胚、小胚以供後續滾軋之用，而且也切除鑄胚的缺陷端，以提高滾軋加工的效率與品質，同時也進行表面缺陷的排除。經開胚滾軋後的扁胚，其結晶粗大，未具應有的強韌性，但經由厚板熱滾軋製程後，不但使晶粒細化、品質提升，而且獲得要求的尺寸，這就是厚板滾軋的目的。厚板的滾軋作業的主要任務是以去除加熱爐生成的一次鏽皮及在滾軋中生成的二次鏽皮，將原材料滾軋成製品尺寸，及精整製品最後厚度及形狀尺寸。薄板滾軋的生產流程如圖 7-7 所示，熱軋而得的薄板可分為兩種：

1. 熱軋薄板：普遍用於汽車、電機、及供彎曲或引伸用的 0.12% C 以下的低碳鋼薄板。

2. 冷軋薄板：除了板厚較熱軋薄板薄之外，尚有尺寸精度佳、表面漂亮平滑等特點，因此廣泛應用於如汽車、電機、家具、辦公用品、建築等。

圖 7-7　薄板滾軋的生產流程[4]

棒材與線材的製造工程大致分為進料、加熱、滾軋、精整等。棒材及線材的輥軋孔型通常為方型、菱型、圓型及橢圓型四種，如圖 7-8 為由小胚滾軋成圓棒材的孔型變化示例。

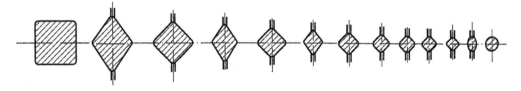

圖 7-8　由小胚滾軋成圓棒材例子[1]

螺紋滾軋(Thread rolling)係將圓桿的胚料置於旋轉的圓滾模或往復運動的平板模之間，以適當的壓力軋壓成凹凸的溝紋，如圖 7-9 所示。用滾軋法所製造螺紋，不僅生產速率高及成本低，而且強度大、表面光度高、又節省加工材料。鋼珠則可應用歪斜滾軋製成，亦即利用具有螺旋形槽的軋輥，互相交叉成一定角度，作同向旋轉，使胚料自轉又向前餵進，因而受壓變形而獲得製品，如圖 7-10 所示。旋轉管子穿刺法(Rotary tube piercing)係用於製作無縫鋼管，如圖 7-11 所示，其原理乃係圓棒受到徑向壓力作用時，在圓棒中心會產生拉伸應力，因此，當不斷地受到壓應力時，圓棒中心就逐漸產生孔隙。兩個歪斜軋輥透過旋轉運動拉動圓棒前進，而心軸則做擴孔及孔的尺寸精整之用。

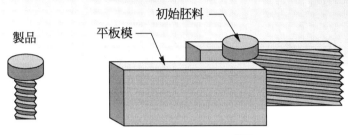

圖 7-9　螺紋滾軋方法[12]

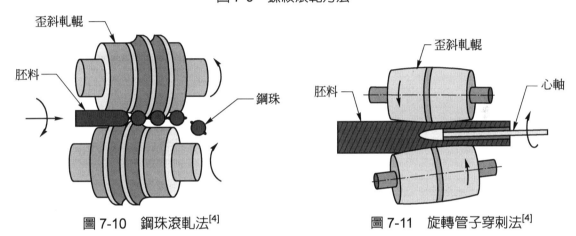

圖 7-10　鋼珠滾軋法[4]　　　　　　　圖 7-11　旋轉管子穿刺法[4]

　　滾軋製品的缺陷，依其來源可分為：胚料缺陷、加熱缺陷、滾軋缺陷及退火缺陷，滾軋缺陷常見的有如圖 7-12 所示。圖(a)的板緣呈波浪狀，主要是軋輥彎曲變形所致；因板料中心處較兩側為厚，滾軋時材料在兩側所產生的伸長變形較中心處多，中心處材料沿滾軋方向的伸長變形受到限制使得製品形成皺紋現象。圖(b)及圖(c)的缺陷則主要是材料在滾軋溫度下的延性較差所致。圖(d)的夾層情形則可能是因滾軋製程上不均變形所致或鑄錠內本身已存在有缺陷所造成。

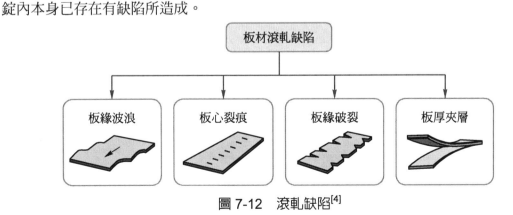

圖 7-12　滾軋缺陷[4]

7-3 鍛造加工(Forging)

7-3-1 鍛造的意義與分類

鍛造係利用鍛壓機具及模具產生及傳遞衝擊或擠壓的壓力,使金屬材料產生塑性變形,以獲得所需幾何形狀、尺寸及機械性質製品的加工方法,如圖 7-13 所示。經由鍛造加工而得的鍛件,由於在鍛壓過程中材料產生塑性變形,獲得機械性纖維化組織,使材質細密化、均質化,並獲得優良的抗疲勞性、韌性及耐沖擊性等機械性質,故極適合製造各種高強度金屬製品或零組件,因此鍛造已是現今產業發展相當重要的加工技術。

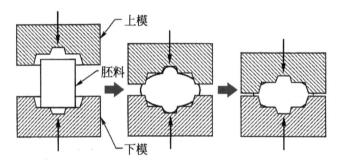

圖 7-13 鍛造[1]

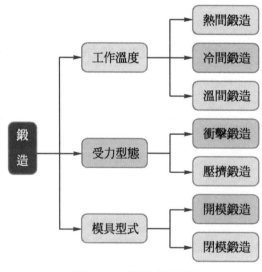

圖 7-14 鍛造的分類

　　鍛造的分類如圖 7-14 所示，依工作溫度的不同而分有熱間鍛造(Hot forging)、冷間鍛造(Cold forging)、溫間鍛造(Warm forging)。依受力形態的不同而分有衝擊鍛造(Impact forging)、壓擠鍛造(Press forging)。依模具型式的不同而分有開模鍛造(Open-die forging)、閉模鍛造(Closed-die forging)。

7-3-2　鍛造的製程

　　鍛造製程依鍛件性質需求不同及生產條件的差異，過程簡繁各異，通常一個鍛件從鍛胚的準備到成形、檢驗，約需經過八個步驟，即備料、加熱、預鍛、模鍛、整形、修整、熱處理、檢驗。(圖 7-15 為典型鍛造工廠的作業流程)

1.　備料：檢視胚料、截鋸成適當大小及長度、修整清潔表面等。
2.　加熱：利用各式加熱爐將胚料加熱至所需的鍛造溫度。

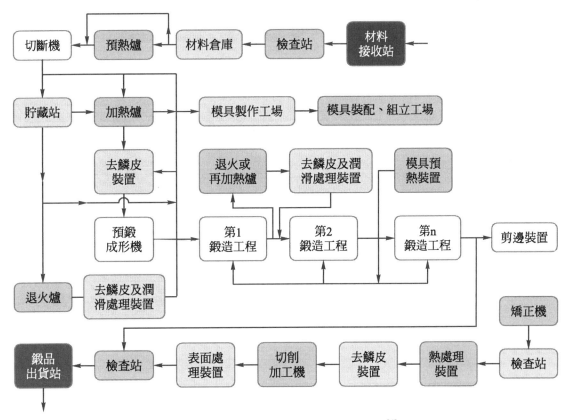

圖 7-15　典型鍛造工廠的作業流程[4]

3. 預鍛：較複雜的鍛件若無法一次鍛打完成者，需先利用鍛粗、延伸等體積分配、彎曲及粗鍛等方式預先鍛成過渡形狀，以利鍛造流動成形。

4. 模鍛：利用所需各模穴進行最後的鍛打成形。

5. 整形：應用剪邊機、整形機或相關鍛造機將大鍛件或薄截面且複雜鍛件進行模鍛後的整形校直。

6. 修整：利用鉗工工具、手提研磨機或噴砂、酸洗等方式來清除鍛件表面的毛頭、缺陷或氧化鱗皮等。

7. 熱處理：依據不同材質做適當的加熱與冷卻處理，以獲得要求的機械性質。

8. 檢驗：尺寸外觀的檢測、機械性質試驗及檢視鍛件缺陷的各種非破壞檢驗。

7-3-3 鍛造設備

鍛造成形所需的普通鍛造機可大致分為二類：(1)落錘鍛造機(Drop hammer forging machine)簡稱落錘(Hammer)，(2)壓力鍛造機(Press forging machine)簡稱鍛造壓床(Press)。如圖 7-16 所示。落錘鍛造機如圖 7-17 所示，係利用鍛錘(Ram)及上模自某一高度落下產生衝擊力作用於胚料，使材料產生塑性變形以成形的機器。落錘鍛造機約有三種，即重力落錘鍛造機、動力落錘鍛造機及相擊落錘鍛造機。壓力鍛造機如圖 7-18 所示，係以緩慢的壓力使胚料在鍛模模穴內成形的機器。應用此種機器來鍛造，因胚料受力時間較長，鍛擊能量不僅施於胚料表面，且亦達到心部，所以表裏受力一致。壓力鍛造機依其動力來源的不同，而有液壓式及機械式，液壓式動作較慢，但能量較大，而機械式則動作較快，但能量較小。

為配合特殊工作需要，因而特種型式的鍛造機的種類也就各式各樣，較常見的有：高能率鍛造機(High-energy-rate forging machine)、鍛粗鍛造機(Upset forging machine)、滾鍛機(Roll forging machine)、型鍛機(Swaging machine)、迴轉鍛造機(Rotary forging machine)等。

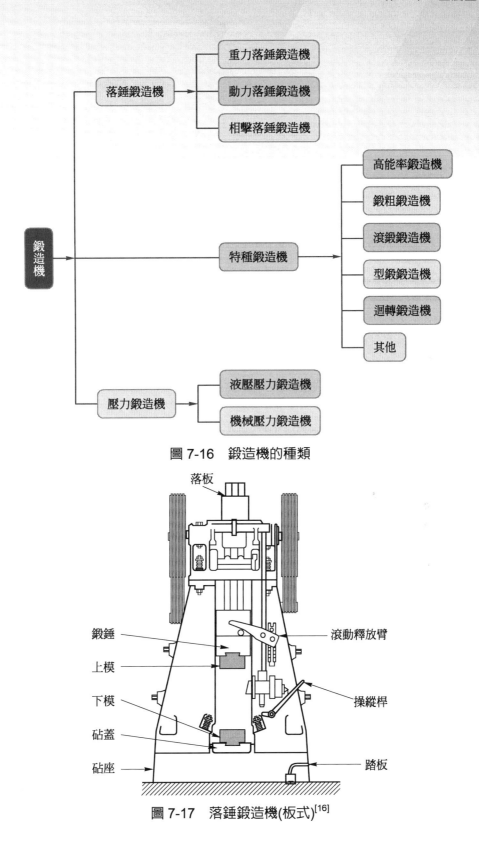

圖 7-16　鍛造機的種類

圖 7-17　落錘鍛造機(板式)[16]

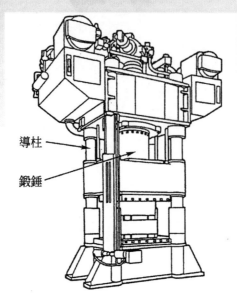

導柱

鍛錘

圖 7-18　壓力鍛造機(液壓式)[16]

7-3-4　鍛造方法與缺陷

　　鍛造方法基本上有二類：開模鍛造(Open-die forging)及閉模鍛造(Close-die forging)。開模鍛造又稱自由鍛造(Free forging)，係金屬胚料於鍛打成形時，並不是藉著完全封閉的模穴來限制其三度空間的流動，而只是以簡單形狀的開式鍛模或手工具來進行反覆的鍛打。一般而言，開模鍛造比較重要的基本操作包括鍛伸、伸展、鍛粗、彎曲、扭轉、沖孔、擴孔、鍛孔、切槽、及切斷等。閉模鍛造簡稱模鍛，係將金屬完全封閉於模具中，藉鍛造機施加的擠壓或衝擊的能量，使金屬變形來充滿上下模穴的加工法。圖 7-19 為連桿的閉模鍛造製程。

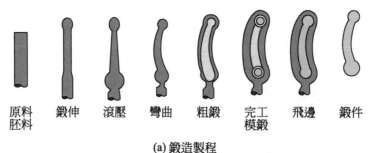

原料
胚料　　鍛伸　　滾壓　　彎曲　　粗鍛　　完工
　　　　　　　　　　　　　　　　　模鍛　　飛邊　　鍛件

(a) 鍛造製程

圖 7-19　連桿的閉模鍛造製程[2]

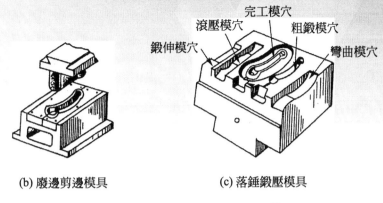

(b) 廢邊剪邊模具　　　　(c) 落錘鍛壓模具

圖 7-19　連桿的閉模鍛造製程[2](續)

為了配合不同需求，各種特種鍛造技術也就不斷出現：

1. 加熱鍛粗鍛造(Hot upset forging)係將有均勻斷面的棒或管料予以鍛擊擴大直徑或重新改變斷面積的鍛造方法，如圖 7-20 所示。

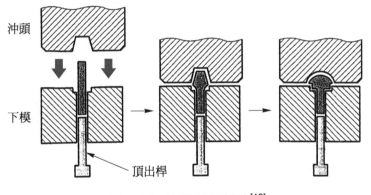

圖 7-20　加熱鍛粗鍛造[16]

2. 滾鍛(Roll forging)係將胚料置於滾輪模間以鍛製成各種斷面形狀的鍛造法，如圖 7-21 所示。

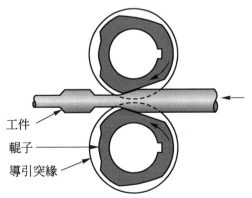

圖 7-21　滾鍛鍛造法[16]

3. 型鍛(Swaging)係利用徑向鍛錘對工件施以壓力的一種鍛造成形法，其主要目的在於改變工件外觀或增加工件長度，如圖 7-22 所示為旋轉式型鍛。

4. 迴轉鍛造(Rotary forging)又稱軌跡鍛造(Orbital forging)或搖模鍛造(Rocking die forging)，係使用一對模具在連續加工中使胚料逐漸變形的一種漸進鍛造法，如圖 7-23 所示，上模對下模傾斜一個角度而沿著胚料周圍迴轉成形。

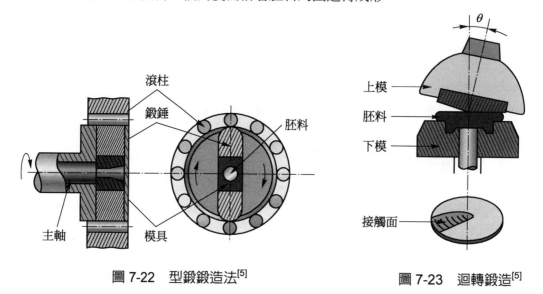

圖 7-22　型鍛鍛造法[5]　　　　圖 7-23　迴轉鍛造[5]

5. 粉末鍛造(Powder forging)或稱燒結鍛造(Sinter forging)，係利用粉末燒結體來鍛造以生產零件的方法，如圖 7-24 所示。

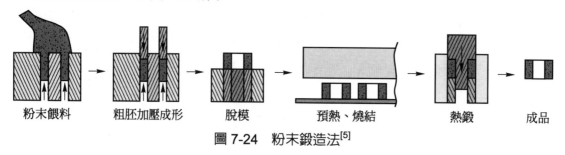

粉末餵料　　粗胚加壓成形　　脫模　　預熱、燒結　　熱鍛　　成品

圖 7-24　粉末鍛造法[5]

6. 熔融鍛造(Melting forging)係以高壓力使熔融狀態的金屬凝固成形的鍛造方法，主要目的在於去除鑄造的凝固缺陷，以提高鍛件的品質，如圖 7-25 所示。

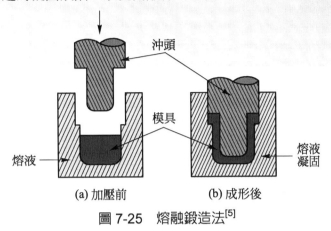

圖 7-25　熔融鍛造法[5]

7. 熱模、恆溫，超塑性鍛造法：熱模鍛造(Hot die forging)、恆溫鍛造(Isothermal forging)及超塑性鍛造(Supor plastic forging)三種鍛造方法與傳統鍛造法最主要的差別，乃在於模具與胚料的溫度差及接觸時間，如圖 7-26 所示。

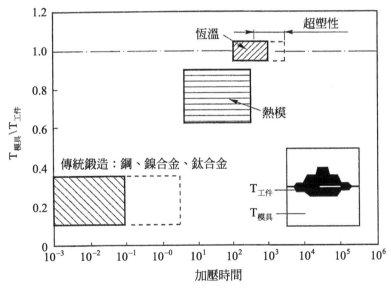

圖 7-26　熱模、恆溫，超塑性鍛造法的比較[15]

　　鍛造工程在進行時，而產生種種缺陷(Defect)可能會由於材料選用、鍛造設計或鍛造作業實施的不當，進而影響鍛件的品質。鍛件缺陷形態若要細分可多達數十種之多，茲將常見的十種列述如表 7-1 所述。

表 7-1　鍛件缺陷型態[5]

缺陷種類	說明
1.摺料(疊層)	金屬於模穴內流動時摺疊於自身表面上所形成缺陷。
2.流穿	金屬填充完成後被迫流過肋骨基部或凹處致使晶粒結構破壞所形成缺陷。
3.挫曲	長型鍛件沿長軸方向發生歪曲現象。
4.欠肉	模穴於鍛造過程中未能完全填滿所導致缺陷。
5.縱隙	裂痕或大量聚集非金屬介在物或深夾層經鍛造後形成線形縱向縫隙。
6.冷夾層	摺料或流穿缺陷形成時伴有氧化皮及潤滑劑捲入時稱之。
7.爆裂	因急速升溫或降溫導致表裡溫度分布不均所造成破壞。

7-4　擠伸加工(Extrusion)

7-4-1　擠伸的意義與分類

擠伸或稱擠型，係將胚料放置在盛錠器中，然後對胚料施以壓力，迫使材料從模具孔口流出，做前向或後向的塑性流動，使工件形成的斷面形狀與模具孔口斷面相同的塑性加工法，如圖 7-27 所示。

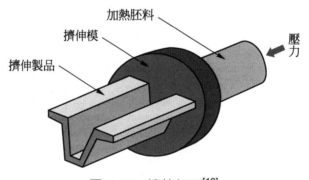

圖 7-27　擠伸加工[16]

擠伸適合製造各種斷面形狀的長直製品，譬如市面上各型鋁門窗的框體，其形狀特殊，用其他加工方法很難製造，但用擠伸法則相當容易。因此，舉凡各種長直形的桿、管、板、線等，皆可用此法製造，經切取適當長度後直接成為各種零件，或供下游做為進一步成形加工的素材。

擠伸加工依溫度的不同分有冷間擠伸(Cold extrusion)及熱間擠伸(Hot extrusion)。依擠伸方向的不同分有直接擠伸(Direct extrusion)及間接擠伸(Indirect extrusion)。依擠伸施力的不同分有液壓擠伸(Hydrostatic extrusion)及衝壓擠伸(Impact extrusion)。

7-4-2　擠伸的流動變形與方法

伸時金屬流動的狀況十分重要，因它左右擠伸製品的組織、性質、表面品質、外形尺寸、形狀精確度及模具壽命等。影響金屬流動的因素可歸納為(1)外在因素：接觸摩擦、擠伸溫度、模具形狀、變形程度及(2)內在因素：合金成份、胚料強度、導熱性、相變化。如欲獲得較均勻的擠伸流動，最根本的對策是使胚料斷面上的變形阻力均勻一致，但因擠伸的變形區幾何形狀及外在摩擦總是存在，因此金屬流動變形的不均勻性也就相對出現。

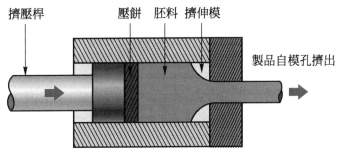

圖 7-28　直接擠伸法[18]

擠伸方法有很多種，直接擠伸法乃是將可塑狀胚料，放置於能承受高壓的模具容器內，利用高壓力的擠壓桿，迫使材料從擠壓桿對面的模孔內擠出，如圖 7-28 所示。間接擠伸法乃是將模具置於空心擠壓桿的前端，在擠伸時，模具和盛錠器作相對運動，使製品由空心擠壓桿擠出，如圖 7-29 所示。液靜壓力擠伸法(Hydrostatic extrusion)乃是被擠伸的胚料由工作液所圍繞，並以此液體為壓力的傳動介質，擠伸壓力即由液體傳輸至胚料而產生擠伸作用，如圖 7-30 所示。覆層擠伸法(Sheathing extrusion)常用於使電纜或鋼索外加一金屬或非金屬保護層，如圖 7-31 所示。連續擠伸法(Continuous extrusion)係將細長型胚料連續送入擠壓變形槽內，經由驅動圓輥，以輥面摩擦所供應的擠伸壓力將胚料咬入而縮減斷面積後由擠伸模具擠出，以製造連續製品的一種方法。

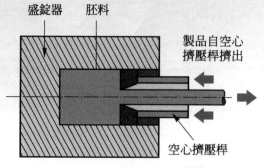

圖 7-29　間接擠伸法[18]

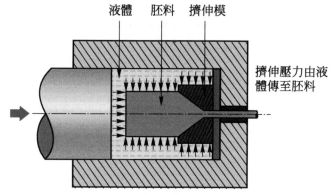

圖 7-30　液靜壓力擠伸法[13]

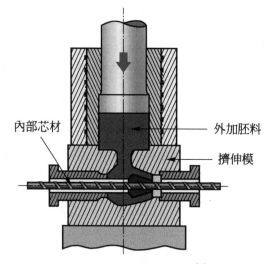

圖 7-31　覆層擠伸法[4]

7-4-3　擠伸機具

擠伸機依動力來源的不同分有機械擠伸機與液壓擠伸機，目前以液壓擠壓機應用最廣，而液壓擠壓機依其結構型式分有臥式擠伸機與立式擠伸機，其中臥式擠伸機(如圖 7-32)目前應用最廣，其操作、監測及維修較方便，它可普遍用於生產各種輕合金棒材、實心型材、空心型材、異形斷面型材、普通管材、異形斷面管材及線材等擠製品。

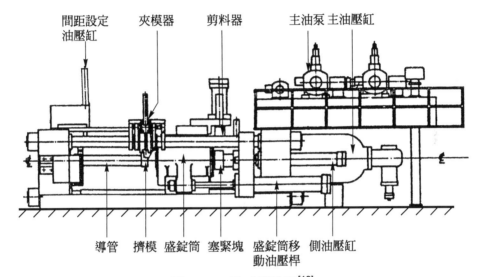

圖 7-32　臥式擠伸機[10]

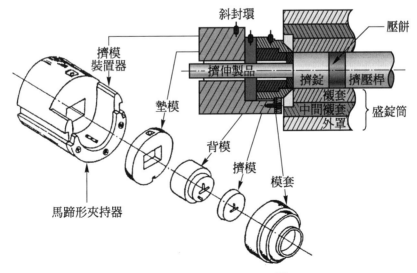

圖 7-33　擠伸工具總成[4]

擠伸工具係由模具組、盛錠器(Container)、擠壓桿(Stem)及擠壓餅(Dummy block)等所構成,如圖7-33所示,其中模具組是由模套、擠伸模、背模、墊模及模具組裝置器(Tool carrier)所組成。擠伸模一般可分為實體擠伸模及空心擠伸模,前者係用於擠製實心斷面的擠製品,後者則用於擠伸空心斷面的擠製品。空心擠伸模係在模具內有一熔合室(Welding chamber),實心擠伸胚料分成數個流束,當流束經熔合空時再予熔合,並形成空心製品。

7-4-4 擠伸製程與缺陷

要成功完成擠壓加工應考量的主要項目有:正確選擇擠壓方法與擠壓設備、正確選定擠壓製程參數、選擇優良的潤滑方案、選定合理的胚料尺寸、採用最佳設計的模具。由於胚料性質、製程變數、模具狀況等的差異,在擠伸塑性變形過程各種行為的綜合作用之下,可能會使擠伸製品產生一些缺陷,因而影響產品的品質。擠伸常見的缺陷形式如後:(圖7-34)

1. 表面痕裂(Surface cracking):如果擠伸溫度、速度或摩擦阻力太高時,造成材料表面溫度顯著升高,就會產生龜裂缺陷,此種缺陷可藉由降低胚料溫度或減緩擠伸速度來改善。低溫時也會產生表面龜裂,這是因為擠製品在模孔內形成階段性的黏著現象所造成。當製品與模孔產生黏著時,所需的擠伸壓力增加,隨之製品又向前移動,壓力釋放,如此不斷地循環發生,便在製品表面上形成間斷性的裂縫。

2. 縮管(Pipe):當胚料材質不均及高摩擦時,就容易有表面氧化層及不純物拉向中心處傾向而形成類似一通風管的缺陷。此種缺陷的改善方法是使金屬流動更均勻,例如:控制摩擦現象、減低溫度梯度,或在擠伸前將胚料的表面層切除。

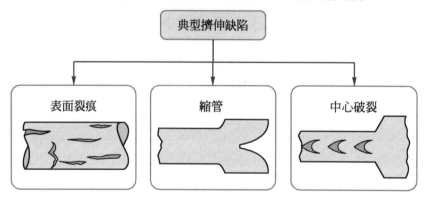

圖 7-34 擠伸常見的缺陷[12]

3. 中心破裂(Center bust)：此種缺陷主要是擠伸時胚料在模具成形區中心線上形成的液靜拉伸應力所造成，此種中心破裂的傾向隨著模具角度或不純物含量的增加而增加，但隨著擠伸比(Extrusion ratio)或摩擦力之增加而減少。

7-5　抽拉加工(Drawing)

7-5-1　抽拉意義與原理

對材料施加拉力，迫使通過模孔，以獲得所需斷面形狀與尺寸的塑性加工法稱爲抽拉。抽拉加工常用於棒材、線材、管材的生產製造。抽拉加工按製品斷面形狀分有二：(1)實心抽拉：抽拉胚料爲實心斷面。(2)空心抽拉：抽拉胚料爲空心斷面，包括普通管材及空心異形材的抽拉。如圖 7-35 所示。

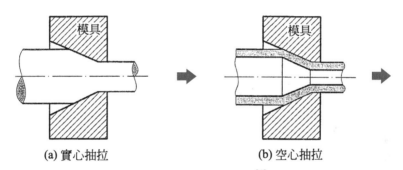

(a) 實心抽拉　　　　(b) 空心抽拉

圖 7-35　抽拉的種類[1]

如圖 7-36 所示，抽拉前軸線上中央部的正方形格子於抽拉後變爲矩形，由此可知，金屬軸線上的變形是沿軸向拉伸，在徑向與周向被壓縮。而在周邊層外周部的正方形格子抽拉後變成平形四邊形，由此可見，周邊層上的金除了受到軸向拉伸、徑向與周向壓縮之外，還產生剪切變形，其原是由於金屬在變形區中受到正壓力與摩擦力得作用，其合力方向產生剪切變形，沿軸向被拉長。又拉伸前網格橫向是直線，但進入變形區後逐漸變成凸向抽拉方向的弧線，而這些弧線的曲率由入口到出口端逐漸增大，到出口端後保持不再變化，此種現象說明在抽拉過程中，外周部的金屬流動速度小於中心部，並且隨模角、摩擦係數增大，這種不均勻流動更加明顯。

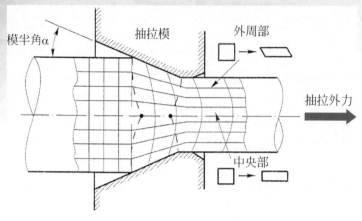

圖 7-36　抽拉的變形[6]

7-5-2　抽拉加工製程

　　抽拉加工通常要進行熱處理、去氧化皮、潤滑處理及抽拉作業等製程，如圖 7-37 所示爲鋼線的基本製造工程，茲簡述如後：

1.　熱處理：抽拉加工前、中、後需進行各種熱處理，以使加工線材及其成品有良好的抽拉特性。如退火(Annealing)、鉛淬(Patenting)、油淬火及回火(Oil quenching and Tempering)、發藍(Bluing)等。

2.　去氧化皮：抽拉前須利用化學法(如酸洗、鹽浴)及機械法(如反向彎曲、珠擊)等以完全去除氧化硬皮，以利抽拉。

3.　潤滑處理：爲輔助抽拉加工用潤滑劑導入抽線眼模，也爲形成強固的潤滑皮膜，在去氧化皮後的線材表面需實施皮膜化成處理，如磷酸鹽、草酸鹽等皮膜化成處理。

4.　抽拉作業：抽拉作業一般係利用抽線機使線材通過抽線眼模，將其斷面尺寸或形狀逐漸減小或改變。

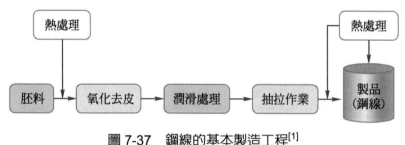

圖 7-37　鋼線的基本製造工程[1]

　　在整個抽拉工程中，有可能因下列原因而造成抽拉缺陷的產生：抽拉胚料存有缺陷、去氧化皮等前處理不當、抽拉作業條件不適當、收料及搬運不良、製品保存不當。實心抽拉製品的主要缺陷有中心破裂、表面裂痕、異物附著、鏽痕、形狀尺寸不佳、機械性質不良等。而空心抽拉製品的主要缺陷有表面傷痕、折疊、偏心、異物附著、斷頭、形狀尺寸不佳、機械性質不良等。

7-5-3　抽拉機具

　　使線材、棒材、管材等通過抽拉眼模，以縮小斷面製成所需形狀大小及性質的線、棒、管等機械謂之抽拉機械。抽拉機械一般分為二類：抽拉機(Draw bench)、抽線機(Wire drawing machine)，如圖 7-38。抽拉機乃是用於抽拉成直線狀且斷面較大的棒、管等之機械。普通抽拉機依其拉伸力量來源的不同，可為鏈條式、油壓式、齒條式、鋼索式等。將卷筒(Block)施加抽拉力，生產卷線材(Coil)的機械稱為抽線機。抽線機分為單頭抽線機及連續抽線機，前者係線材經抽線眼模一次即捲取的抽線機，而連續抽線機係由數台單頭抽線機並排組成，線材連續通過數個抽線模，而線以一定圈數纏繞在模具間的卷筒上，以建構應有的抽拉力，以進行斷面逐漸減小的連續抽拉。

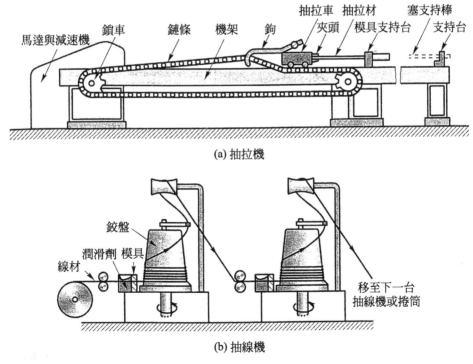

(a) 抽拉機

(b) 抽線機

圖 7-38　抽拉機械[4]

普通抽拉模具依模孔斷面形狀的不同可分為錐形模及圓弧模,如圖 7-39 所示,圓弧模通常僅用於細線的抽拉,而棒、管、型材及粗線則以錐形模較普遍,如圖 7-40 為普通抽拉錐形模的構造,通常係由四部份有構成:

1. 入口部(Entry):其作用在導入胚料及潤滑劑。

2. 漸近部(Approach):是胚料實際產生塑性變形,並獲得所需形狀與尺寸。

3. 軸承部(Bearing):又稱定徑部,係使製品進一步獲得穩定而精確的形狀與尺寸。

4. 背隙部(Back relief):防止製品拉出模孔時被刮傷及軸承部出口端因受力而引起剝落。

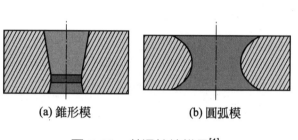

(a) 錐形模   (b) 圓弧模

圖 7-39　普通抽拉模具[1]

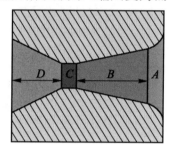

A:入口部
B:漸近部
C:軸承部
D:背隙部

圖 7-40　普通抽拉錐形模的構造[1]

在抽拉過程中,模具受到很大的摩擦,尤其是抽線時,因抽拉速度即高,模具的磨損很快,因此,抽拉模的材料要求具有高硬度、高耐磨耗性、足夠的強度。常用的抽拉模材料有:金鋼石、硬質合金、工具鋼、鑄鐵等。

為針對特殊需要,如硬脆材料及特殊斷面,也為提高機械性質,增進抽拉加工效率,因而不斷出現新的抽拉方法,如表 7-2。

表 7-2　特殊抽拉法[4]

方法	說明	主要目的
1.強制潤滑抽拉法	在模具與胚料表面間強制供給潤滑劑之抽拉	提高模具壽命
2.加熱抽拉法	利用電氣等將材料加熱並同時抽拉	提高機械性質
3.超音坡抽拉法	利用超音波施加於模具以進行抽拉	降低抽拉力
4.成束抽拉法	將線或管以二支以上成束同時進行抽拉	製造特殊形狀製品
5.無模抽拉法	將胚料局部一遍急速加熱一邊抽拉	無需使用抽拉模具
6.液靜擠壓抽拉法	將胚料置於高壓容器中施以液靜壓力抽拉	提高道次加工率

7-6　沖壓加工(Stamping or Press working)

7-6-1　沖壓加工的意義

　　沖壓加工係利用沖壓設備產生的外力，經由模具的作用，而使材料產生必要的應力狀態與對應的塑性變形，因而形成剪切、彎曲及壓延等效應，以製造各種製品的塑性加工法。因此，就基本變形方式而言，沖壓加工可分為下列五種基本型式：沖剪加工(Shearing)、彎曲加工(Bending)、引伸加工(Drawing)、壓縮加工(Compression)、成形加工(Forming)。(參閱圖 7-41)

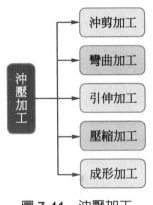

圖 7-41　沖壓加工

　　沖壓加工所用的機器稱為沖床(Press)，亦即在單位時間內產生固定大小、方向與位置的壓力，以進行特定沖壓工作的機器。在沖壓加工中，為配合不同加工性質而有不同類型的沖床，依沖床產生動作的方式有人力沖床(Man power press)與動力沖床(Power：press)，依滑塊驅動機構數量有單動式(Single action type)、複動式(Double action type)、多動式(Multi action type)等，依機架型式分有凹架沖床(或稱 C 型沖床)(C-frame press)、直壁沖床(Straight slide press)、四柱沖床(Four post press)等，如圖 7-42 及圖 7-43 所示。沖床規格有很多項，其中主要規格有：公稱壓力、工作能量、沖程長度、沖程數、閉合高度、滑塊調整量、清塊與床台面積等。

　　沖壓模具(Stamping die)係指於沖壓加工中，為製成所需工件而將各種相關配件組合在一起所形成的整套工具。由於沖壓成品的不同或使用沖壓機具及材料的種類互異，故模具的種類繁多，且變化無窮，模具的分類按完成工序數分有單工程模具及多工程模具。單工程模具或稱簡單沖模，係每一沖程僅能作一單獨操作的模具(如圖 7-44)。多工程模具或稱組合模具，係將數個單工程沖模組合在一起，使每一沖程能同時完成數種操作的模具。由於組合方式不同又可區分為二種：(1)複合沖模(Compound die)：在不改變胚料位置，使每一沖程同時完成兩個或兩個以上的不同操作的模具(如圖 7-45)。(2)連續沖模(Progressive die)：又稱級進沖模，係在每一沖程中將胚料從一個位置移至次一個位置，以完成兩個或兩個以上操作的模具(如圖 7-46)。另外，如圖 7-47 所示係胚料藉傳遞機構在四個工作站(引伸、再引伸、沖孔、整緣)傳遞而完成製品的傳遞沖模(Transfer die)。

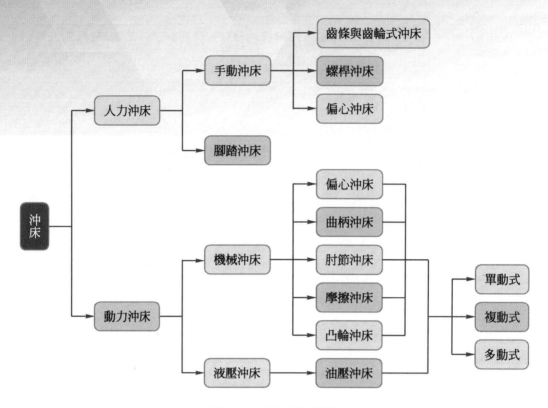

圖 7-42　沖床的種類

1.機架
2.滑座
3.模柄夾緊蓋
4.連結螺絲
5.連桿
6.曲軸
7.齒輪
8.剎車輪
9.剎車彈簧
10.軸承
11.飛輪
12.左腳
13.右腳
14.底座
15.繫桿
16.踏板
17.頂胚件桿
18.小齒輪
19.馬達底座
20.驅動軸

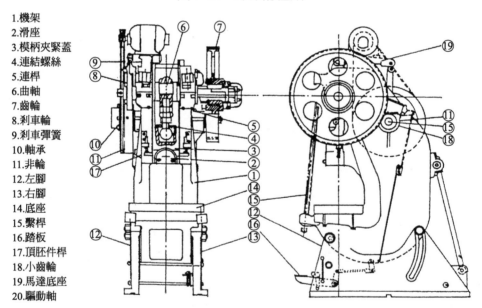

圖 7-43　沖床的構造[9]

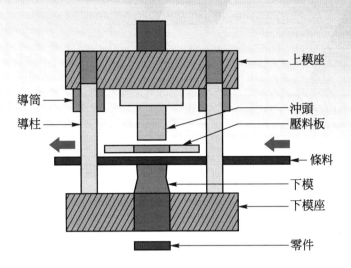

上模座

導筒
導柱

沖頭
壓料板

條料

下模

下模座

零件

圖 7-44　單工程模具[4]

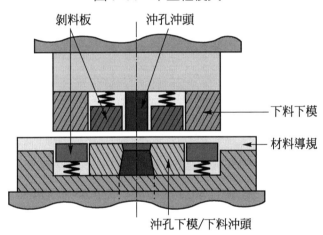

剝料板　　　沖孔沖頭

下料下模

材料導規

沖孔下模/下料沖頭

圖 7-45　複合沖模[4]

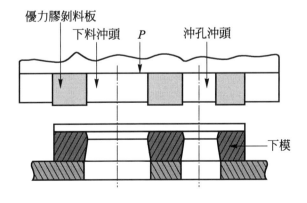

優力膠剝料板

下料沖頭　　　*P*　　　沖孔沖頭

下模

圖 7-46　連續沖模[4]

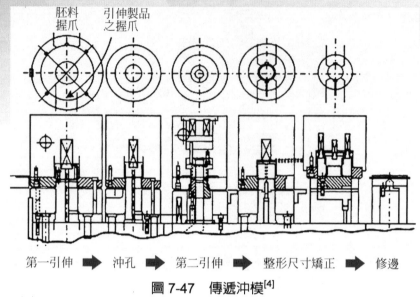

第一引伸 ➡ 沖孔 ➡ 第二引伸 ➡ 整形尺寸矯正 ➡ 修邊

圖 7-47　傳遞沖模[4]

7-6-2　沖剪加工

　　沖剪加工(Shearing)是利用模具使板料產生剪斷分離，以得所需形狀及尺寸工件的加工方法。剪切的原理是由模具的壓力迫使材料產生拉伸及壓縮應力，如圖 7-48 所示，當材料受到外加應力作用而超過彈性限度，由彈性變形進入塑性變形而終至斷裂。

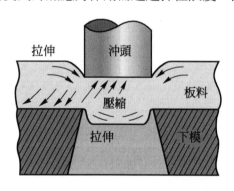

圖 7-48　剪切的原理[9]

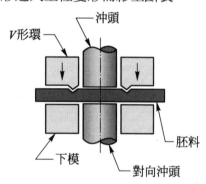

圖 7-49　精密下料[13]

　　沖剪加工的操作有很多種：切斷(Parting)、下料(Blanking)、沖孔(Piercing)、沖口(Notching)、整緣(Trimming)及修邊(Shaving)等。普通下料法很難獲得光平整齊的切斷面，因此各種促使切斷面平滑整齊的下料方法也就因應而生，其中以精密下料(Fine blanking)最常用。精密下料時，板料承受三種不同壓力：下料力(Blanking force)、V 環壓力(V-ring force)、對向壓力(Counter force)，如圖 7-49 所示。精密下料與普通下料法主要不同點有三：

1. 精密下料係使用三動沖床，以產生下料、V 環壓緊、及對向三個力量。
2. 精密下料的模具間隙很小，約在 0.5%以下或零，如此小的間隙可以防止撕裂發生，而獲得光滑的切斷面。
3. 精密下料模具上有 V 形環，以限制板料的金屬流動，以免產生彎曲。

7-6-3　彎曲加工

　　將板材等胚料彎成一定曲率、角度與形狀的沖壓加工稱之為彎曲(Bending)。彎曲可以是利用模具在沖床進行的沖彎，亦可用滾彎、折彎或拉彎，尤其以沖彎最常用。如圖 7-50 所示為以 V 形彎曲為例的彎曲過程，整個彎曲過程可分為彈性彎曲階段、彈塑性彎曲階段、純塑性彎曲階段。板料彎曲時，板厚斷面內的應力及應變分布狀況如圖 7-51 所示，中立面(Neutral plane)是應變量等於零的一個假想曲面，可稱之為應變中立面，在中立面外側產生拉伸應力及應變，內側則產生壓縮應力及應變。

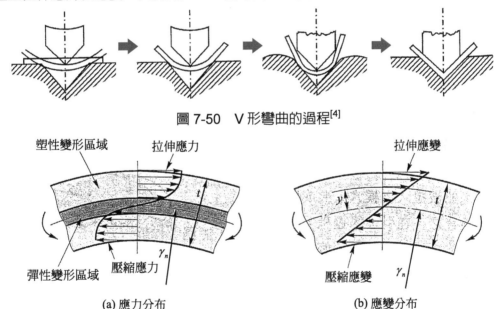

圖 7-50　V 形彎曲的過程[4]

(a) 應力分布　　　　　　(b) 應變分布

圖 7-51　板料彎曲時的應力及應變分布狀況[4]

　　彎曲和其他塑性變形過程一樣，總是會伴隨彈性變形，外力去除後，板料產生彈性回復，消除一部份彎曲變形的效果，使彎曲件的形狀和尺寸發生與施力時變形方向相反的變化，這種現象稱為彈回(Spring back)。影響彈回現象的因素有：板料的性質、相對彎曲半徑、彎曲角度、彎曲件的形狀、模具尺寸與間隙、彎曲方式等。

　　沖壓彎曲中以 V 形、L 形及 U 形彎曲是三種典型的彎曲法。較寬板料的彎曲，常用摺床(Press brake)來彎曲，摺床彎曲可彎曲 V 形、捲邊 ……等簡單形狀，亦可做各式盒狀等複雜的彎曲，如圖 7-52。

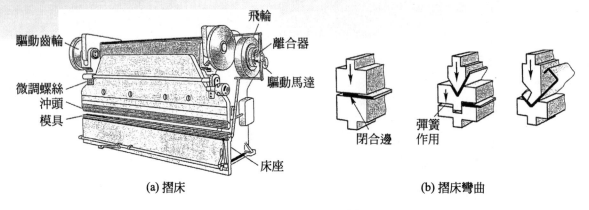

(a) 摺床　　　　　　　　　　　　　　　　　　(b) 摺床彎曲

圖 7-52　摺床彎曲[1]

7-6-4　引伸加工

　　引伸(Drawing)是將板料沖壓成有底空心件的加工方法，用此方法來生產的製品種類繁多，譬如汽車、飛機、鐘錶、電器、及民生用品等領域均有廣泛的應用。如圖 7-53 所示，引伸係將圓形胚料在沖頭的加壓作用下，逐漸在下模間隙間變形，並被拉入下模穴，形成圓筒形零件。換言之，在引伸的過程中，由於板料內部的相互作用，使各個金屬小單元體之間產生了內應力，在徑向產生拉伸應力，圓周方向則產生壓縮應力，在這些應力的共同作用下，邊緣區的材料在發生塑性變形的條件下，不斷地被拉入下模穴內而成為圓筒形零件。

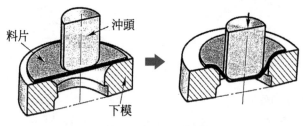

圖 7-53　引伸[1]

　　以圓筒引伸為例，其主要變數約有下列數項：

1.　板料的性質：板料的引伸能力可用極限引伸比(Limiting drawing ratio，LDR)表示，即板料引伸時不會產生破壞，胚料直徑(D)與沖頭直徑(d)的最大比值，亦即 LDR = D/d。因此，不同材料或板厚在各引伸道次皆有其極限引伸比。

2. 引伸率：引伸後圓筒直徑(d)與胚料直徑(D)的比值謂引伸率(Drawing ratio)，即 $m = \dfrac{D}{d}$，引伸率引伸加工表示變形程度的指標。

3. 模具間隙：沖頭與模穴間的間隙謂之，普通引伸的模具間隙是大於板厚，以減少板料與沖模間的摩擦。

4. 沖頭與下模穴隅角半徑：太大常會造成皺紋，太小會使製品破裂。

5. 壓皺力：在引伸中能防止製品產生皺紋的最小壓料力即為壓皺力。

6. 摩擦與潤滑：潤滑在引伸過程的作用是減小板料與模具間的摩擦，降低變形阻力，有助於降低引伸率及引伸力，防止模具工作表面過快磨損及產生擦痕。故通常潤滑劑係塗在與凹模接觸的板料面上，而不可將其塗在與沖頭接觸的表面上，以防止材料沿沖頭滑動而使板料產生薄化。

7. 沖頭速度：引伸速度應適當，依材質、形狀等因素而異。

反向引伸法(Reverse drawing)亦常用於大中形再引伸工程的零件及雙壁的引伸成形。所謂反向引伸是將圓筒內側在引伸過程中翻轉到外側以減縮其直徑並增加高度的方法，如圖 7-54 所示。將沖頭與下模間隙作成與板厚相同或稍小，使引伸後的圓筒壁厚變薄，同時圓筒高度增加的方法稱為引縮加工(Ironing)，如圖 7-55 所示。引伸加工是一種複雜的沖壓加工法，圖 7-56 較常見的引伸製品缺陷一凸緣皺紋、筒壁皺紋、破裂、凸耳、表面刮痕等的圖例。

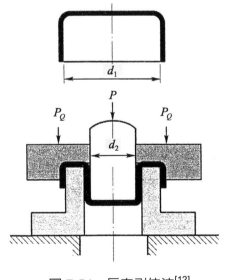

圖 7-54　反向引伸法[12]

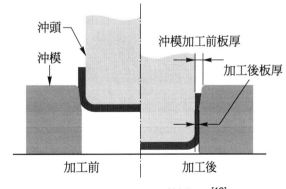

圖 7-55　引縮加工[12]

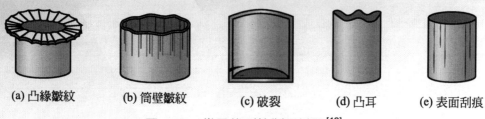

(a) 凸緣皺紋　　(b) 筒壁皺紋　　(c) 破裂　　(d) 凸耳　　(e) 表面刮痕

圖 7-56　常見的引伸製品缺陷[12]

7-6-5　壓縮加工

　　將胚料放在上下模間，施加適當壓力，使其產生塑性變形，體積重新分配以製出面凸表面的加工稱為壓縮加工(Compression)。壓縮加工因要使胚料成形，所以作用於模具的壓力、機器上所承受的負荷要比板料成形時高得多，模具的破壞和機器的超載常取決於加工的限度。因此在加工前應預先知道加工力和能量的大小。壓縮加工具有下列特點：材料利用率高、生產率高、可用廉價材料、可加工形狀複雜零件、提高製品的機械性質、表面精度佳。狹義的壓縮加工則指在常溫的二次製品加工，即包括冷間的擠壓、端壓、壓花及壓印加工等，如表 7-3 所示。

表 7-3　各種壓縮加工法[4]

項目	名稱	示意圖	意義
1.	端壓		係將金屬體積作重新分布，向周圍自由流動的方法，減小胚料高度，而得到立體零件。
2.	擠壓		係將金屬塑性沖擠到凸模及凹模之間的間隙內的方法，將厚的胚料轉變為薄壁空心零件或剖面較小的胚料。
3.	壓花		係將金屬局部擠移，使在零件的表面上形成淺的凹陷花樣或符號。
4.	壓印		係經由改變零件局部厚度，在表面上得出凹凸的紋路。

7-6-6　成形加工

　　成形加工(Forming)係施加外力迫使板料產生局部或全部流動而變形，以致有局部凸出及凹入，且在材料間有相互拉長及壓縮現象，而形成部份曲面的加工方法。成形加工的基本形式有二：拉伸成形及壓縮成形，如圖 7-57 所示，成形的變形程度可用「邊緣高度/邊緣半徑」表示，其大小受到板料材質、板厚及成形條件等因素的影響。因此，拉伸成形極限乃是依據拉伸成形的邊緣是否發生破裂來確定，而壓縮成形極限乃是依據壓縮成形的邊緣是否發生皺紋來確定。沖剪、彎曲、引伸等沖壓加工之外的成形加工方法有很多，如表 7-4 所示為普通成形加工法。

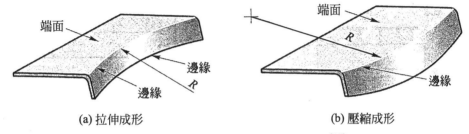

(a) 拉伸成形　　　　　　　　　　(b) 壓縮成形

圖 7-57　成形加工的基本形式[13]

表 7-4　普通成形加工法[4]

項目	名稱	示意圖	意義
1.	圓緣		將平板或成形工件的表面製成凹凸形狀供補強或裝飾之用。
2.	凸脹		將空心件或管狀胚料以裡面用徑向拉伸的方法加以擴張。
3.	孔凸緣		沿原先打好的孔邊或空心件外邊用使材料拉伸的方法形成凸線。
4.	捲緣		而空心件外緣以一定半徑彎曲成環狀圓角。
5.	頸縮		將空心件或立體零件的端部使材料由外向內壓縮以減小直徑的收縮方法。

7-6-7 特殊沖壓成形

一些特殊的成形方法亦常被採用，譬如屬於撓性模具成形(Flexible die forming)的橡皮成形及液壓成形，屬於高能率成形(High energy rate forming)的爆炸成形、電磁成形及電氣液壓成形等。而珠擊成形在飛機蒙皮等大型板件亦被使用，超塑性成形深受重視。如圖7-58 至圖7-60 所示。

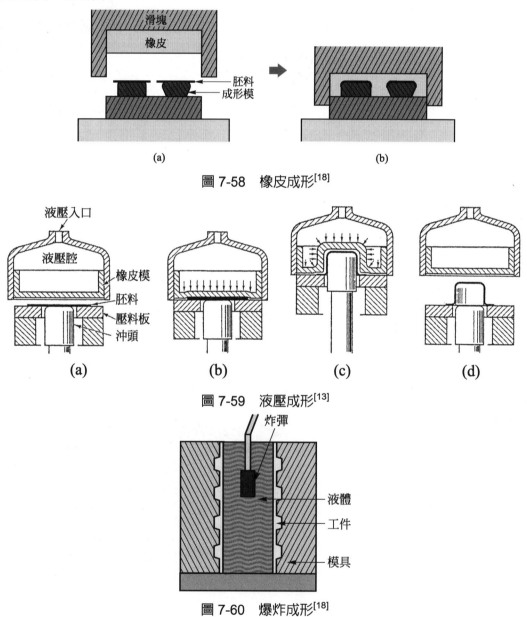

圖 7-58　橡皮成形[18]

圖 7-59　液壓成形[13]

圖 7-60　爆炸成形[18]

章末習題

1. 解釋金屬成形的意義，有哪幾類？

2. 金屬塑性成形加工有何特色？

3. 闡釋金屬塑性成形的變形方式。

4. 請比較熱間變形、冷間變形與溫間變形的差異。

5. 影響金屬可塑性的因素有哪些？

6. 何謂滾軋加工？

7. 請解釋下列名詞：接觸長度、減縮量、中性點。

8. 簡要說明滾軋機的種類。

9. 說明旋轉管子穿刺法的基本原理。

10. 說明鍛造的特色與分類。

11. 簡要說明鍛造的主要製程。

12. 比較落錘鍛造機與壓力鍛造機的差異。

13. 比較熱模、恆溫及超塑性鍛造與傳統鍛造的差異。

14. 何謂擠伸加工？影響擠伸金屬流動的因素有哪些？

15. 何謂液靜壓力擠伸法？

16. 常見的擠伸缺陷有哪些？

17. 何謂抽拉？

18. 請說明線材抽拉的基本製程。

19. 比較抽拉機與抽線機。

20. 何謂沖壓加工？有哪五大基本型式？

21. 說明複合沖模與連續沖模的異同。

22. 何謂精密下料？

23. 繪簡圖說明板料彎曲的應力與應變分布狀況。

24. 圓筒引伸的主要變數有哪些？

25. 壓印加工與壓花加工有何差異？

26. 說明撓性模具成形與高能率成形的代表性加工法。

1. 孟繼洛、傅兆章、許源泉等，機械製造，全華科技圖書股份有限公司，2006

2. 許源泉、許坤明，機械製造(上)，台灣復文興業股份有限公司，1999

3. 余煥騰、陳適範，金屬塑性加工學，全華科技圖書股份有限公司，1994

4. 許源泉，塑性加工學，全華科技圖書股份有限公司，2005

5. 許源泉，鍛造學，三民書局，1997

6. 李榮顯，塑性加工學，三民書局，1986

7. 黃重恭，沖剪模設計原理，全華科技圖書股份有限公司，2004

8. 蘇貴福，薄板的沖床加工，全華科技圖書股份有限公司，1993

9. 戴宜傑，沖壓加工與沖模設計，新陸圖書股份有限公司，1989

10. 謝建新、劉靜安，金屬擠壓理論與技術，冶金工業出版社，2001

11. 游正晃、沖床與沖模，科技圖書股份有限公司，1989

12. Mill P. Groover, Fundaments of Modern Manufacturing, Prentice-Hall, Inc. 1996

13. Sherf D. Ei Wakil, Processes and Design for Manufacturing, Prentice-Hall, Inc. 1989

14. Serope Kalpakjian, Manufacturing Engineering and Technology, Addison-Wesley Publishing Co. 1992

15. Kurt Lange, Handbook of Metal Forming, McGraw-Hill, Inc.1985

16. Roy A. Lindberg, Processes and Materials of Manufacturing, Allyn and Baccon, 1990

17. Kurt Laue, Helmut Stenger, Extrusion, Processes, Machinery, Tooling, American Society for Metals.

18. E. Paul Degarmo, J. T. Blavk, Ronald A. Kohser, Materials and Processes in Manufacturing, Prentice-Hall, Inc. 1997

CHAPTER **8**

切削加工

8-1 傳統加工法

8-1-1 基本概念

1. 改變素材形狀以生產零件的方法

   (1) 使材料結合成形。

   (2) 使材料從一區移動至他區。

   (3) 移除不必要的材料。

2. 移除操作的分類(Classification of material removal operation)

   依除去的元件尺寸可分：

   (1) 切削(Cutting)

   去除的屑片較大，其外形爲狹長條或顆粒狀，厚度大約從 0.025 mm～2.5 mm。

   (2) 磨削(Grinding)

   移除的屑片較小，其厚度常在 0.0025 mm～0.25 mm。

   (3) 特殊技術(非傳統加工)

   其移除的屑片是原子大小或比 μm 級微小。如電化學加工(ECM)，放電加工 (EDM)，超音波加工(USM)或電子束加工(EBM)等。

3. 主要的切削操作

   (1) 車削(Turning)：在車床上(Lathe)使用單鋒刀具除去工件不必要部分，而產生旋轉表面(內、外徑、端面)的過程。車床上可執行之加工如下：a.車外徑(直線車削，Straight turning)、b.錐度車削(Taper turning)、c.車端面(End facing)、d.車平面(Facing)、e.車端面槽(Face grooving)、f.車肩角(Shoulder facing)、g.車倒角(Chamfering)、h.車槽(Necking)、i.切斷(Cut off or parting)、j.鑽孔(Drilling)、k.搪孔(Boring)、l.搪錐孔(Taper boring)，m.車外螺紋(External threading)，n.車內螺紋(Internal threading)，o.輪廓車削(Contour turning)，p.成型車削(Form turning)，q.內部成型車削(Internal forming)，r.壓花(Knurling)。相關示意圖如圖 8-1 所示。

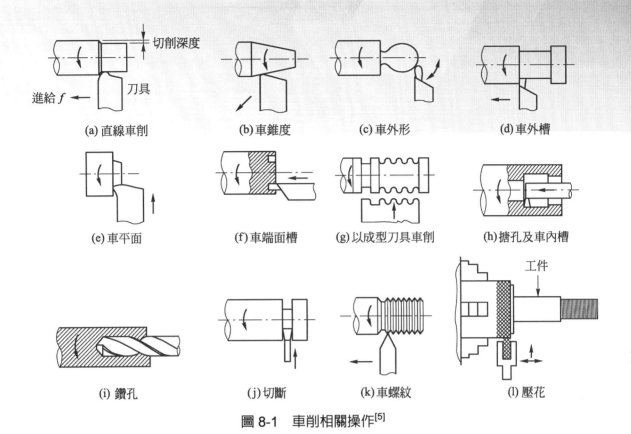

圖 8-1　車削相關操作[5]

(2)　銑削(Milling)：在銑床上藉多鋒刀具(銑刀)來產生平面或曲面的過程。加工方式可區分為兩大類：平銑或平面銑削(Plain milling，slab milling)又稱為周邊銑削(Peripheral milling)、面銑(Face milling)，或區分為平銑、面銑與端銑(End milling)。周邊銑削切削時，其銑刀軸是平行欲加工表面，以銑刀之外圍周邊之刀刃來進行切削。面銑與端銑切削時，其銑刀軸皆垂直欲加工表面，以銑刀之端面之刀刃來進行切削。相關示意圖如圖 8-2 所示。

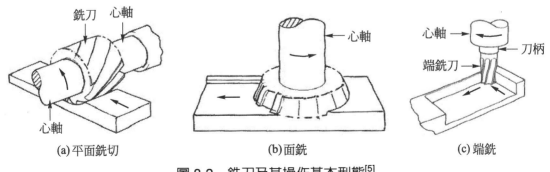

圖 8-2　銑刀及其操作基本型態[5]

周邊銑削又有數種型態，分述如下，相關操作如圖 8-3 所示。

a. 平面銑削(Slab milling)：即周邊銑削最基本形態。

b. 槽銑削(Slot milling)：又稱銑溝槽(Slotting)，銑刀之厚度小於工件之寬度，而在工件上銑出了一個溝槽，當銑刀很薄時，則銑刀稱為縫鋸銑刀(Slitting saw)，其行為用來切斷工具，稱為鋸銑(Saw milling)或切縫(Slitting)。

c. 側銑削(Side milling)：銑削工件之一側(Side)。

d. 騎銑(Straddle milling)：又稱跨銑、鞍式銑削，類似側銑削，只是同時銑削工件之兩側(用兩把側銑刀)，而若同時用很多銑刀，固定在心軸上，同時銑出工件之許多部位之平行表面則稱為排銑或群銑(Gang milling)。

e. 成形銑削(Form milling)：用以銑削具有曲面或特殊截面之工件，其銑刀之齒形是經過設計以符合加工面之要求.也可用於齒輪之齒形銑削。

f. 角銑削(Angular milling)：用以在工件上銑出三角形凹槽之加工。

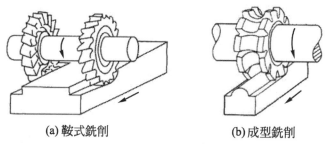

(a) 鞍式銑削　　　　　　　　(b) 成型銑削

圖 8-3　鞍式銑削和成型銑削的銑刀[5]

(3) 鑽削(Drilling)：在鑽床上，利用雙刃刀具(鑽頭)來產生粗糙圓孔的方法。相關加工方式如下，相關示意圖如圖 8-4 所示。

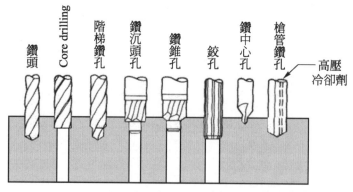

圖 8-4　各種形式的鑽頭、鑽孔及鉸孔操孔[5]

a. 開孔加工(Drilling)：利用鑽頭在材料上加工出圓孔。

b. 擴孔鑽削(Core drilling)：以擴孔鑽頭在已具有孔之位置進行孔徑之擴大，為得到較佳之表面與精確之孔徑與孔位，其切刃大多為 3 或 4 刃。因無鑽尖，不可用於開孔加工。

c. 階級鑽孔(Step drilling)：係指以階級鑽加工之。

d. 鑽沉頭孔(Counterboring)：又稱鑽錐柱坑，鑽魚眼孔(Spot-facing)。用以提供墊圈(Washer)和螺帽(Nut)之容納空間。

e. 鑽錐坑(Countersinking)：在孔口部產生一錐狀之進入口(Taper entrance)，以容納螺釘頭。

f. 鉸孔 (Reaming) 將已鑽好之孔之內孔面，以鉸刀(Reamer)進行光製(Finishing)，並得到正確之尺寸。鉸刀與鑽頭類似，具有數條切刃與直線形之槽溝。鉸刀雖僅能削除少量的材料，但使用鉸刀完成鉸孔加工後，可大幅地提高孔之尺寸的精確度與其內面之表面精度。

g. 攻螺紋(Tapping)：使用螺絲攻(Taps)在已加工之孔內攻出內螺紋，但其使用之鑽床需有自動進給與逆轉裝置。

(4) 磨削(Grinding)：由細小的非金屬且具有銳利的刃口及不規則形狀之顆粒來進行材料移除的加工，在切削過程中，磨料可以分散或結合在一起，如一般之磨料顆粒，或結合成磨輪，或制成砂紙(Sand paper)砂布來加工。而以磨輪進行加工之方式則有：a.平面磨削(Surface grinding)、b.外圓磨削(Cylindrical grinding)、c.內圓磨削(Internal grinding)、d.無心磨削(Centerless grinding)。相關示意圖如圖 8-5 所示。

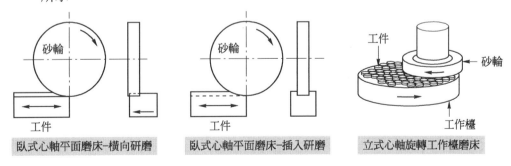

臥式心軸平面磨床-橫向研磨　　臥式心軸平面磨床-插入研磨　　立式心軸旋轉工作檯磨床

(a) 平面磨輪的操作

圖 8-5　磨削加工相關操作[5]

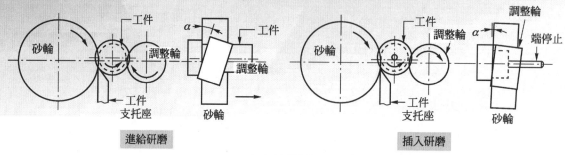

(b)無心研磨操作方法

圖 8-5　磨削加工相關操作[5] (續)

(5) 鋸切加工(Sawing)：所謂鋸切加工是利用一系列之小切齒連續或往復的經過工件，且每一小齒都會移除一小部份之材料而產生切削，以完成鋸切工作。此法可用於金屬與非金屬材料，鋸切常用於將工件分成二個部份或將不要的部份切斷(Cut off)是一種很有效體積移除(Bulk removal)的方法，且可鋸出各種形狀，又因鋸縫通常很小，故浪費之材料也少。鋸切可從原材料(Raw material)上鋸出近淨型(Near-net shape)之產品，因此鋸切是一種重要的製造程序(Manufacturing process)。鋸切之加工型態包括有：a.縱鋸切(Ripping)、b.內部鋸切(Internal cuts)、c.角鋸切(Angular cuts)、d.輪廓鋸切(Contour cutting)、e.堆疊鋸切(Stack cutting)、f.成型鋸切(Shaping)等方式。相關示意圖如圖 8-6 所示。

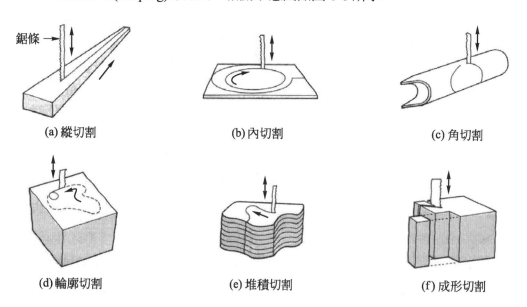

(a) 縱切割　　　　　　(b) 內切割　　　　　　(c) 角切割

(d) 輪廓切割　　　　　(e) 堆積切割　　　　　(f) 成形切割

圖 8-6　鋸切加工(Sawing)相關操作(資料來源：DoALL Company)

8-1-2　切削製程(Machining processes)

切削製程又稱機製或切削加工，其方式是屬於有削加工法。其優缺點如下：

1.　優點

　　(1)　更精密的尺寸控制與公差。

　　(2)　可產生特別的表面特性或紋理(Texture)。

　　(3)　可產生內外幾何特徵皆複雜的工件。

　　(4)　其他的加工法比較，可較經濟地製造出光製工件。

　　(5)　可控制熱處理過之零件的尺寸與公差。

2.　缺點(限制)

　　(1)　浪費較多的材料。

　　(2)　加工時間長。

　　(3)　除非全部加工完成，否則反而對產品的表面品質和特性有害。

　　(4)　切削製程，一般而言而為能源、資本、勞力密集的行業。

8-1-3　切削加工之製程參數(Variables in cutting process)

1.　影響切削加工製程的參數可分為獨立參數(Independent variables)和從屬參數
(Dependent variables)。

　　(1)　獨立參數

　　　　a.　刀具材料和其治金條件。

　　　　b.　刀具的幾何外形，如斜角(Rake angle)、隙角、刃鼻半徑及刀面特性。

　　　　c.　工件材料。

　　　　d.　工件本身之溫度。

　　　　e.　切削條件：切削速度 V，進給 f，切削深度 d。

　　　　f.　切削液。

　　　　g.　整個系統的特性，如剛性，馬力，阻尼。

(2) 從屬參數→受到獨立參數的改變而影響之參數

    a. 剪切角。

    b. 切屑的外形。

    c. 切削力和能量消耗。

    d. 溫度的提升(因切削之功轉換成熱)。

    e. 刀具的磨耗。

    f. 切削後的表面光製與紋理。

8-1-4 正交切削(Orthogonal cutting)

1. 意義：又稱二維切削(Two dimensional cutting)，在切削時，刀具的刃邊與刀具運動方向垂直，使切屑垂直刀刃流過刀面者稱之，切削時之外觀與切屑的流向，如圖 8-7。

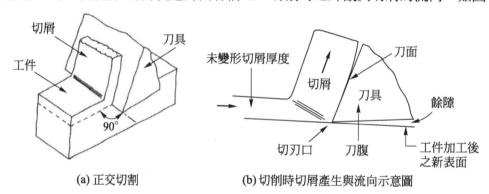

(a) 正交切割   (b) 切削時切屑產生與流向示意圖

圖 8-7　正交切削

2. 切削的情況分析

由圖 8-8 切削的顯微照片可知：

(1) 刀刃尖前端通常沒有裂縫延伸。

(2) 變形區與未變形區有明顯的分界線。

(3) 切屑由 A 至 C 刀具面緊密接觸，且承受相當大剪應力，足夠產生二次剪切。

(4) 金屬沿剪切面 AB，在很薄區域內發生剪切作用，變形速率相當高。

(5) 若有暫留鼻(Stationary nose)或刃口積屑邊(Built-up edge，BUE)，會大大改變切削過程。

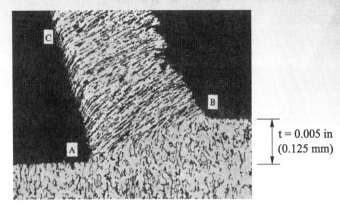

圖 8-8　正交切削的切屑顯微照片圖[7]

3. 正交切削的假設(成立條件)

符合下列假設的二維切削操作，便稱為正交切削。

(1) 刀具必須完全尖銳，沿餘隙面(Relief face)不會與工件產生接觸。

(2) 剪切區又稱剪切面，乃是沿切刃邊延伸的平面。

(3) 切刃邊為一直線，其延伸線與工件運動方向(相對運動方向)垂直，當工件通過刃邊即產生平面。

(4) 切屑無側面流動(即為平面應變)。

(5) 切削深度維持固定(常數)。

(6) 刀具寬度較工件寬度為大。

(7) 工件與刀具的相對速度均勻。

(8) 切削時，不會有無刃口積屑緣(Built-up edge，BUE)，且需為連續切屑。

(9) 沿剪切面及刀具的剪應力與法線應力保持不變(接近材料強度)。

4. 正交切削之切削力分析

(1) 取切屑的一段繪成自由體圖如圖 8-9(a)來分析。

(2) 考慮切屑與刀面間的力(R)及工件沿剪切面間的力(R')平衡。

(3) 將 R 及 R'分成。

   a. 水平與垂直方向分力，其中 F_P 為切削力(Cutting force)，F_Q 為推力(Thrust force)(F_P 與 F_Q 可由切削動力計量得)。

   b. 沿剪切面與垂直剪切面分力 F_S 與 N_S。

   c. 沿刀面與垂直刀面的分力 F_C 與 N_C，如圖 8-9(b)。

(4) 再將 R 與 R' 之力繪於刀具尖端，使其重疊一致，如圖 8-9(c)所示。

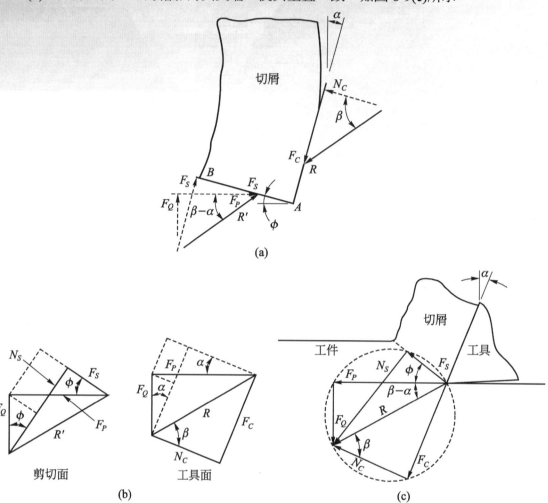

圖 8-9　正交切削之切削力分析[7]

二度空間切削時作用在切削刀具上的力，由圖 8-9 可知

$$F_S = F_P \cos\phi - F_Q \sin\phi \tag{8-1}$$

$$N_S = F_Q \cos\phi + F_P \sin\phi = F_S \tan(\phi + \beta - \alpha) \tag{8-2}$$

$$F_C = F_P \sin\alpha + F_Q \cos\alpha \tag{8-3}$$

$$N_C = F_P \cos\alpha - F_Q \sin\alpha \tag{8-4}$$

$\because \mu = \tan\beta \rightarrow \mu = F_C / N_C$

$\quad = (F_P \sin\alpha + F_Q \cos\alpha) / (F_P \cos\alpha + F_Q \sin\alpha)$

$$= (F_Q + F_P \tan\alpha)/(F_P - F_Q \tan\alpha) \tag{8-5}$$

5. 切削力的討論

   (1) 推力的大小與方向

   切削推力(Thrust force)很重要,因刀具的夾持器,工件的夾緊裝置和工具機皆必須要有足夠的剛性才能減少此力所產生的撓度。若 F_Q 過大或工具機剛性不足,則刀具會被推離加工面,而造成工件的切削深度減少與尺寸的不正確。

   以力作用在切屑上來看 $F_Q = R\sin(\beta-\alpha)$:

   a. $\beta > \alpha$ 時,F_Q 為正(向下)。

   b. $\alpha > \beta$ 時,F_Q 為負(向上)。

   c. $\alpha\uparrow$,$\beta\downarrow$(傾斜角變大,斜面的摩擦變小時),F_Q 往下。

   d. $\mu = 0$ $(\beta = 0)$時,合力 R 與 N_C 一致 $\Rightarrow F_Q$ 向上。

   e. 當 $\alpha = 0$,且 $\beta = 0$ 時,則 $F_Q = 0$。

   (2) 切削過程中明瞭所產生的功率(Power)和切削力(Cutting force)是很重要的,其原因如下:

   a. 需知道所需功率,才能選擇適當功率的工具機。

   b. 了解切削力,才能:

      i. 適當的工具機設計及工件夾持的設計已達到所需的剛性,避免加工過程中的扭轉變形,而達到所需的公差。

      ii. 若工件可經得起切削力,而不會扭曲則可提高產能(增加切削速度)。

6. 應力

   (1) 剪切面上的平均剪應力(又稱工件材料的剪切強度 Shear strength)

   $$\tau = F_S/A_S \quad \because A_S = bt/\sin\phi$$

   $$\therefore \tau = (F_P \cos\phi - F_Q \sin\phi)\sin\phi/bt \tag{8-6}$$

   (2) 剪切面上的法線應力

   $$\sigma = N_S/A_S = (F_P \sin\phi + F_Q \cos\phi)\sin\phi/bt \tag{8-7}$$

7. 剪切角 ϕ (Shear angle)

   (1) 剪切角 ϕ 的求法

      a. 剪切角可直接在顯微照片上量出。

b. 利用切削比的觀念(Cutting ration)得到：

$$r = t/t_C = 切削深度(未變形切削厚度)/切削厚度(變形切屑厚度) \qquad (8-8)$$

$$\because tbl = t_C b_C l_C \to t/t_C = l_C/l = r$$

由圖 8-10 可知

$$r = t/t_C = AB\sin\phi/AB\cos(\phi-\alpha) = \sin\varphi/\cos(\phi-\alpha) \qquad (8-9)$$

$$\tan\phi = r\cos\alpha/(1-r\sin\alpha) \qquad (8-10)$$

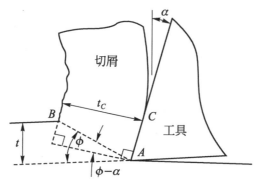

圖 8-10　剪切角 ϕ 與切屑厚度和剪切作用面長短關係之示意圖[7]

c. r 雖由 t、t_C 量得而求出，但因切屑的背面粗糙不平，故不是很準確，較好方法為使用長度的觀念 $r = l_C/l = V_C/V$

d. 剪切角 ϕ 大，則切屑薄，剪切作用面短。剪切角 ϕ 小，則切屑厚，剪切作用面長。

e. M.E.Merchant 提出 $\phi = 45° + \alpha/2 - \beta/2$，($\beta$ 為摩擦角)，其方法是調整剪切角，使切削力減小或假設剪切面是一個最大剪切面而分析出上式。

9. 剪應變(Shear strain)

由圖 8-11 可知

剪應變 $\gamma = \triangle s/\triangle y = AB'/CD = AD/CD + DB'/CD$

$$= \tan(\phi-\alpha) + \cos\phi \qquad (8-11)$$

或

$$\gamma = \cos\alpha/\left[\sin\phi\cos(\phi-\alpha)\right] \qquad (8-12)$$

其中，$\triangle s$：切屑在剪切面滑行的距離。

Δt：切屑沿剪切面滑行 Δs 距離所需的時間。

Δy：剪切區帶(Shear zone)的厚度，一般合理的平均值大約為 25 μm。

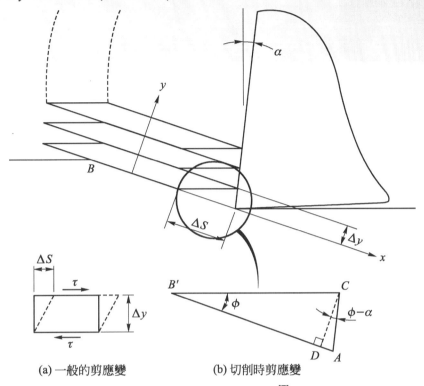

(a) 一般的剪應變　　　　　(b) 切削時剪應變

圖 8-11　剪應變示意圖[7]

(1)　剪切角、剪應變與切屑之討論

　　a.　大的剪變應值與低的剪切角和小或負的傾斜角有關，在切削期間材料經歷相當大的變形。

　　b.　剪切角會影響切屑的厚度，所需力和功率及溫度(因工件變形產生的)，調整剪切角使得切削力減小，或剪切平面是一個最大的剪應力平面時可得 $\phi = 45° + \alpha/2 - \beta/2$。

　　　　→當傾斜角 α 減小或刀具與材料摩擦係數增加時，剪切角 ϕ 會減小，且切屑變厚。故剪應變較大，能量損失大且溫度較高。

　　c.　金屬切削中，摩擦係數一般範圍為 0.5 到 2.0 之間，而實際切削中，切削力之大小只有幾百牛頓(N)，但接觸面雖常小，故切削區之局部應力及刀具上的壓力非常大。

    d.   一般而言，切屑厚度總是較切削深度大，因此 r 值會小於 1，r 之倒數稱為壓縮比(Chip compression ratio)是切削厚度與切削深度之比。

9   應變率(Rate of strain)

切削之應變率 $\gamma = \Delta s / \Delta y \Delta t = V_S \cdot l / \Delta y$

$$\therefore \gamma = \left(\cos\alpha / \cos(\phi - \alpha)\right)\left(V / \Delta y\right)$$

$$= \gamma \sin\phi \, V / \Delta y \tag{8-13}$$

10.   切削間的速度關係

由圖 8-12 切削時的速度圖可知

(1)   切削速度 V，刀具相對於工件的速度，方向與 F_P 平行。

(2)   切屑速度 V_C，切屑相對於刀具的移動速度，其方向是沿刀面的方向。

(3)   剪切速度 V_S，切屑相對於工件的速度，方向沿剪切面。

(4)   切削速度與切屑速度的向量和等於剪切速度。

由圖 8-12 可知

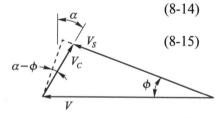

$$\therefore V_C = V \sin\phi / \cos(\phi - \alpha) = rV \tag{8-14}$$

$$V_S = V \cos\alpha / \cos(\phi - \alpha) = \gamma \sin\phi \, V \tag{8-15}$$

由正弦定律可知

$$\therefore V / \cos(\phi - \alpha) = V_S / \cos\alpha = V_C / \sin\phi$$

$$(\because V t_0 = V_C t_C \Rightarrow V_C = Vr \Rightarrow V_C = V \sin\phi / \cos(\phi - \alpha))$$

圖 8-12   切削時的速度圖[7]

11.   二維切削的能量估算

(1)   單位時間所消耗的總能量為 $U = F_P V$。

    移除單位體積金屬的總能量(u)為 $u = U / Vbt = F_P / bt$，b：切削寬度，t：切削深度。

(2)   能量消耗的方式主要是在剪切區內($\because$ 需要能量去剪斷材料)和刀具的斜面上($\because$ 材料與刀具有摩擦)。切削時所加入的能量，是消耗在塑性變形或摩擦中，同時這些能量最終接轉換成熱，一般剪切能佔 73～75%，而摩擦 25～27%。

可細分如下：

a.   剪切面上的單位體積剪切能(u_S)

b.   刀面上單位體積的摩擦能(u_F)

c. 產生新的表面的單位體積表面能(u_A)

d. 金屬通過剪切面所導致動能變化消耗的單位體積動能(u_M)

　　i.　$u_S = F_S V_S / Vbt = \tau V_S / (V \sin \phi)$ 　　　　　　　　　(8-16)

　　　　$= \tau \gamma$ 　　　　　　　　　　　　(8-17)(由式(8-15)得知)

　　ii.　$u_F = F_C V_C / Vbt = F_C r / bt$ 　　　　(8-18)(由式(8-14)可得)

　　iii.　$u_A = T2Vb / Vbt = 2T/t$ 　　　　(8-19)(T：表面能 Surface energy)

　　iv.　$u_M = FMV_S / Vbt = (\rho'/g)V\gamma \sin\phi\, V_S$ 　　　　　　(8-20)

　　　　$= (\rho'/g)V 2\gamma \sin 2\phi$ 　　　　　　　　　(8-21)

由於 u_A 與 u_M 與 u_S、u_F 比較之下相當小，故可忽略不計。

∴單位體積總能量 $= u_S + u_F$

8-1-5　斜交切削(Oblique cutting)

1. 涵義：斜交切削又稱三維切削(Three-dimensional cutting)，刀具之刃口不與刀具和工件相對之運動方向成垂直，而有一傾斜角，亦即切屑之流動方向不與刀具刃口成垂直。斜交切削示意圖如圖 8-13。

2. 與正交切削不同點：刀具之刃口不與刀具和工件相對之運動方向成垂直，而是有一個傾斜角(Inclination angle) i。

α_e：有效斜角(Effective rake angle)：類似正交切削之後斜角之作用。

α_n：法向斜角(Normal rake angle)。

α_c：切屑流動角(Chip flow angle)。

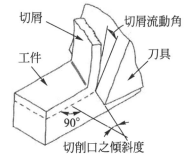

圖 8-13　斜交切削示意圖[7]

史提勒法則(Stabler rule)

假設 $\alpha_c = i$ ⇒ 不管刀具、工件、刀具角和切削速率如何改變，切屑流動角 α_c 與傾斜角 i 都近乎相同，又稱 Copy rule。

⇒ $\sin \alpha_e = \sin 2i + \cos 2i \sin \alpha_n$

3. 斜交切削之觀察

(1) 有效剪切角 ϕ_e 會隨 α_e 增加而增加。

   (2) 傾斜角 i 增加時

      a.   刀具表面摩擦係數 μ 減少。

      b. α_e 也增加。

      c.   單位體積切削能 μ 降低($\because$剪應變變小)。

  4. 應用至車削、銑削等，可用 α_n、i、α_e 來討論。

8-1-6　切屑之型式

1. 典型的切屑型態(Typical chip morphology，Type of chip)，如圖 8-14，分述如下：

   (1) 僅有主要剪切區(Primary shear zone)之連續切屑。

   (2) 具有主要剪切區和第二剪切區(Secondary shear zone)之連續切屑。

   (3) 剪切區並非一平面，而是爲一深入表面下的一個較大範圍的剪切區。

   (4) 積屑刀口(刃口積屑緣)(Built-up edge，BUE)之連續切屑。

   (5) 具有不連續應變之連續切屑。

   (6) 不連續切屑。

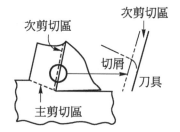
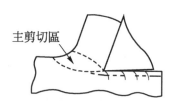

(a) 在窄且直的主剪切區所形成連續切屑　　(b) 在切屑與刀具界面的次剪切區　　(c) 在大的剪切區所形成的連續切屑

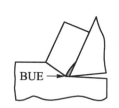
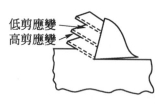

(d) 由於組合刃口所形成的連續切屑　　(e) 部分或不均勻的切屑　　(f) 不連續切屑

圖 8-14　在金屬切削中所產生切屑的基本型態[5]

2. 切屑型態探討

(1) 連續切屑(Continuous chips)

 a. 產生的原因一般是由延性材料在高的切削速度和(或)大的傾斜角所形成的，材料變形的發生是沿著一個窄的剪切區(稱為主剪切區)，而在刀具與切屑的接觸面會產生出由於摩擦所造成之次剪切區。

 b. 特點

  i. 連續切屑易糾纏在機具工件上，可以用斷屑器，改變加工參數如切削速度，進給率及切削液等方法來減低此現象。

  ii. 低速率和小的傾斜角切削軟材時，易發生寬的主剪切區易產生不良的表面光度及引起表面的殘留應力。

3. 積屑刀口(Built-up edge，BUE)的連續切屑

(1) 現象

在一定的切削速度範圍內，切削鋼、鋁合金、球墨鑄鐵等金屬時，由於在切屑與刀具的接合面溫度相當低時，切屑內部沿著大約與剪切面成垂直的面發生破壞，因刀面上擠壓與摩擦的作用，這些折斷的切屑並未完全脫離，而在刃口附近留下部分切屑，故稱為刃口積屑緣(積屑刀口，Built-up edge)。

(2) BUE 形成的機制(Mechanism of built-up edge formation)

 a. 工件材料黏著在刀具的後斜角刀面上。結合強度視工件與刀具的材料兩者之親和力。

 b. 黏著金屬層的成長(向外及向下)而形成 BUE。

(3) 原因與影響因素

 a. 原因：在刀具一切屑切觸長度區內，由於材料與刀具的黏著作用，使切屑底層流動速度慢，而有滯流產生，滯流層的金屬的晶粒纖維化程度很高，亦即承受強烈的剪切滑移作用，且產生加工硬化而提昇抗剪強度。當摩擦作用大，切屑中的最大剪應力並未大於滯流層金屬的剪切強度，而使滯流層與刀面的接觸部位之金屬不會發生剪切滑移而停留在刀面的刃口部位，而後越積越大而形成 BUE。

b. 影響 BUE 的因素

    i. 工件材料：材料硬度低，n 高，材料與刀具親和力高，則 BUE 越易產生。

    ii. 刀具的傾角(Rake angle)。

    iii. 切削速度 V。

    iv. 進給率。

    v. 切削液。

(4) 避免或控制 BUE 的方式

  a. 提高材料的硬度，降低延性。

  b. 避用產生 BUE 的切削速度範圍。

  c. 增加後斜角(Rake angle)。

  d. 減少切削深度。

  e. 減小刀尖半徑(Tip radius)。

  f. 使用潤滑性良好的潤滑劑。

(5) BUE 對切削的影響

  a. 不利之影響

    i. 影響尺寸精度。

    ii. 易造成切削力產生變化而引起震動。

    iii. 影響表面粗糙度。

    iv. 加快刀具的磨損磨耗(Abrasive wear)

  b. 有利之影響

    i. 增大實際的後斜角，使切削力減少。

    ii. BUE 存在時，可避免刃邊磨耗。

4. 鋸齒形切屑(Serrated chips)

(1) 內涵：又稱部份或不均勻切屑(Segmented or Nonhomogenous chips)，為一種半連續切屑，具有高與低的應變區。

(2) 產生之原因：金屬具有低熱傳導性和比熱，相當高的切削能及在溫度升高有軟化趨勢(熱強度低)易發生。

(3) 型式：鋸齒形切屑形成有二種方式。

    a. 含絕熱剪切(Adiabatic shear)的切削

        在高度切削時，由應力集中點開始因速度快，剪切所作之功無足夠時間逸散，而提高剪切面之溫度，導致材料受熱軟化，使初始剪切面發生較平常為多的應變，然後剪切面即跳至下一應力集中點，跳躍間一留下的材料是無應變區或低應變區。

    b. 含破壞及再融合(Fracture and rewelding)的切削

        高應變區相當狹窄外，其餘結果與 a.類似但材料無熱軟化現象。

5. 不連續切屑(Discontinuous chips)

  (1) 產生之原因

    a. 脆性的工件材料，因為在切削時無法承受高應變發展的能力。

    b. 工件材料含有硬的雜質或具有像石墨薄片的結構如灰鑄鐵。

    c. 非常低或非常高的切削速度。

    d. 大的切削深度和小的傾斜角。

    e. 低的工具機剛性。

    f. 缺乏有效的切削液。

  (2) 特點：切屑若是不連續形成，則在切削期間力量會連續的變動，因此在不連續切屑和鋸齒形切屑中，刀具夾持器，工件挾持器與工具機等的剛性非常重要，若剛性不足就很容易產生振動和顫振(Chatter)，而影響尺寸精度和表面粗糙度。

8-1-7　切屑捲曲與控制

1. 切屑捲曲(Chip curl)

  (1) 形成捲曲之機制

    形成捲曲之機制仍很不清楚，但應包含下列因素

    a. 主剪切區和次剪切區之壓力分布不均勻之影響。

    b. 熱分布不均勻的影響。

    c. 材料的加工硬化的影響。

    d. 刀具之傾斜角的影響。

  (2) 影響之因素

    切削過程參數改變與材料特性亦會影響切屑的捲曲減少切削深度，增加傾斜

角，減少刀具與切屑之摩擦，會使切屑的曲率半徑減少(更捲曲)，而切削液及工件材料的各種添加劑也會影響。車削時會產生之各種型態切屑，如圖 8-15。

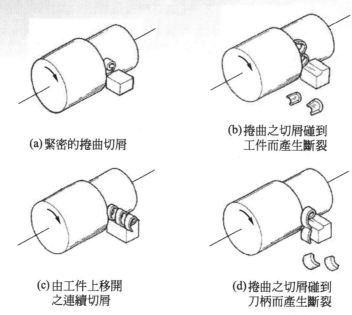

(a)緊密的捲曲切屑

(b)捲曲之切屑碰到
工件而產生斷裂

(c)由工件上移開
之連續切屑

(d)捲曲之切屑碰到
刀柄而產生斷裂

圖 8-15　車削時會產生之各種型態切屑[5]

2.　切屑控制

(1)　切屑控制之重要

　　a.　個人安全。

　　b.　產品或裝備可能被破壞。

　　c.　切屑之搬運及處理。

　　d.　切削力、切削溫度和刀具壽命。

(2)　Lang 之切屑容積比 R

　　$R =$ 切屑容積/相當容積的切削金屬，一般 $R = 3\sim10$，合理之控制為 $R = 4$。

(3)　需斷屑之原因

　　長連續切屑對操作者、工件表面、加工時間等都有影響，故需週期性斷屑，其方法有 a.增加切屑厚度、b.使用斷屑器、c.改變切削速率、d.改變進給率、e.切削劑之使用。

　　　a.　斷屑器(Chip breakers)之型式

　　　　　i.　夾持式(Clamp)：在刀具上夾置一有斜邊之斷屑片。

　　　　　ii.　磨程式(Grinding)：以輪磨之方式磨出斷屑刀口。

　　　　　iii.　模壓式(Compact)：在刀片上預作溝槽(Groove)。

(4) 斷屑器之主要作用：使切屑捲曲(Chip curl)超過其臨界應變而讓切屑破斷。

(5) 斷屑刀口之型式一般有階梯式又稱挾持式(Clamped chip breaker)或阻斷式 (Obstruction type)，溝槽式(Groove type)。

8-1-8　刀具磨耗(Tool wear)

1.　切削刀具的切刃邊喪失可用性的原因

(1) 磨耗(Wear)

(2) 破損(Breakage)

(3) 剝離(Chipping)

(4) 變形(Deformation)。

2.　磨耗機制：刀具磨耗機制一般可分為黏著磨耗(Adhesive wear)，磨削磨耗(Abrasive wear)，擴散磨耗(Diffusion wear)，疲勞(Fatigue)。而刀具之破壞除了與磨耗相關，且與微剝離(Micro chipping)作用，整體破壞(Gross fracture)，塑性變形等有關。

3.　磨耗分類：在刀具發生磨耗時，因磨耗位置的不同而有下列之分類，而在單鋒刀具(車刀)最重要的是刀腹磨耗和凹坑磨耗，如圖 8-16 與圖 8-17。

(1) 刀腹磨耗(Flank wear)，又稱磨耗鋒地磨耗(Wear-land wear)。

(2) 凹坑磨耗(Crater wear)，又稱凹痕磨耗。

(3) 主要溝槽磨耗(Primary groove)，又稱外徑溝槽磨耗(Outer diameter goove)或磨耗刮痕(Wear notch)。

(4) 次要溝槽磨耗(Second groove)：又稱氧化磨耗(Oxidation wear)。

(5) 外層金屬切屑刮痕(Outer metal chip notch)。

(6) 內層金屬切屑刮痕(Inner chip notch)。

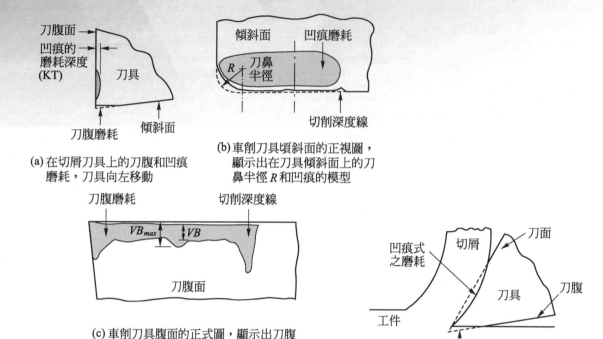

(a) 在切屑刀具上的刀腹和凹痕
　　磨耗，刀具向左移動

(b) 車削刀具傾斜面的正視圖，
　　顯示出在刀具傾斜面上的刀
　　鼻半徑 R 和凹痕的模型

(c) 車削刀具腹面的正式圖，顯示出刀腹
　　的平均磨耗帶VB及切削深度線(磨耗刮痕)

圖 8-16　　　　　　　　　　圖 8-17　金屬切削過程中的刀具磨耗區

4. 刀腹磨耗(Flank wear)

　(1) 原因：刀腹磨耗是刀具在餘隙面喪失餘隙角的結果，其起因可歸因於：

　　　a. 刀具沿著已加工表面滑移而造成黏著磨耗或磨粒磨耗。

　　　b. 高溫之情況。

　(2) 容許平均磨耗量(VB)，如表 8-1 所示。

表 8-1　切削刀具在各種操作上的容許平均磨耗量(VB)

材質	加工方式與容許平均磨耗量(mm)				
	鉸孔	端銑	鑽孔	面銑	車削
高速鋼	0.15	0.3	0.4	1.5	1.5
碳化物	0.15	0.3	0.4	0.4	0.4

(3)　泰勒方程式

F.W. Taylor 針對鋼材加工之研究，而於 1907 提出一刀具壽命與切削速度關係之近似公式，而刀具壽命(可用時間)之到達與否是用刀腹之磨耗量為評估標準，如圖 8-18。

Taylor equation　　　　　$VT^n = C$

其中，

V：切削速度(m/min，ft/min)。

T：刀具壽命(分鐘，min)。

C：相當於給刀具一分鐘壽命的切削速度。

n：依刀具和工件材質與切削條件而定，為刀具壽命曲線繪成對數座標之斜率。可視為刀具材料之耐熱特性，越耐熱，n 越大。

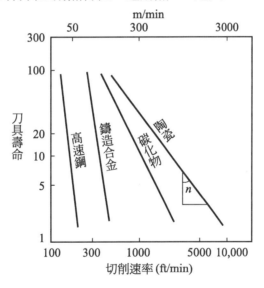

圖 8-18　在不同的切削刀具材料下的刀具壽命曲線。這些曲線的斜率逆轉換是刀具壽命公式的指數 n 及 C 再切削速率 $T = 1$ 時的值[5]

　　a.　特點：不同之切削條件工件與刀具材質之加工狀況組合，其 n 與 C 值即不同。

b. 泰勒方程式之一般式

$VT^n d^x f^y = C$ 或 $T = C^{1/n} V^{-1/n} d^{?x/n} f^{?y/n}$，其中 f：進給率，d：切削深度。

由實驗上可知，刀具壽命對速度變化最敏感，對切削深度最不敏感，亦即影響刀具壽命因素其影響力最大為切削速度，其次為進給率，最後為切削深度。典型的值為 $n = 0.15$，$x = 0.15$，$y = 0.6$。

可推出

i. 若進給率增加或切削深度增加，則切削速率需降低。

ii. 由指數 n 可得出，切削速度降低$(V\downarrow)$，可增加材料移除之體積$(T\uparrow)$，但加工時間較長。

4. 刀具壽命(Tool life)

(1) 涵義：刀具由銳利狀態開始切削至達到需重新磨銳時，此段用於加工之時間即為刀具壽命。

(2) 刀具壽命之設定

對已知切削速度的刀具壽命(T_{min})之決定方式有二：

a. 對高速鋼而言是指其在低磨耗率區上限的切削時間。

b. 對碳化刀具是以達到既定的刀腹磨耗值的時間，對軟鋼而言，一般為 0.75 mm。

(3) 刀具壽命曲線

依不同之材料在不同的條件及不同的製程參數如切削速率、進給率、切削深度、刀具材料、刀具之幾何形狀及切削液等所繪成。

(4) 影響刀具壽命之因素

除了製程參數如切削速率、進給率、切削深度會影響外，還包括刀具材料、刀具之幾何形狀及切削液之使用與工件之材質條件，如工件之顯微組織和硬度、材料內部之硬點與雜質，和工具機與刀具工件挾持設備之剛性等，皆會影響。

(5) 餘隙角對刀具壽命之影響

對既定的刀具壽命而言，大的餘隙角是有利的，但會影響其切刃邊之強度，吸收熱量能力，維持刀具形狀之能力等，會隨餘隙角增大而減少。

$Bt = dw^2 \tan\theta / 2$ $(Bt$：餘隙面磨耗體積$)$

8. 刀具壽命之推薦值

(1) HSS⇒60～120 min 之刀具壽命。Carbide⇒30～60 min 之刀具壽命。

(2) ISO 所推薦之值

　　a. For HSS 和陶瓷刀具

　　　i. 刀具產生破損碎裂。

　　　ii. 刀腹於 B 區有均勻磨損且 VB=0.3 mm。

　　　iii. 當刀腹於 B 區有非均勻磨耗且 VB_{max}=0.6 mm，或有嚴重的溝槽磨耗。

　　b. For carbide

　　　i. VB=0.3 mm。

　　　ii. VB_{max}=0.6 mm。

　　　iii. KT=0.06+0.3f。

8-1-9　刀具材料(Tool materials)

1. 切削刀具的材料特性

(1) Shaw 之說法

　　a. 高溫之物理及化學穩定性(High-temperature physical and chemical stability，HTS)

　　b. 磨耗阻抗(Abrasive wear resistant，AWR)

　　c. 脆性破壞阻抗(Resistance to brittle fracture，RBF)

(2) 刀具材料需具備之特性

　　a. 硬度(Hardness)：特別是其高溫硬度(又稱受熱硬度)，使刀具在切削過程中，在高溫下(切削產生溫升)仍保有其硬度與強度而仍可進行加工。

　　b. 韌性(Toughness)：使刀具在間斷之切削製程如銑削或車削栓槽軸時，可吸收其衝擊而不會破壞或破裂。

　　c. 磨耗抵抗(Wear resistance)：避免因磨耗快所導致之工件尺寸精度喪失與獲得可接受之刀具壽命。

　　d. 化學穩定性(Chemical stable)：對工件材料之化學穩定性(即鈍化)，可避免因工件材料之親和力而加速刀具磨耗之不利反應。

2. 影響切削刀具有效性之因素

   (1) 刀具與材料之相對硬度(刀具最少比工件硬 4 倍以上)。

   (2) 工件或刀具表面之磨耗顆粒大小。

   (3) 刀具與工件材料的化學相容性。

   (4) 刀尖之溫度(切削速率、進給、刀具之幾何形狀、冷卻劑)。

   (5) 機械狀況(系統剛性)。

   (6) 操作型式(連續或斷續切斷)。

3. 刀具材料之主要種類與相對機械性質與特性,如表 8-2。

表 8-2　刀具材料之主要種類與相對機械性質與特性

項目 材質	熱硬度、價格 磨耗抵抗 最大切削速度	韌性、衝擊強度 熱徒震抵抗 剝離抵抗	表面 品質	切削 深度	常應用之加工 (適用之切削速度範圍)
碳鋼	小	大	粗糙	輕～中	攻、鑽、鉸 (低速)
低中合金鋼			粗糙	輕～重	攻、鑽、鉸 (低速)
高速鋼			粗糙	輕～重	攻、鑽、鉸、車、銑、拉 (中速)
鑄鈷合金			粗糙	輕～重	車 (中速)
燒結碳化物 (無披覆層)			好	輕～重	鑽、車、銑、拉 (中～稍高速)
披覆碳化物			好	輕～重	車、銑 (中～高速)
陶瓷與瓷金			非常好	輕～重	車 (高速～超高速)
CBN			非常好	輕～重	車、銑 (中～高速)
鑽石 (多晶或單晶)	大	小	極優良	輕,單晶 者極輕	車、銑 (高速～超高速)

4. 高速鋼(High speed steel,HSS)

   (1) 涵義:在鋼中加入鎢、鉬、鉻、釩等合金,使其提高溫度和耐熱,而可承受較快之切削速度,稱為高速鋼。

(2) 分類

目前一般分為：

a.　鎢基高速鋼：T 系列，如標準 HSS(T1) 18w-4Cr-1V HSS。

b.　鉬基高速鋼：M 系列，如常用之 M-2：(0.2%C，6% W，4%Cr，2%V，5% M)。

其中鉬基高速鋼較鎢基高速鋼(T 系列)耐磨耗，熱處理之變形較少，且便宜，故較常用(95%)。

(3) 適用情況：高速鋼可承受振動與顫震，適合大傾角、低速率、有衝擊間斷切削之切削狀況或系統剛性低之場合。

(4) 特性：具有高韌性和破壞抵抗、紅熱硬度(Red-hardness)，且延性佳，故較耐衝擊與磨耗。其硬度為 HRC 66～68。因各種複雜形狀之刀具(鑽、銑、攻、鉸)皆可使用，故使用量大，應用性廣。但其缺點為切削速度略低(與碳化物相比)。

(5) 高速鋼刀具之製作方式

可用鍛造、鑄造、粉末冶金等方式，也可利用表面披覆以改善切削性或以表面處理使表面硬化而增加硬度與耐磨耗。或用高溫蒸氣處理，產生黑色之氧化層，以減少 BUE 之產生。

5.　鑄造合金(Cast alloy tools)

(1) 涵義：主要成分為 Co(38～53%)、Cr(30～33%)、W(10～20%)以鑄造法製造。又稱非鐵硬鑄合金，史得來特合金(Satellite)，鑄鈷合金(Cast cobalt alloys)。

(2) 特性：無法熱處理，長溫下硬度 HRC 60～65，(比高速鋼軟)，但高溫時硬度比 HSS 高，不耐衝擊，一般用於特殊用途，如大的切削深度，或以 HSS 之兩倍之切削速度與進給率做連續的粗切削。

6.　燒結碳化物(Cemented carbide)

(1) 涵義：為改善高溫時之硬度，以承受高速切削，故使用碳化鎢(Tungsteu carbide，WC)與碳化鈦(TiC)(此兩者為基本的材料群)，而以粉末冶金之方式製作而成。

(2) 基本特性：其硬度為 HRA 90～92，耐熱溫度 1200℃。

(3) WC 之製作

將碳化鎢顆粒(1～5 μm)，以鈷為結合劑(基地)，以粉末冶金液相燒結之方法來製作。又稱為結合碳化物(Cemented carbodgs)或燒結碳化物(Sintering carbides)。

其中 Co 之含量↑⇒WC 之硬度、強度與磨耗抵抗減少，但韌性增加。

(4) 碳化鎢之用途

主要用在切削鑄鐵(∵切屑短、切屑與刀面接觸少，時間短，不易擴散)及非金屬材料，如 K 類。

    a.   原因：高速切削時，碳化鎢切削鋼料，因切屑與刀具接觸之刀具表面，溫度經常超過鋼的同素變態點，因沃斯田鐵(γ 鐵)對碳有很大的親合力，使刀具表面之 WC 晶體分解，碳被釋出而擴散至切屑表面或跑到工件上，導致刀具表面缺碳而硬度減少，且切屑因含碳量增加而更硬，故容易產生凹坑磨耗。

    b.   改善方式：添加鈦(Ti)、鉭(Ta)、鈮(Nb)之碳化物(如 P 類)則可阻止凹坑形成。因為 TiC 或 TaC 的出現，對於在刀具表面上形成一層薄而固定的第二剪切區很有幫助，以減低刀具凹坑形成的傾向，Tic 或 TaC 可減低刀具的熱傳導性，以保護(固定)第二剪切區快速形成。

(5) 碳化鈦(Titanium carbide)

以鎳－錳合金為基地，將碳化鈦結合。其磨耗抵抗較 WC 高，切削速度也較 WC 高，但韌性較差，適合切硬材料，主要是鋼與鑄鐵。

(6) 燒結碳化物之應用條件

應用高速、穩定之切削情況。

(7) 碳化物刀具之分類

ISO 之分類如表 8-3，刀具與加工項目之關係如表 8-4，ANSI 分類如表 8-5。

表 8-3　ISO 分類

符號	刀具材質	適用之工件材料	顏色符號	號數以 5 的增量增加
P	WC-Co 再添加 TiC 或 TaC	產生長切屑的鐵金屬	藍	P01、P05 到 P50
M	WC-Co 再添加 TiC 或 TaC 但含量較少	長或短切屑的鐵金屬、非鐵金屬間斷切削	黃	M10 到 M40
K	WC-Co	短切屑的鐵金屬、非鐵金屬、非金屬材料	紅	K01、K10 到 K40

表 8-4　刀具與加工項目之關係

刀具項目	P(01～50)	M(10～40)	K(01～40)
加工方式	精車	→	粗車
進給量	小	→	大
切削速度	高	←	低
韌性	小	→	大
結合劑之含量	小	→	大
硬度與耐磨耗	高	←	低

表 8-5　ANSI 分類

ANSI 分類數值	ISO標準	可切削的材料	切削加工	特性	
				切削參數	碳化物
C–1	K30～K40	鑄鐵、非鐵金屬及非金屬支材料(需要具有磨耗抵抗之能力)	粗加工	增加切削速率 / 增加進給量	硬度和磨耗抵抗之增加 / 強度和結合劑含量之增加
C–2	K20		一般加工		
C–3	K10		輕加工		
C–4	K01		精密加工		
C–5	P30～P50	鋼和合金鋼(需要具有抵抗凹坑磨耗和變形之能力)	粗加工	增加切削速率 / 增加進給量	硬度和磨耗抵抗之增加 / 強度和結合劑含量之增加
C–6	P20		一般加工		
C–7	P10		輕加工		
C–8	P01		精密加工		

(8) 使用 Carbide tool 之注意事項

    a. 刀具本體之剛性相當重要，若剛性不足易顫振，刃口易損壞。

    b. 小進給量、低切削速度，也會造成刃口傷害，原因：

        i. 進給小，切削力和高溫處集中且接近刃口，使刃口易破損。

        ii. 速率低，易使切屑冷銲於刀具，易有 Chipping。

    c. 切削液應連續且大量使用，不可間斷使用，可減少在間斷性的切削過程中之熱，且可冷卻刀具。

7. 陶瓷及燒結瓷金刀具(Ceramic and cermets Tools)

  (1) 基本成分與種類

      a. 鋁基陶瓷(Alumina-base ceramics)

        鋁基陶瓷主要成分為細晶粒、高密度之氧化鋁。以高壓力冷壓成形，再經高溫燒結者，稱為白陶瓷(White ceramic)或冷壓陶瓷(Cold-pressed ceramics)，可添加碳化鈦(TiC)與氧化鋯可改善韌性與抵抗熱陡震等特性。以熱均壓(HIP)所做的稱為黑陶瓷 Lack ceramics)或熱壓陶瓷(Hot-pressed ceramics)，一般包含了 70%氧化鋁、30%碳化鈦，故又稱瓷金(Cermet)，亦即是由陶瓷與金屬混合而成，其他的瓷金包括有碳化鉬、碳化鈮、碳化鉭。

      b. 氮化矽基陶瓷(Silicon-nitride base ceramics)

        是以氮化矽(SiN)為基地之陶瓷，是由 SiN 和 Al_2O_3、氧化釔及 TiC 所組成，在 1970 年發展。

        特點：具有高韌性，熱硬度及良好的熱陡震抵抗，因對鋼有化學親和力，故不適合用來切削鋼材。

  (2) 鋁基陶瓷特性

      a. 高的熱硬性(耐熱溫度 1100℃)與耐磨耗性。

      b. 高的抗壓強度。

      c. 與金屬之親和力低，有抵抗凹坑磨耗之能力。且化學性較 HSS 與 Carbides 穩定，故在切削時，金屬的黏著傾向小，且 BUE 不易產生，連續切削鑄鐵與鋼可得良好表面。

      d. 硬度高(91～95 HRA，2000～3000 HK)，缺乏韌性，脆性高，易因顫振而導致刀具剝離或碎裂，故工具機之剛性需高，刀具用負且大的傾角，而切削液使用時需連續且大量或用乾切削。

      e. 陶瓷刀具也可做成捨棄式刀片。

  (3) 鋁基陶瓷刀具應用條件

      a. 應用於低速切軟鋼(易有 BUE)和從事不連續切削時，易產生 Chipping。

      b. 不可用於鋁或鈦合金之切削。(磨耗率高)

      c. 系統剛性，馬力皆需高。

      d. 適合切鑄鐵及硬鋼之高速精切削。

　　　e.　刀具用負且大的傾角，而切削液使用時需連續且大量或用乾切削。

(4)　瓷金刀具(Al_2O_3 + TiC 予以混合熱壓而成)

　　a.　特性：

　　　i.　脆性較 Al_2O_3 低。

　　　ii.　耐熱溫度較 TiC 高。

　　b.　應用場合：應用於高速率切削硬鑄鐵和硬鋼，且可在有限度的機械陡震(Shock)下切削。

8.　塗層刀具(Coated tools)

(1)　內涵：又稱披覆刀具，即在刀具表面上披覆一層或多層之特殊材料，以增加其刀具表面硬度與改善刀具表面之性質，可應高速率之切削且增加其刀具壽命，以減少切削加工時間與成本。於高速鋼與碳化物刀具常用披覆以增加其特性。

(2)　特性

　　a.　塗層刀具較未塗層刀具脆，僅用於克服凹坑磨耗。∴不適合用於銑削。

　　b.　適用於所有鐵合金之高速精切削。

　　c.　不適用於切削高溫合金、鈦合金、非金屬或非鐵金屬。

(3)　披覆材料

　　刀具上之披覆材料有氮化鈦(TiN)、碳化鈦(TiC)、(TiCN)、陶瓷(Ceramics)、鑽石、碳化鉻(CrC)、氮化釔(ErN)、TiAlN 等。

(4)　披覆層之厚度與披覆方法

　　a.　披覆厚度：一般為 5～10 μm。披覆層隨著晶粒的尺寸越小而越硬(如細晶粒時材料硬度越高)，故越薄層越硬。

　　b.　披覆方法

　　　i.　化學汽相蒸鍍(Chemical vapor-phase deposition，CVD)
　　　　為最常用之方法，用於多相及陶瓷披覆於碳化物刀具上。

　　　ii.　物理汽相蒸鍍(Physical vapor-phase deposition，PVD)
　　　　用於將 TiN 披覆於碳化物刀具上。

(5)　披覆層需具備之特性

　　a.　高溫硬度高。

　　b.　對工件材料而言，高的化學穩定性和無活性。

c. 低的熱傳導性。

d. 與基地(Matrix)要良好的結合性，以防止剝落或破碎。

e. 本身之孔隙小或沒有。

(6) 披覆的效果

a. 提高刀具之硬度、韌性和改善基地的熱傳導性。

b. 降低碳化物刀具之產生凹坑磨耗之機會與速率。(切削低碳鋼時)。

c. 提升刀具可承受之溫度，而可提升其切削速度與進給量。

d. 披覆層愈光滑、愈均勻，則刀具切刃口之強度愈高，摩擦愈低，越可避免 BUE。

(7) 披覆後之處理

披覆後，需對刃口處的披覆層做成圓弧化(Honing)，以維持刃口強度，否則銳利的切刃口易造成披覆層的破損。

(8) 氮化鈦(Tianium nitride，TiN)

a. 特性：披覆於刀具是金色的，具有低的摩擦係數、高硬度、高溫抵抗，且與基地之黏著性好。

b. 用途：可改善 HSS、Carbide、鑽頭及切斷工具之壽命，可做高速及大進給之切削。

c. 限制：不可用於低的切削速度，因為在低速時，切屑材料冷銲於刀具之黏著性磨耗會將披覆層磨掉。

(9) 碳化鈦(Titanium carbide，TiC)

披覆於碳化鎢(WC)刀具上，在切削高磨耗性之材料時，可大幅減少刀腹磨耗。

(10) 陶瓷(Ceramics)

最常用的陶瓷披覆為氧化鋁(Al_2O_3)，有良好的高溫抵抗、化學不活性、低熱傳導性，且對刀腹磨耗和凹坑磨耗之抵抗良好。但披覆層與基地之結合較脆弱。

(11) 多相披覆(Multiphase coatings)

可達到最佳的性質結合，如碳化鎢刀具，可用 2 層或 3 層的披覆，而在切削鋼料或鑄鐵時特別有效。

一般而言，第一層為 TiC，第二層為 Al_2O_3，第三層為 TiN，其中第一層與基地的結合需良好，第三層(最外層)需耐磨，且熱傳導性低，第二層(中間層)需與上下兩層之結合性好。

典型的應用爲：

a. 高速連續切削：TiC/Al$_2$O$_3$。

b. 重負荷連續切削：TiC/Al$_2$O$_3$/TiN。

c. 輕負荷斷續切削：TiC/TiC + TiN/TiN。

8-1-10　CBN 與鑽石刀具之使用

1. 立方氮化硼(Polycrystalline Cubic Boron Nitride，CBN)

   (1) 製法：將一層 0.5～1 mm 厚之多晶 CBN 放置於含鈷黏結劑之碳化鎢上或碳化物上，以高溫高壓使其結合(燒結在碳化物之基地上，類似當作塗層)。CBN 也可直接製成捨棄式刀片而不需基地，也可當研磨劑。

   (2) 效能：碳化物基地用來提供抵抗震動，而 CBN 則提供非常高之刃口強度、硬度與磨耗抵抗。且 CBN 在高溫時具有高的氧化阻抗。CBN 之硬度(4000～5000 HK)是目前可利用之材料中僅次於鑽石(7000～8000 HK)。

   (3) 特性

      a. CBN 極脆，故工具機之剛性與夾具之考量相當重要，不可有震動或顫振。

      b. CBN 在高溫下有很好之氧化抵抗，適合切削硬鋼、高速鋼、不鏽鋼和高溫合金。

2. 多晶鑽石刀具(Polycrystalline diamond，PCD)

   (1) 特性：鑽石是硬度最高之材料，具有低摩擦，高的磨耗抵抗，可長時間保持刀具刃口之銳利。但其質脆、強度低，且有高的化學親和力，在高溫時化學穩定性低。可亦作爲拋光與研磨之研磨劑。

   (2) 多晶與單晶鑽石刀具之比較

      多晶鑽石刀具是以人工合成，具有任意之結晶方位，可阻止裂痕傳播，韌性較單晶者佳。若用單晶鑽石(Single-crystal diamond)來當刀具，則因極脆而易因刀刃之 Chipping 而破壞，故一般常用 PCD。而單晶鑽石刀具可研磨出極平順、極銳利之刃口，故在超精密加工或鏡面加工時，仍是採用單晶鑽石刀具，但變鈍時需儘快重磨，否則刀具易破壞。

(3) 製法：類似 CBN 一般，不單獨使用，而是將膜厚大約爲 0.5～1 mm 之多晶鑽石膜，在高溫高壓下與碳化鎢結合。

(4) 磨耗機制：鑽石刀會因剝離(Chipping)，氧化，熱應力，對碳之變態而磨耗。(當溫度至 700℃則碳化，故不可過熱，冷卻需良好)

(5) 適用加工條件

    a.   任何加工速率皆可，但最適合高轉速，輕負荷之連續切削爲最佳 (切削速度 V 需大於 200 m/min)。

    b.   進給與切深小。

    c.   系統剛性需高。

    d.   使用小的傾角，使刃口強度較佳。

    e.   需要有相當良好之尺寸精度與表面光度時。

(6) 適用與不適用之加工材料

    a.   適用於切削非鐵合金、矽-鋁合、金玻璃纖維、石墨和其他高摩耗性之材料。

    b.   不適用於切削軟鋼、鈦合金、鈷基與鎳基合金、不鏽鋼和高溫合金。

8-1-11　切削刀具一般特性、磨耗型式與限制和適用條件總論

1. 高速鋼

(1) 一般特性：韌性較高，耐衝擊，不易破裂，適用的切削範圍廣(粗切到精切)，斷續切削的情形良好。

(2) 磨耗型式：刀腹磨耗，凹坑磨耗。

(3) 限制：受熱硬度低，受限於硬化能及磨耗抵抗。

(4) 適用條件：適合大傾角、低速率、有衝擊間斷切削之切削狀況或系統剛性低之場合。

2. 碳化鎢

(1) 一般特性：高溫時硬度仍高，高韌性，磨耗抵抗高，應用範圍廣。

(2) 磨耗型式：刀腹磨耗，凹坑磨耗。

(3) 限制：不能使用在低速的切削，因爲切屑的冷銲及微剝離會使刀具損壞。

(4) 切削適合之材料：鑄鐵及非金屬材料。

  a. 不適合之材料：碳鋼。

  b. 適合條件：剛性高、高速、精、粗切削。

  c. 不適合條件：系統剛性低、進給少、速率低、切削劑斷續使用。

3. 碳化鈦

 (1) 一般特性：高溫時硬度仍高，高韌性，磨耗抵抗高，應用範圍廣。

 (2) 磨耗型式：刀腹磨耗，凹坑磨耗。

 (3) 限制：不能使用在低速的切削，因爲切屑的冷銲及微剝離會使刀具損壞。

 (4) 切削適合之材料：鋼、鑄鐵(較硬之材料)

  a. 不適合之材料：非金屬。

  b. 適合條件：同 WC。

  c. 不適合條件：同 WC。

4. 塗層刀具

 (1) 一般特性：高溫時硬度仍高，高韌性，磨耗抵抗高，應用範圍廣。可改良沒有披覆的碳化物刀具的磨耗抵抗，摩擦及熱的特性較好。

 (2) 磨耗型式：刀腹磨耗，凹坑磨耗。

 (3) 限制：不能使用在低速的切削，因爲切屑的冷銲及微剝離會使刀具損壞。

 (4) 切削適合材料

  a. 塗層材料爲 Tin、TiC、TiCN、Al_2O_3
   適合：所有鐵合金；不適合：高溫合金、鈦合金、非鐵金屬、非金屬。

  b. 塗層材料爲鑽石
   適合摩擦性材料，含矽鋁合金、強化纖維、金屬機複合材料、石墨；
   不適用於切削軟鋼、鈦合金、鈷基與鎳基合金、不鏽鋼和高溫合金。

  c. 塗層材料 CrC：適合切黏著性較軟材料，如鋁、銅、鈦。

 (5) 條件：適合高速精切削、剛性高，不適合低速切削。

5. 陶瓷(Ceramic)

 (1) 一般特性：高溫時硬度相當高，高的研磨磨耗抵抗(Abrasive wear resistance)。

 (2) 磨耗型式：主要溝槽磨耗(切削深度線刮痕 Depth-of-cut line notching)、微剝離、整體破壞(Gross fracture)。

 (3) 限制：橫向破壞強度與衝擊強度低，熱的機械疲勞強度低。不能使用在低速的切削，和斷續切削。

(4) 適合切削材料：鑄鐵、硬鋼。不適合切削材料：鋁或鈦合金。

(5) 適合條件：高速精切削，系統剛性高，馬力足，刀具用負且大的傾角。

6. 氮化矽基陶瓷：適合做切削鑄鐵及鎳基超合金，不適合切削鋼材，且可用於斷續切削。

7. 瓷金(Cermet)：與陶瓷之差別為：可有限度的機械陡震性(Shock)切削。

8. CBN 立方氮化硼：

(1) 一般特性：高的熱硬度，高韌性且切削刃口強度高，高的磨耗抵抗。

(2) 磨耗型式：主要溝槽磨耗(切削深度線刮痕 Depth-of-cut line notching)、微剝離、氧化、石墨化。

(3) 限制：橫向破壞強度與衝擊強度低，在高溫時化學穩定性低。

(4) 特別適合切削：鋼、高速鋼、高溫合金、不鏽鋼。

(5) 適合切削條件：剛性高、高速精切削。不適合切削條件：低速切削。

9. 鑽石(PCD)

(1) 一般特性：高硬度及韌性，高研磨磨耗抵抗，切削刃口銳利度高。

(2) 磨耗型式：剝離、氧化、石墨化。

(3) 限制：衝擊強度低，在高溫時化學穩定性低。

(4) 適合非鐵合金、玻璃纖維、矽－鋁合金、石墨和高摩擦材料。

(5) 不適合：切一般碳鋼、鈦、鎳和鈷基合金。

(6) 適合切削條件：高速精切削、剛性高、傾角小。

(7) 不適合切削條件：系統剛性低、重切削。

刀具型態：

1. 單鋒刀具之基本型式

(1) 整體式刀具(Solid tool)：如 HSS，如圖 8-19。

(2) 硬銲式捨棄式刀片(Brazed insert)：如 Cemented carbides，如圖 8-21(d)。

(3) 機械挾持式捨棄式刀片(Mechanically clamped insert)：如 Cemented carbides，Ceramics，如圖 8-21(a)(b)。

圖 8-19　整體式刀具

3. 嵌入式或捨棄式刀片(Inserts)

一般碳鋼與高速鋼刀具是做成整件，再研磨成型，當切刃磨耗後，刀具可以再重新磨銳，但費時且又沒有效率。為了更有效率，而發展捨棄式刀具。

(1) 刀片型式與刃口強度

    a.　三角形刀片：6 個切削刃口。

    b.　菱形刀片：8 個切削刃口。

    c.　方形刀片：8 個切削刃口。

    d.　五角形刀片：10 個切削刃口。

    e.　六角形刀片：12 個切削刃口。

    f.　圓形刀片=>相當多之切削刃口。

(2) 刃口數與刃口強度

不同形狀之捨棄式刀片在切刃口的強度是不相同的，其關係如圖 8-20 所示。

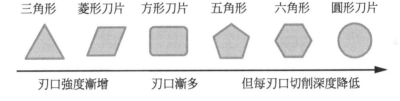

圖 8-20　不同形狀之捨棄式刀片在切刃口的強度

(3) 為改良切刃口的強度及防止崩裂，所有的捨棄式刀片經常被製成圓弧形、倒角或負斜面。

4. 夾持方法

(1) 機械式挾持(鎖固)

    a.　夾緊(用夾持器)。

    b.　快速鎖緊(用鎖緊銷)。

    c.　以無螺紋的鎖緊銷(Lock pin)夾在刀柄，以側邊的螺紋來緊固。

(2) 硬銲：因為刀片與刀柄之熱膨脹係數不同，故硬銲時易產生殘留應力，導致破裂與扭曲，且刃口鈍化後需重磨，而喪失捨棄式刀片最大之優點，故不常用。

機械式挾持之優點為：

(1) 可迅速確實地將捨棄式刀片鎖固，可節省更換刀片之時間。

(2) 一捨棄式刀片具有許多可切削之刃口，當某一刃口鈍化，僅需放鬆刀片之挾持來更換另一個刃口，再鎖緊即可進行加工，不需重磨，可節省重磨之時間與費用。

(3) 不會有硬銲式刀具的銲接應力之問題，故可使用剛性較高之刀柄。可得較好之刀具壽命。

上述刀片夾持方法如圖 8-21 所示。

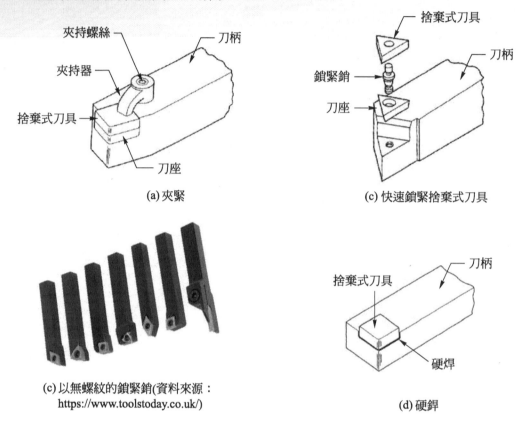

(a) 夾緊

(c) 快速鎖緊捨棄式刀具

(c) 以無螺紋的鎖緊銷(資料來源：https://www.toolstoday.co.uk/)

(d) 硬銲

圖 8-21　捨棄式刀具的夾持方法[5]

8-1-12　切削液(Cutting fluids)

1. 基本概念

切削液又稱為潤滑液(Lubricants)和冷卻劑(Coolants)，在切削過程中，合理選用切削液，可改善刀具與切屑及刀具與工件界面的摩擦情況，改善散熱條件，因而降低切削力，切削溫度與刀具磨耗，切削液尚可減少刀具與切屑的黏結，抑制 BUE 與鱗刺的產生，提昇已加工面的品質，且可減少工件熱變形，與得到良好加工精度。

2. 切削液之功效

(1) 減少摩擦和損耗：可改善刀具壽命與工件之表面光度。

(2) 可冷卻切削區：已減少工件之溫度上升與熱扭曲。

(3) 可減少力和能量之浪費。

(4) 衝離切屑=>使切屑離開工件與刀具，避免切屑摩擦已加工面。

(5) 保護新型成之切削表面，以避免環境之腐蝕。

3. 切削液之進入途徑

刀具與切屑之交界面，其接觸應力高，且有相對滑動現象，所以切削液如何進入此交界面，來達成上述之目的呢？經實驗顯示，其途徑如下：

切削液是藉由刀具與切屑之交界面凹凸不平的互相連結網狀結構的毛細管作用(Capillary action)滲透進入，而進入部分則為切屑側邊之間隙。

由上可知，由於進入部分與滲入表面間隙皆很小。所以切削液基本上其分子要足夠小，且需有適當濕潤性(wetting，沾濕性)及表面張力(Surface tension)等特性。

4. 切削液需具備之特性其他需具備之特性

切削液需具備(1)冷卻作用、(2)潤滑作用、(3)清洗作用、(4)防鏽作用及(5)其他需具備之特性，但以上所有之特性，沒有一種切削液可以全面滿足，故需視切削條件與成本，使用要求綜合考量，合理選用

(1) 冷卻作用

切削過程中，三個主要變形區就是三個熱源，而切削液雖無法阻止熱之產生，也無法直接進入熱源區，但它可由靠到熱源之刀具、切屑，與工件之表面帶走熱，使刀具之最高溫度區的體積得以縮小。

而冷卻之作用，主要是要熱傳導，因此需有較高之熱傳隙術語比熱和汽化熱(∵切削溫度高，切削液會蒸發)。

(2) 潤滑作用

切削一滲入刀具與切屑之凹凸不平之交介面，可使切屑與刀具之黏結(接觸)侷限於微小表面，而可減少 BUE，抑制鱗刺現象，提高表面光度，且避免或減少金屬切屑與刀具面直接接觸而有潤滑效果，一般為邊界潤滑作用。

而切削液之潤滑性能與其滲透性有關，也與金屬之化學親合力，形成與保持潤滑模之能力有密切之關係，故要求潤滑薄膜形成快速，能耐壓、耐熱且與金屬結合牢固，以及本身之剪強度低。

(3) 清洗作用

切削液可將切削過程中之微小切屑衝離切削區，如磨削或切削鑄鐵，避免微小切屑劃傷已加工表面或機床導軌面，其清洗能力之好壞與切削液之流動性，滲透性和使用之壓力有關，增加乳化液中界面活性劑之含量，再用大稀釋比所調出之半透明乳化液可提高清洗能力，而提高使用壓力(噴出之壓力)與流量也可提高其清洗能力。

(4) 防鏽作用

切削液需具備良好之防鏽能力，以避免工件、機床或刀具受到切削液之侵蝕，而其防鏽性能則視切削液本身與所加入之防鏽添加劑而定。

(5) 其他需具備之特性

要求廉價、穩定性佳、配製容易、無環保問題(不污染環境，無毒性)不影響人體健康等。

5. 切削液在加工時之影響(對力學與能量消耗之改變)

在切削加工時，原本有使用切削液，若製程中突然將切削液關掉，則其變化如下：

切削液關掉→刀具切屑之摩擦增加→剪切角 ϕ 減少剪應變 γ 增加

→切屑厚度增加→BUE 可能形成。

而其影響如下：

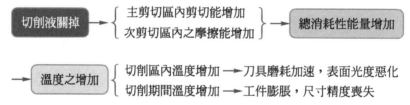

6. 切削液的種類：

切削液之型態可區分為四種型態：油(Oils)，乳化液(Emulsions)(乳化油)，合成切削劑(Systhetic solutions)，半合成切削劑(Semisysthetic solutions)。

(1) 油(Oils)：此類主要之目的為潤滑作用

a. 礦物油：如輕柴油，機械油，煤油，心軸油等。

b. 動植物油：蓖麻子油，大豆油，菜油，豬油等潤滑性佳冷卻效果差，且易老化。適低速精加工，一般多混合礦物油使用。

c. 混合油：即礦物油混合植物油使用，用於輕加工與非鐵金屬加工。

d. 極壓油：在前述之礦物油或混合油加入極壓添加劑(Extreme-pressure additives，EP)如硫化油，氯化物，磷化物等，使其在高溫高壓下在金屬表面發生化學反應，而形成固體潤滑效果(∵這類薄膜有極低之抗剪強度，與良好之抗銲特性，而降低摩擦和磨耗)。

(2) 乳化液(Emulsions)

乳化液為兩種無法相混合的混合物溶液，大都是礦物油與界面活性劑家水製成，可分為直接型(礦物油分散於水中，形成微小之油滴)與非直接型(水珠分散於油中，形成微小之小水滴)因為水的存在，此切削液之主要作用為冷卻作用，所以在高速加工時，因為工作溫度上升會導致刀具壽命，工件表面光度與其尺寸精度皆有影響，故用乳化液就特別有效。

(3) 合成切削液(Systhetic solutions)

由含無機粉如亞硝酸鈉($NaNO_2$)或其他可溶於水的化學物所組成之液體，其性質由所添加之化學添加劑而定，此型態之切削液即通稱為溶液型(Solution type)水溶液，主成分為水，其色透明，便於操作者觀察，因所加入之無機物有防鏽作用，且主成分為水，故冷卻性能良好，若需有潤滑效果，則添加界面活性劑。

(4) 半合成切削液(Semisysthetic solutions)

即在合成添加劑中加入少量之可乳化的潤滑油。

7. 切削液之選用

應依工件之材質考慮，刀具之材質，加工方法，加工要求，環保與成本要求等狀況選用。

(1) 由工件材質考慮

a. 鋼：需切削液。

b. 鑄鐵：可不用切削劑，因內含之石磨本身即有效果。

c. 高強度剛，高溫合金：對切削液之冷卻與潤滑要求均高。

d. 銅，鋁及鋁合金：可用混合油(如：10～20%乳化液+煤油)但注意不用含硫之切削液，因硫會腐蝕銅，而硫與鋁產生之化合物強度超過鋁本身。

(2) 由刀具材料考慮

    a.   HSS：耐熱性插，故以冷卻為主之切削液，如 3～5%乳液或合成水溶液，而在精加工，則要用潤滑性能佳之極壓切削油或高濃度隻極壓乳化液，以增進加工表面完整性。

    b.   碳化物：耐熱性佳，可不用切削液，必要時也可用低濃度之乳化液或合成水溶液，但須注意的是，切削液之供應需連續且充分，否則高溫下刀片冷熱不均，易產生熱應力而有裂紋。

(3) 由加工要求考慮

    a.   精加工→以增進表面之完整性為主，故以潤滑性能佳之極壓乳化液或極壓切削液。

    b.   粗加工→以帶走所產生之大量切削熱為主，故以冷卻性能佳之乳化液或合成切削液。

(4) 由加工方法考慮

    a.   基本概念

        i.   鋸，攻，鉸，拉等，其排屑不良，摩擦嚴重→用乳化液，極壓乳化液或極壓切削油等。

        ii.   成形刀具，齒輪刀具，螺紋刀具，因要求保持形狀，重磨費用高→潤滑性佳之極壓切削油或高濃度之極壓切削液。

        iii.   磨削加工，溫度高，且細小之磨屑易破壞工作表面之完整性→有良好冷卻性能與清洗性能之乳化液或合成切削液，但研磨不鏽鋼，高溫合金時，則宜採用潤滑性能較佳之合成切削液或極壓乳化液。

    b.   由切削加工之相對嚴格性(Relative server IT yo F machining operation)：各式加工法之切削液選用原則如圖 8-22 所示。

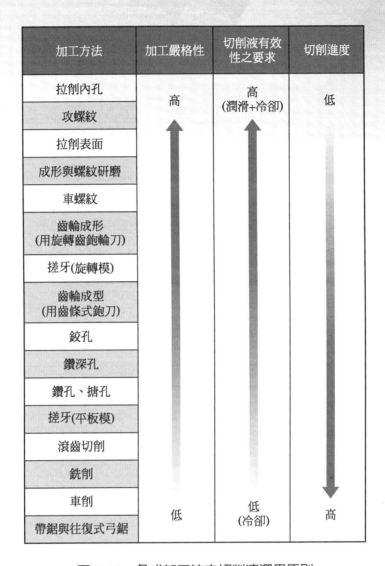

加工方法	加工嚴格性	切削液有效性之要求	切削進度
拉削內孔	高	高(潤滑+冷卻)	低
攻螺紋			
拉削表面			
成形與螺紋研磨			
車螺紋			
齒輪成形(用旋轉齒鉋輪刀)			
搓牙(旋轉模)			
齒輪成型(用齒條式鉋刀)			
鉸孔			
鑽深孔			
鑽孔、搪孔			
搓牙(平板模)			
滾齒切削			
銑削			
車削	低	低(冷卻)	高
帶鋸與往復式弓鋸			

圖 8-22　各式加工法之切削液選用原則

8. 切削液之使用類型

常見的切削液使用方法有澆注法，大量冷卻法(Flood cooling)，噴霧冷卻法(Mist cooling)。

(1) 澆注法

使用方便，應用廣泛，但因流量小，壓力低，切削液較難直接進入刀刃最高溫處，故其效果差，使用時應使切削液盡可能接近切削區，而使用時最好能根據刀具形狀與切刃數，來改變澆注口之型式與數目，在車，銑時，其使用量為 10～20 ℓ/mm 。

(2) 大量冷卻法

又稱高壓冷卻法,其外觀與澆注法類似,所不同的是,其使用高壓力(0.7 Mpa ～14 Mpa),大流量(10 ℓ/mm (車削)～225 ℓ/mm (銑削)),來直接接近切削區起冷卻與潤滑作用,並將切屑帶走。

如深孔加工(如槍管)或高速鋼車刀切難削材或端銑刀等,因為切削液高速流動,可增加其滲透性,易達到切削區,提高冷卻潤滑效果,其缺點為切削液飛濺嚴重,需加護罩。

(3) 噴霧冷卻法

以壓力 0.3～0.6 MPa 之壓縮空氣,藉噴霧器將切削液霧化,而噴射至切削區,而高速氣流夾帶著細小液滴之切削液,可滲透至切削區,很快汽化,而吸收大量熱量,冷卻效果佳,再研磨加工時特別有效,使用時需有護罩以避免操作者吸入

9. 切削液之施加方向與使用

(1) 由 A 方向施加→使切屑易捲曲,切屑一刀具接觸長度變短。

∴若因切屑過度捲曲而使刀面最大溫度靠近刀刃,則有害,可改由 A 與 C,或由 C 施加。

(2) 由 C 方向施加→刀具之最大溫度在刀尖時用之,如切削鎳。

(3) 由 B 方向施加→其方向與切屑流動方向相反,且因切屑與刀面接觸壓力大,其效果不佳。

(4) 各式切削加工使用切削液之噴灑方式如圖 8-23 所示。

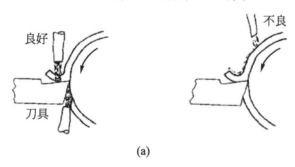

(a)

圖 8-23　噴灑切削液之方式

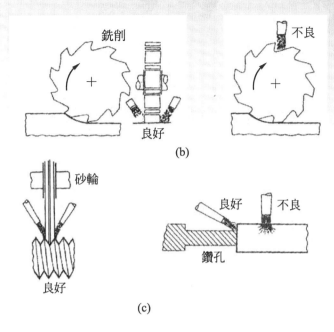

圖 8-23　噴灑切削液之方式(續)

8-1-13　材料的切削性(Machinability)

1. 切削性之意義

   所謂材料切削性是用來評估材料容易被切除之程度，其評估方式是用以下之指標而定。

   (1) 切削力和能量之消耗。

   (2) 刀具的磨耗(刀具壽命)。

   (3) 加工物之表面光度與完整性(Integrity)。

   (4) 切屑之處理性。

   所以材料若具有較好的切削性，其涵義為較少的動力消耗(較低的切削力)，較長的刀具壽命，較少的刀具磨耗，較佳之表面光度與表面完整性，和切屑較易處理。但上述之指標有時並不一致，有時會有有衝突。

   實務上切削性最重要的考慮為刀具壽命、表面光度與完整性。

2. 切削性等級(Machinability rating，MR)

   切削性等級是以 AISI 1112 含硫冷拉碳鋼為基準，其等級為 100%，即刀具壽命 $T = 60$ min 時，此鋼的加工切削速度為 100 ft/min(大約為 30 m/min)。

(1) 評估方法

是以每一已知材料要得到與 AISI 1112 所得到之相同刀具壽命，所使用之相對切削速度來比較。通常切削性等級越高，刀具壽命越長，所須之功率越小，而表面光度越好。

MR = V60 Material / V60 Standard

例：3140 鋼切削性為 55，表示在 $T = 60$ min 時，$V = 55$ ft/min。

鎳鋼之切削性為 200，表示在 $T = 60$min 時，$V = 200$ ft/min。

3. 影響材料切削性之因素

材料之化學成分，會影響其機械性質，物理、化學性質，故以上幾點皆會影響材料之切削性。而鋼是最重要的工程材料，故詳細探討如下：

化學成分對切削性之影響：

(1) 碳對切削性之影響

鋼之強度，硬度隨著含碳量之增加而增加，而其塑性與韌性則隨之降低。

a. 低碳鋼：塑性與韌性高，易有 BUE，不易得到良好之表面光度，切削性不佳。

b. 高碳鋼：強度，硬度高，切削力大，刀具較易磨耗，切削性不佳。

c. 中碳鋼：則介於低碳鋼與高碳鋼兩者之間，所以切削性最佳。

(2) 其他合金元素對切削性之影響

凡可使鋼之強度，硬度，韌性增加，導熱係數降低者或形成高硬度之第二相者，皆會降低其切削性。

常見會降低鋼之切削性之元素如下：

a. 矽、錳、鎳：提高韌性。

b. 鉻、鎢、鉬、釩：提高其高溫強度，且導熱係數降低。

c. 矽、鋁：易形成氧化鋁，氧化矽等高硬度夾雜物(第二相)→使刀具磨損加速。

而可在鋼中形成第二相，而此第二相可在切削時起潤滑作用、減少刀具與切屑摩擦者，皆能改善切削性。

常見會提昇鋼之切削性元素如下：

(1) 硫：硫在強硫化鋼(Resulfurized steels)中，是以硫化鎂之型態出現，使主剪切區(Primary shear zone)之應力增加，而使切屑斷裂成小片而增加切削性，而硒(Se)與碲(Te)之功能與硫相同。

(2) 鉛：鉛可均勻散佈於鋼中，使切削時，鉛粒被剪斷，而被塗抹於刀具表面上，而因剪強度低，故可視為固體潤滑劑而降低摩擦與磨耗，而由於環保之故，現請向於用鉍(Bi)來取代。

(3) 磷：雖會使鋼之強度與硬度略為提昇，但其塑性與韌性卻會顯著下降，故可提升其切削性。

(4) 鈣：已鈣和矽鐵所作之鈣還原鋼(Calcium deoxidized steels)，產生相當低熔點之三元片狀夾雜物(SiO_2-Al_2O_3-CaO)，切削時會減少刀面之摩擦、磨耗及溫度，其功用一般是用來當碳的擴散障礙層，故可減少凹坑磨耗(Crater wear)。

4. 金相組織對切削性之影響

(1) 組織

    a. 肥粒鐵(α 鐵，BCC)：強度、硬度低，延姓、韌性高，切削性低。

    b. 麻田散鐵：強度、硬度高，刀具易磨損，切削性低。

    c. 波來鐵：片狀者、硬度高、刀具磨損大，而球狀者，硬度小，刀具磨損小。

(2) 晶粒大小：晶粒大者，切削後表面光度差，晶粒小者，切削後表面光度佳。

5. 材料之機械性質與物理、化學對切削性之影響

(1) 硬度

    a. 材料硬度越高，切削力越大，且切削溫度也越高，故刀具磨損快速，且其刀具切屑之接觸長度較短，故力與熱皆集中於切刃上，使切刃易磨損與破裂。

    b. 材料中有硬點者，如氧化鋁(Al_2O_3)，碳化鈦(TiC)雪明碳鐵等夾雜物皆會增加刀具之擦傷，使磨損加速。而過共晶鋁矽合金(含矽量 15%以上)中之初晶矽其硬度相當高，也會使刀具劇烈磨損。

    c. 加工硬化指數高者，加工困難，如沃斯田鐵係不鏽鋼切削後，表面硬度較未切削部位硬 1.2～2.2 倍，會使刀具磨損加速，且易引起震動，降低其表面光度與完整性。而高錳鋼，高溫合金其加工硬化現象也嚴重，故也難切削。

(2) 強度

抗拉強度高,其切削力與所需功率即大,且切削溫度高,所以刀具易磨損。而材料之高溫強度高者,切削性也差。

(3) 延性

延性愈大,其切削中塑變也越大,故切削力與溫度均高,故刀具易產生黏接與擴散磨耗,且在低切削速度時易有 BUE 與鱗刺現象,使表面光度與完整性降低。且其切屑斷屑困難,切屑處理性差。

一般情形下,純金屬因其延性較合金高,所以其切削性皆差(如:純鐵、純銅、純鎳),而延性太小者,其刀具-切屑之接觸長度短,故切削力與熱易集中刃部,使刀具易崩刃,切削性低。

(4) 韌性

韌性大者,材料破壞前所吸收之能量愈多,故所需之切削力愈大,且切屑不易折斷。如不鏽鋼之衝擊值為 S45 之數倍,故在相同之切削條件下,切削性差。

(5) 導熱係數(K)

K 值大,表易將切削時產生之熱,由切屑與工件帶走,而使切削面(摩擦面)溫度降低,使磨耗速率降低而增加刀具壽命,故 K 值愈小,其能使用之切削速度也會降低。

一般金屬材料之 K 值大小順序大致為:

純金屬<有色金屬<碳鋼與鑄鐵<低合金結構鋼<高合金結構鋼<耐熱鋼與不鏽鋼,而通常非金屬之導熱係數比金屬差。

(6) 化學親合力對切削性之影響

一般而言,被加工材若易與刀具材料發生化學反應或黏結、擴散,則將加速刀具之磨耗而降低刀具壽命。

如碳化物之刀具切削鈦合金,鎳及鎳合金,鈷與鈷合金以及各種易與碳結合之材料如(鐵)則易因切削時之高溫高壓而與碳結合(因親合力較強),則刀具硬度降低,易磨耗。而鈷中之碳與鐵親合力強,切削時易產生黏附、擴散而損壞刀具。

總結:材料硬度高、強度高(尤其是高溫時之行為),或延性、韌性佳,導熱係數低,化學親合力強者,均會降低其切削性。

6. 改善材料切削性之方法

材料之切削性乃是其本身之一種特性，故要根本改善其切削性需求改變其化學成分與金相組織兩方面著手。

(1) 調整其化學成分(及添加元素)

在金屬材料中加入微量之元素，如：磷、硫、鉛、酉、碲、鉍、錳、鈣等可使切削容易。而易切鋼即是添加了上述之易切添加劑而改善其切削性，如硫易切鋼、鉛易切鋼、鈣還原易切鋼等。

(2) 進行適當之熱處理，改變金相組織

同樣成分之材料，在不同組織時，其切削性亦不同，故經過適當的熱處理而得到合乎要求之金相組織與機械特質，也可增進切削性。

例：碳鋼之硬度在 HB173〜230 時，其切削性較佳，故低碳鋼可先進行淬火提昇硬度降低其延性，而高碳鋼可先進行球化退火，則可改善切削性。此外對低碳鋼進行冷拉，以降低其延性，也可改善其切削性。

(3) 調整切削條件

當材料一經選定，不能更改時，則必須認識材料切削性，以便選用合適刀具材料、切削液與調整刀具幾何參數、切削參數等，使能適應該種材料的切削。

7. 各種金屬之切削性

(1) 鋁：硬度低，且易形成 BUE 與不良之表面光度，但很容易切削，一般之切削條件為高的切削速率，大的傾角(Reliefangle)。而在切削高含矽量之段造合金與鑄造合金時，因其具有磨耗性，故需較高硬度之刀具材料。又因其彈性模數低且熱膨脹係數相當高，故切削之尺寸控制需注意。

(2) 鑄鐵：當其中之碳已石墨型態出現，則切削性佳(因石墨有潤滑效果)。而碳已雪明探鐵出現，則因相當硬，故切削性降低，且會引起刀具振顫或破裂，所需用高韌性之刀具。又球狀及展性鑄鐵(Malleable iron)在切削時，需用硬的刀具才可。

(3) 鈹：切削性與鑄鐵類似，但更具磨耗性且有毒性，需小心。且金屬之脆性亦導致不連續切屑及顫振，而表面有產生鱗刮(次表面裂痕)傾向。

(4) 鈷：鈷基合金具有高磨耗性與高加工硬化，故需要尖且耐磨耗性之刀具材料，且在低之切削速率下加工。

(5) 鎳：鎳基合金，具加工硬化，而切削時最大刀具表面溫度，非常靠近刀尖，因此相當難切削，但這並不是因鎳之硬度或強度高所致(純鎳之硬度與鐵差不多)而是因為非常低的刀面摩擦係數或是非常低的切削比(γ)或兩者原因組合所造成之結果，所以可用低傳導係數(K)之 HSS，來切削鎳基合金，其效果相當良好，而用高鈷含量之碳化鎢刀具者又因含有相當大量之 TiC 和 TaC(碳化鈦和碳化鉭時)試切削高溫鎳基合金之最有效之碳化物刀具。(其原因為 TiC 與 TaC 和 Co 之含量愈高，碳化物之 K 值越低)。

(6) 鈦：鈦為 HCP 結構，有非常低之導熱係數 K 與容積比熱(ρC)，且具有與氧、氮、碳和鹵素發生反應之強烈傾向，故切削時，潤滑劑難以吸附在已氧化之表面，所以鈦之表面很難潤滑，而切削時會產生與硬度不對稱之切屑，在不同速率其行為亦不同，故相當難切削。

    a.   鈦合金難切削之理由

       i.   低的 $K\rho C$，導致高切削溫度。

       ii.   在切屑內部之低溫度，產生非常大的剪切角與高的切屑流動速度，而造成切屑與刀具之接觸縮短。

       iii.   切屑是有強烈熔著於刀具之趨勢，而導致磨損磨耗。

       iv.   低的楊氏係數。

    b.   改善方式：有良好冷卻效果之水基切削液與低的切削速率，且用大的隙角(10°)。

(7) 鎂：切削性佳，有良好之表面光度且容易切削，刀具壽命長，但需注意其氧化率高，易燃燒。

(8) 銅：熟銅(Wrought copper)易產生 BUE，切削性低，而鑄銅卻容易切削。黃銅(Brass)切削性佳，特別再加入鋁時，即加鋁易切削黃銅(Leaded free-machining brass)，但青銅較黃銅難切削。

(9) 鉬：因延性與加工硬度皆高，切削時表面光度差，需用銳利之刀具方可。

(10) 鉭：非常易加工硬化，且其延性佳，切削時，表面光度差，刀具磨耗嚴重。

(11) 鎢：其強度與硬度皆高，切削性恨低，可藉提昇其溫度改善之。

(12) 鋯：切削性相當好，但有爆炸與起火之危險，所以需用有良好冷卻效果之切削液。

(13) 不鏽鋼

    a.　沃斯田鐵系：切削性差，且易產生顫振，需剛性高之刀具。

    b.　肥粒鐵系：切削性佳。

    c.　麻田散鐵系：具有高磨耗與易形成 BUE，其切削性差，需以有高溫硬度且耐磨耗之刀具。

    d.　析出硬化型：具高強度與高磨耗性，故需硬且耐磨耗之刀具。

7.　非金屬之切削性

(1)　石墨：石墨具高磨耗性，故刀具需硬度高，耐磨耗且尖銳等特性。

(2)　熱塑性材料

    因其導熱係數、彈性模數高等特性，所以切削時需以如下之條件：

    a.　正的傾角：已減少其切削力。

    b.　餘隙角需大：避免摩擦。

    c.　切削深度與進給皆低：減少其切削力

    d.　高的切削速度。

    e.　適當的工具夾持：避免變形。

    f.　尖銳的刀具。

    g.　需做切削區外部之冷卻，避免切屑變成樹脂狀而黏住刀具。

    其冷卻方式可採空氣噴射，油霧冷卻或水溶性油，而切削時會有殘留應力，可於 80～160℃之溫度保持一段時間，然後再在室溫中，慢慢均勻冷卻退火。

(3)　熱固性材料：具有脆性且對熱梯度敏感。而其切削性與熱塑性材料類似。

(4)　纖維強化塑膠(Fiber reinforced plastic，FRP)

    因有纖維之故，FRP 具高磨耗性且難切削。而纖維之撕裂(Tearing)與拉出(Pulling)在切削時是相當重要之問題，又切削時需小心地將切屑碎片移走，避免將纖維吸入人體或接觸纖維。

8-1-14　金屬切削的經濟性(Metal-cutting economics)

    切削時，希望可以達到最經濟的生產，使成本最低，產量最高。其影響之變數相當多，不僅切削速度有關，與勞工之成本，工具成本，換刀時間，加工時間…都有影響。

　　切削速度增加，生產速率快，成本降低，但增加至某一限度，因刀具壽命之減短而增加成本，故有一最低成本速率(Minimum cost speed)。

　　切削速度增加，生產速率快，但增加至某一限度，因刀具壽命之減短而增加換刀時間而降低生產速率，故有一最大生產速率(Maximum cost speed)。

　　高效率範圍(High-efficiency range，Hi-E)：1950 年代，通用電氣公司的 William Gilbert 所提出，其意義為：選擇切削速度應在最低成本切削速度與最大生產率的切削速度之範圍內，為最經濟，如圖 8-24 所示。

　　所以要得到最大利潤，則切削速度應在 Hi-E 區內。

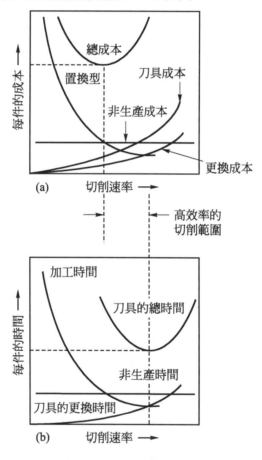

圖 8-24　在加工中每件的成本及每件的時間之圖表，注意在成本及時間兩者的最佳化速率，
　　　　　兩者之間的範圍就是高效率的切削範圍[5]

8-1-15　工具機(Machine tool)

1. 定義

   一種利用動力(Power)，使用刀具或加工裝置以進行鋸(切)斷、鑽孔、車削、銑削、鉋削、研磨或特殊方法等方式以移除金屬而成形之機具謂之工具機。

2. 基本分類

   依其功能和附件可分為車床、搪床、銑床、鉋床、拉床、鑽床、磨床。

3. 各種加工與刀具-工件之相對運動方式

   (1) 車削、搪削。

   (2) 鑽削。

   (3) 銑削。

   (4) 鉋削及插削。

   (5) 研磨。

8-2　非傳統加工

8-2-1　非傳統加工的概念

1. 基本概念

   非傳統加工(Nontraditional machining，Nonconventional manufacturing process)又稱為特殊加工，大部分技術是在 1940 年代以後發展出來。一般而言非傳統加工具有高的功率消耗和低材料移除率之特性。

2. 使用能量之分類

   其使用之能量可分為四大類：機械能、電能，熱能和化學能。

   (1) 機械能(Mechaniclal euergy)

   　　a. 傳統適用剪斷(Shear)，以刀具作物理性之接觸來切削。

   　　b. 非傳統加工是以沖蝕(Erosion)機制來切削，如磨料噴射加工(切削)(Abrasive jet machining，AJM)，水噴射切削(Water jet machining，WJM)，磨料水噴射切削(Abrasive water jet machining，AWJM)，磨料流動切削(Abrasive flow machining，AFM)，液動壓(Hydrodynamic)加工，超音波加工(Ultrasonic Machining，USM)。

(2) 電能(Electrical Energy)

    a. 利用反電鍍原理(Reverse electroplating principle)，而材料由陰極之工具與陽極之工件間的高速流動之電解液(Electrolyte)所切除。

    b. 如電化學加工(Electro Chemical machining，ECM)，電化學研磨(Electrochemical Grinding，ECG)，電化學放電研磨(Electro chemical discharge grinding，ECDG)，電解液流鑽孔(Electro stream drilling)，成形管電解加工(Shaped tube electrolytic machining，STEM)。

(3) 熱能(Thermal energy)

    a. 利用熱能將材料蒸發(Vaporization)和熔解(Fusion)而達成到切削。

    b. 如放電加工(Electrical discharge machining，EDM)，線切割放加工(Electrical discharge wire cutting，EDWC，Wire-EDM，WEDM)，電子束加工(Electron beam machining，EDM)，雷射加工(Laser beam machining，LBM)，電漿電弧加工(Plasma arc machining)，電漿輔助加工(plasma assisted machining，pam)，熱能法去毛邊(Thermal energy method deburring，TEM)。

(4) 化學能(Chemical emergy)

    a. 利用化學作用達成材料切除之方法。

    b. 如化學切削(Chemical machining，CHM，CM)，化學銑切(Chemical milling) 化學下料(Chemical blanking)，化學雕刻(Chemical engraving)。

3. 非傳統加工之優缺點(與傳統加工比較)

(1) 優點

    a. 可克服傳統加工所不能克服之問題，如當材料過硬，過脆、太軟、形狀太細，撓性太高而無法施予足夠之切削力或無承受切削力時，或工件形狀過於特殊而無法用夾治具夾持時，若用傳統加工法無法應用或不經濟時，則用非傳統加工將是最佳選擇。

    b. 可降低表面粗糙度，硬度之變化，熱影響區，殘留應力。

    c. 傳統加工刀具無法到達之部位，或加工部位過小(如小孔)，利用非傳統加工則可解決。

(2) 缺點

    a.　消耗功率大。

    b.　生產率低。

    c.　材料移除率低。

8-2-2　非傳統加工的涵義

一般之加工程序(Manufacturing process)有三種，即材料移除(Material removal)，成形加工(Forming operation)，材料接合(Material joint)。而非傳統加工之涵義(即與傳統加工之區分)可由上述之三種製程來得知。

1.　傳統加工(Conventional manufacturing process)

(1)　在材料移除(Material removal)方面

是利用電動馬達(Electric motor)來帶動，使工件與硬刀具(Hard tool material)產生相對運動，以實際的物理接觸(機械式之接觸)，產生切削力來移除工件材料的方法。

(2)　在成形加工(Forming operation)方面

是以電動馬達來驅動油壓式(Hydraulics)或動式(Gravity)之設備，配合模具(Mold or Die)來成形。

(3)　在材料接合(Material joint)方面

是以化學或電等熱能來使工料局部融化而產生接合效果。

2.　非傳統加工(Nonconventional manufacturing process)

(1)　在材料移除(Material removal)方面

是利用電化學反應(Electrochemical reacting)或高溫的電漿(High temperature plasma)或高速噴射之液體或磨粒(High velocity jets of liquids and abrasives)或化學反應(Chemical reactions)或能量束(Energy beam)或藉高頻聲波推動磨料等多種方式來將材料移除。

(2)　在成形加工(Forming operation)方面

是藉強力電磁場(Magnetic fields)或炸藥或高能電火花(放電)產生之爆炸(Explosive)和震波(Shock waves)為成形力之來源，再配合模具而成形。

    (3) 在材料接合(Material joint)方面

          是利用高頻率之聲波(High frequency sound waves)或能量束(Energy beam)來將材料接合。

3. 非傳統加工與傳統加工之區分

    故非傳統加工與傳統加工之區分是以其製程所用之材料移除方式或成形力或接合驅動力之來源等不同而區分，並不是以發明(使用)之年代來區分。

8-2-3　超音波加工(USM)

1. 原理

    USM 是利用浸在磨料泥漿內之工具，以高頻率(20 kHz)低振幅(0.0125～0.07 mm)的往復震盪，迫使漿液中的磨粒通過工具與工件間之微小間隙，且使細磨粒產生高速來撞擊工件，而產生脆性及延性破壞而達到移除材料之目的。其示意圖如圖 8-25 所示。

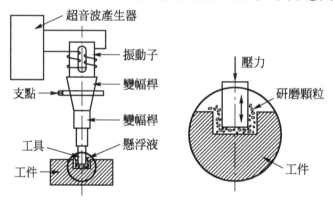

圖 8-25　超音波加工(USM)示意圖

    (1) 特點

        a.   工具之形狀須與工件所需之外型相配(即 Reverse)，亦即工具形狀須與工件預備移除部位之形狀相同)。

        b.   刀具(工具)與工件表面並未接觸，且無化學與熱等效應之產生，故工件材料表面不會有化學或冶金變化。

        c.   高速衝擊之磨粒所產生之切削力可高達磨粒本身重量之 150000 倍，但因磨粒之質量甚小，所以切削力很小(不超過 4.5 kg)。

d.　每一次行程，因磨料之切削研磨作用，皆會由工件上移除部份細小之材料。且在工具拉起時在磨料漿中會引發真空漩渦而幫助加工區內切屑之排除，同時吸引新鮮銳利的磨料到加工區。

(2)　設備

從小型、桌上型到大型皆有，功率為 400 w 至 2400 w 不等，功率對可加工面積與材料移除率皆有直接之影響。設備主要包括電源供應器，訊號轉換器，刀具夾持設備，成型所須之刀具，磨料等。

a.　電源供應器：以高功率之正弦波產生器，將 60 Hz 之低頻轉換至 20 kHz 之高頻，再傳送到訊號轉換器。

b.　訊號轉換器(Transducer)：係利用壓電效應(Piezoelectric)或磁致伸縮(Magnetostrictive)效應，來將高頻之電能轉換成機械運動。其中磁致伸縮之方式其效率低、廢熱大。

c.　刀具夾持設備

　　i.　包括集中器(Concentrator，又稱連結器，工具柄)與刀具固定座，用來固定刀具此將能量傳遞至刀具。

　　ii.　其材質則以傳遞音波之性質佳，疲勞強度高者之金屬如鈦，不鏽鋼或蒙鈉合金(Monel)等為佳。

　　iii.　工具柄之形狀其設計需良好如指數形、階級形，其放大振幅最高可至六倍，可提高加工速度，但成本較高，且表面光度稍差。

d.　成形刀具

　　i.　刀具之製造成本與換刀所需之時間會影響超音波加工之經濟性。

　　ii.　其材質之選擇為工件硬度越小，則刀具硬度越大，可使材料移除率增加，但刀具之硬度高會使刀具本身之磨耗率增加。

　　iii.　一般常用之材料包括軟鋼，不鏽鋼或黃銅等。以切削，鑄造或壓印之方法製成。其表面需經拋光或精加工，以提高工件之表面粗糙度。而為了彌補過切(Overcut)之效應，故刀具之尺寸必須略小於所加工之尺寸。

e. 磨料

i. 常用之磨料有碳化硼(Boron carbide)，碳化矽，氧化鋁，其中最硬者為碳化硼，切削率高且經濟，而 CBN 與鑽石則較少使用。

ii. 選用磨料之考量因素為成本，所需表面粗糙度，粒度，硬度，使用壽命。

iii. 磨料之粒度會影響材料之移除率與表面粗糙度。在切削深孔時，須適時補充磨料，否則切削率會大幅下降。

f. 漿液(Slurry)

i. 漿液是用來將磨料導入工件與工具之間隙中，且移去已磨耗之磨料與切削屑，且有冷卻之作用。

ii. 常用之重量濃度為 30～50%，而漿液之循環是相當重要的，可改善材料移除率。(最高可增加一倍)，使用之液體大多用水，因其材料移除率佳。

2. 應用

超音波早期僅用來加工硬度高，及脆性之材料，現在可用來解決一些傳統加工所無法應付的加工問題。可加工碳化物、玻璃，陶瓷、不鏽鋼等材料。

現已可適用於下列加工需求：

(1) 具彎曲軸之彎孔、多孔篩或非圖孔等較複雜之孔加工。

(2) 脆性材料如玻璃等之壓印。

(3) 適當旋轉與移動工件，使刀具可如同鑽入工件一般，以切削螺紋。

(4) 可應用於超音波輔助加工(Ultrasonically assisted machining，UAM)配合傳統之削、鑽削減少刀具之磨耗，也可應用於迴轉式超音波輔助加工(Rotary ultrasonically assisted machining，RUM)，其所用之加工刀具以高速旋轉(5000 rpm)及高頻率(7 kHz)之軸向震動來進行加工硬，難切削之材料如陶瓷，純鐵，玻璃，鋁合金，紅寶石，硼，石英。其加工方式有鑽削、切削、螺紋切削等。

3. 優缺點

(1) 超音波加工之優點

a. 加工力小，材料變形很少。

b. 切削熱可以忽略，沒有熱影響區。

　　　c.　可加工以傳統加工無法達成之脆性材料，且可加工非導體之材料。

　　　d.　利用單一刀具即可加工出形狀複雜之孔穴或多孔加工。

(2)　超音波加工之缺點

　　　a.　材料移除率低，加工面積小，加工深度受限制。

　　　b.　刀具磨耗大，且能源利用率低。

　　　c.　加工軟材料時，較不經濟。

　　　d.　一般而言，每種工件皆需專用之成形刀具。

(3)　加工之核心技術：在於適當之加工參數組合

　　　USM 要控制材料移除率，表面粗糙度及公差，是藉控制工具之振幅、頻率、工具材質、工具與工件之間隙(Gap)(大約為 0.03～0.1 mm)、磨料與漿液之選擇等來達成。

8-2-4　磨料噴射加工(Abrasive jet machining，AJM)

1.　原理

以含有微細磨料之高速氣流(152～305 m/sec)來噴射工件，因磨料之磨削作用(Abrasive action)而對工件產生材料移除作用。其機制為脆性與延性破壞。磨料噴射加工(Abrasive jet machining，AJM)示意圖如圖 8-26。

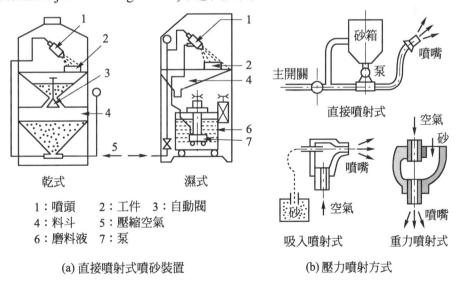

1：噴頭　　2：工件　　3：自動閥
4：料斗　　5：壓縮空氣
6：磨料液　7：泵

(a) 直接噴射式噴砂裝置　　　　(b) 壓力噴射方式

圖 8-26　磨料噴射加工示意圖[6]

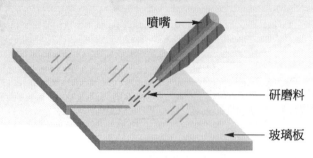

噴嘴

研磨料

玻璃板

圖 8-26　磨料噴射加工示意圖(續)

(1) 特點

　　a. 此法與傳統之珠擊法(Shot penning)類似，但因磨粒較細，且可以控制其加工參數與切削作用，故加工行為較細緻。

　　b. 加工時加工部位之角隅處會有變圓之趨勢，且內孔加工會產生錐度。在加工時須注意。

　　c. 磨粒會有散射彈跳現象，對人員與已加工表面或不欲加工表面會損傷，在加工時須小心。

2. 設備

包括氣體推進系統(Gas propulsion system)，計量系統(Meter-in system)、輸送系統、集塵系統(磨粒收集系統)。

(1) 氣體推進系統：提供穩定之乾燥且潔淨之高壓空氣。可以空壓機或瓶裝氣體為之。

(2) 計量系統：將磨料均勻地定時定量地送入震動混合室與氣體噴流混合。

(3) 輸送系統：包括管路與加工用之噴嘴單元等，來將磨粒噴流送至欲加工之部位。

(4) 集塵系統：將加工過之磨料與產生之切屑收集。

(5) 磨料：常用之磨料為氧化鋁，主要用在表面清潔(Clean)，切割，去光澤，去毛邊等。也有使用碳化矽，其硬度較高故適合用於硬度較高之工件。一般之磨料顆粒尺寸為 0.015～0.04 mm，常用為 0.01，0.027，0.05 mm。其具尖銳邊形狀之磨料較圓滑表面者佳。

(6) 噴嘴：常用之材料有碳化鎢，合成藍寶石(Synthetic sapphire)。其中藍寶石之壽命較長，大約為碳化鎢 4 倍以上，目前已發展出可快速更換式之噴嘴。

3. 製程參數

   材料之移除率，去毛邊之能力，加工面之特性，是視磨料之型式，噴嘴口之尺寸與形狀，噴嘴至工件之間距(Nozzle tips distance，NTD)，噴嘴與工件之角度，磨料之噴射速度，磨料之流量，氣體之壓力，輸送管路之長度等而定。

4. 應用

   (1) 可做玻璃磨削(Abrading)和去光澤(霧化，Frosting)。

   (2) 細微元件之加工(Micro module fabrication)，如半導體之切削加工，薄膜電阻修整。

   (3) 模具之小量修整，去毛邊，污點，局部霧化，或毛面處理(即咬花，Matte finish)。

   (4) 薄且硬脆材料之鑽孔、切削、開溝槽、刻商標。

   (5) 去毛邊，如外邊、內外螺紋、交叉孔等。

   (6) 清潔(Cleaning)，如金屬表面氧化物之去除、陶瓷表面之金屬雜質去除或線材之剝皮。

5. 優缺點

   (1) 優點

      a. 可切熱敏感(氣流有冷卻作用)與易脆或非常硬之材料。

      b. 設備成本低。

      c. 加工力小，零件不會有顫振與震動之問題。

      d. 可進行細微加工。

      e. 可加工困難到達區域(Difficult-to-reach area)

   (2) 缺點

      a. 易形成錐度。

      b. 不適於大毛邊、大面積、或切除率大之工件。

      b. 材料移除率相當低。

      d. 會有散射切割(Stray cutting)之現象且磨粒會鑲埋於工件上，而 Stray cutting 現象可用磨料－水噴射加工來消除。

      e. 磨料不回收，噴嘴易磨耗。

8-2-5 水噴射加工(Water –jet machining，WJM)

1. 內涵

水噴射加工俗稱水刀加工，是以高速小直徑(0.05～1 mm)之高壓水柱(200～340 Mpa)噴射工件，產生沖蝕效果(Erosion effect)而達成材料之移除目的。即利用流體噴擊至工件時所產生之動量(Momentum)變化而達成切割、清潔、研磨之目的。故又稱液動壓加工(Hydrodynamic machining)。水噴射加工提供全方向性(Omni-directional)的高切削速度，且可切出狹窄之切縫，且切邊之性質優於傳統之切削方式。水噴射加工示意圖如圖 8-27。

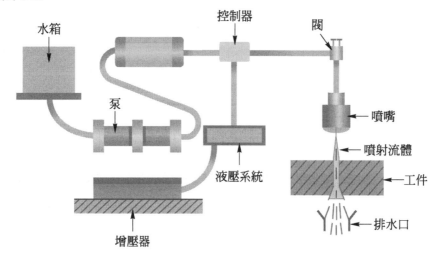

8-27 水噴射加工示意圖[6]

2. 設備：包括產生高壓之泵浦(Pumper)，噴嘴與管路系統和承集器與過濾裝置。而其技術主要在增壓器(Intensifier)，密封(Seal)，噴嘴(Nozzle)等元件。

(1) 泵浦：可用液壓泵或柱塞泵，而液壓泵是以增壓器來提昇壓力(可提高 40 倍)，其中需有蓄壓器(Acumlator)來貯存高壓水，以吸收水之振動，而可提供均勻流量之高壓水流。

(2) 用來改變壓力，使其水柱速度變快，且改變流場方向，使其速度一致。常用之材質為合成藍寶石，因其抗磨耗性佳且加工容易。而噴嘴之磨耗原因有：a.水中磨粒之剝離(chipping)作用；b.水中之礦物質沉積所造成之孔徑縮小(Constriction)現象。

(3) (Cather)與過濾裝置：承集器用來承接與收集貫穿工件之水柱，以維護安全與清潔，且可減低噪音，而過濾裝置則過濾與清潔使用過之水。

3. 應用

主要用來切割(Cut)和切縫(Slit)為多孔性非金屬如木頭，大理石、紙、皮革、瓦楞紙、紙尿片，或用於電線剝皮(Stripping)、去毛邊(Deburring)，表面清潔(Cleaning) 或食品包裝材料等切開或是混凝土，油漆，水垢或生鏽之去除。或是用於熱敏感性元件加工如塑膠，橡膠，塑膠殼，強化塑膠等加工。

4. 優缺點：

(1) 優點：

a. 全方向切割特性(為點加工)可切任何形狀。

b. 切縫小(Kerf width)，材料損失少，且不生灰塵。

c. 為冷加工，無熱影響區，切縫品質佳，柔軟之材料也可加工，且不會有燒焦現象或變形。

d. 噴嘴與工件不接觸，易自動化且無刀具磨耗。

e. 切削速度高，加工時間短。

f. 因加工力小，無應變硬度或為裂縫(Micro ctack)

g. 合乎環保。

(2) 缺點

a. 設備成本高。

b. 不適合加工脆性材料，如玻璃因為易產生龜裂。

c. 加工時有噪音與高壓之工安問題。

d. 須有廢水處理設備。

e. 不太適合加工硬的非多孔性之金屬，除非使用磨料-水噴射加工(Abrasive water jet machining，AJW)，俗稱加砂水刀。

8-2-6　磨料流動加工(Abrasive flow machining，AFM)

1. 內涵

以一定之壓力迫使半固態具有黏稠性之磨料流體，流經或流穿工件或加工之表面，以磨料之研磨作用來除去材料,屬於精加工製程,常用之磨料如碳化矽或鑽石粉。其切削作用類似銼削(Filing),輪磨(Grinding),研光(Lapping)加工。此法特別適合其他方法難加工之內孔。當然外表面之毛邊也可應用,只是須有特殊之夾具。可應用於大部分之材料與工件,如柴油引擎之噴射嘴,渦輪葉片,齒輪,衝剪模、鍛造模,押出模,孔眼模等工件角落之細加工,去毛邊,面之細磨等。磨料流動加工示意圖如圖 8-28。

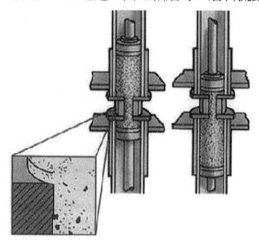

圖 8-28　磨料流動加工示意圖[6]

2. 應用

(1) 去毛邊:其使用之磨料流體的剛性(Stiffness)較小,使中心流動快,而使流路入口邊緣之磨削量較側壁為多。

(2) 拋光:其磨料流體之剛性較大,類似純擠製(Extrusion),可在表面均勻地去除流路(Passage)之側壁材料。

(3) 改善表面性質:可除去表面因前道次加工所遺留之缺陷如再鑄層(Recast layer)或表面變質層,而保有原來之主要成分。

3. 製程特點

以一定量之漿體來加工,當流經不同截面積時,則小截面之流路有較大之磨削量,而大截面之流路有較小之磨削量。而若同時流經不同截面時,小截面因流動阻力大,則漿體流動慢,切削量反而少。

4.　優缺點

(1)　優點

a.　去毛邊，拋光和圓角化可在同一加工道次中完成。

b.　成品表面粗糙度佳。(0.05 μm)

c.　加工時間短，一般小於 1 分鐘或 5～10 分鐘。

d.　噴嘴與工件不接觸若自動化且無刀具磨耗。

e.　產量適用性大，可用於零星生產或批量生產或大量生產。(單件～1000 件/小時)

(2)　缺點

a.　夾具貴，設備成本高。

b.　盲孔無法加工。

c.　加工後工件需後續清潔。

8-2-7　電化學加工(Electro chemical machining，ECM)

1.　原理

利用反電鍍原理，亦即電解原理，而達成材料移除之目的，即以工件為陽極，刀具為陰極，通以直流電(低電壓、高電流)，且兩者維持一定之間隙，電子由工件因電解而經由間隙，流向刀具，故工件之成形表面與電極形狀之反向。由於材料是經由陽極之電解作用而去除，此過程與機械能和熱能無關，而是利用電能和化學之作用。電化學加工示意圖如圖 8-29。

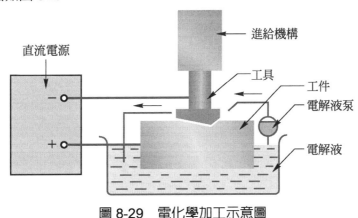

圖 8-29　電化學加工示意圖

(1) 電解液需高速流經工件與刀具之間隙，以沖走以移除之切屑，防止其沉積於刀具上，而降低加工之尺寸精度。

(2) ECM 為非傳統加工中，加工量最大，材料移除率最高。

2. 設備

ECM 設備包括：(1)配合之工作母機；(2)電解液；(3)成形刀具及(4)電源供應器。

(1) 工作母機

配合使用之工作母機，必需能耐大電流，耐鹽分，且其進給機構需可精確控制移動速度與定位以保持加工精度，且機台之剛性需高。

(2) 電解液

電解液需有下列特性：a.良好之導電性；b.黏度低；c.毒性與腐蝕性低；d.價廉且易取得。最常用者為氯化鈉(NaCl)水溶液，而硝酸鈉也常用，腐蝕性雖較 NaCl 低，但導電性也低。

而電解液之功能為

a. 在工件與刀具間形成電氣迴路，使電解反應得以進行。

b. 沖走工件被電解之生成物。

c. 帶走反應熱，有冷卻之作用。

(3) 成形刀具

成形刀具需有下列特性，導電度、熱傳性佳，易加工成形，剛性需足夠，且可抗化學腐蝕，常用之材料有銅鎢合金、銅鎳合金、銅錳合金、銅、鋁、鈦、不鏽鋼。

3. 特點

(1) 成形刀具之側邊需做絕緣層，使加工時錐度效應少(避免側邊被電解)。

(2) 利用電化學移除，電流量高(10～40000 A)，但電壓低(5～15 V)。

(3) 溫度會影響電化學反應($T\uparrow$，反應越快)。

(4) 加工參數多，投影面積，表面之角度，尖端厚度，進給率，工件材料，電解液之濃度，壓力、成分、流速電壓之壓力電流，間隙量(Gap)。

其中間隙量為相當重要之參數，間隙量大，電流密度低，則 MRR 低，表面粗，間隙量小則相反。

而電解液之流速大，則 MRR 大，但表面差，且各部 MRR 不均一，但流速小，則 MRR 小，熱與副產品會影響工件之品質。

4. 應用

只要材料可導電皆可加工，但高矽鋁合金，所得之表面光度差，可應用之加工型態有

(1) 電解成形(Electrolytic shaping)

已成形刀具外形，電解液可設計由刀具內部注入加工區域。應用例：輪葉葉片加工。

(2) 電解開孔(Electrolytic trepanning)

使用各種截面之管狀成形刀具，外緣包覆絕緣層，而電解液由刀具之中空部位進入加工區域，可用來加工輪葉，彎曲之孔或槽，而改變刀具外型即可用來作切削。

(3) 鑽孔

可一次鑽多孔，且孔中心距離近，對小且深之孔特別有效，其方法有成形管電解加工(Shaped tube electrolyte machining，STEM)，電解流(Electro-stream)方法，加工時主軸不旋轉。

(4) 電解凹穴(模穴)加工(Electrolytic cavity sinking)

對難切削材料之模具，可用此法加工，加工速度快，但加工精度差。不過可結合 EDM 變成 ECM/EDM die sinking。其方式是先由 ECM 進行快速之孔穴加工，再用 EDM 來做精加工，而 EDM 之變質層(再鑄層)再由 ECM 上以電化學拋光(Electro chemical polishing process)(僅 20～30 秒即完成)來完成工件。

(5) 電解切斷(Electrolytic cutting off)或鋸切

利用圓形刀具(會旋轉)或以板狀或條狀電極來進行材料之鋸切或切斷。

(6) 電化學研磨(Electrolytic grinding，ECG)

結合磨削與電化學切削的加工方式，以金屬結合之磨輪，配合 ECM 之方式，工件接陽極，磨輪接陰極，加工時大部分之材料是藉電解作用來去除，所以磨輪之壽命極長，加工時，不會有熱產生，可加工韌且硬之材料。

加工特點：加工工件之硬度越高，所得之表面光度越佳，且最好的表面光度是在最大材料移除率之條件下完成。可應用於注射針頭之研磨(無毛邊)。

(7) 電化學放電研磨(Electro-chemical discharge grinding，ECDG)

ECDG 是結合放電研磨(Electrial discharge grinding)與電化學研磨(ECG)，來進行研磨，其設備與 ECG 類似，僅磨輪改為石墨磨輪。此法加工時，磨輪工件並無直接接觸，放電發生於工件表面絕緣之氧化膜，而將此氧化薄膜沖蝕，使電解得以進行。

(8) 電化學去毛邊(Electro-chemical deburring)

將 ECM 之電極置於要加工區域後(即有毛邊之部分)進行加工時，工件與刀具皆固定。ECM 對於高精度，複雜外形，有交叉孔之毛邊，槽內毛邊之去除相當有用，適合小量與大量生產。

(9) 電解線上削銳(Electrolytic In-process dressing，ELID)

結合放電加工與電解加工之複合技術，可在加工中自行進行削銳，使磨輪不會 Loading，加工效率高，減少加工變質層，可應用於來平面，圓柱面，內圓，治具之鏡面研磨。

5. ECM 之優缺點

(1) 優點

   a. 刀具壽命長。

   b. 單道次加工即可完成複雜形狀孔穴或外型加工。

   c. 無毛邊，無加工力與殘留應力。

   e. 只要可以導電，硬度之工件皆可加工。

   f. 成品之表面光度佳。

(2) 缺點

   a. 設備費用高，維護費也高，如電解液之後處理。

   b. 深寬比過大之孔穴加工不易。

   c. 工件需為導電性。

   d. 易有粒間腐蝕(IGA)。

8-2-8　化學材料移除法(chemical material removal)

又稱化學加工(Chemical material，CM)，是利用酸或鹼性溶劑來溶解不要的材料，而留下所需要之部分，為一種最古老之非傳統加工技術。

1. 化學銑切(Chemical milling，CHM)

(1) 內涵

CHM 是在平板工件或薄板工件或是在鍛、鑄、擠製件上以化學腐蝕之方式除去不要之材料，產生淺的凹痕，以減輕工件之重量。此法用於航太工業之大型零件。化學銑切示意圖如圖 8-30。

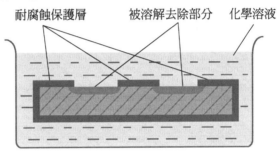

圖 8-30　化學銑切示意圖

(2) 基本製程

CHM 包括五個主要步驟：

a. 清潔(Cleaning)：即前處理，將工件表面徹底清潔，以確保耐蝕性皮膜(遮罩)可均勻黏合，不要部分之金屬得以均勻被腐蝕。常用之方法如蒸氣去脂、鹼洗、去氧等。

b. 上遮罩(Masking)：又稱覆膜，利用流塗、浸漬、噴塗等方式將耐蝕皮膜黏上工件表面。

c. 畫線與皮膜剝離(Scribing and Peeling)：利用樣板以細刀在遮罩上畫線(切割)，再將要腐蝕處之皮膜剝離。

d. 浸蝕(Etching)：將工件浸入腐蝕液，來達成銑切，均勻之攪拌與溫度和時間之控制是相當重要。常用之腐蝕液，如加工鋁時用氫氧化鈉(NaOH)，加工鋼鐵材料則用鹽酸與硝酸混合物，加工不鏽鋼則用氯化鐵(Iron chloride)。

e. 除罩：已浸蝕完畢之工件，以適當之方式，如手或用除膜溶液去除遮罩，最後再進行清洗、修整。

(3) 應用

a. 將不規則形狀之工件，如鍛、鑄件表面之一部份或全部移除。

b. 可加工大面積且極薄斷面之工件。

c. 可加工出錐度狀工件或進行工件之預成形加工。

d. 階在同一板料上之形成梯式腹板或多種細部加工。

(4) 優缺點

a. 優點

i. 可同時在一槽內加工多件之工件，且同一工件上，也可同時加工多處。

ii. 加工之設計彈性大，任何曲面外形皆可加工。

iii. 可加工大面積，複雜外形，薄斷面之工件。

iv. 可加工切削性不佳之材料，且沒有毛邊與熱影響區。

b. 缺點

i. 材料移除率低。

ii. 加工深度大時，由於等向性蝕刻之故，其精度差。

iii. 無法去前加工所遺留之表面凹痕與孔穴瑕疵。

iv. 鋁鑄件因多孔性與異質性，不太適合 CHM，除非不要求強度與表面光度。

v. 銲接件之銲道部位，以 CHM 加工常會產生空孔瑕疵與不均勻蝕刻。

vi. 化學溶液之腐蝕性與廢液處理需注意。

2. 化學下料(Chemical Blanking，化學打胚)

(1) 原理：與化學銑切相同，僅在使用遮罩之方式與成品不同而已。是將保護層遮罩塗滿平板工件或薄板工件要保留的部分，並將不保留的部分貫穿腐蝕加工，以得到所需的外形。而由於遮罩是以感光物質(光阻劑)配合曝光、顯影技術得到，故又稱為光化學下料(Photochemical blanking)

(2) 應用：常用於金屬薄板之下料，複雜外型或小型工件之大量生產，或無毛邊印刷路板之生產或裝飾用之儀表面板加工。

(3) 製程

其步驟如下：

a. 設計圖案支負片製作：將原設計以放大(100 倍)之方式，先繪製圖案，再以相機來製作縮小成零件真正尺寸之負片。

b. 金屬清潔並上光阻(Photoresistor)：可用浸漬、噴塗、滾輪覆蓋等方式上光阻，再送入烤箱預烤(Pre-bake)使光阻黏附於工件表面上。

c. 曝光與顯影：將負片至於預加工件之上方，而以紫外光進行曝光，使曝到光之光阻劑硬化，再以適當之顯影劑將未曝光之光阻去除，而完成顯影。

d. 蝕刻：將工件浸入化學反應槽內，則未受光阻保護之區域，即受化學溶液之蝕刻而達到移除材料之目的。

e. 去光阻：將已蝕刻完畢之工件上之光阻去除，再經清潔與檢驗即完成工件。

而在 b 與 c 步驟，若公差要求不高，可用網版印刷之方式，來將耐蝕性皮膜直接印刷黏附在工件表面上。

(4) 優缺點

a. 優點

i. 加工能力高，解析度好，可製出微細之工件。

ii. 製程易自動化，在中大量生產相當經濟。

b. 缺點

i. 化學溶液處理需小心，且廢液處理需費心。

ii. 工作環境易有異味，人員安全需注意。

iii. 僅適用於薄板工件。

3. 化學雕刻(Chemical Engraving)

此法結合化學下料與化學銑切。利用網版印刷之方式印上耐蝕皮膜，而利用化學溶液蝕刻出不要之部位。一般用於名片之製作，正面之鑲板等。

8-2-9　放電加工(Electrical discharge machining，EDM)

1. 內涵：又 EDM 稱火花放電加工(Sparking discharge machining)，火花沖蝕加工(Sparking erosion machining)，是屬於熱能加工製程。乃是在工件與電極間通入高頻率大電流，控制工件與電極之間隙而產生放電火花，利用放電火花所產生之高溫來將工件局部區域熔融，再以介電液(Dielectric fluid)將其衝離使用，經反覆多次放電以產生巨觀之移除材料而達到加工之目的。可用以產生精密之孔穴與外輪廓，而工件所移除部分之形狀和電極的外形相同，放電加工示意圖如圖 8-31。

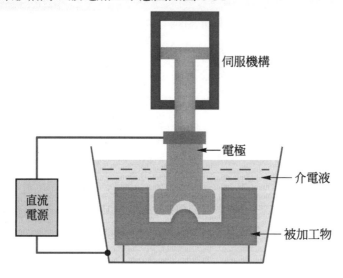

圖 8-31　放電加工示意圖[6]

2. 基本流程

(1) 將工件與電極浸入介電液中，此時介電液為絕緣。

(2) 電極移動，使電極與工件維持一極小之適當間隙。

(3) 在工件與電極間產生短時間之脈衝放電。

(4) 反覆多次脈衝放電。

3. 放電加工之設備

主要包括四部分：

(1) 電源供應器：將交流轉成直流，且須能控制脈衝之電壓，放電時間，頻率與可感測電極與工件間隙之電壓。

(2) 介電系統：包括介電液(Dielectric fluid)，幫浦、輸送管路和過濾設備。其中介電液之功能為 a.絕緣；b.冷卻；c.沖走切屑與不要之副產品。

(3) 電極：電極乃形成工件表面與形狀之主要設備，其選因素為磨耗率低、易加工、易導電、加工後之表面光度佳者。

(4) 伺服系統(Servo system)：控制電極之進給量與電極與工件之間隙，得以精確地控制之移除率與尺寸精度。常用之進給機構為用滾珠導螺桿，而現已有使用線性馬達，因其扭矩大、反應速度快、可高速進給移動、且無螺桿間隙之誤差。

4. 製程參數

(1) 間隙(Gap)：通常為 0.012～0.05 mm，間隙小，沖洗困難，材料移除率低，但表面光度良好，尺寸精度佳。

(2) 放電頻率(Spark frenquency)：頻率越高，表面越佳因其放電能量平均分配於數個放電火花，使每個火花產生之凹坑(火花銲疤，Crater)變小之故。

(3) 放電電流：電流越大，移除率越高，但表面粗糙度越大，而提高電壓也有此效果。

(4) 脈衝時間(Plus duration)：脈衝時間越大，移除率越高。

5. 火花產生電路(Spark generating circuits)

對於放電加工機而言，要產生一個火花，其特性是需可被控制，而能提供一最佳條件來針對某一特別之應用，如高 MRR 或一個精細表面紋理(Fine surface texture)，且此系統須可提供必要的控制，如密度，放電期間(Duration)循環時間。

(1) 型式

a. Resrstance-capacitance (RC)

電阻-電容電路，又稱鬆弛電路 Relaxation circuit，為最簡單且可靠。且可提供諸如 0.25 μmRa 之細表面紋理 Textures。但需在相當高之電壓才會放電，且控制較困難，導致其 MRR 低，且工具磨耗大(Substantial tool wear)。

b. 電晶體化之脈衝產生器(Transistorized pulse generator)

可提供高的 MRR 且降低 Tool wear，因沒有電感或電容儲存元件，所以開關切換是較容易且有效率，但因沒有改變極性，所以電極之磨耗程序是被受限的。

(2) 加工表面特性

因高溫(8000～12000℃)，故工件表面會產生特殊結構，一般包括三層：

a. 再鑄層(Recast layer)：硬度高。

b. 類似再鑄層(A layer which had reached melting point)

c. 退火層(Annealed layer)：硬度低。

6. 放電加工之優缺點

(1) 優點

a. 加工時無巨觀之切削力。

     b.   無毛邊。

     c.   尺寸精確，精度高。

     d.   不受材料之硬度限制。

     e.   單一操程序，即可加工出複雜孔形。

(2) 缺點

     a.   材料移除率低，加工速度慢。

     b.   電極會消耗。

     c.   一般僅能用於導電材料。

     d.   有再鑄層與熱影響區。

     e.   複雜外型之工件，其電極製作耗時。

8-2-10　線切割放電加工(Electrical discharge wire cutting，EDWC)

對於 Wire-EDM，WEDM，此法之工作原理和前述之放電加工(EDM)相同，只不過電極改成拋棄式之連續的線電極，而在線電極與工件間之間隙產生放電而加工，放電之火花其產生之熱能可局部熔融與蒸發工件材料而達成加工之目的。線切割放電加工示意圖如圖 8-32。

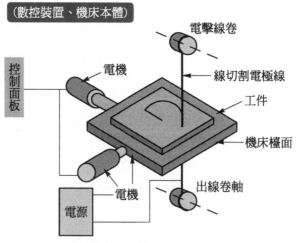

(a) 線切割放電加工的基本構成

圖 8-32　線切割放電加工示意圖

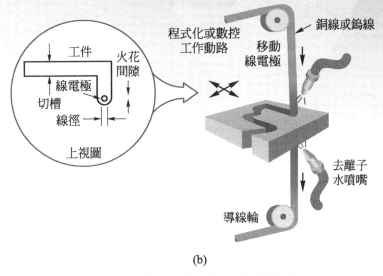

(b)

圖 8-32　線切割放電加工示意圖(續)

1. 電極材料與尺寸

   線電極之材料一般為銅，黃銅，銅鎢，其直徑為 0.05～0.3 mm。

2. 使用之介電液

   常用者為去離子水(Demonized water，DI water)，其特性為低黏度，高冷卻速率，且
   不會有引起火災之虞，故可 24 小時加工。

3. 加工方式

   如同線鋸般來進行直線，曲線之切斷加工，以 CNC 方式控制電極或工件之移動，若
   上下電極導引架錯開且適當控制，則可加工出上下異形之工件(即為 3D 之形狀)。

4. 加工特性

   (1) 因為以 CNC 控制，且線極直徑小，故可切割出準確且狹窄之切縫，且可精確切
       出銳角。

   (2) 加工物之硬度與加工速率無關，工件之材質，為導電即可。

   (3) 常用於製造貫穿模具，鋁門窗用模具(擠製模)。

8-2-11　電子束加工(Electron beam machining，EBM)

1. 製程原理

   由一集束之高速電子，被聚焦成一小點，以 30～70％之光速速度來轟擊被加工件，
   在該轟擊之小點上，電子之動能轉換成熱能(效率接近 100％)，使工件局部蒸發而產

生如鑽孔和切削之行為，材料之移除是由一連串快速，重複期間短暫之材料爆裂噴射出去而達成。而為了有效加工，電子束加工盡量於真空狀態下進行，以避免電子束在行進時與氣體碰撞而散射使加工能量大幅降低。電子束加工示意圖如圖 8-33。

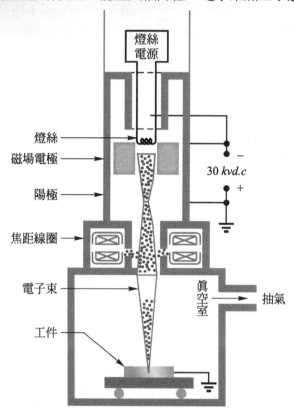

圖 8-33　電子束加工示意圖[6]

2. 設備

EBM 之設備，有電子槍與光學監視系統，真空泵，加工室，高壓電源與 X 光防護設施。而電子之來源，則是陰極之鎢係受熱而放出熱電子，被陽極吸引而加速，再由偏壓電極控制電子束之流動，而由此磁透鏡將其聚焦，再與轟擊於工件上。

3. 特點

(1) 能量密度高(107 W/cm^2)，對材料貫穿性大。

(2) 動能轉換成熱能，會產生 X-ray。

(3) 可利用電磁場聚焦到很小尺寸(0.25 mm)，且易控制。

(4) 材料移除率很低，可精確控制尺寸。

(5) 在真空中，電子束之能量損耗小。

4. EBM 材料移除之步驟

(1) 銳利地已聚焦電子束打擊到工件表面，使表面局部加熱和熔化而形成鑽孔。

(2) 高能量密度之電子束來產生一強烈之金屬蒸氣環境之毛細作用。

(3) 電子束已鑽穿材料且貫穿輔助材有一定深度。

(4) 熔化蒸發局部之輔助材產生一高蒸氣壓力，而使工件材料噴出。

5. EBM 之應用

如銲接(EBW)，切削，表面熱處理，鑽孔，光面加工(Glazing)高速鑽小孔。

(1) 鑽孔：所產生孔徑大小與電子束之直徑，功率與能量有關，而孔之外觀特徵為電子束之打擊面會有凹坑，有微小之錐度，且較小之孔徑乃在電子束打擊面之另一側。此方法通用於小孔徑加工，材料硬度高，外形複雜或同一工件上鑽數千孔(如人工皮革之透氣孔)。

(2) 電子束銲接(Electron beam eelding，EBW)

電子束銲接，是以經聚焦之緊密高速電子束來當動源，只用於當製程要求需要結合厚裁面材料，且不可有大量之扭曲或應用於結合熱敏感之材料。

大部分之 EBW 是在真空中進行，除了在真空中，電子較不會散射，使聚焦性佳外，因為在真空中熔解，類似對材料重新精鍊(Refining)，故材料之純度高，銲接強度佳。且因能量密度高，總入熱量少，扭曲少，熱影響區小，銲接效率高。

6. EBW 之優缺點

(1) 優點

    a. 低的熱量輸入(Low thermal input)。

    b. 高深寬比(High aspect ratio)。

    c. 可得高純度之銲接部位(在 EBW-HV 和 EBW-MV)。

    d. 貫穿(滲透)深度大。

    e. 可銲接高導熱性材料。

(2) 缺點

    a. 高結合準備費用與工具費用。

    b. 有無生產率之抽氣時間(Pump down time)。

    c. 在 EBW-NV 時，其貫穿深度與間隔距離受限。

    d.   需有 X-ray 遮蔽之防護。

7.   EBM 之優缺點

(1)   優點：

    a.   可加工出極小之孔(5～300 μm)，且深徑比(Depth of diameter ratio)可達很大。

    b.   無工具之切削壓力與磨耗。

    c.   可進行精密之微細加工，加工精度高。

    d.   鑽孔時，其速度極高(∵偏向容易)。

    e.   適合自動化之加工程序。

    f.   加工極薄之工件或空心之薄件亦無扭曲變形，且不會造成工件在冶金上之傷害。

(2)   缺點：

    a.   必須在真空中進行加工，其加工結果才能令人滿意。

    b.   材料之移除率低，不適合大面積之加工。

    c.   設備與維護成本高，操作之技術複雜。

    d.   僅通用在薄工件之加工。

    e.   鑽孔時會有微小之錐度及凹坑形成。

8-2-12 雷射加工　(Laser beam machining，LBM)

在 1970 年代，雷射開始被導入不同的產業的精密加工使用，它是利用雷射可提供是提供較高而且集中的熱源優點來進行熔接、切割、雕刻、表面熱處理、量測等不同領域的應用。雷射加工示意圖如圖 8-34。

1.   雷射：其名稱 Laser 係由其裝置原理(Light amplification by stimulated emission of radiation)五個字首所組成，其意為，藉輻射的激發放射而放大的光。其產生之方式可概括如下：由激勵系統(如激發燈光(光激勵))提供能量(光或電能)給活性工作介質(雷射名稱之來源，如 CO_2 雷射，表其活性介面直主要即為 CO_2)，以產生光子，這些光子在雷射共振腔中來回震盪數十次至數百次，最後穿透出雷射共振腔，行程雷射光束。

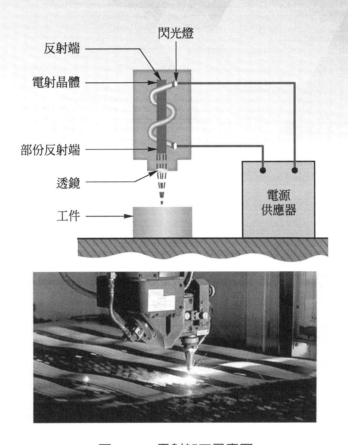

圖 8-34　雷射加工示意圖

3. 雷射的基本特性

(1) 同調性(Coherent)：相位一致形成，又稱凝聚連貫性。

(2) 單色性(Monochromaticity)：

表示方法：

a. 單一波長：實際上仍有許多波長輸出，用稜鏡選擇單一波長輸出。

b. 單一頻率：在單一波長中，選定一個波長得到更窄之頻寬而輸出，通常用 Fabry-perut 干涉儀得之。

(3) 方向性(Directionality)：高定向性，高光束平行性，光線擴散少。

(4) 高強度(Intensity)：高聚光性，可以透鏡聚光至非常小之面積，而具有高的能量密度。

4. 雷射產生之條件：居量反轉(Population reversion)，又稱粒子數反轉。

→高能階中的原子居量(數量)比低階能階中之原子居量高(此為活性介質會發生雷射

光之首要條件)。

當高能階的原子迅速躍回低能階時，需將多餘能量釋出，將會以光子之形態釋出，而放出強度高且性質相當一致的光子出來。

→要達到居量反轉，並不是單純的把 E_n 能階之原子，幫浦 Pumping 至 E_{n+1} 階上(即只為二階系統)。因為原子由 E_{n+1} 階躍回 E_n 階之速度很快，而無法累積至可以居量反轉之效果，故一般之雷射系統其能階系統大多為 4 能階，除了紅寶石雷射是 3 階系統。

5. 雷射振盪之必要條件：粒子數分布反轉。

   雷射振盪之充分條件：粒子數分布反轉引起的受激放大效應，需大於在雷射介質損耗之總和。

   →在雷射介質之損耗越小，即光子在腔中之壽命越長，則越有利於雷射振盪。

6. 基本的光與物質之作用

   (1) 受激吸收過程：對於物質中處於較低能階的例子而言，可以吸收特定頻率的外界輻射的能量(光子)而躍遷到較高的能階。

   (2) 自發輻射過程：對於物質中處於高能階的粒子，他可以藉兩種方式向外發射出特定頻率的光輻射，其中之一，為不依賴外界光場而自發地輻射出一個特定頻率的光子，而降低到低能階者。

   (3) 受激輻射過程：其次，受外界特定頻率的入射光場作用下被迫或受激輻射出一特定頻率(與入射光頻率相同)的光子而躍遷到較低能階者。

7. 雷射之應用

   (1) 雷射加工：(應用高強度性)CO_2 雷射，Nd-YAG 雷射，準分子雷射，於切斷、 鑽孔、熔接、熱處理(表面硬化)、銲接。

   (2) 量測：(應用同調性，方向性，單色性)He-Ne 雷射，紅寶石雷射，Nd-YAG 雷射，半導體雷射，於測距、全像術、雷達等，其工具有雷射干涉儀、雷射掃描儀、雷射都普勒位移器。

   (3) 通訊：(同上)半導體雷射，於光纖通訊、CD player。

   (4) 醫療美容上：去黑斑、眼睛近視手術、外科開刀。

8. 雷射光的產生過程

   (1) 光放大基本過程(粒子數反轉)：處於較高能級的粒子數總是少於較低能級的粒子數並且能級越高其粒子數越少。

(2) 粒子數反轉分佈：此時較高能及的粒子數大於特定較低能級的粒子數。

(3) 雷射振盪過程：利用光學回饋裝置(共振腔)使一定方向的光子多次的往返於粒子數分佈倒轉介質中則由於經多次的受激放大的結果而使沿該方向往返的光子獲得雪崩式增大。

9. 雷射結構的要素

(1) 雷射介質。

(2) 激發裝置。

(3) 光學共振腔。

10. 影響雷射加工之參數：

(1) 光性質：

　　a. 雷射光尺寸大小：尺寸愈小能量密度愈高(影響吸收)使切縫寬度越窄。

　　b. 功率：能量越高切削能力越高。

　　c. 極性：極性方向為能量方向。(切削時需要的是圓形偏振方向)

　　d. 波長：波長越短，其能量越高，所以其吸收較高。

(2) 輸送性質：

　　a. 速度：速度越快，熱影響區越小，切縫也越小。

　　b. 聚焦位置：焦點在工件表面以下則可得較高能量密度及較深的切割深度。

(3) 氣體性質：

　　a. 噴流速度：氣體壓力增加則切削速度較高。

　　b. 噴嘴位置：最佳孔徑與功率成正比，距離太近則阻礙熔渣排除，太遠則無法有效排除熔渣。

　　c. 噴出形狀

　　d. 氣體成分：純 CO_2 有較佳的切削效果。

(4) 材料系統：

　　a. 吸收率

　　b. 熱傳導

11. 金屬之雷射切削常需要使用氧氣

氧有助燃效果，且氧在高溫時對金屬有良好的親和性，在氧化過程中會產生很多能量，這些額外的能量大大提高切割效率。

(1) 氧減少反射。

(2) 提供氧化能量。

(3) 排除熔渣。

(4) 冷卻材料。

→木材或壓克力之雷射切削時卻皆不用氧氣因材料直接蒸發。

12. 雷射加工在工業應用的優點，如表 8-6。

表 8-6　雷射加工在工業各種應用的優點

工業應用範圍	優點
模版切割	無鋸屑、低噪音、非接觸加工、無工具磨耗、可切複雜形狀、無作用力施加於工件、不會產生誤差變形。
木材切斷	快速、無切屑、木材紋路不影響加工。
壓克力塑膠切斷	無鋸痕、切斷面整齊、不需後加工、可堆疊切割。
石英管	密封式切邊、降低灰塵、切縫小、產能較傳統加工高。
耐龍安全帶切斷	斷面封閉且無碎屑。
凱布勒複合材料切割開孔	傳統加工不易。
銅軸電纜外側剝皮	不會在心軸留下傷痕、無毛屑。
西裝布料的裁剪	無毛邊、無切屑灰塵、合成熱毛邊、可精密切割、可自動化生產。
航空材料的切削	陶瓷材料：不需工具且可加工任意形狀。 鈦合金：可加工大工件、迅速、後加工處理少、省成本。 鋁合金：只能使用高功率雷射做加工(因鋁的高反射率)。 硼-環氧樹脂：產能高。
外型切削加工	可批次加工、經濟、易自動化與彈性。
電子儀表板	節省材料
汽車原型製作	產能高、成本低。
氧化鋁切屑與絕緣版	不需後處理、精度高、降低不良率。
不鏽鋼薄管	無機械變形及毛邊、無刀具成本。
家具工業	可節省 50～80%的切屑時間。

13. CO_2 雷射與 YAG 雷射加工特性的比較，如表 8-7。

表 8-7　CO_2 雷射與 YAG 雷射加工特性的比較

	YAG 雷射	CO_2 雷射
鑽孔(Drilling)	$\leq \phi\ 100\ \mu m$	$\geq \phi\ 100\ \mu m$
切屑(Cutting)	≤厚 1 mm、光纖亦可切割	≥厚 10 mm or 非金屬
銲接(Welding)	≤厚 1 mm、光纖亦可切割	≥厚 10 mm 金屬
熱處理	吸收能力大於 CO_2	較大功率才可

14. 影響反射與吸收係數的因素

    (1) 波長。

    (2) 溫度。

    (3) 表面膜溫度。

    (4) 入射角。

    (5) 材料與表面粗糙度。

15. 雷射加工之優缺點

    (1) 優點：

        a. 功率密度高，可做微細加工。

        b. 可加工之材料種類多，鐵金屬，非鐵金屬，非金屬，大多皆可加工。

        c. 切縫小，切割面品質優良(表粗與傾斜度)。

        d. 加工速度相當快，易自動化，且無刀具磨耗之虞。

        e. 加工聲音小，不需抽真空或用保護氣體，污染少。

        f. 適合多樣少量複雜外型之板金切削加工。

    (2) 缺點：

        a. 設備與維護費用高。

        b. 加工時操作所需之參數，多需技術，且需注意安全，避免雷射損傷。

        c. 不太適合高反射率工件，如鋁、銅、金、銀等之加工。

        d. 能量轉換效率低，耗能大。

16. LBM 與 EBM 之比較：

    (1) LBM 不需真空，EBM 需真空。

    (2) LBM 加工效率較高，EBM 較低。

    (3) LBM 不易偏向，EBM 可藉由電磁力之作用來調整。

    (4) LBM 不易聚焦至數 μm，EBM 可聚至 0.01 μm。

    (5) LBM 與 EBM 之功率密度，設備成本均高。

    (6) LBM 不需 X-ray 防護，EBM 需 X-ray 防護。

8-2-13　電漿電弧加工(Plasma arc machining，PAM)

1. 原理：利用直流電，在工件與電極間產生高壓電弧，再施以欲離子化之氣體，而由於高速電子與氣體之碰撞，提升氣體之能量，使氣體離紫化而產生高溫之電漿，再由於噴嘴氣流之壓縮作用，使電漿電弧得以保持穩定，減少逸散。而外圍之遮蔽氣體在電漿電弧外圍形成保護層，而減少電漿電弧之逸散與熱量之損失，並可改善切縫之外觀與熔渣之吹離。其加工溫度可達 9400℃。電漿電弧加工示意圖如圖 8-35。

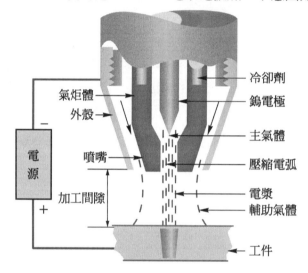

圖 8-35　電漿電弧加工示意圖

2. 加工機制

   (1) 衝擊工件，動能轉換成熱能。

   (2) 電漿對工件傳入熱能。

   (3) 加工點噴射氧氣，而產生氧化之放熱反應。

   (4) 之電漿氣體噴離以熔融之材料。

3. 電極型式

   (1) 非轉移型(Non-transferred mode)：電極接負極，噴嘴接正極，故電弧是在噴嘴與電極間產生。而熱量之傳遞是由氣體噴流傳到工件，故熱效率低。

   (2) 轉移型(Transferred mode)：電極接負極，而工件接正極，電弧在電極與工件間產生，熱是由電極之電漿轉移傳遞至工件，熱效率高，其限制為工件需導電。

4. 應用

　(1) 切削加工

　　　a. 切斷：其切斷速度快，切縫寬度小，表面精度高，可切不鏽鋼、鋁、與混凝土等。速度較 LBM、EBM 高。

　　　　i. 水中切割：使用特殊之電漿槍，可在水中進行切斷，如在船舶之修整。

　　　　ii. 電漿切割：以電漿電弧對旋轉之工件來切削，即將電漿電弧視為車刀，而調整申弧與工件之角度，即可改變其切削深度。此法適用於切削性差之合金如英高鎳等(Inconel)等。

　　　　iii. 表面披覆：即電漿噴佈(Plasma spraying)，將異種金屬，合金，或陶瓷，塑膠等粉末，經由電弧之熔融與噴射而成霧化，而在工件表面沉積凝固形成薄膜(披覆層)，來保護工件之表面或修整。因其加工溫度高，故薄膜較緻密。

　　　　iv. 電漿銲接(Plasma arc welding)
　　　　　此法之熱能密度高，貫穿深度大，電弧穩定，工件扭曲少，且銲接速度高適用各種金屬，而利用 Key hole 之技術，可銲至 20 mm 厚。

　(2) 電漿輔助加工
　　　在切削工具之前端部分之工件材料，用電漿對其加熱，使其熱軟化，而使切削刀具可切削極難切削之工件，且刀具磨耗小。

8-2-13　電積造形(Electroforming)

1. 原理：與電鍍完全相同，將欲成形所需之材料在電鍍槽之陽極，而將欲成形之工件所需之模型掛於陰極，而經由陽極電解之材料，經由電場之作用而在陰極沉積。與電鍍不同之處為，鍍上之金屬即是產品，是要與模型分離，而不是用來與模型結合來保護模型的，故其鍍層較厚，此法又稱電鑄。電積造形示意圖如圖 8-36。

2. 模型材料：模型又稱心型，可用名稱金屬或非金屬，如蠟或塑膠。

3. 應用：適合少量生產或複雜工件，如鑄模、導波管、光碟生母版，金飾等。適用於內有金屬，也適用於航空器、電子、與光電業。製品之重量由數公克至 270 kg。

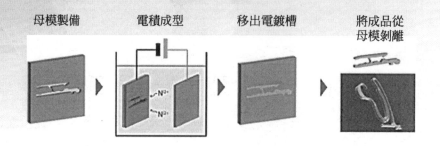

母模製備　　　電積成型　　　移出電鍍槽　　　將成品從
　　　　　　　　　　　　　　　　　　　　　　　　母模剝離

圖 8-36　電積造形示意圖

4. 與電鍍之異同：

(1) 相同處：其電路裝置，使用方法皆相同。

(2) 相異處：

　a. 鍍層即是產品。需與模型分離，且鍍層較厚。

　b. 電鍍是屬於表面處理，而電鑄是眞正的一種製造製程。

8-2-14　快速原型(Rapid prototyping，RP)

1. 定義：快速原型製造：由電腦設計之產品資料直接藉由快速、高自動化及高彈性之製造而可製造三維之立體物件。以材料加成之方式。

2. 加工原理：利用堆疊原理可製出任意複雜形狀之原型，即利用層加工之概念，將原本 3D 之 CAD Model 之工件，藉由切片(Slicing)之方法－3D 物體沿某一軸將其切成一片片厚度之薄片，轉成 2D 的加工，將其堆疊起來，利用材料增補的方法(Material increase manufacturing)，來避免複雜的 3D 加工，且避免材料移除加工所需之刀具，而且不用考慮進刀路徑。使不論再繁複之立體幾何形狀皆呈現單一之程序。此種快速原型技術亦被稱爲層加工(Layer manufacturing，free form fabrication，Desktop manufacturing，Layered fabrication，3D hardcopy fabrication，Solid free form fabrication(SFF)。

3. 快速原型加工流程

3D CAD software → R.P Inter face，如 STL file → Slicing → 2D layer Processing 利用 CAD 軟體或逆向工程所建之 3D CAD model，利用軟體轉換成 RP 機器所能接受之格式 STL file 或其他 RP 系統獨有之格式，再經由切層(Slicing)軟體將 STL 轉換 2D 平面材料，再輸入 RP 系統，以堆疊之方式將工件一層一層堆而成 3D 實體之工件。

4.　RP 之優點

(1)　可增加成品之複雜性而不影響準備時間與成本。

(2)　降低材料之浪費。

(3)　節省開發之成本。

(4)　最佳之強度－重量比。

5.　RP 之分類：(依成形材料來分)

(1)　液態法：SLA，SLP，SGC，EOS。

(2)　固態法：LOM，FDM，RPM。

(3)　粉末法：SLS，MTS。

6.　各型 RP

(1)　液態法：

光造型成形(Stereo lithography apparatus，SLA)使用光感應樹脂(Light sensitive polymer)爲原料，其精度一般爲±0.25 mm，但可達到±0.1 mm，使用之能源爲雷射。如 He-cd，Ar $^+$，或 Diode pump solid state laset。SLA 加工示意圖如圖 8-37。

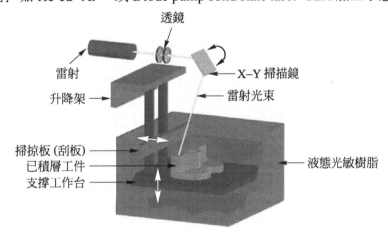

圖 8-37　SLA 加工示意圖

a.　工作原理與流程

i.　光硬化：當雷射光照射所要設計模型區域之液態光聚合樹脂，使之硬化後。(0.1 mm～0.25 mm)

ii.　填補：因液態光聚合樹脂流動性差，因此升降台必須下降一深度使樹脂填補至已硬化層上。

iii. 刮平：升降台上升後，因液態表面張力問題，所以必須使用刮板將液面刮平。

iv. 下一層再硬化：重複 1～3 步驟直到工件完成。

v. 取出工件：因工件是浸泡在液態樹脂中，因此必須在酒精或有機溶劑清洗。

vi. 加熱：清洗完畢後的工件，在放置後處理箱中加熱使其完全硬化。

b. 優缺點：

i. 優點：最先之機型，市場佔有率高。

ii. 缺點：

(i) 需後照處理。

(ii) 需建構支持。

(iii) 加工速度慢。

(iv) 樹脂用量大。

(v) 價格昂貴，維修成本高。

SGC(Solid ground curing)(Cubital)

使用光源為紫外光，使用之材料為蠟，加工速度快。SGC 加工示意圖如圖 8-38。

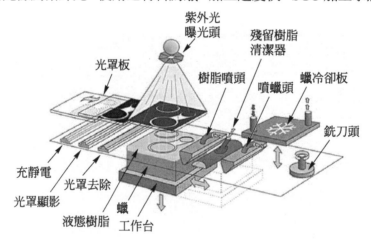

圖 8-38 SGC 加工示意圖

a. 工作原理與流程

   i. 正、負光罩製作：最後得到的光罩，其要曝光部分為可透光性的。

   ii. 實體成型：

      (i) 平鋪熔融樹脂：將熔融樹脂均勻平鋪在成形台上。

      (ii) 紫外光曝光：利用光罩將欲成型部分的樹脂曝光後而硬化。

      (iii) 去除未硬化樹脂將：未硬化部分的樹脂去除。

      (iv) 平鋪熔融的蠟：為使硬化部分的樹脂能受到支撐，因此將熔融蠟平鋪在成形台上。

      (v) 蠟的冷壓固化：以冷壓方式將蠟固化。

      (vi) 除去多餘的蠟：

      (vii) 處理下一層：重複(i)～(vi)過程直到工件完成。

      (viii)取出工件：此時工件被蠟所包圍因此需加熱將蠟融化掉，取出完成工件。

   iii. 優點：

      (i) RP 中機型最大，速度快，可同時進行多件加工。

      (ii) 成本較經濟，適合大型製品，不需支撐。

      (iii) 屬於面加工，適合批量生產，可做複雜特徵之模型。

   iv. 缺點：

      (i) 製程最複雜。

      (ii) 機台之定位精度要求高。

(2) 固態法

   a. LOM(laminated object manufacturing)

以 CO_2 或 YAG 雷射切割覆有黏著劑之薄片(如紙)，完成一層剖面再黏上另一層。尺寸精度大約 ±0.25 mm。LOM 加工示意圖如圖 8-39。

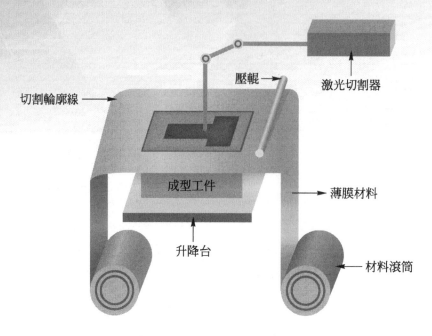

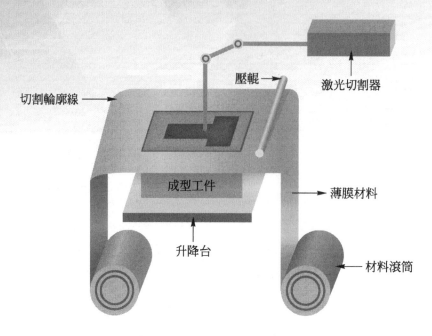

圖 8-39　LOM 加工示意圖

i. 工作流程：

　　(i)　以薄片材料為素材。

　　(ii)　以左右兩滾筒來傳遞材料。

　　(iii)　當滾至適當位置時，另一加熱滾筒滾過材料表面，使材料下方之熱黏性膠體熔化並黏覆於上一層。

　　(iv)　以雷射來切割所要剖面之輪廓。

　　(v)　將輪廓以外之材料切割成棋盤狀。

　　(vi)　將切成棋盤狀之餘料剝離即可得到成品。

ii. 優點：不用建支撐，不需後處理，加工成本低，可做大型工件。

iii. 缺點：工件幾何形狀受限制，精度不高，需注意防潮問題。

b. FDM(Fused deposition modeling)

以小噴嘴擠出加熱之熱塑性材料，如蠟或 Nylon，一層層擠出即可得成品，此方式之機台體積小，尺寸精度可達 ±0.13 mm。FDM 加工示意圖如圖 8-40。

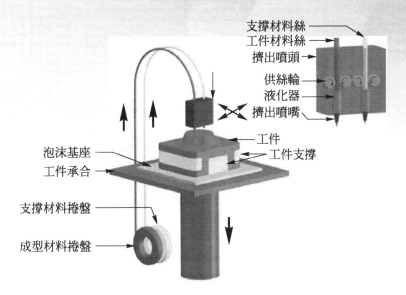

圖 8-40　FDM 加工示意圖

i.　加工流程：

　　(i)　加熱線材：直徑 1.25 mm。

　　(ii)　線材熔融：加熱至熔點上方 1℃熔融後擠出。

　　(iii)　接合凝固。

　　(iv)　下一層處理。

　　(v)　移除支撐。

ii.　優點：

　　(i)　熱塑性材料均可使用。

　　(ii)　材料成本低。

　　(iii)　加工速度高。

　　(iv)　設備費用低。

　　(v)　精度較同級機型者為高。

iii.　缺點：

　　(i)　不適合做細小特徵之工件。

　　(ii)　需做支撐。

　　Laminated object manufacture

(3) 粉末法：

a. SLS(Selective laser sintering)選擇性雷射燒結

以電腦控制雷射光在熱熔性粉末上掃出欲成形之區域，經掃描過之區域薄層即燒結硬化，而後再噴上一層粉末，如此一層層掃描即可得工件。適用材料如 Nylon，Poly，Carbonate，Glass-fiber，Nylon，ABS，金屬粉末，蠟等精度約在±0.1～0.2 mm 間。SLS 加工示意圖如圖 8-41。

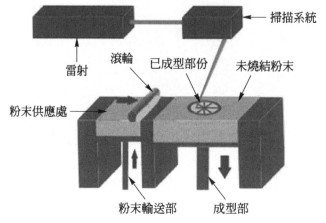

圖 8-41　SLS 加工示意圖

i. 加工流程(原理)：

(i) 粉末預熱。

(ii) 粉末平鋪：將預熱後的粉末經滾筒均勻平鋪在圓柱形成型台。

(iii) 凝結反應：雷射光依所需成形的輪廓及外型照射在粉末上使粉末間產生鍵結，以保有適當強度。此時即完成某一層的處理，而成形平台下降一層厚度，準備作下層操作處理。

(iv) 下一層處理：此時，進粉機構重複(i)～(iii)過程，直到工件完成。

(v) 取出工件：工件完成後，成形平台上升即可取出完成工件。

(vi) 清洗工件：利用刷子或空氣槍移除黏著於工件表面的粉末。

ii. 優點：

(i) 可使用多種材料。

(ii) 可快速生產金屬模具與電極頭。

(iii) 不受幾何形狀影響。

(iv) 加工時間點。

iii. 缺點：

(i) 工件表面粗糙或多孔性，需再處理，如熔滲，噴砂，或鐵削。

(ii) 粉塵污染大。

7. RP 常使用雷射來當加工能源之原因：

(1) 高方向性：發散角很小，可以提高加工精度。

(2) 高亮度(聚光性)：能量密度高，可以有效控制加工深度，避免太多移除光阻的反應而影響原型模具的製作。

(3) 高單色性：波長範圍小。

(4) 高相干性。

8. RP 發展之趨勢

(1) 新製程與新技術之結合。

(2) 新材料之選用。

(3) 軟體的開發。

(4) 人機介面之應用。

(5) 快速模具

9. 快速模具之原理與製程：

若 RP 能直接生產出能承受較高負荷之工件(金屬材料)或能更進一步的生產出大量生產所需要的模具，那將會使 RP 本來所具有在開發(研發)階段的利益直接延續到生產(量產)的利益，其利益是非常可觀。

其製程有：

(1) 矽膠模(Silicone eubber molding)：

以 RP 當 Pattern，以矽膠模澆注而得到所需之 Mold，經過適當之分模面，即可射出成型，一般可製作 50～100 件成品，如圖 8-42。

圖 8-42　快速模具

(資料來源：http：//www.wellplas.com/index.php/2014/10/rapid-prototype-silicon-molding/)

(2) 真空注型(Vacuum custing)：

與矽膠模類似，但完全在真空中完成，可加速複製時間，改善工件品質，並降低模具之損壞率，亦可用於漠鐵蠟鑄造所用之蠟型，而將矽膠由 Epoxy 混合鋁粉取代，可製出更硬合金屬樹脂模，可直接用於射出成型件上，1000 件。

(3) 脫蠟鑄造(Investment casting)：

    a. 直接利用法：把 RP 件直接當成蠟型直接燒拷如 Quick cast，但此法效果較差。

    b. 間接利用法：(a)利用 RP 做上下模，過後去射蠟型。(b)利用 RP 做上下模，自將上下模射蠟模自走射蠟。

    c. 做出 RP 件(成品形狀)，利用環氧樹脂(Epoxy)或矽膠做出模再射去蠟。

    d. 以製求 RP 件做成精密鑄造件，以其為主模型再做成火棉膠(Celloidm)環氧樹脂模，再射出製品蠟型。

(4) 金屬噴塗(Spray metal)暫用模具：

將 RP 件施以低熔點合金金屬表面噴塗，可做為蠟或塑膠射出模，吹氣模和真空成品。

(5) 利 RP 做複製加工：

以 RP 做靠模之模型件。

10. RP 之技術限制：

(1) 受限於 RP 之工作平台尺寸大型工件需分塊製作再結合。

(2) 材料選擇性較少，大多為高分子材料。

(3) 大多僅能進行外觀測試(因強度不足)。

(4) RP 之工件其經密度有限，雖可加工出±0.01 mm，但其耗時。

(5) 表面粗糙度差，大多需砂紙打磨。

(6) 材料與設備品貴。

(7) RP 件之好壞，受操作工程師之經驗影響很大。

章末習題

1. 切削製程(Machining processes)是屬於有削加工法，試說明優缺點？

2. 切削過程中需明瞭所產生的功率(Power)和切削力(Cutting force)是很重要的，其原因為何？

3. 利用斜口角 α=10 的刀具進行一正交切削過程試驗，當使用的切削條件是：切削深度 t = 0.005 in，切削速率 V = 400ft/min，切削寬度 b = 0.25 in。試驗結果發現：切屑厚度 t_C =0.009 in，切削力(平行切削速率方向)F_P= 125 lb，推力(垂直切削速率方向)F_Q = 50lb。請計算：(1)切削比 r 及其移動的速率 V_C，(2)刀具與切屑間的摩擦力 F_C，(3)刀具與切屑間摩擦所消耗的單位體積能量(u_F)，及其佔總切削能量的百分率。

4. 在何種切削狀況下易產生積屑(BUE)？又積屑對切削加工之影響為何？

5. $VT^n = C$，為 Taylor tool life 方程式，其中 HSS 刀具之 n = 0.1，而 WC 刀具之 n = 0.2，試說明 n 值大小在切削加工上的意義為何？

6. 泰勒式刀具壽命公式為 $VT^n = C$，若 n = 0.5，且 C = 400，當切削速度減少 50%時，其刀具壽命增加之百分比為何？

7. 切削刀具應具備何種特性試列舉 4 項，並說明之。

8. 請簡述材料切削性的評估基準及評估方法。

9. 在金屬切削時所謂 Hi-e 切削之涵義。

10. 簡述(1)化學切削加工(Chemical machining)與電化學切削加工(Electrochemical machining)之差異。(2)電子束(Electron-beam)與雷射(Laser beam)切削加工之差異。

11. 相較於其他切割方法，請簡述雷射切割之優缺點。

12. 說明化學切胚法(Chemical blanking)，化學雕刻法(Chemical engraving)，電積造形(Electroforming)及電解研削法(Electro chemical grinding)。

13. 試說明快速原型加工之定義與加工原理。

參考文獻

1. 機械製造，許源泉，許坤明，臺灣復文興業，1997。

2. 機械製造，簡文通，全華科技， 2005

3. 機械製造，Groover , Mikell P. 譯者，何正義，高立，2008

4. 機械製造程序，文京，1996

5. 機械製造，Kalpakjian , Serope，文京圖書 1998.

6. 非傳統加工，許坤明，全華科技，2010

7. Metal cutting principles / Milton C. Shaw. Oxford [Oxfordshire] : Clarendon Press；1984.

8. http：//www.wellplas.com/index.php/2014/10/rapid-prototype-silicon-molding/

CHAPTER 9

改質處理

9-1　概說

「熱處理(Heat treatment)」是指「固體材料藉由加熱或冷卻，造成材料的結構與性質改變的一種製程」，所以熱處理是屬於材料研究與應用中的，「製程(Processing)」範疇，而材料的研究就是要把材料的製程、結構(Structure)、性質(Property)三者關聯起來，本章將以「金屬材料」作為介紹熱處理的主題，所以在研讀「金屬熱處理」時，必須瞭解下列事項：

1. 金屬材料受到熱處理(製程)時，其結構與性質所發生的變化。
2. 熱處理(製程)、結構與性質三者之間的關連性。

在金屬中使用量最大的材料是「鋼鐵合金」，而且鋼鐵合金的熱處理幾乎是包含所有種類的熱處理方法與原理，圖 9-1 是一般鋼鐵合金的製造工程模式示意圖。

由圖中可知，鋼鐵合金首先經融配鑄造成鑄錠後、藉由均質化退火(Homogenizing)來減輕合金的偏析，再經熱加工與各種退火(完全退火(Full annealing)、正常化(Normalizing)、球化退火(Spheroidizing)等)來改善延性與車削性，經熱加工後的鋼板若經冷加工後則常需施以製程退火(或稱再結晶退火)(Processing annealing)、應力消除退火(Sress relief annealing)，而在使用前，也依使用不同，需要施以如淬火、回火、退火、析出硬化等熱處理。

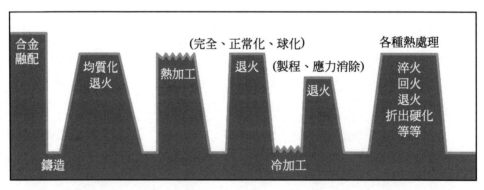

1. 鑄件：不包括圖中的熱加工、冷加工。
2. 鍛件：圖中的熱加工和冷加工分別是指在高溫和室溫進行軋延、擠型或鍛造之意。

圖 9-1　鋼鐵合金的製造工程模式

為了建立「金屬熱處理」的良好理論基礎，首先需瞭解金屬材料的微結構，而金屬材料的微結構可藉由「相平衡圖」來預測，有了相平衡圖的知識，就可以瞭解到金屬材料受到熱處理時，可能發生的微結構變化，從而瞭解其性質的變化，本章除了 9-7 節以鋁合金來說明強化熱處理外，將依圖 9-1 所示的鋼鐵材料製造工程模式來介紹各種熱處理的原理與方法。

9-2 晶格與相圖

9-2-1　晶系與晶格

材料由液體凝固成固體時，可能會形成結晶(Crystalline)或非結晶(Noncrystallinr or Amorphous)固體。一般而言，除了以極快速度冷卻外，金屬凝固時，均會產生週期性的原子有序排列，即有結晶的特性。晶格(Lattice)便是由週期性的原子排列所成的空間，而以特定間隔重複排列具晶格對稱性的最小原子組合，稱為單位晶胞(Unit cell)。以此單位晶胞，向所有方向重複延伸，即可得到整個晶格。如圖 9-2 所示，只要瞭解單位晶胞的結構及特性，便可擴及對整個晶體性質的瞭解，可簡化微結構的分析。

習慣上，沿著各軸方向上，將單位晶胞上的邊長分別以 a、b、c 表示，而將 x、y、z 軸的指向分別訂為向前、向右和向上，而兩軸的夾角分別以 α、β、γ 表示，如圖 9-3 所示。軸的夾角(Axial angle)和 a、b 和 c 之相對大小的變化，可以產生七種(只有七種)晶系(Crystal system)，這些晶系示於表 9-1。其中最常見者為立方體系(cubic system)，是最對稱的晶系，期三個軸等長，三個夾角均為直角。

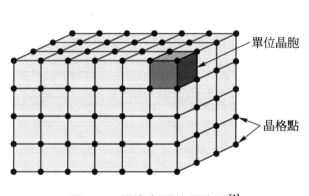

圖 9-2　晶格與單位晶胞圖[1]

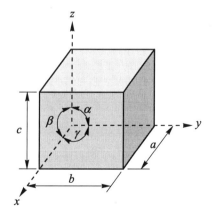

圖 9-3　晶軸與單位晶胞的幾何[1]

大部分的金屬結構都是屬於立方晶系。圖 9-2 中的點稱為晶格點(Lttice point)，而原子總共有 14 種不同的排列方式，稱為布拉姆斯(Bravais)晶格，每一種晶系常包含幾種不同的布拉姆斯晶格，例如立方晶系因原子的排列位置，可分為簡單立方(SC = Simple cubic)、體心立方(BCC＝Body center cubic)、面心立方(FCC = Face center cubic)三種布拉姆斯晶格，如表 9-1 所示。

表 9-1　7 大晶系與 14 種晶格的參數

結晶系統	結晶軸	節晶軸夾角	晶體幾何圖形
立方晶系	$a = b = c$	$\alpha = \beta = \gamma = 90°$	
六方晶系	$a = b \neq c$	$\alpha = \beta = 90°$ $\gamma = 120°$	
正方晶系	$a = b \neq c$	$\alpha = \beta = \gamma = 90°$	
菱方晶系	$a = b = c$	$\alpha = \beta = \gamma \neq 90°$	
斜方晶系	$a \neq b \neq c$	$\alpha = \beta = \gamma = 90°$	

註：P—基本型，I—體心，F—面心，A—單面心。

表 9-1　7 大晶系與 14 種晶格的參數(續)

結晶系統	結晶軸	節晶軸夾角	晶體幾何圖形
單斜晶系	$a \neq b \neq c$	$\alpha = \gamma = 90°$ $\beta \neq 90°$	
三斜晶系	$a \neq b \neq c$	$\alpha \neq \beta \neq \gamma \neq 90°$	

註：P—基本型，I—體心，F—面心，A—單面心。

　　常見的金屬晶體結構以立方晶系的體心立方(如 Cr、α-Fe、Mo、Ta、W 等)、面心立方(如 Al、Cu、Au、Ni、Pt、Ag 等)、與六方晶系(如 Cd、Co、Ti、Zn 等)三種為主。但少數的金屬有較不常見的結構，如α-鈾是底心斜方晶，其他如立方晶系中的簡單立方晶因為堆積密度太低(0.52%)，除了 Po 外，並無其他金屬屬於簡單立方晶。

9-2-2　相圖

　　由材料微結構可以推測材料的性質與材料的製程(Processing)。所以，充分了解材料微結構是非常重要的工作。而相平衡圖(Phase equilibrium diagram)或稱相圖、狀態圖(State diagram)是描繪材料在完全平衡時，材料可存在之平衡相的一種圖示。由相圖中，可以推測材料在各種不同平衡條件下(主要是溫度及壓力的變化)其平衡相之變化，從而得悉微結構的變化。

　　二元相圖是所有相圖中，使用最普遍，而且最有價值的一種相圖，是研究合金的重要工具，它界定常壓下(1 atm)合金系統平衡相存在的範圍，本節將介紹同型合金、共晶合金與包晶合金三類，同時利用槓桿法則(Lever rule)求取各平衡相的數量，有了上述的瞭解，對於材料微結構的變化將會有極大的幫助。

二元同型合金包括了 Cu-Ni 合金、Au-Ag 合金、Ni-Co 合金及 MgO-NiO 等系統。相圖是由三個相域所構成，如圖 9-4(a)所示，即液相區(L)、固相區(α)、及雙相區($\alpha + L$)，在相當高溫時 Cu 和 Ni 能完全互溶，而形成液相區。在相圖中，雙相區與液相區的界面線稱為液相線(Liquidus)，而與固相區的介面稱為固相線(Solidus)。若溫度高於液相線，則合金形成單一液相，所以液相線也就是合金的熔點溫度。若溫度低於固相線，則合金形成固溶體(Solid solution)。

1. 平衡冷卻微結構

合金於冷卻或加溫過程中，若相之變化完全依循相圖所示而變化，此種相變化稱為平衡相變化，由平衡冷卻(Equilibrium cooling)，所得到的微結構即為平衡微結構。現就圖 9-4(b)中的 Cu-45wt%Ni 合金來說明合金於冷卻過程中的平衡微結構變化。當合金由 1350℃ 的液相狀態慢慢冷卻到常溫時，也就是液相區的 A 點，此液體具有 Cu-45wt%Ni 的成分(圖中以(45Ni)標示)，在冷卻過程中，假設相的平衡仍被維持著，所有相的成分均會與相圖成分吻合。

當溫度冷卻到 B 點時($\sim$1300℃)，在液相內會產生固相(α)結晶核，而開始凝固，晶出最初的固溶體，它的成分是位於通過點的恆溫線與固相線的交點處。即其成份為(57Ni)，此時液相成分仍為(45Ni)，因為固溶體(57Ni)中的 Ni 元素，比最初液體中的 Ni 元素多，所以晶出固溶體(57Ni)後，液體中的 Ni 元素濃度會減少。若溫度再下降時會繼續晶出固溶體，因為能晶出固溶體的 Ni 元素濃度都比原始的 Ni 元素濃度為高，所以溶液的 Ni 元素濃度會減少，而隨著溫度下降該液體的濃度會沿著液相線發生變化，而固溶體的濃度會沿著固相線變化。例如溫度降到 C 點時($\sim$1290℃)，固溶體中的 Ni 含量為(53Ni)而液體的 Ni 含量為(41Ni)。

合金冷卻到 D 點($\sim$1260℃)時，殘留液體的 Ni 元素濃度會達到最低點的(34Ni)，此時，固溶體的 Ni 元素為(45Ni)。當溫度稍低於 D 點時，則所有的合金將形成含 Ni 元素濃度為 45wt%的固溶體。在這溫度下，便不會再有相的變化。依上面的說明，可以發現在雙相區內，某一相(如液相)所含 Ni 元素的濃度受到另一相(如固相)所含 Ni 元素的影響。可以利用槓桿法則來計算兩相的重量比(槓桿法則將在 9-3-2 節中介紹)。

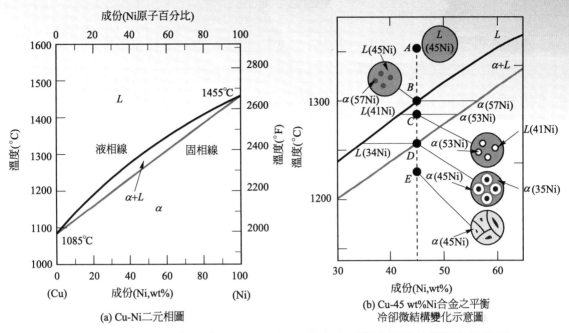

圖 9-4　Cu-Ni 二原相圖和 Cu-45wt%Ni 合金之平衡冷卻微結構變化示意圖

2.　二元同型合金系之非平衡冷卻微結構

在上一節所討論的平衡冷卻微結構中，只有在相當緩慢的冷卻速率下，才可能產生如相圖所預測的平衡微結構。對於實際的凝固情況；合金的冷卻速率都較平衡冷卻快很多，其顯微結構並非如相圖所預測的平衡微結構，而是形成非平衡冷卻 (Nonequilibrium cooling)的微結構。

同樣利用 Cu-45wt%Ni 合金來說明其非平衡冷卻的微結構變化。此合金的部分相圖，如圖 9-5 所示，在此為了簡化討論，假設原子在液相中可以完全擴散，而維持平衡狀態，而原子在固相中則無法完全擴散。

首先假設合金從約 1350℃開始冷卻，也就是液相區的 A' 點，此液體具有 Cu-45wt%Ni 之成份(圖中以 L(45Ni)標示)，當溫度降到液相線 B' 點時(約 1300℃)，α 相晶粒開始形成，由結線可知 α 相的成份為 α(57Ni)。而當冷卻到 C'點時(約 1280℃)液相成份轉變成 L(39Ni)，而由結線可知，此時 α 相的平衡成份為 α(50Ni)。但因為原子在固溶 α 相中的擴散速率非常緩慢，在 B'點所形成的 α 相並沒有改變其成份，仍為 α(57Ni)。而 α 相晶粒的成份則漸次由晶粒中心的 α(57Ni)變成晶粒外圍的 α(50Ni)。因此，在 C' 點形成的晶粒，其平均成份介於 57Ni 與 50Ni 之間，為了方便討論，取其平均成份為 Cu-52wt%Ni [α(52Ni)]。

另外，由槓桿法則可知，這些非平衡冷卻所出現的液體含量將較平衡冷卻所出現的液體為多。此種非平衡冷卻過程意味著相圖上的固相線已經轉移到含較高 Ni 的位置，即圖 9-5 中的虛線位置。而因原子能在液相中完全擴散，所以液相線仍維持於平衡狀態。

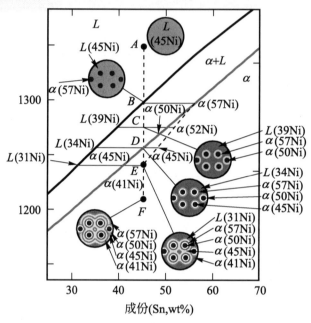

圖 9-5　Cu-45wt%Ni 合金在非平衡冷卻期間其顯微結構變化的示意圖

對圖 9-5 中的 D' 點(～1260℃)而言，Cu-45wt%Ni 合金在平衡冷卻期間，凝固應該完成。但對非平衡冷卻而言，仍然有一部分液體留下，而形成具有 α (45Ni)的成份；其平均成份是 α (48Ni)。

非平衡冷卻最後在 E' 點(～1245℃)到達非平衡固相線，在此點凝固的相成份是(41Ni)，其平均成份為 α (45Ni)。在 F' 點的插圖顯示出整個固體材料的微結構。

同型合金由於非平衡冷卻，將使得晶粒內的元素分布不均，此種元素在晶粒內分布不均的現象，稱為微偏析(Micro-segregation)。在圖 9-5 中，在低溶點的 Cu 中加入高溶點的 Ni 時，合金融點會升高，每個晶粒中心是最先凝固的部分，所以晶粒中心含有較多的高熔點元素(如 Cu-Ni 中的 Ni 原子)，在晶界處含量最低，具有這種形態的偏析微結構稱為核心結構(Coring)。具核心結構或微偏析結構對合金而言，將降低合金性質。一般可藉由均質化熱處理(Homogenization)降低晶粒內的成份分布不均。均質化熱處理將在 9-6-1 節介紹。

　　槓桿法則(Level rule)是計算二元相圖中雙相區之平衡相佔有量的一個重要法則。現假設合金成份為 C_0 (圖 9-6 中的 C_0)，在溫度 T 時，合金存在於兩相區($\alpha + \beta$)，此時 α 相的成份為 C_α；而 β 相的成分為 C_β，利用質量平衡原理，可以求得兩相的重量比，其程序如下：

1. 先找出兩相的成份：依指定溫度在雙相區內劃一連接雙相區邊界的恆溫線段 (圖 9-6 的 $C_\alpha C_\beta$ 線段)，此線段即為結線(Tie-line)，結線的兩個交點即表示兩相的成份(在此設 α 相的成份為 C_α；而 β 相的成分為 C_β)。

2. 求出兩相的重量比例($W_\alpha : W_\beta$)：依重量平衡的關係可知

$$C_\alpha W_\alpha + C_\beta W_\beta = C_0(W_\alpha + W_\beta) \tag{9-1}$$

將上式重新安排可得：

$$(W_\alpha/(W_\alpha + W_\beta)) = (C_\beta - C_0)/(C_\beta - C_\alpha) \tag{9-2}$$

及

$$(W_\beta/(W_\alpha + W_\beta)) = (C_0 - C_\alpha)/(C_\beta - C_\alpha) \tag{9-3}$$

公式(9-2)及公式(9-3)便是所謂的槓桿法則，當槓桿的支點位置，其兩端有 W_α 及 W_β 的荷重，其力臂的長度分別為($C_0 - C_\alpha$)及($C_\beta - C_0$)，依槓桿法則，當其平衡時則

$$W_\alpha(C_0 - C_\alpha) = W_\beta(C_\beta - C_0) \tag{9-4}$$

此即公式(9-1)。所以說，在雙相區內可以利用槓桿法則，很容易計算出兩個相的重量比。

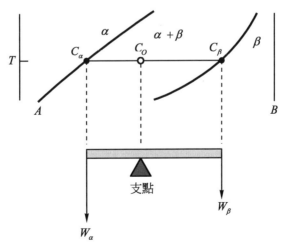

圖 9-6　槓桿法則的圖示，圖中的虛線唯一結構(Tie line)

圖 9-7 所示的 Pb-Sn 相圖是共晶系的代表，在這個合金系中有一個稱為共晶組成 (Eutectic composition)的合金，總是比其它組成的合金具有更低的凝固溫度。在接近平衡條件下，該合金會像純金屬一樣在單一溫度發生凝固，但是它的凝固反應卻是截然不同於純金屬，因為它所形成的是兩種不同固相(α 與 β)的混合。亦即在共晶溫度時，單一液相同時轉變成為兩種固相。於固定壓力下，依相律可知，三相唯有在固定成分(共晶成分)與固定溫度(共晶溫度)時才會維持平衡。共晶成分與共晶溫度在相圖中所定出的點，稱為共晶點(Eutectic point)，鉛-錫合金的共晶點是 61.9wt％ Sn 與 183℃，共晶點也是一個相圖中不可變的點，其共晶反應為：

$$L\,(61.9\%Sn) \;\rightleftharpoons\; \alpha\,(19\%Sn) + \beta\,(97.5\%Sn) \tag{9-5}$$

上述形式的合金除 Pb-Sn 合金外常見者尚有 Ag-Cu 合金和 Al-Si 合金等。

圖 9-7 的共晶系相圖中的 α 相是 A 金屬中固溶 B 金屬的固溶體，β 相是 B 金屬中固溶 A 金屬的固溶體。e 是共晶點。曲線 fe、ge 是液相線，fb、與 gc 是固溶線(Solvus)，ab 表示在各溫度下，A 金屬中能固溶 B 金屬的極限量(就是溶解度)，dc 表示在各溫度下 B 金屬能固溶 A 金屬的極限量。

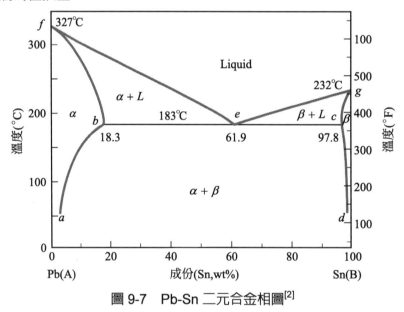

圖 9-7　Pb-Sn 二元合金相圖[2]

另外，值得注意是二元共晶合金之相圖，一般可以分兩類，一種是如上所述的 Pb-Sn 合金，固相時有溶解度。另一種形式是固相時完全不互溶，這一型的合金有 Al-Sn 合金、Cr-Bi 合金等，這種形式的共晶合金，可以應用圖 9-7 來說明，當 α 固溶體內的 B 金屬、

或 β 固溶體的 A 金屬的量非常少時，圖中的 b 點將向純金屬 A 趨近，而 c 點將向純金屬 B 趨近，即表示當共晶組成的合金由液相冷卻時，會同時晶出純金屬 A 與純金屬 B，而不是固溶體。如此，將形成固相完全不互溶的共晶合金相圖。日常習見的(H_2O-NaCl)二元相圖也屬於固相完全不互溶的共晶二元相圖。

1. 亞共晶合金之平衡冷卻微結構

討論共晶系合金的微結構時，習慣將共晶點左邊的合金稱為亞共晶(Hypoeutectic alloy)，共晶點右邊的合金稱為過共晶(Hypereutectic alloy)，所以由左至右察看 Pb-Sn 相圖時，可以得知 Sn 含量少於 61.9wt%的合金是亞共晶，而高於 61.9wt%的合金則是過共晶。現在就圖 9-8 的 Pb-Sn 二元部分相圖來說明各種比例 Pb-Sn 合金從液相冷到常溫時的平衡微結構變化。

首先考慮室溫時，成分介於純金屬(Sn)與固溶線之間的亞共晶合金 C_1，此種合金即為 9-3-1 節所討論的同型合金。當合金從液相冷卻時，其凝固過程和同型合金完全相同。就是冷卻到液相線時便開始凝固，而冷卻到固相線時完全變為固溶體，這種固溶體被稱為初晶(Primary crystal)。

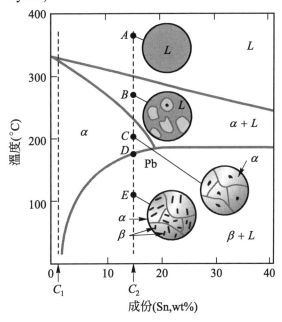

圖 9-8　成分為 C_1 與 C_2 之 Pb-Sn 二元合金之平衡冷卻微結構示意圖

第二個要考慮的成分是介於室溫固溶限(～2%Sn)與共晶溫度時的最大固溶限(18.3%)間的亞共晶合金(C_2)，與合金 C_1 相同，在液相線完成凝固後變成固溶體 α，圖中的 C

點便是含有成份(C_2)的 α 晶粒。當溫度下降到固溶線上的 D 點時，固溶體 α 中的 Sn 原子已達飽和。所以當溫度低於 D 點時，在固溶體 α 內將析出 β 相，如圖中的 E 點所示，β 相是一種 Sn 原子中固溶 Pb 原子的固溶體。

從固溶體 α 所析出來的固溶體 β 稱做二次晶(Secondary crystal)，此時 α 為基地相(Matrix)而 β 是散佈相(Dispersion phase)。在 E 點所析出的固溶體 β 的成分可由通過 E 點的結線端點(富 Sn 邊)來決定，當溫度由 D 點下降到 E 點時，固溶體 α 與固溶體 β 的成分也隨固溶線而變化，而且 β 相的重量百分比隨溫度下降而稍微增加，此時，固溶體 β 的顆粒尺寸也將稍微成長增大。由初晶 α 中析出二次晶時，因為這種相變化是在固溶體內進行，所以 β 相會就地變成較小的結晶，不容易互相集中在一起變為大的結晶。因此會均勻析出在結晶之內。

第三個要考慮的成分是如圖 9-9 所示的 C_4 亞共晶合金，因其涉及共晶反映，所以將併入下一節討論。

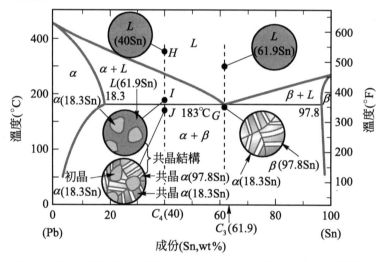

圖 9-9　共晶成分 C_3 與亞共晶成分 C_4 之 Pb-Sn 合金之平衡冷卻微結構示意圖

2. 涉及共晶反應之合金平衡冷卻微結構

考慮圖 9-9 所示的 C_3 共晶合金(61.9wt%Sn)，當共晶合金由液相冷卻時，在共晶溫度(183℃)開始凝固而發生共晶反應(公式 9-5)，當溫度稍低於 183℃時(G 點)，由液相變態成兩個固體 α (18.3Sn)與 β (97.8Sn)的共晶結構(Eutectic structure)此時，α 相與 β 相的成分如共晶等溫線的兩個端點成分所示。

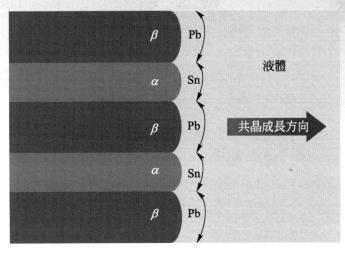

圖 9-10　鉛-錫二元合金共晶微結構形成之示意圖

一般共晶結構由於受到固相中原子不易擴散的限制，其微結構常呈層狀結構(Lamellar structure)。共晶反應的微結構變化如圖 9-10 所示，α/β層狀共晶結構於相變化過程中往液相內成長。Pb 原子和 Sn 原子在固液界面處的液相中擴散，達到原子重新分布的目的。圖中顯示 Pb 原子往α相擴散，使 Sn 原子由液相的 61.9wt%成為α相中的 18.3wt%，相反的，Sn 原子往β相擴散，使 Sn 原子由液相的 61.9wt%成為β相的 97.8wt%。圖 9-11 為 Pb-Sn 共晶合金的微結構圖。

現在考慮圖 9-9 所示的 C_4 亞共晶合金，此合金成分介於最大固溶限(18.3Sn)與共晶組成(61.9Sn)之間，當溫度由液相的 H 點冷卻到液相線時，在液相中將會有初晶α產生，而當溫度冷卻到 I 點時，其微結構的變化與同型合金相同。I 點的溫度僅較共晶溫度(183℃)稍高(如 184℃)，此時其平衡微結構是由α相和液相共存，由結線約略可知其成分分別為α(18.3%Sn)與 L (61.9%Sn)。

當溫度剛好下降到低於共晶點溫度的 J 點(如 182℃)時，具有共晶成分的液相將發生共晶反應，形成共晶微結構。因此在 J 點溫度時，亞共晶合金(C_4)的微結構中含有初晶α與共晶($\alpha+\beta$)微結構兩種組成，而共晶結構中的α與β 相，分別稱為共晶α相與共晶β相，如圖 9-9 中附圖所示。圖 9-11 為 Pb-50wt%Sn 合金的微結構，於圖中可以觀察到初晶α相(大黑團)與層狀共晶結構，而共晶結構是由富 Pb 的共晶α相(黑色層)與富 Sn 的共晶β相(白色層)以交錯層狀結構存在。

同樣的過共晶合金之平衡冷卻微結構的變化，也可以利用相圖加以預測。圖 9-11 為 Pb-70wt%Sn 合金之微結構圖，同樣的，可以觀察到初晶β相與層狀共晶結構。

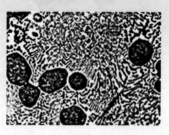

(a) 亞共晶合金(黑塊狀為初晶α–Pb)

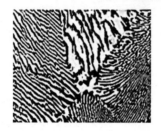 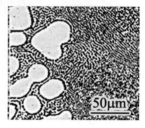

(b) 亞共晶合金(略層為α–Pb，亮層為β–Sn)　　(c) 過共晶合金(大塊亮區為初晶β–Sn)

圖 9-11　Pb-Sn 二元合金之微結構圖[2]

　　如圖 9-12 的 Fe-Fe₃C 相圖是具有包晶反應(Peritectic reaction)的一種常見相圖。當溫度在 1394℃以上的部分，體心立方相稱為 δ 相，而面心立方相稱為 γ 相。在圖示的溫度範圍中碳含量介於 0.09%碳與 0.54%碳的合金在凝固時所形成的固相會隨著溫度的下降從(δ+L)相變成 γ 相。這一部份相圖的關鍵點是位於 0.17 wt %碳(包晶組成)與 1493℃(包晶溫度)的包晶點。

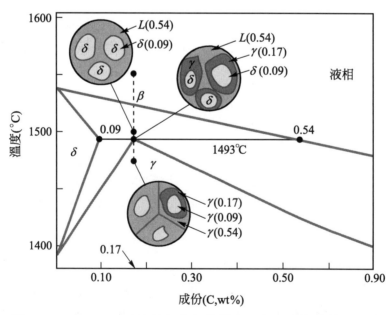

圖 9-12　Fe-Fe₃C 二元相圖之包晶反應及非平衡微結構示意圖

　　藉圖中的虛線(即含 0.17%C)來瞭解包晶合金的凝固反應。當液相的溫度到達點 B 時，凝固反應即開始發生，溫度介於 B 點與包晶溫度之間時，合金處於液相(L)與 δ 相的雙相區中。所以開始凝固時所形成的是低含碳量的體心立方晶(δ 相)。在稍高於包晶點(1493℃)溫度時，δ 相與液相的含碳量分別是 0.09wt%與 0.54wt%，且由槓桿法則，可以算出 δ 相與液相的重量百分率分別是 82%與 18%。

　　在包晶溫度以上時，包晶合金的結構是在液相中含有固態的 δ 相，但是由相圖可知此一合金在包晶溫度以下時是單一的均勻固溶相(γ 相)，顯然在通過包晶溫度的冷卻過程中，δ 相與液相(L)聯合起來形成 γ 相，造成鐵碳系的包晶反應，即

$$L\,(0.54\text{wt\%C}) + \delta(0.09\text{wt\%C}) \;\rightleftharpoons\; \gamma(0.17\text{wt\%C}) \tag{9-6}$$

　　與偏晶反應及共晶反應一樣，包晶反應中參與反應的三個相均有固定的比例：82 wt%的 δ 相(0.09 wt%碳)與 18 wt%的液相(0.54 wt%碳)共同形成 γ 相(0.17 wt%碳)。

　　當合金進行包晶反應時，γ 固溶體隔開兩個參與反應的相(液相與 δ 相)，當反應繼續進行時，碳原子需由高碳的液相穿越 γ 相，才能與 δ 相作用。由於固相中的原子擴散不易，除非冷卻速率非常慢，否則包晶反應所造成的微偏析(Segregation)是一個無法避免的現象，此時的微結構為一非平衡微結構，(如圖 9-12 附圖所示)。若相變化達成時，則 γ 相取代原先的 δ 相。

9-3　鋼鐵材料熱處理原理

　　粗略的分類，鋼鐵材料以碳含量 2%為分界，低於 2%碳的鐵系合金為鋼；而含 2～4.5%碳則為鑄鐵。在鋼中，若主要合金元素祇有碳和少量錳，則是碳素鋼(Plain carbon steel)；合金元素的總量少於 5%者，稱為低合金鋼；總量超過 5%者，稱為高合金鋼。合金元素含量愈多，鋼鐵愈貴。鑄鐵、普通碳鋼、低合金鋼是用量最多(最便宜)的鋼鐵，主要是用在結構上。

　　而高合金鋼則為了一些特殊用途不得不添加大量的合金元素。如不鏽鋼主要是添加鉻及鎳，以得到良好的耐腐蝕性；而工具鋼，則添加鎢、鉻、鉬，以增加硬度及耐熱能力。所以本節將先介紹 Fe-Fe₃C 二元相圖，再探討共析鋼的相變化；爾後討論恆溫相變化曲線(Isothermal transformation curve，簡稱 IT 或 TTT)與連續冷卻曲線(Continuous cooling curve，簡稱 CCT)。

9-3-1　Fe-Fe₃C 二元合金相圖

　　鋼鐵材料是使用最多的一種金屬材料，而鋼鐵中最重要的合金元素是碳，所以爲了能對鋼鐵材料做深入瞭解，首先必須充分瞭解 Fe-C 與 Fe-Fe₃C 二元相圖。而 Fe-Fe₃C 相圖是鋼鐵材料中最基本的相圖，其中的共析反應對於鋼鐵材料熱處理的相變化提供顯微結構變化的依據。共析鋼(0.76 wt%C)由 FCC 的沃斯田鐵相(γFe)恒溫相變化成 BCC 的肥粒鐵(αFe)與金屬間化合物的雪明碳鐵(Fe₃C)，共析鋼的平衡顯微結構爲一層狀結構稱爲波來鐵(Pearlite)。亞共析鋼(C＜0.76 wt%)經共析反應，其顯微結構除波來鐵外，尚有初析(Proeutectic) 肥粒鐵。而過共析鋼(C＞0.76 wt%)則含波來鐵外，也包含初析雪明碳鐵。

　　圖 9-13 爲 Fe-Fe₃C(雪明碳鐵)二元相圖，爲 Fe-C(石墨)二元相圖的一部份。嚴格來講，雪明碳鐵僅是一介穩相。也就是說在 Fe-Fe₃C 所顯示的 Fe₃C 並非一眞正的安定相，例如在 700℃時，Fe₃C 經過數年後將會慢慢分解成 αFe(肥粒鐵)與 C(石墨)。但無論如何，由於 Fe₃C 的分解速度相當緩慢，幾乎所有鋼鐵材料中的碳元素均以 Fe₃C 存在，而不是以石墨存在。因此圖 9-13 的 Fe-Fe₃C 二元相圖爲一實用之相圖，圖中各點線的意義說明如下：

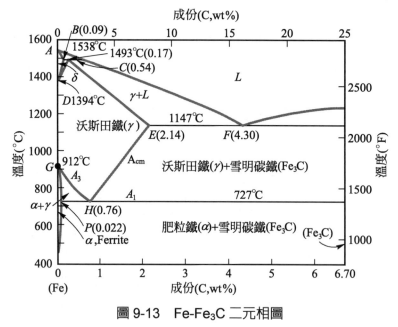

圖 9-13　Fe-Fe₃C 二元相圖

1. A：純鐵熔點，1538℃。

2. BC：包晶線，於包晶點(0.17wt%C，1493℃)發生包晶反應。

3. L：(0.54%C)＋δ Fe(0.09%) $\underset{\text{熱}}{\overset{\text{加}}{\rightleftharpoons}}$ γFe(0.17%C)　　　　　　　　　　　　　　(9-7)

4. D：純鐵的同素異型相變化點($1394°C$)，δFe $\rightleftharpoons$ γFe。D 點也稱為 A_4 變態點。

5. E：Fe(沃斯田鐵)在共晶溫度($1147°C$)處的碳的飽和度(2.14%C)。

6. F：共晶點(4.30%C，$1147°C$)發生共晶反應。

$$L\,(4.30\%C) \rightleftharpoons \gamma Fe(2.14\%C) + Fe_3C(6.67\%C) \tag{9-8}$$

7. G：純鐵之同素異形相變化點($912°C$)，γFe $\rightleftharpoons$ Fe。G 點也稱為 A_3 變態點。

8. GH：αFe 初析線(A_3 變態線)

9. H：共析點(0.76%C，$727°C$)發生共析反應。

$$\gamma Fe(0.76\%C) \rightleftharpoons \alpha Fe(0.022\%C) + Fe_3C(6.67\%C) \tag{9-9}$$

10. PH：共析變態溫度(A_1 變態線)

11. EH：Fe_3C 初析線，稱為 A_{cm} 變態線，就是溫度低於 EH 曲線時於 γFe 內會析出 Fe_3C。

　　Fe_3C(雪明碳鐵)、與 αFe(肥粒鐵)的磁性變態溫度分別稱為 A_0($210°C$)、與 A_2($760°C$)

　　由圖 9-13 的 Fe-Fe_3C 二元相圖中，可以發現固態純鐵受熱或冷卻過程中，於 D 點(1394 °C)與 G 點($912°C$)發生同素異形相變化(Allotropic phase transformation)，在一大氣壓下、$1394°C$ 體心立方(BCC)的 δFe 與面心立方(FCC)的 γFe(即沃斯田鐵)共存，而在 $912°C$，γFe 與面心立方(BCC)的 Fe(即肥粒鐵)共存。由於 δFe 與 αFe 除了存在的溫度範圍不同外，其結構與性質幾乎是完全相同，所以純鐵因溫度的變化，在一大氣壓下，會有四種相存在(氣相、液相、及兩個固相)。

　　由相圖可知，當鋼鐵由高溫冷卻到室溫時，會通過 γFe 相區，其室溫平衡微結構均包含有 αFe(肥粒鐵)與 γFe_3C(雪明碳鐵)。(公式 9-9)所描述的共析反應非常重要，是鋼鐵熱處理的基礎。

　　在上述相圖中包含了 A_0、A_1、A_2、A_3、A_4、A_{cm} 等相變化線，當加熱時的相變化以 A_C 來表示(Chauffage：為法語加熱之意)，而當冷卻時之相變化以 A_r 來表示(Refroidissement：為法語冷卻之意)，如 A_1、A_3、A_{cm} 等相變化，加熱時為 A_{C1}、A_{C3}、$A_{C\,cm}$，冷卻時為 A_{r1}、A_{r3}、A_{rcm}。

9-3-2　Fe-Fe₃C 二元合金之平衡冷卻微結構

　　Fe-C 合金由沃斯田鐵 γ 相區冷卻到低溫時，所產生的相變化類似於共晶系統，例如圖 9-14 中的共析合金(Fe-0.76%C)，由 γ 相區(圖中 A 點)開始冷卻，在共析溫度($727°C$)到達之前沒有產生任何的相變化，當溫度到達共析點 B 時，γ 相發生共析相變化(公式 9-9)。

共析鋼(成分 0.76%C)平衡冷卻通過共析溫度所產生的微結構為交錯的 αFe 與 Fe₃C 的層狀組織，如圖 9-15(a)所示，由槓桿法則可知，Fe 與 Fe₃C 的重量比約為 8：1，由於 Fe 與 Fe₃C 的密度相近，所以此一層狀組織厚度大約也是 8：1，圖 9-15(a)所示的微結構，由於其外觀與珍珠(Pearl)殼的紋路非常相似所以稱為波來鐵(Pearlite)，另外當層狀物方向相同時，形成一個波來鐵的晶粒，稱為群集(Colony)，由一個群集到另一個群集其層狀物方位會變化。波來鐵微結構中，由於 Fe₃C 較薄，因此相鄰界面不易分辨，在此種倍率下的 F₃eC 便會於微結構中顯出暗黑色，而 αFe 則為明亮層。

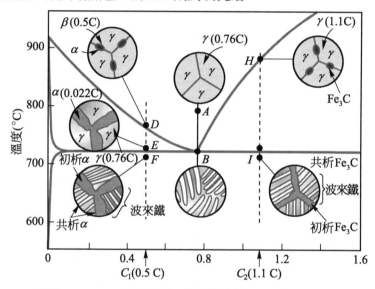

圖 9-14　局部 Fe-Fe₃C 二元相圖，顯示鋼鐵於不同溫度下之平衡微結構

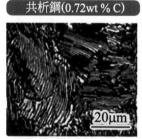

(a) 共析鋼顯示波來鐵為
　　交錯層狀的肥粒鐵(白色)
　　與Fe₃C雪明碳鐵(暗黑色)

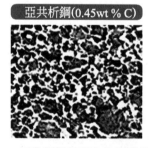

(b) 亞共析鋼呈現白色塊狀的
　　初析 α 相與層狀的波來鐵

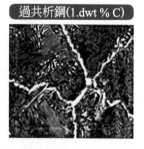

(c) 過共析鋼呈現白色網狀
　　初析Fe₃C與層狀的波來鐵

圖 9-15　碳鋼的微結構[3,4]

　　波來鐵中 αFe 和 Fe_3C 交錯形成層狀組織的原因與共晶結構相似(圖 9-10。由於共析相變化時，合金中碳原子需重新分布，碳原子由 0.022% 的 αFe 區域擴散到 6.67 wt% 的 Fe_3C 層區域。波來鐵的形成原因是由於此種層狀組織可以減少碳原子的擴散距離所致。現在考慮圖 9-14 共析點左邊 (亞共析鋼(Hypo-eutectoid steel))介於 0.022 和 0.76% C 之間的成分，當合金由 γ 相區冷卻到 A_3 溫度(D 點)時，α 相開始在 γ 相的晶界析出，此時的 α 相稱為初析 α 相(Pro-eutectoid ferrite)，且 α 相的含量隨著溫度的下降而漸漸增加。在兩相區($\alpha + \gamma$)內，α 相與 γ 相的含碳含量可由適當的節線來決定。

　　當亞共析鋼 C_1 剛好冷卻到共析溫度上方的點時，此時藉由通過 E 點的結構，可以得知 α 相與 γ 相的碳含量分別為 0.022 與 0.76%。當溫度下降到剛好低於共析溫度的 F 點時，所有在 E 點形成的 γ 相，將依據(公式 9-9)發生共析反應轉換成波來鐵。此時合金中的 α 相將以在波來鐵中的共析肥粒鐵(Eutectoid ferrite)與初析肥粒鐵兩種方式存在。圖 9-15(b) 是 Fe-0.45%C 合金的微結構圖，較白色亮區為初析肥粒鐵，而層狀組織則為波來鐵。許多波來鐵顯示出黑色是因為放大倍率不足以解析層狀 α 相與 Fe_3C 之故。

　　最後考慮共析點右邊成分的 C_2(圖 9-14)合金，即介於 076%C 和 6.67%C 間的成分，為過共析鋼(Hyper-eutectoid steel)。當 C_2 合金由圖中 γ 相區冷卻到 A_{cm} 溫度(H 點)時，Fe_3C 開始在相區的晶界析出，此時的 Fe_3C 稱為初析雪明碳鐵(Pro-eutectoid Fe_3C)，且 Fe_3C 的含量隨著溫度下降而漸增。由相圖可知，當溫度下降時，Fe_3C 的成分保持不變(6.67%C)，但是 γ 相的成分則會沿著 A_{cm} 的曲線而變化。當溫度冷卻到剛好通過共析溫度的 I 點時，所剩下的 γ 相均轉換成波來鐵。圖 9-15(c)為 Fe-1.4%C 合金的微結構圖，值得留意的是初析雪明碳鐵呈白色網狀。這是由於其厚度較大，所以其界面可以在顯微鏡下充分解析之故。

9-3-3　合金元素對 Fe-Fe₃C 二元相圖的影響

　　合金元素的添加會使 Fe-Fe_3C 二元合金相圖產生十分戲劇性的改變，圖 9-16 是表示 Fe-Fe_3C 二元相圖中的共析溫度(727℃)與共析組成(0.76%C)受合金元素影響的圖示。由圖中可以發現，由於合金元素的添加將改變共析點的位置，也會改變鋼鐵材料中各個組成相的相對分率。因此，當合金元素添加到碳鋼後，將使得鋼鐵材料發展出各式各樣的合金鋼，大大的擴大了鋼鐵材料的用途。

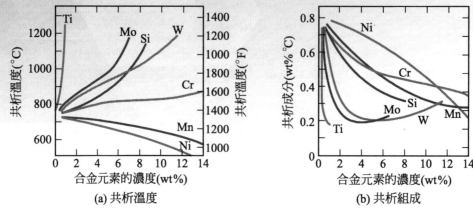

(a) 共析溫度　　　　　　　　　　　　(b) 共析組成

圖 9-16　合金對 Fe-Fe₃C 二元合金中共析溫度與共析組成的影響[5]

　　從圖 9-16 可推知鐵的二元相圖可分爲兩大類：擴大 γ 相域與縮小 γ 相域，所以合金元素以兩種方式影響鐵二元相圖：

1.　擴大 γ 相域：合金元素促進沃斯田鐵的形成。這些元素被稱爲 γ 穩定劑(γ-Stabblizer)。

2.　縮小 γ 相域：合金元素限制沃斯田鐵的形成。這些元素被稱爲 α-穩定劑(α- Stabblizer)。

　　鋼由沃斯田鐵相緩慢冷卻時，一般會轉換爲肥粒鐵或碳化物，而合金元素可以被分爲三類：

1.　只進入肥粒鐵中的元素，如鎳、銅、磷和矽等。

2.　形成穩定的碳化物，並進入肥粒鐵中的元素，如錳，鉻，鉬，釩，鈦，鎢和鈮等，這些元素被稱爲碳化物形成元素(Carbide former)。

3.　只進入碳化物相的元素，如氮。

9-3-4　鋼鐵材料的相變化

　　從相圖知道共析碳鋼(0.76%C)在 727℃ 會由沃斯田鐵變成波來鐵，由於波來鐵是由肥粒鐵與雪明碳鐵兩相組成，其成份跟沃斯田鐵都不一樣；所以很明顯的，沃斯田鐵分解成肥粒鐵與雪明碳鐵的相變化過程需要原子的擴散，此種相變化是屬於擴散型相變化(Diffusional transformation)，屬於平衡相變化；原子需擴散移動很長的距離(與原子間距比較)重新組合成新相，需相當時間來進行此種相變化。

　　另一類型的相變化叫作無擴散相變化(Diffusionless transformation)，屬於非平衡相變化；在其相變化過程原子間相對位移少於原子間距，相變化的速率就非常快，如沃斯田鐵很快冷卻(即爲淬火，Quenching)，則碳原子的擴散受到抑制，致使波來鐵相變化不易發生，則在低溫時就可能出現此種無擴散相變化，稱為麻田散鐵相變化(Martensitic transformation)。

1. 波來鐵相變化

　　研究波來鐵相變化通常都是用恒溫相變化(Isothermal transformation)的方法，準備兩個鹽浴(Salt bath，內含一些食鹽、硝酸鹽等鹽類，在一相當大溫度範圍能維持液態)。第一個是在 727℃ 以上，用來將小試片變成沃斯田鐵；第二個是在 727℃ 以下，用來求取各個溫度相變化所需的時間。以許多小試片(如壹圓銅幣大小)懸吊在第一個鹽浴中，使其完全變成沃斯田鐵，再取出數個小試片迅速移入第二個鹽浴(如 680℃)內，每隔幾秒鐘取出一個小試片立刻淬火於冷水(如 0℃)中。

　　由於波來鐵在室溫是穩定相不再改變，但未變態的沃斯田鐵則轉變成麻田鐵；從浸蝕後的金相試片中，可以看出較易浸蝕、色澤較暗的是波來鐵，而得知有多少部份變成波來鐵。因此即可繪出恒溫變態曲線，如圖 9-17 所示，為 S 形曲線，且需有一段時間才開始產生波來鐵；在 50% 左右相變化進行得很快；終了時又慢下來，為標準的原子擴散型相變化情形。

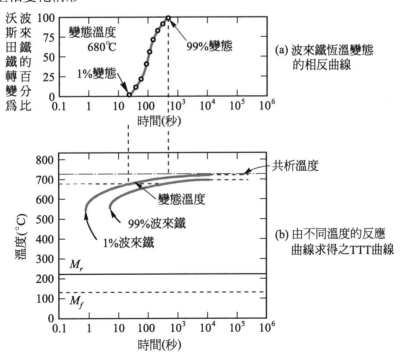

圖 9-17　上圖為波來鐵 680℃ 恆溫相變化的反應曲線，再由不同溫度的
　　　　　反應曲線，可求得下圖之 TTT 曲線[6]

作不同溫度的恒溫相變化反應曲線，可以得到圖 9-17 的時間-溫度-相變化曲線 (Time-temperature-transformation curve)，簡稱 TTT 曲線。注意到靠近平衡溫度(共析溫度)時，相變化需很長時間；而過冷度較大時，反應較快，與凝固相變化情形類似，是典型的 C 形曲線。但是在 550℃ 以下，不再產生波來鐵，而產生另一種相變化(變韌鐵相變化，稍後將述及)。所以波來鐵的 TTT 曲線祇畫到 550℃ 附近，550℃ 也是波來鐵反應最快的溫度，不到 1 秒鐘即有波來鐵出現，稱為鼻端(Nose knee)。

波來鐵是肥粒鐵與雪明碳鐵交替的層狀結構，如圖 9-18(a)所示，較高溫恆溫相變化所形成的波來鐵(如 700℃)，由於碳原子擴散快，加上反應時間長，碳原子能擴散到較遠位置而形成粗波來鐵，層狀間距較大，硬度較低；反之，較低溫形成的波來鐵(如 550℃)，則較微細，硬度也較高。波來鐵的孕核與成長都是異質孕核於沃斯田鐵晶界上或第二相上，一般認為是波來鐵中的雪明碳鐵(Cementite，Fe_3C)先出現在晶界上(也有研究認為是 α 肥粒鐵先出現在晶界上)。

由於雪明碳鐵的碳含量(6.67%)遠超過原來沃斯田鐵的 0.8%，所以雪明碳鐵成長時會取走其周圍沃斯田鐵的碳，而造成周圍的沃斯田鐵碳含量大量減少，故促進肥粒鐵的出現(因肥粒鐵碳含量很少，約 0.02%)。肥粒鐵孕核出來以後，隨著肥粒鐵的成長，多餘的碳勢必被排擠到周圍的沃斯田鐵中，而使其含碳量增多；增加到某一程度則又出現雪明碳鐵，如此重複即可形成層狀的波來鐵結構。

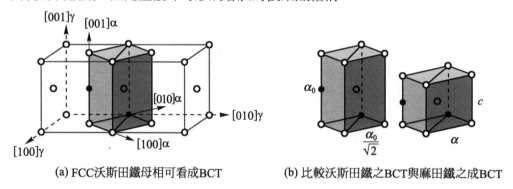

(a) FCC沃斯田鐵母相可看成BCT　　(b) 比較沃斯田鐵之BCT與麻田鐵之成BCT

圖 9-18　沃斯田鐵變成麻田鐵的晶胞間關係(○代表鐵原子，●代表碳原子)[7]

2. 麻田散鐵相變化與回火處理

共析鋼在 727℃ 以下，沃斯田鐵已不穩定，若是冷卻較慢，有足夠時間讓碳原子擴散，就可形成波來鐵；但是若快速冷卻通過鼻端，則來不及產生波來鐵。而隨著溫度降低，沃斯田鐵愈發不穩定，則在 215℃ 左右開始出現另一種相變化，叫做麻田散鐵相變化；

溫度更低，沃斯田相更加不穩定，產生麻田散相的量也增多。開始產生麻田散鐵(約1%)的溫度稱為 M_S(～215℃)；完全變成麻田散鐵的溫度稱為 M_f(～–40℃)。通常會將 M_S 與 M_f 標示在 TTT 曲線圖上(參閱後面圖 9-24)。

麻田散鐵是甚麼呢？它是保留沃斯田鐵母相的成份，但其晶體結構不是原來沃斯田相的 FCC 結構，而是變成接近 BCC 的 BCT(正方體)結構，如圖 9-19 所示的晶格變形，此種變形稱為 Bain-distortion。麻田散鐵相變化是藉由無擴散的剪變形(Diffusionless，Shear-deformation)完成，本來 FCC 的結構就可以看成如 BCT 的結構般(圖 9-19)，祇是其晶胞的晶格參數 c/a 比值為 1.414；但是在共析鋼的 BCT 麻田散鐵，其 c/a 比值為 1.034(BCC 肥粒鐵的 c/a 比值為 1)。原先分布在 FCC 體心及邊線中央的碳原子在變成麻田散鐵時，並未重新分布，所以大都在 BCT 的 c 軸上，因而使軸拉長。麻田散鐵晶格參數(c, a)與沃斯田鐵晶格參數(a_0)均隨碳含量 x (wt%)而改變，碳原子愈多，c/a 比值就愈大，其關係為：

$$c = 0.28661 + 0.0166x，a = 0.28661 + 0.00124x 與 a_0 = 0.3555 + 0.0044x \qquad (9\text{-}10)$$

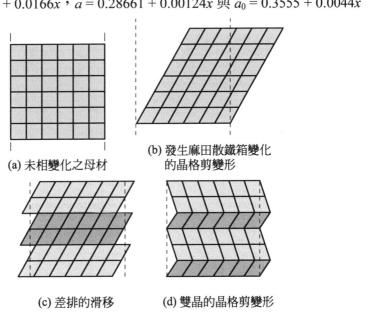

(a) 未相變化之母材

(b) 發生麻田散鐵箱變化的晶格剪變形

(c) 差排的滑移

(d) 雙晶的晶格剪變形

圖 9-19　麻田散鐵相變化[8]

由於(剪)變形是藉由差排的滑移、與雙晶(Dislocation-slip and Twinning)兩種機構完成，而 Bain-distortion 會造成晶格明顯變形，如圖 9-20 所示，為了維持不變的變形(Invariant deformation)，也需藉由差排的滑移、與雙晶(Slip and Twinning)來調整，如

圖 9-19 (*c, d*)所示,所以,可以預期麻田散鐵微結構中主要的缺陷是差排與雙晶,如果由光學顯微鏡所觀察到的較低倍下的微結構,分別是低碳合金的片狀麻田散鐵(Lath martensite)與高碳合金的板狀(或針狀)麻田散鐵(Plate martensite)。

在圖 9-20 中,可以觀察到 Fe-1.8%C 合金由高溫沃斯田鐵相變化為麻田散鐵的程度,會隨淬火溫度的下降而增加,當淬火到 24℃ 的常溫時,會有大量殘留沃斯田鐵(Retained austenite)存在,即圖中的白色基地,若淬火到 –100℃ 時,殘留沃斯田鐵就會明顯降低。這是因為碳在沃斯田鐵中的溶解度遠大於在肥粒鐵,所以碳是有效的沃斯田鐵安定元素。當合金中含碳量高時,沃斯田鐵極易殘留到低溫,且碳含量高時,沃斯田鐵因固溶強化,而增加(剪)變形的困難度,致使麻田散鐵相變化不易發生。如此便需藉由溫度的降低來增加麻田散鐵相變化的趨動力,如圖 9-21 所顯示的當碳含量增加時,M_S (與 M_f)就隨之下降,由圖中可知,當含碳量大於 0.7% 時,M_f 溫度將低於室溫,以致碳鋼含碳量高於 0.6% 時,將會有殘留沃斯田鐵的存在,且其含量隨含碳量增加而增多。

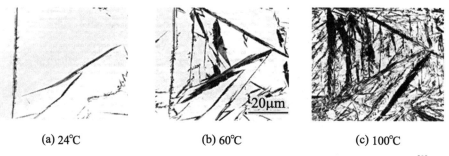

| (a) 24℃ | (b) 60℃ | (c) 100℃ |

圖 9-20　Fe-18%C 合金麻田散鐵相變化程度隨淬火溫度下降而增加[9]

當合金鋼中沃斯田鐵溶入的合金元素增多時,同樣的會增加麻田散鐵相變化的困難度。如此便需藉由溫度的降低來增加麻田散鐵相變化的趨動力,幾乎所有的元素(除了 Co、Al 外)都會降低 M_S 與 M_f,固溶合金元素對 M_S 的影響,可以下式表示為:

$$M_S(℃) = 539 - 423(\%C) - 30.4(\%Mn) - 17.7(\%Ni) - 12.1(\%Cr) - 7.5(\%Mo)(wt\%)$$

(9-11)

由公式(9-11)可知,M_n 對於降低鋼鐵 M_S 的效應遠大於其他置換型元素,對於含高碳(約 1～1.2 wt%)的錳鋼,約需 13-15 wt% 的錳就能獲得室溫下完全安定的沃斯田鐵,哈得非錳鋼(Hadfield 鋼,或稱高錳鋼)具有優秀的韌性與抗磨耗性,一般含有(10～14)%Mn、與(1～1.4)%C,在室溫下為安定的沃斯田鐵微結構,所以具有良好的韌性,而其抗磨耗性的主因是因沃斯田鐵中固溶有高 M_n 與 C 原子，所以加工過程中有極顯著加工硬化現象發生，另外，一部份沃斯田鐵因加工而使麻田散鐵的開始相變化溫度 (M_d) 高於 M_S，因而室溫加工將誘發麻田散鐵相變化，如此，也貢獻合金提升抗磨耗性，哈得非錳鋼常被使用在怪手齒牙等需抗高耐磨的器具上。

圖 9-21 也標示出 Fe-C 合金中，當碳含量低於 0.6% 時，麻田散鐵爲具差排缺陷的片狀 (Lath)，而碳含量高於 1.0wt% 時，麻田散鐵爲具雙晶缺陷的板狀 (Plate)，這個現像同樣可歸因於高碳時，高溫沃斯田鐵相變化爲麻田散鐵的困難度所致，而晶體剪變形時，是以差排的滑移爲主，但當變形困難度增加時，便會引發雙晶變形，這也可以解釋爲何片狀麻田散鐵主要的缺陷是差排，而板狀麻田散鐵主要的缺陷是雙晶的原因。

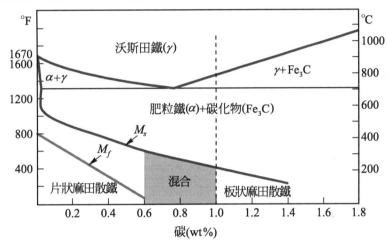

圖 9-21　M_S 溫度隨碳含量的增加而下降，圖中也顯示形成片狀與板狀麻田散鐵之碳含量的範圍[10]

由於鋼鐵合金的麻田散鐵晶體結構對稱性較差，且固溶多量的碳原子，造成具有高強度且硬、脆的特質，通常不直接使用。麻田散鐵是一種介穩相 (Metastable phase)，在室溫下看不出明顯相變化，但是若加熱到較高溫 (如 400℃)，則麻田散鐵會分解成肥粒鐵與雪明碳鐵，此種熱處理稱爲回火 (Tempering)，得到的結構稱爲回火麻田散鐵 (Tempered martensite)。此與波來鐵一樣，是肥粒鐵與雪明碳鐵的雙相結構；但波來鐵是層狀，而充分回火的麻田散鐵則是雪明碳鐵顆粒散佈在肥粒鐵基地上，如圖 9-19 所示。回火麻田散鐵是較穩定的結構，有較佳的韌性、延展性，可依需要作不同溫度、時間的回火處理得到適當的強度與韌性。回火溫度愈高、時間愈久，則回火麻田鐵的韌性愈高，但強度、硬度愈低。

事實上,鋼鐵中的麻田鐵相變化祇是眾多麻田相變化的一種而已,在其它金屬甚至高分子材料及陶瓷材料亦有麻田相變化,祇要是不需原子擴散而祇有晶格扭曲、剪移、旋轉成一新相的相變化,都可稱為麻田鐵相變化(Martensitic transformation)。

3. 變韌鐵相變化

共析鋼在冷卻到 550℃ 以下的恆溫相變化時,不再形成波來鐵,而出現另一種相變化,稱為變韌鐵相變化(Bainite transformation)。變韌鐵與波來鐵都是一種雙相結構,由肥粒鐵與碳化鐵構成。在純粹鐵碳合金中,波來鐵與變韌鐵相變化的 TTT 曲線會重疊;但是若合金中含有一些置換型合金元素,則常可以將兩種相變化曲線分開而易於研究。

變韌鐵相變化具有雙重特性,在許多方面它與波來鐵相變化一樣,是一擴散控制相變化,具有典型的孕核、成長過程,有恆溫變態的 S 形曲線;不過,它同時亦具備麻田鐵相變化的剪變形(Shear deformation)特徵,如溫度不夠低時,無法完全變成變韌鐵,致使合金也常會有殘留沃斯田鐵的存在;與麻田鐵相變化的 M_S、M_f 類似,變韌鐵相變化亦有 B_S、B_f 溫度。

在變韌鐵相變化過程,均勻分布在沃斯田鐵的碳會濃縮到高碳含量的局部區域,形成碳化鐵,而留下幾乎沒有碳的基地(形成肥粒鐵)。所以變韌鐵的形成含有成份的改變,需藉助碳原子的擴散,此點顯然與麻田散鐵不同。雖然變韌鐵也是雙相結構,但卻不是波來鐵的層狀結構,因為變韌鐵中的肥粒鐵形成機制類似於麻田散鐵相變化的剪變形特徵,所以變韌鐵亦會長成針葉形狀(Plate)或片狀(Lath);祇是麻田散鐵通常數分之一秒即完成相變化,而變韌鐵可能需數分鐘到數小時才能完成相變化,因它需要碳原子的擴散。

變韌鐵的微結構相當細微,通常需要放大數千倍以上才看得清楚。變韌鐵的微結構可分為上變韌鐵與下變韌鐵兩種(Upper and Lower bainite),上變韌鐵的恆溫相變化溫度是稍低於波來鐵相變化溫度(約介於 300℃～500℃),而下變韌鐵的恆溫相變化溫度是稍高於 M_S 溫度(約介於 200℃～300℃)。

圖 9-22 說明上變韌鐵與下變韌鐵微結構的形成過程與差異,相變化發生時,在較高溫下,碳原子擴散快,會被排出肥粒鐵外,擴散進入沃斯田鐵,最終細長的 Fe_3C 碳化物便析出在片狀(Lath)肥粒鐵界面間,而形成上變韌鐵,如圖 9-23(a)。而在較低溫下,碳原子擴散不易,除了肥粒鐵界面間有 Fe_3C 碳化物外,有些碳原子會在肥粒鐵內析出極細微的 Fe_3C 碳化物,而形成下變韌鐵,如圖 9-23(b)。由於下變韌鐵具有極為細化的碳化物微結構,通常其強度與韌性均會較上變韌鐵佳。由圖 9-23(b)也可以瞭解到,下變韌鐵也是可以在較高溫下獲得。

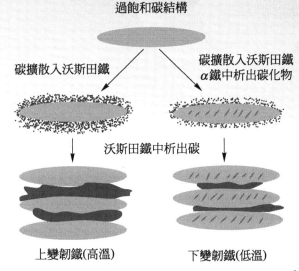

過飽和碳結構

碳擴散入沃斯田鐵　　　　碳擴散入沃斯田鐵
　　　　　　　　　　　　α鐵中析出碳化物

沃斯田鐵中析出碳

上變韌鐵(高溫)　　　　　下變韌鐵(低溫)

圖 9-22　上變韌鐵與下變韌鐵微結構的形成過程[11]

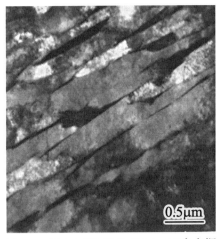

(a) Fe–0.005–1.6Si–2Mn–2Cr(wt%)合金鋼
於400℃恆溫相變化所獲得的上變韌鐵

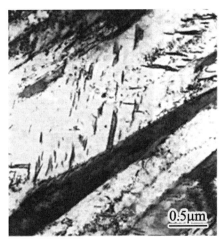

(b) Fe–0.3C–4Cr(wt%)合金鋼於435℃恆溫
相變化所獲得的下變韌鐵

圖 9-23　變韌鐵箱變化[12]

實務上，B_S 溫度可以下式表示之：

$$B_S(℃) = 830 - 270(\%C) - 90(\%Mn) - 37(\%Ni) - 70(\%Cr) - 83(\%Mo) \ (wt\%)$$

(9-12)

由公式 9-12 可知，碳對於抑制變韌鐵相變化最為明顯，其原因是碳在沃斯田鐵中的溶解度遠大於在肥粒鐵，所以碳是有效的沃斯田鐵安定元素。當合金中含碳量太高時，其 B_S 溫度就偏低，以致相變化過程中，碳原子較不易擴散，所以高碳合金鋼就很容易形成下變韌鐵，同時要注意的是：碳越多則碳化物越多，所以為了獲得可靠的機械特性(尤其是韌性)，變韌鐵的含碳量宜控制在 0.4 wt%以下。

變韌鐵的相變化有類似麻田散鐵相變化的剪變形機制(Shear deformation)。由其微結構的特徵，也可猜測出變韌鐵的機械性質，基本上是介於波來鐵與麻田散鐵之間，亦即其強度比波來鐵大，而韌性比麻田散鐵高，是一種強韌的微結構。

9-3-5　TTT 曲線圖與 CCT 曲線圖

1. TTT 曲線圖

   (1) 共析鋼：共析鋼從高溫的沃斯田鐵相冷卻下來時，經由恒溫相變化(Isothermal transformation)，在較高溫會形成波來鐵；較低溫會形成變韌鐵；若兩者都不出現，則產生麻田散鐵。可以畫出完整的「時間-溫度-相變化曲線」(即 TTT 曲線)，圖 9-24 所示為 1080 共析鋼的 TTT 曲線圖，在 550℃以上沃斯田鐵完全變成波來鐵；在 550～450℃波來鐵與變韌鐵混合出現；在 450～215℃只有變韌鐵形成，且溫度低，相變化速率慢；若急速冷卻而未形成波來鐵與變韌鐵時，則產生麻田散鐵，溫度愈低，麻田散鐵量愈多。圖 9-24 尚繪出幾條任意的時間-溫度路徑，藉以瞭解 TTT 圖的使用原理。先將試樣在 727℃以上沃斯田鐵化後再冷卻：

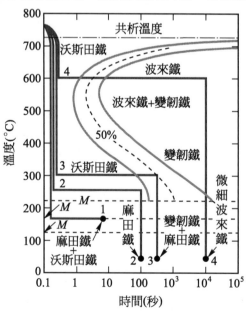

圖 9-24　Fe-0.76C 共析鋼的 TTT 的曲線，圖上並畫出數條冷卻曲線[13]

a. 路徑 1：急速冷卻到 160℃，並維持一段時間。由於冷卻太快，來不及形成波來鐵，在之前仍爲不穩定的沃斯田鐵相，通過鼻端後即開始產生麻田散鐵，到 160℃大約一半沃斯田鐵形成麻田散鐵。由於恒溫下形成的麻田散鐵很少，所以維持一段時間，麻田散鐵的含量仍然 50%左右。

b. 路徑 2：先冷卻到 250℃保持 100 秒，由於時間尚不足以形成變韌鐵，所以再淬火到室溫時則完全變成麻田散鐵。此種冷卻路徑稱爲中斷淬火 (Interrupted quench)，可以使試片表面及中心幾乎達到同一溫度，而能於再次淬火時同時轉變成麻田散鐵，較不易淬裂。

c. 路徑 3：在 300℃恒溫維持 500 秒的時間，產生一半變韌鐵及一半沃斯田鐵殘留的結構；再第二次淬火到室溫，則得到一半麻田散鐵一半變韌鐵。假使一直在 300℃恒溫保持到完全變成變韌鐵(如 5000 秒)，則全部變爲變韌鐵，然後再冷卻到室溫，結構不再改變，此一處理即稱沃斯回火 (Austempering)。

d. 路徑 4：在 600℃維持 8 秒，即能將沃斯田鐵完全(99%)變成微細波來鐵，此一結構相當穩定，即使維持數千秒也不會改變結構，所以冷卻到室溫時，得到微細波來鐵的結構。

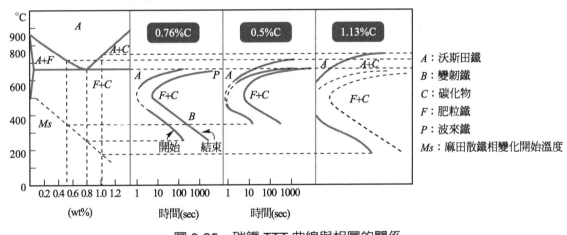

圖 9-25　碳鐵 TTT 曲線與相圖的關係

(2) 非共析成份的碳鋼：對於非共析成份的碳鋼也同樣可作出其 TTT 曲線圖(如圖 9-25)。與共析鋼(0.76%C)的 TTT 曲線比較，有兩個重要不同。第一點是非共析碳鋼的波來鐵反應比共析鋼快；第二點是非共析鋼在形成波來鐵之前有初析 (Proeutectoid)產物產生。即亞共析鋼有初析肥粒鐵先產生；過共析鋼則有初析雪明碳鐵先出現。即使很快冷卻也很難完全避免初析產物的出現。另外值得注意的是碳含量愈高，麻田鐵愈難形成，其 M_S、M_f 點愈低。綜合言之，波來鐵相變化速率由大到小依序為：過共析鋼、亞共析鋼、共析鋼。變韌鐵與麻田散鐵相變化速率則為碳愈高，相變化速率愈慢。

(3) 合金元素對 TTT 圖的影響

由 9-3-3 節中已知一些置換型合金元素(如 Cr、W、Mo、V 等)會升高 A_1 溫度，所以含此種置換型合金元素的鋼鐵，其波來鐵相變化溫度會提高，如圖 9-26 所示。反之，若所含置換型合金元素(如 Ni、Mn、Cu 等)會降低 A_1 溫度，則其波來鐵相變化溫度會降低。

幾乎所有的置換型合金元素(除 Co 外)，均會阻礙碳的擴散，因而降低了沃斯田鐵相變化為波來鐵的速度，而使 TTT 曲線往右移動，如圖 9-26 所示。這些置換型合金元素又可分為兩類：若屬於碳化物形成元素(Carbide former)，如 Cr、W、Mo、V 等，在波來鐵相變化的溫度下會重新分布(Partition)，聚集而形成碳化物，但在變韌鐵相變化的溫度下，這些合金元素並不重新分布，亦即肥粒鐵與碳化鐵中的置換型合金元素的數量都一樣。因此造成波來鐵相變化較變韌鐵相變化慢，而使 TTT 圖中可分辨出波來鐵相變化與變韌鐵相變化，所以其 TTT 圖可顯現出兩個鼻子(Nose)。而另一類非碳化物成型元素，如 Ni、Mn、Cu 等，無論是在波來鐵相變化或變韌鐵相變化，均不會有合金元素(明顯的)重新分布，所以其 TTT 圖只顯現出一個鼻子。

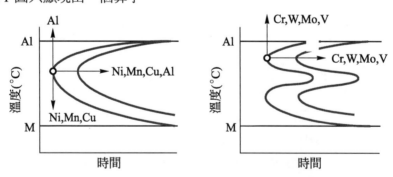

圖 9-26　合金元素對鋼鐵合金 TTT 曲線的影響

所以鐵碳合金鋼的相變化中，波來鐵與變韌鐵相變化都是只有碳原子在擴散(沒有其它合金元素)，造成兩者的 TTT 曲線重疊；而含大量置換型合金元素的鋼鐵，因置換型合金元素擴散速度慢，所以波來鐵相變化速度較變韌鐵慢，即變韌鐵 TTT 曲線較波來鐵提前，而可分開。圖 9-27 為 4340NiCrMo 合金鋼的 TTT 圖，很明顯的可以看到兩個鼻子(Nose)。

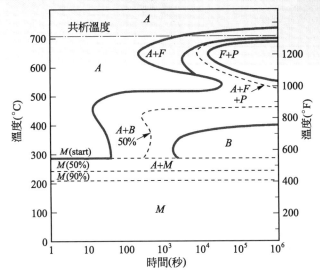

圖 9-27　4340-NiCrMo 合金鋼之 TTT 曲線圖(*A*：沃斯田鐵，*B*：變韌鐵，*F*：肥粒鐵，*P*：波來鐵，*M*：麻鐵散鐵)[14]

2.　CCT 曲線圖

上述的 TTT 曲線圖是以恒溫相變化所作出來，而實際上的熱處理，基本上都是一種連續冷卻的情形，即從沃斯田相溫度直接連續降溫下來的情形，其相變化曲線與 TTT 曲線稍有不同，稱為連續冷卻曲線(Continuous cooling transformation curve)，簡稱 CCT 曲線。圖 9-28 為共析鋼的 CCT 曲線，圖上尚用虛線畫出 TTT 曲線，兩相比較可看出有兩點不同。

第一點是 CCT 曲線在 TTT 曲線的右下方，亦即連續冷卻需更久的時間才能變成波來鐵。因為連續冷卻過程必定有段時間花在較高溫處，而較高溫要產生波來鐵需較久的時間，所以 CCT 曲線較 TTT 曲線慢一些。第二點不同的地方是 CCT 曲線沒有變韌鐵相變化的部份。冷卻較慢則完全形成波來鐵，不會再相變化；冷卻較快，則因待在變韌鐵區域時間太短，仍無法產生變韌鐵。因變韌鐵愈低溫所需的變態時間會急速增長(對純碳鋼而言)，冷卻下來是得到波來鐵及麻田散鐵，若有變韌鐵的話也是非常少量。這種 CCT 曲線沒有變韌鐵相變化的原因，是因純碳鋼中波來鐵與變韌鐵相互重疊之故。

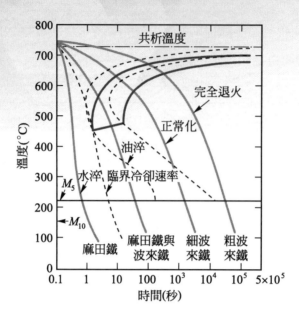

圖 9-28　Fe-0.76C 共析鋼的 CCT 曲線，圖上並畫出數種冷卻方法得到
的微結構

若有大量置換型合金元素存在，則可能使變韌鐵的 TTT 曲線向左移而與波來鐵者分開，此時 CCT 曲線就會有變韌鐵相變化產生。

圖 9-28 中標出數條不同冷卻曲線來說明不同冷卻速率如何產生不同的微結構。標示完全退火(Full anneal)的曲線是代表極緩慢的爐冷，即將已完全沃斯田化的試片留在爐內，關掉熱源，使其以約一天的時間冷卻下來，此種狀況相變化的溫度接近共析溫度，而得到粗波來鐵；標示正常化(Normalizing)的曲線，則代表從爐中取出置於空氣中，作中等冷卻速率，此狀況相變化的溫度約在 550～600℃，得到微細波來鐵結構；標示油淬的冷卻曲線是代表更快一些的冷卻速率，如將爐中的試片取出置於油浴中即是，得到細波來鐵與麻田散鐵混合的微結構。標示水淬是淬於水中，冷卻速率最快，來不及產生波來鐵，而得到全部變成麻田散鐵的結構。標示虛線是代表產生完全是麻田散鐵的臨界冷卻速率，冷卻速率快於此則全部變成麻田鐵；慢於此臨界冷卻速率，則無法得到完全麻田散鐵的結構，此一臨界冷卻速率的大小直接關係到此鋼鐵材料的硬化能(Hardenability)。

茲將共析鋼(Fe-0.76%C)的相變化與微結構彙整如圖 9-29，共析鋼經高溫沃斯田鐵化處理後，以不同速度冷卻，可以獲得平衡態的波來鐵、與介穩態的變韌鐵與麻田散鐵三種不同微結構，在經充分球化或回火處理(溫度低於 A_1)，則上述三種微結構都會形成最安定的球化微結構，值得注意的是(平衡態的)波來鐵變化為(平衡態的)球化微結構的難度遠大於(介穩態的)麻田散鐵變化為球化微結構。一般球化波來鐵，常在稍低於 A_1 溫度的高溫下持溫數天才可已完成，而球化麻田散鐵，則只需持溫數小時(1～5小時)便可完成。

本節中也需充分瞭解安定相(Stable phase)、介穩相(Meta-stable phase)、不安定相(Unstable phase)的區別，例如對 1040 的碳鋼而言，室溫下的沃斯田鐵就是不安定相，麻田散鐵就是介穩相，而肥粒鐵與雪明碳鐵就是安定相。而對於 1080 的碳鋼而言，室溫下的殘留沃斯田鐵與麻田散鐵就是介穩相。

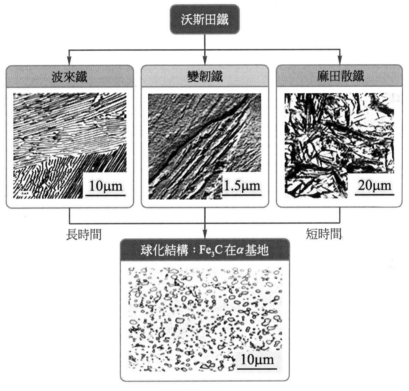

圖 9-29　共析鋼之相變化與為微結構的彙整

9-4 　碳鋼的硬化能力與硬度

　　正如 9-3-4 節所述麻田散鐵是碳鋼中最硬的微結構，為了提升其韌性，麻田散鐵常需施予回火熱處理，依使用的需求，進行不同程度的回火，所獲得的回火麻田散鐵微結構，其強度涵蓋範圍從最硬的麻田散鐵到最軟的球化 Fe_3C。工業上所使用的許多零組件，如齒輪、軸承等，需具有強度高、韌性佳、抗磨耗能力強等特性。為了獲得上述特性，從熱處理製程來說，首先需要獲得麻田散鐵微結構，才能談下一步的回火熱處理。也就是把鋼淬火時，要能容易相變化為麻田散鐵，也就是要有高硬化能力，才有使用上的價值，而鋼的硬化能力就是「鋼鐵合金相變化成麻田散鐵的能力」。

　　在第 9-4 節中，已經介紹過碳鋼的麻田散鐵具有加工硬化與固溶強化雙重強化機構，所以在圖 9-30 中，對於含碳量相同的碳鋼而言，麻田散鐵的硬度遠高於波來鐵與球化結構。且不論何種微結構，當含碳量增加時，其硬度也隨之增加。對於波來鐵與球化結構而言，含碳量增加就會使碳化物(Fe_3C)增加，硬度也就隨之增加。對於麻田散鐵而言，含碳量增加就會使剪變形阻力增加，且過飽和固溶碳原子含量也提高，因而使加工硬化與固溶強化更為增強，硬度也就隨碳含量而增大。

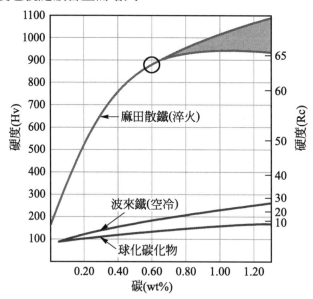

圖 9-30　三種不同微結構碳鋼的硬度與含碳量關係圖[15]

當碳含量高於 0.6%時，麻田散鐵的硬度數據顯得極為散亂(圖中的斜線部分)。碳高於此含量時，麻田散鐵完成溫度 M_f 低於室溫。因此，可合理假設高碳部份數據的散亂，是由於不同量的殘留沃斯田鐵所致，當測試位置不同時，其硬度將會有差異。因此，曲線的上限硬度數據應該是麻田散鐵硬度，其硬度隨著碳的增加而連續升高。

9-5 鋼鐵退火熱處理

所謂退火(Annealing)是指把鋼鐵材料加熱到適當的溫度，保持適當的時間後，慢慢冷卻的一種熱處理製程。由於慢慢冷卻，以致退火後的碳鋼微結構，均為平衡結構的肥粒鐵與雪明碳鐵的混合物。因退火的目地不同，而使用不同的退火熱處理製程，因而造成此混合物不同的分布型態。退火熱處理可以產生均勻的微結構、改善延性與車削性、降低內應力等，本節將介紹幾種常見的退火，包括均質化退火、完全退火、正常化、球化退火、製程退火(或稱再結晶退火)、應力消除退火等退火的原理、目的與方法，由圖 9-1 可知，退火在整個鋼鐵合金的製造流程中佔有極重要的角色。

9-5-1 均質化退火(Homogenizing)

合金於鑄造過程中，無可避免會發生成分分配不均的微偏析(Micro-segregation)現象，如圖 9-5 所介紹的核心(Coring)與圖 9-12 所介紹的 Fe-Fe$_3$C 合金包晶反應(Peritectic reaction)所造成的微偏析，因此當鋼鐵材料於鑄態時，合金元素會形成某些偏析相、或於晶粒內形成微觀偏析(Micro-segregation)，均質化退火的目的就是為了降低(無法完全消除)這些偏析現象。利用擴散作用把鋼內的偏析降低，使化學成分均勻化後慢冷的作業。因為溫度愈高愈能促進擴散，所以均質化溫度均極高，如碳鋼的均質化退火採用比 A_{C3}、A_{cm} 更高的溫度，約在 1000℃～1300℃ 的範圍實施，如圖 9-31 所示，於此溫度下，碳於鐵中的溶解度也是最大。而均質化時間一般都需數十小時。

均質化退火的擴散程度受到晶粒的大小、成分濃度的差異、加熱溫度等所影響。Ni、Cr、Mo 等置換型元素的擴散係數遠低於 C、N 等插入型元素。對於成分固定的合金而言，在某一溫度下進行均質化退火時，達到相同的均質化程度所需的時間，是與其鑄造晶粒的直徑平方成正比，所以細化的鑄態晶粒，將可大幅降低均質化退火時間。

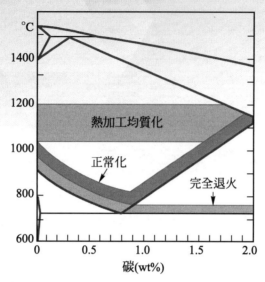

圖 9-31　碳鋼均質化、正常化與完全退火的熱處理溫度範圍[16]

　　鋼鐵材料的熱加工(如熱鍛、滾軋等)溫度與均質化退火溫度相同，但熱加工一般是在均質化退火後實施，以避免一些偏析相在高溫加工期間，會被朝加工方向拉長，造成鐵基地中存在條紋狀微結構。

9-5-2　完全退火(Full annealing)

　　完全退火主要目的是要將鋼鐵軟化，以便改善切削性或塑性加工性。碳鋼完全退火製程中的加熱溫度也示於圖 9-31，亞共析鋼加熱到 A_{C3} 點、共析鋼和過共析鋼加熱到 A_{C1} 點以上 30～50°C 的溫度，保持充分的時間後(時間依厚度決定)，爐中(或灰中)慢慢冷卻到低於 A_{r1} 溫度，以完成退火製程。

　　過共析鋼加熱到(γ + Fe$_3$C)兩相區是要球化初析 Fe$_3$C(Proeutectoid Fe$_3$C)，其球化的趨動力是來自 γ/Fe$_3$C 界面能因 Fe$_3$C 的球化而降低所致。若過共析鋼加熱溫度高於 A_{Ccm}，而位於(γ)單相區時，則於爐冷過程中於沃斯田鐵晶界上會形成網狀的初析 Fe$_3$C，將脆化此過共析鋼。

　　對碳含量低於 0.20%的低碳鋼或低碳合金鋼實施完全退火時，因為所得的硬度過低，反而會降低切削性使切削面發生起翹，這時宜採用 9-5-3 節所述的正常化處理。

9-5-3　正常化(Normalizing)

　　把鋼加熱至 A_{C3} 線或者 A_{Ccm} 線以上適當的溫度相變化爲均勻的沃斯田鐵後，在空氣中冷卻，可以得到平衡狀態的微結構。由這種處理所得的微結構，一般叫做正常化結構(Normal structure)，這種處理叫做正常化，圖 9-31 也顯示了鋼的含碳量和正常化溫度的關係。正常化的目的是在改善鋼鐵熱加工後或一些鑄鋼的不良微結構，使晶粒細化，以獲得良好強度、韌性等機械性質。

　　正常化加熱期間，超過 A_1 點時在波來鐵中會產生沃斯田鐵的核，而在高於 A_3 或 A_{cm} 點時，基地全部會變爲微細沃斯田鐵晶粒。從 A_1 點到 A_3 點或 A_{cm} 點之間的加熱速率愈快，所產生的沃斯田核愈多，因此晶粒愈會微細化。如此則從沃斯田鐵化溫度冷卻時，通過變態點時的速率愈快，晶粒愈微細化，因此沃斯田鐵化溫度，宜選擇比完全退火略高的溫度(約高 30℃)，以便增加加熱速率，而冷卻時也以空冷來增加冷卻速率。

　　鍛造過的鋼鐵，由於高溫加工製程容易使晶粒粗化，並且鍛造比(Forging-ratio)或鍛造終了溫度的局部變動，會使晶粒大小不均，或者引起碳化物的局部凝集和粗化。這些現象也經常存在於一般鑄鋼的鑄造微結構中。另外，析出肥粒鐵和碳化物時因較快的冷卻速率，而使得初析肥粒鐵(Proeutectic ferrite)形成魏德曼的針狀微結構(Widmanstatten structure)，這些都是不良的微結構。把這些組織加熱到 A_{C3} 或 A_{Ccm} 點以上變爲沃斯田鐵單相後，在空氣中冷卻時，在加熱期間的沃斯田鐵化和冷卻時的相變化當中，可以把上述的不良鑄造或鍛造結構改善，重新調整晶粒而變爲微細化，波來鐵也變爲較細的層狀組織(即細波來鐵)，因此其強度、韌性等機械性質被改良，殘留應力也可以消除。對於相同鋼鐵而言，相較於完全退火者，正常化的強度較高，而韌性則稍低。

　　對於過共析鋼而言，雖然正常化加熱溫度位於單相的沃斯田鐵區，理論上於空冷過程中會形成網狀 Fe_3C，但實務上，沃斯田鐵化溫度與時間相較於均質化爲低，並未完全將原先已存在的網狀初析 Fe_3C 回溶至沃斯田鐵中，如此反而將促使 Fe_3C 球化，而使鋼經正常化處理所得的微結構中，球化的初析 Fe_3C 存在於波來鐵的基地內。

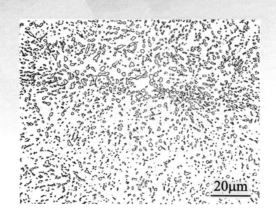

圖 9-32　Fe-0.66C-1Mn(wt%)鋼芝麻田散鐵經 704℃回火 24 時所得的球化結構[17]

9-5-4　球化退火(Spheroidizing)

　　球化碳化物均勻分布於肥粒鐵中的微結構，是鋼鐵材料中最安定的一種結構，具有最軟、延性最高的機械特性。球化結構的高延性是因為連續肥粒鐵基地所致，相較於具波來鐵的層狀碳化物，其層狀碳化物比球狀碳化物更能有效阻擋塑性變形。圖 9-32 是 Fe-0.66C-1Mn 鋼的球化結構，它是由麻田散鐵經 704℃回火 24 小時所得，對於中、低碳鋼而言，球化結構的高延性是冷加工製程的主要先決條件，而在高碳鋼，球化結構的低硬度，提供硬化熱處理前的易車削。所以球化退火的目的是要改善鋼鐵材料的切削性和塑性加工性，或者增加淬火後的韌性，以及防止淬火破裂等。

　　球化退火前的微結構是影響球化速率的主要因素，具有粗波來鐵的鋼鐵材料其球化速率最慢，完成的時間需要數百小時以上。但球化前的微結構若為變韌鐵，其微結構為極細碳化物分布於肥粒鐵中，所以球化速率就會較快，若是含過飽和碳的麻田散鐵，其球化速度最快，約在幾小時內(1～2 小時)就可完成球化。

　　球化速率有這麼大的差異，主要是球化趨動力不同所致，當具波來鐵的層狀碳化物球化時，其球化趨動力是因層狀碳化物與肥粒鐵的界面能較球化碳化物與肥粒鐵的界面能為高，當球化退火時，所釋放的界面能即是球化的趨動力，因波來鐵與球化結構都是平衡相，僅藉由界面能的降低來趨動球化，所以其趨動力並不大。但對於介穩相的麻田散鐵而言，當球化退火時，過飽和碳化物很快就會析出成安定的碳化物，微結構會成為平衡的球化碳化物與肥粒鐵，其球化趨動力是遠遠大於層狀碳化物的球化趨動力。另外，若鋼鐵中含有強碳化物形成元素(Carbide-forming，如 Mo、V 等)時，將會大幅降低球化速率。

　　已球化的碳化物，會隨球化退火時間的增長而粗化，假如要增加加工性時，球狀碳化物較粗為宜。假如為了防止淬火破裂或增加韌性時，球狀碳化物要微細並且分布要均勻才好。因此隨目的不同要選擇適當的粗度，一般講，球狀碳化物的大小在 0.5～1.5 μm 的範圍為宜，一般碳鋼的球化溫度如圖 9-33 所示。

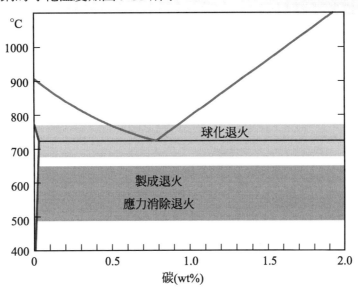

圖 9-33　碳鋼球化退火、製成退火、應力消除退火的熱處理溫度範圍[16]

9-5-5　製程退火(或稱再結晶退火)(Processing annealing)

　　材料冷加工時(即加工溫度低於再結晶溫度，約是熔點絕對溫度一半的溫度))，晶格受到塑性變形，材料內部將導入如空孔與差排等的大量缺陷。使材料含有應變能而儲存於材料內部，這些微結構的變化，將使材料產生加工硬化，也就是發生強度增加，韌性降低的現象。此時材料是處於一種不安定狀態。冷加工到一定程度後，即無法進一步加工，否則會破裂。製程退火則可將加工材軟化，如此即可進一步冷加工。所以經「冷加工製程」的材料或鋼鐵，需藉由低於 A_1 的「製程退火」，來回復材料未冷加工時的安定狀態，以提升材料的韌性。

　　製程退火的溫度範圍也示於圖 9-33，因溫度低於 A_1，所以冷加工及退火都不包含相的變化，但是因為有明顯的微結構及性質改變，所以仍然將其歸於動力學方面的相變化來討論。

依照其微結構及性質的變化情形，退火處理的三個步驟，如圖 9-33 所示，最早發生的是回復(Recovery)，其次為再結晶(Recrystallization)，最後是晶粒成長(Grain growth)，三個階段並沒有非常明顯的界限。有些材料是以回復為主，有些則是以再結晶為主，而一旦再結晶完成則隨時有晶粒成長現象。

由圖 9-34 可知，在溫度 $T_1 - T_2$ 範圍，點缺陷(空孔)會容易移動而釋放應變能，致使內部應力顯著降低，這就是製程退火的第一個階段，即回復。此時機械性質變化很小，但是內部應力減少很多。經過回復期後，從溫度 T_2 開始，以釋放差排缺陷的儲存能為驅動力，會產生新的結晶核，而從結晶核形成未受應變的晶粒，逐漸取代舊的晶粒，到了溫度 T_3 完全變為新的晶粒。這種現象就是製程退火的第二個階段，即再結晶(Recrystallization)。

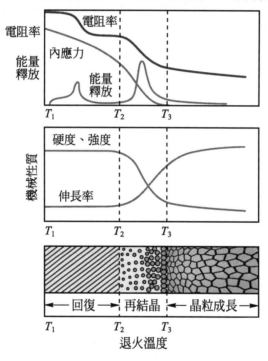

圖 9-34　冷加工材料的製程退火溫度和能量釋放、內應力機械性質、電阻率、微結構(晶粒大小)關係

再結晶期間，材料內部應力、強度、硬度顯著下降，延性增加，也就是回復加工前的狀態。完成再結晶以後，為了降低界面能，界面會移動而發生晶粒的併合，使晶粒變大。這現象是製程退火的第三個階段，即晶粒成長。以下將分別介紹每個退火階段所發生的微結構與性質變化。

9-5-6　應力消除退火(Stress relief annealing)

　　許多熱、或冷加工製程都會對零組件導入殘留應力，這些殘留應力會造成零組件於後續的熱處理、製造、或使用中產生變形、破裂等。所以消除殘留應力的退火目的就是要降低因殘留應力所造成對零組件的傷害。

　　殘留應力的來源很多，例如厚零組件由沃斯田鐵區冷卻時，相變化成波來鐵將有約2%的體積膨脹，所以除了極慢冷卻速度外，均會導入殘留應力，即使是以空冷方式也會殘留顯著的應力，其原因是零組件中心部位冷卻速度較表面慢，表面先相變化爲肥粒鐵與碳化物後，心部才開始相變化，當心部開始相變化爲肥粒鐵與碳化物時所導致的體機會膨脹，受到表面的限制，以致零組件表面呈現張應力，而心部呈現壓應力。若是以淬火冷卻所得的麻田散鐵，其殘留應力比空冷還嚴重，甚至造成脆裂等問題。這也是發展合金鋼的主因，因爲合金鋼可以在較慢冷卻下，仍可獲得麻田散鐵的硬化結構。回火熱處理常是麻田散鐵微結構必經的後續處理，利用回火可以有效消除淬火所造成的殘留應力。

　　應力消除退火溫度是在低於 A_1 下進行，一般常會與製程退火重疊或稍低，如圖 9-34 所示，並不會有相變化發生。爲了避免退火過程中引發新的熱應力，所以其加熱與冷卻速度均需很慢。

　　應力消除退火主要是藉由回復機制，而不是藉由再結晶，此時鋼材的強度並不會有明顯下降之現象。鋼材大約從 450°C 起殘留應力就會開始消失，一般的強力退火大約加熱於 500～600°C 保持所需時間後慢冷。含有冷加工的鋼料晶粒，若退火期間較長時，原子會發生再結晶而變軟。一般，合金鋼的回復、與再結晶比較慢，所以需要較高溫長時間的退火來消除殘留應力。

9-6 析出強化(Precipitation strengthening)

所謂析出強化也稱為時效強化(Aging strengthening)是利用熱處理方法，使過飽和的溶質原子在軟的基地(Matrix)內，產生一種均勻分布的微細且硬脆的第二(介穩)相析出物，這些析出物與基地間的界面會形成整合或部份整合(Coherency or Partial coherency)。利用析出強化，有些材料的強度可提高五至六倍，因而析出強化是十分重要的強化機構。是很多實用結構材料主要的強化機制之一。它們包括鋼鐵合金(如麻時效鋼及一些不鏽鋼)與非鐵合金(如鋁合金、鈦合金、鎂合金、超合金、銅鈹合金)。

由於析出強化與散佈強化皆是使微細且硬脆的第二相粒子分布在晶體(軟質)基地內來達到強化效果，故須先分辨兩者的不同點，才能對它們的強化機構作深入的瞭解。析出強化是在固溶體中析出微細的第二相，而此第二相會隨著時效時間的增加而成長與改變晶體結構，隨著第二相的變化，與基地的界面會形成整合(Coherency)、部份整合(Partial coherency)、半整合(Semi-coherency)、或非整合(Incoherency)，如圖 9-35 所示。而散佈強化是一種廣義的用語，它亦指第二相所造成的強化現象，但此第二相與基地間通常並沒有整合性存在，如圖 9-35(c)所示即非整合存在於基地上，例如在碳鋼的回火麻田散鐵中，球狀碳化物存在於肥粒鐵基地中，便是一例。

9-6-1 鋁銅合金的析出強化

Al-Cu 合金是最早被發現具有時效強化的合金，時效過程中，與基地界面整合的析出物；GP 帶(GP zone)首先在銅過飽和的鋁基地中析出，隨著時效時間的增加，GP[1]晶體結構會改變與成長，其變化依序為：GP[1](整合)→θ''(部分整合或半整合)→θ'(部分整合或半整合)→θ(非整合)，其中的 GP 帶、θ''、θ'等析出相為介穩過渡相，θ 相為平衡相，這些析出相之組成均為 $CuAl_2$。

析出強化熱處理的方法有很多種，但最基本的過程需包含下列步驟：固溶處理(Solution treatment)→低溫淬火(Quenching)→時效處理或稱析出處理(Aging treatment or Precipitation treatment)。

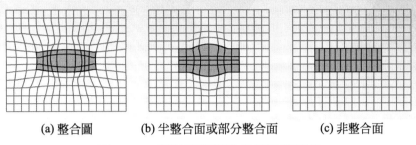

(a) 整合圖　　　(b) 半整合面或部分整合面　　　(c) 非整合面

圖 9-35　析出相與基地之界面的關係

　　其中固溶處理是將材料升溫到固溶線以上之單相區一段時間，使介入析出強化的合金元素，全部溶於基地中而成為單一固溶體；低溫淬火則將此單一固溶體淬火到固溶線以下溫度，使呈過飽和固溶體(Super saturation solid solution)；時效處理則再將此過飽和固溶體放置於適當溫度與時間，使其逐漸析出第二相而造成強度、硬度、韌性、伸長率、疲勞強度、抗應力腐蝕性、導電性等性質的變化。時效處理又分為自然時效(Natural aging，NA)與人工時效(Artificial aging，AA)兩種，自然時效是在室溫下進行，而人工時效則在高於室溫下來處理。上述的析出強化熱處理可以圖 9-36 簡單表示出來，在圖中之鋁銅合金，銅含量約為 4.5 wt%。它首先在 α 單相區 1，而後淬火於的 $\alpha+\theta$ 兩相區 2，並在 3 作時效處理。

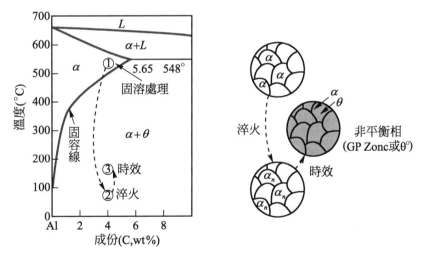

圖 9-36　Al-Cu 二元祖平衡圖及時效處理的程序所得微結構示意圖[18]

　　圖 9-37 顯示 Al-(2-4.5)%Cu 合金在 130℃之時效硬化曲線，圖中也標釋出析出物的種類，由圖中可知，當析出時間增加時，析出物越粗大且與基地整合性越低(如 θ'' 或 θ)，其強度就越低。當強度超過頂時效之強度時，就發生過時效(Overaging)的現象，合金的強度隨時效時間的增加而逐漸降低。

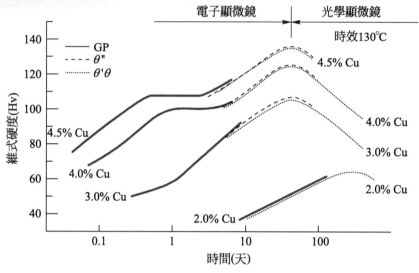

圖 9-37　Al-Cu 合金在 130℃的時效曲線[19]

　　溫度除影響上述析出序列及時效曲線形狀外，對析出硬化速率及最高時效硬度亦有很大影響，通常溫度愈高，擴散速率愈快，促進析出速率，以致其硬化速率亦較低溫快，但是由於其析出成核較少，析出物分布粗疏，其最高時效硬度反而較低。Cu 含量愈多，對硬化速率有正面影響，且最高時效硬度也愈大，因為 Cu 含量愈多，過飽和度愈大，析出驅動力(Driving force)也愈大，無論是對析出速率，成核數目及析出體積比而言，皆有提高的作用，如圖 9-37 所示。

9-6-2　麻時效鋼(Maraging steel)的析出強化

　　合金鋼的回火二次硬化的主要原因，均是因細小合金碳化物的析出所致，所以只要能在麻田散鐵中有恰當的中間化合物析出，並不一定非要有合金碳化物析出，同樣也會達到合金回火強化的目的。麻時效鋼(Maraging steel)幾乎是不含碳(< 0.03%)的合金鋼，它的主要合金元素是含 18-25wt%Ni，次要合金元素是 10Co-4Mo-0.8Ti、與少量的 Al、Nb 等來產生中間相，若添加 Cr 時，可以成為不鏽鋼型麻時效鋼。

　　由於含高鎳，所以麻時效鋼的 M_s 溫度可以降低到 150℃，且因不含碳，所以從沃斯田鐵區(約 820℃)空冷或淬火，可以獲的具高密度差排的軟質麻田散鐵。當回火(或時效)溫度低於 500℃時，基地並不會形成沃斯田鐵，但有大量的微細中間相(如 Ni₃Mo、Ni₃Ti、Fe₂Mo)在麻田散鐵基地析出，而達到強化的目的，最重要的是它也具有優良的韌性與延性。

　　麻時效鋼是利用時效析出強化麻田鐵基地，隨添加成份不同，而有抗拉強度達 200 ksi、250 ksi、300 ksi 及 350 ksi 者，其中 Co 主要是降低 Mo 在麻田鐵的溶解度，以提高 Mo-中間相的析出量。固溶處理冷卻後，可以切削加工；再加以時效硬化。由於變形少，強度高，銲接性良好，所以麻時效鋼用途很大，如飛彈外殼、飛機鍛件、高級大型彈簧、高級工具、模具等。

9-7　表面處理

　　一般刀工具、成型模具及很多機械或汽車零件等製造業，為了滿足新世代的需求，皆必須同時具備多元化性能的優點，如：高硬度、高強度，高韌性、長壽命、抗腐蝕的能力、抗磨耗，甚至熱衝擊磨損與熱疲勞特性，因此不僅是在工件的設計、加工、材質變化及熱處理都分別扮演著關鍵角色，另外，表面處理工程的領域更是最直接產生衝擊的重要主角。

　　若能將一般機械構造用鋼施予適當的表面硬化處理，當可獲得表層強硬而耐磨耗，內部則仍保持其應有之強韌性，且能同時提高其耐疲勞強度的零件。工具及模具鋼類若能施予適當的表面處理，更能提高其耐磨耗性、耐熱性、耐蝕性、耐熔蝕性、耐燒著性、及耐熱疲勞性等，而延長工具及模具使用壽命。表面處理法亦可用於裝飾品、餐具、刀具、工具、模具等；係將碳化物、氮化物、氧化物、硼化物等蒸鍍在各種金屬材料，超硬合金、陶瓷材料的表面，以其獲得美觀、耐熱、耐磨、耐蝕等特性。

　　常用的表面處理法主要有兩種，一種是熱擴散滲透法，即是將金屬原子或非金屬原子藉由加熱或擴散機制進入金屬材料的內部藉以強化基材，例如火焰淬火、電子束淬火、雷射淬火，以及滲碳、氮化、滲碳氮化等。另一種是被覆法，即是在材料表面藉由被覆一層硬質的材料，例如 TiN、TiAlN、TiCN、TiNbN、TiN/NbN 與 TiCrN[20~25]等。

表 9-2　表面處理技術分類

表面處理技術的分類		主要技術	處理方法
表面層形成法	物理冶金法	利用加熱與淬火以改變表面組成的方式	火焰淬火、電子束淬火、高週波淬火、雷射淬火等
	化學冶金法	利用高溫滲透擴散以改變化學組成的方式	滲碳、氮化、離子氮化、滲硫、硼化等
表面被覆法	金屬被覆	利用熔融金屬的熔著	硬面被覆、硬面熔覆
		利用熔融、半熔融金屬的熔射	金屬熔射法
		利用放電的熔著	推銲
		利用電解液的電鍍	電鍍、電鍍擴散法
	非金屬被覆	利用陶瓷、瓷金的被覆	非金屬熔射法
	蒸鍍	利用真空蒸發金屬離化而被覆	PVD 法
		利用熱能促使反應氣體活化而被覆	CVD 法、PECVD 法
機械冶金法	珠擊法	利用金屬顆粒在高速下的撞擊	珠擊法

9-8　物理冶金法

物理冶金為利用加熱與淬火的物理方式改變表面組成，如火焰淬火、電子束淬火、雷射淬火、電解淬火和高週波淬火等，分項介紹內容如下：

9-8-1　火焰淬火(Flame hardening)

火焰淬火是利用高流量的可燃氣體(如乙炔、乙烷、丙烷等)與助燃氣體(氧氣)混合燃燒而得到高溫火焰，將工件表面快速加熱至淬火溫度，隨後用水或其他適當地冷卻(介質)方式急速冷卻的過程，此為一種物理表面硬化法。通過火焰淬火的方式可獲得高硬度、耐磨耗性和提高疲勞強度與機械性能。

適用火焰淬火用鋼鋼種甚為普及，如中碳鋼、低合金鋼、鑄鋼和特殊鑄鐵等；一般能經過普通淬火、回火處理的調質鋼料皆可，但因火焰淬火的處理溫度高，則需考量急速加熱與冷卻後的破壞。

9-8-2　電子束淬火(Electron beam hardening)

電子束淬火是將工件置於真空中，利用電子透鏡聚集高能量電子束進行轟擊，在極短時間內，工件表面的轟擊點溫度迅速升高，由於加熱層很薄且工件本體仍保持冷態，當停止轟擊時，熱量藉由冷基體迅速傳導散熱冷卻，使得工件表面自行淬火。用於提高硬度與良好的力學性能。圖 9-38 為電子束淬火機構示意圖。

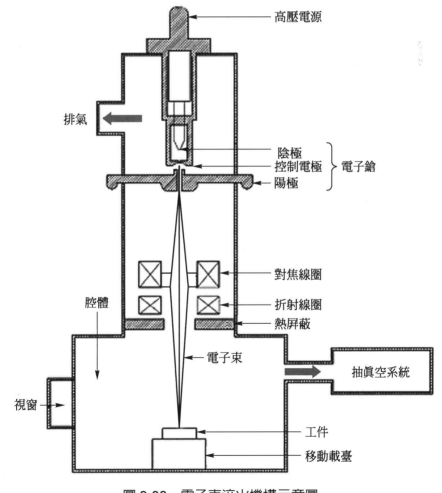

圖 9-38　電子束淬火機構示意圖

9-8-3 雷射淬火(Laser surface hardening)

雷射淬火是利用高功率密度的雷射光束高速掃描工件表面，使表面急速加熱產生高溫，隨後將雷射光束關閉，材料自行冷卻淬火。藉此提高工件表面硬度、耐磨耗性、耐腐蝕性和疲勞強度及保持內部韌性等優點。9-39為雷射淬火機構示意圖。

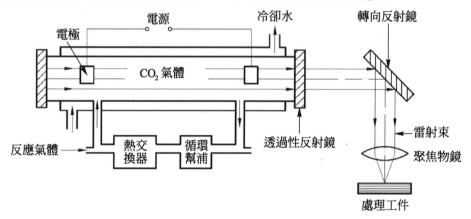

圖 9-39　雷射淬火機構示意圖

9-8-4 電解淬火(Electrolytic quenching)

電解淬火是將工件放置於裝有電解液的電解槽裡，電解液或工件為陰極，電解槽為陽極，施加一電壓使電解液產生電離。在陽極釋出氧氣，而陰極釋出氫氣，氫氣會包圍工件且隔開電解液形成氣膜，產生極大電阻，通過的大電流會產生大量的熱，使工件表面迅速升至高溫。將電路關閉停止送電，氫氣膜破裂消失，電解液包圍高溫工件而迅速冷卻淬火。

9-8-5 高週波淬火

高週波淬火又稱誘導加熱淬火(Frequency induction quenching)，將工件置於一導電線圈內通以交流電，產生感應磁場，使工件本體的自由電子往工件表面流動，此流動如同旋渦狀亦稱為渦電流(Eddy current)。當交流電頻率越高，渦電流越容易向表面集中，此現象為集膚效應(Skin effect)，又稱表皮效應。高密度渦電流接觸至工件本體中較高的電阻時，便會產生熱能，使工件表面迅速加熱，此時立即將工件進行水淬，即為高週波淬火。

高週波頻率視所需要有效硬化層厚度選擇適當的頻率。頻率越高，硬化層越薄。

高週波淬火用鋼：

一般用中碳鋼、中碳低合金鋼、鑄鋼、鑄鐵等經淬火、回火處理後的鋼料均可施予高週波表面硬化處理，但高週波淬火是屬於急速加熱及急速冷卻，故 P、S 含量要少。

加工程序為利用粗加工的退火使應力消除，其後經過精加工、淬火、高溫回火及粗磨，而後再進行高週波加熱淬火，最後經過低溫回火後精磨完成加工。

高週波淬冷停止溫度，需視母材鋼種而在適當的溫度停止淬冷，以免產生淬裂。例如：S45C 約為 100°C；SCM440 約為 150°C；SNCM439 約為 200°C。

9-9　化學冶金法

化學冶金為利用高溫滲透擴散(Diffusion)的化學方式來改變其表面的化學組成，如滲碳、滲碳氮化、滲氮碳化、氮化處理等，分項介紹如下：

9-9-1　滲碳(Carburizing)

滲碳是將含碳量較低的鋼材加熱，保持長時間於高溫環境下，使碳原子從表面滲入，增加其表面含碳量。此時若再加以淬火或低溫回火等調質處理，可使高含碳量的表層硬度提升，而鋼材內部仍保持低含碳量(低硬度)具有韌性。用此方式可提高表面硬度、耐磨耗性及疲勞強度，並具備耐衝擊性。

滲碳用鋼主要選用低碳鋼或低碳低合金鋼，其中低碳鋼包括：S09CK、S15CK、S20CK；合金鋼包括：SCr415、420；SCM415、418、420、421、822；SNCM220、415、420、616、815 等。含碳量 0.15%的鋼料在滲碳—淬火後，工件本體內部硬度在 HRC30 以下，韌性較佳，但是強度稍低；而含碳量 0.20%的鋼料的硬度則會在 HRC30 以上，強度較高而韌性稍差。兩者必須視其用途而區分。

加工程序為利用粗加工的退火使應力消除，再經過精加工的滲碳、淬火及低溫回火，最後精磨完成加工。表 9-3 為滲碳用鋼的種類。

表 9-3　滲碳用鋼的種類

CNS		主要成份(%)	用途例
鋼類	符號		
碳鋼	S09C S15C S20C	C0.09 C0.15 C0.20	滾筒 凸輪軸、活塞銷 縫衣機零件
鉻鋼	SCr415 SCr420	C0.15，Mn0.7，Cr1.0 C0.20，Mn0.7，Cr1.0	凸輪軸、銷類 齒輪、方栓槽軸、銷類
鉻鉬鋼	SCM415 SCM420 SCM421 SCM822	C0.15，Mn0.7，Cr1.0，Mo0.25 C0.20，Mn0.7，Cr1.0，Mo0.25 C0.20，Mn0.9，Cr1.0，Mo0.25 C0.20，Mn0.7，Cr1.0，Mo0.40	活塞銷、齒輪、軸類 齒輪、軸類 齒輪、軸類
鎳鉻鋼	SNC415 SNC815	C0.15，Ni2.3，Cr0.3 C0.15，Ni3.3，Cr0.9	活塞銷、齒輪 凸輪軸、齒輪
鎳鉻鉬鋼	SNCM220 SNCM415 SNCM420 SNCM815 SNCM616	C0.20，Ni0.6，Cr0.5，Mo0.2 C0.15，Ni1.8，Cr0.5，Mo0.2 C0.20，Ni1.8，Cr0.5，Mo0.2 C0.15，Ni4.3，Cr0.9，Mo0.2 C0.17，Ni3.0，Cr1.6，Mo0.5	齒輪、軸類 齒輪 滾子軸承、齒輪 強力齒輪 強力齒輪、強力軸類
錳鋼	SMn420 SMnC420	C0.20，Mn1.35 C0.20，Mn1.35，Cr0.60	

固體滲碳：滲碳劑是以木炭粒為主，其內加碳酸鋇($BaCO_3$)或碳酸鈉(Na_2CO_3)等滲碳促進劑～10%左右。在滲碳容器內，一般認為會發生下面的化學反應。

滲碳初期在木炭的表面　　　　　　$2C+O_2(空氣中) \rightarrow 2CO$　　　　　　　(9-14)

在零件的表面　　　　　　　　　　$\gamma Fe+2CO \rightarrow \gamma Fe[C]+CO_2$　　　　　(9-15)

在木炭的表面　　　　　　　　　　$C+CO_2 \rightarrow 2CO$　　　　　　　　　(9-16)

促進劑　　　　　　　　　　　　　$BaCO_3 \rightarrow BaO+CO_2$　　　　　　　(9-17)

　　　　　　　　　　　　　　　　$Na_2CO_3 \rightarrow Na_2O+CO_2$　　　　　　(9-18)

氣體滲碳：把低碳鋼在含有 CO 及 CH_4 等的還原性(滲碳性)氣體中加熱於 A_1 變態點以上時，氣體中的碳會從鋼料表面滲入而擴散到內部去。

目前最常用的滲碳性氣體是，把 CH_4、C_3H_8、C_4H_{10} 等氣體以適當比例和空氣混合後，通過～1000℃ 吸熱型控制爐氣(Endothermic atmosphere)使工件表面均勻滲碳。其基本化學反應如下：

$$2CO \rightleftharpoons [C] + CO_2$$
$$CO + H_2 \rightleftharpoons [C] + H_2O$$
$$CH_4 \rightleftharpoons [C] + 2H_2$$

9-9-2　氮化(Nitriding)

氮化是將含有 Al、Cr、Ti 或 V 等的合金鋼加熱，在無水氨氣(NH_3)或含氮的氣流中，長時間於高溫環境下使氮原子從表面滲入，使鋼的表面形成氮化合物的硬化層。此種方法是把鋼料事先施以淬火和回火，使它具有強韌性質後再加熱於 500～550℃，於表面形成硬化層，因為處理後不再實施淬火、回火，所以變形很小，亦可提高表面硬度與耐蝕性。

氣體氮化時鐵不容易吸收分子狀的 N，但是在高溫和 NH_3 氣體相接觸時，容易和 N 化合。NH_3 在高溫變為不安定，而會以下列反應分解：

$$NH_3 \rightarrow N + 3H$$

在鋼料表面，這種分解很迅速而生成初生態的 N 和 H。初生態的原子 N，它的反應性很強，立即和 Fe、Al 和 Cr 等添加元素化合，生成氮化物而形成高硬度氮化層 Fe_2N、AlN 及 CrN。

氮化用鋼是含有 Al、Cr、Mo 等元素的中碳或高碳合金鋼。Al 的主要作用是增加表面硬度。Cr 可以增加氮化層的厚度，但是對增加硬度方面沒有顯著的作用。同時添加 Al 和 Cr 時，各成分的特徵互相影響而能得到最好的效果。Cr 和 Mo 對材質的改良上也很重要的元素，Mo 元素可防止 500～550℃長時間加熱時所發生的回火屬性。最常用之中碳合金鋼為 SACM645 及 SKD61，高碳合金鋼則為 SKD11、DC53、SKH51 等。

加工程序為利用粗加工的退火使應力消除，在經過精加工的淬火、高溫回火與精磨，最後再進行氮化處理後拋光的方式完成加工。

9-9-3 真空氣體氮化(Low pressure nitriding)

真空氣體氮化又稱低壓氮化(LPN)，在真空約為 300 mbar 的低工作壓力下，透過質量流量控制器(Mass flow controller，MFC)來準確導入 N_2、NH_3 或 N_2O 等氣體，於約 500～600℃適當氮化溫度進行氣體氮化處理。可使工件表面得到較高硬度與增加壓縮應力，提高耐磨耗性、疲勞強度及保持內部的低硬度韌性。其基本化學反應如下：

$$2NH_3 \rightarrow 2[N]+3H_2$$

$$N_2O + Fe \rightarrow 2[N] + FeO$$

$$2NH_3 + 3FeO \rightarrow 2[N] + 3H_2O + 3Fe$$

9-9-4 離子氮化(Ion nitriding)

離子氮化是將工件放置於爐內，維持爐內於低壓的氮氣氛圍中，爐體接陽極，工件接陰極，在兩極間施以直流電壓，使爐內氣體引發輝光放電。此時氮氣因電離釋放電子，生成帶正電荷的氮離子(N^+)，經電場影響而朝陰極加速撞擊工件表面，此離子運動的動能會轉變成熱能，使工件加熱。氮離子可直接滲入工件內部與工件材料結合形成氮化物。

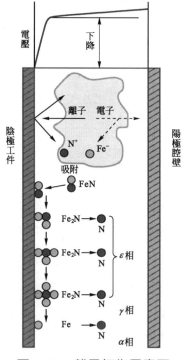

圖 9-40　離子氮化示意圖

9-10 披覆法(Coating methed)

被覆法是利用金屬、非金屬或蒸著方式,將工件表面塗佈一層硬質膜,藉以改變其韌性、耐磨耗、抗腐蝕等性能。如金屬被覆、非金屬被覆與蒸著被覆等。表 9-4 為常見表面被覆與植入方法。

表 9-4 常見表面被覆與植入方法

	PVD	CVD	離子植入	電鍍 化學鍍	硬面銲 熱噴銲
工件尺寸	依真空腔體大小而定	依真空腔體大小而定	依真空腔體大小而定	依電解槽大小而定	不一定受限制
工件材質	金屬或非金屬	金屬或非金屬(受鍍膜溫度限制)	金屬或非金屬	金屬或塑膠	大部分的鋼材及部分陶瓷
製程溫度(℃)	常溫~500	~1000	不一定受限制	50~200	>1000
厚度(mm)	< 0.02	< 0.1	< 0.001	0.02~0.5	0.1~20
鍍膜/加工層均勻性	良好(視治具設計而定)	良好	離子直射性	普通(視治具設計而定)	變動大
鍍膜/加工層附著性	良好	良好	—	普通	良好
厚度控制	良好	普通~良好	良好	普通~良好	差

9-10-1 物理氣相沉積(Physical vapor deposition)

物理氣相沉積(PVD)是利用真空、濺射、離子化、或離子束等方法使純金屬揮發與碳氫、氮氣等氣體作用,蒸鍍碳化物、氮化物、氧化物、硼化物等約數 μm 厚的微細結晶薄膜,甚至可鍍製所謂之奈米複合(Nanocompositel)薄膜,因其蒸鍍溫度較低,結合性稍差(無擴散結合作用),且背對金屬蒸發源的工件內孔部會產生蒸鍍不良現象。近年來此技術因電漿科技與製程技術之高度進展,鍍膜之附著強度已經大幅改善,符合業界機械應用之需求。

其優點為蒸鍍溫度較低，適用經淬火—高溫回火的工、模具。若以回火溫度以下的低溫蒸鍍，其變形量極微，可維持高精密度，蒸鍍後可不須再加工。

物理氣相沉積鍍膜均勻性與鍍膜夾治具有關；但其蒸鍍溫度可低於工、模具鋼的回火溫度，且其蒸鍍後的變形甚微，故適用於經回火的精密工、模具。圖 9-41 為物理氣相沉積鍍膜的電漿反應過程。

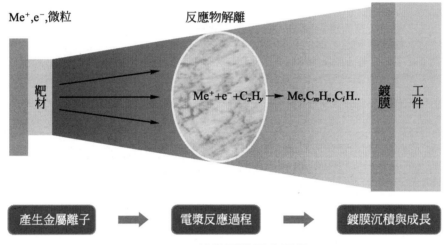

Me⁺,e⁻,微粒　　　　　　反應物解離

$Me^+ + e^- + C_xH_y \longrightarrow Me, C_mH_n, C_iH..$

靶材　　　　　　　　　　　鍍膜　工件

產生金屬離子　➡　電漿反應過程　➡　鍍膜沉積與成長

圖 9-41　鍍膜電漿反應過程

1. 陰極電弧蒸鍍

   陰極電弧蒸鍍(Cathodic arc evaporation，CAE)採用真空電弧(Vacuum arc)放電原理進行物理氣相沉積，電弧為一種高電流密度的放電方式，溫度可高達數千度。以引弧棒(Trigger)作為陽極與靶材(Target)作為陰極，利用引弧棒和金屬靶材表面接觸與離開使其短路激發電弧點，進而作為引燃電弧的觸發動作而蒸發金屬靶材產生金屬蒸氣。靶材的離子化蒸氣受到相對於真空腔體和陽極的工件基板負偏壓加速，撞擊並沉積在工件基板上形成鍍膜層。其優點如下：(1)靶材蒸氣解離的離子具有高動能；(2)靶材蒸氣粒子具有高離化率；(3)高沉積速率且均一性；(4)可通過基材偏壓控制鍍膜結構與密度；(5)膜層具有良好的附著力等。圖 9-42(a)為陰極電弧沉積系統示意圖；(b)為陰極電弧沉積設備圖(永源科技提供)。

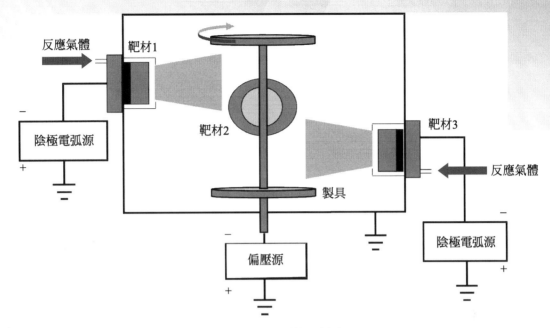

(a) 陰極電弧沉積系統示意圖

(b) 陰極電弧沉積系統設備圖

圖 9-42　陰極電弧沉積(永源科技提供)

2.　濺鍍

直流濺鍍(DC sputtering)是在高眞空環境下通入如氮氣之工作氣體(Working gas)與氬氣(Ar)惰性氣體，藉由陽極(腔壁)與陰極(靶材)金屬板之間施以直流電壓產生電漿，使高能量的正離子(Ar^+)被具有負偏壓的陰極板吸引，加速撞擊靶材表面，靶材表面的原子與高能粒子交換動能，從表面濺射彈出而附著於基材上。

脈衝直流濺鍍(Pulsed DC sputtering)是施加脈衝電壓控制產生電漿，能提升濺鍍速率與薄膜緻密度。

　　射頻濺鍍(RF sputtering)是在高真空環境中充入工作氣體，如 Ar 氣等惰性氣體，藉由陽極(腔壁)與陰極(靶材)金屬板，施以 13.56 MHz 的交流電壓產生電漿，使高能量的正離子(Ar⁺)被具有負偏壓的陰極板吸引，加速撞擊靶材表面，靶材表面的原子獲得高能量從表面彈出而附著於基材上。藉由交流電的週期訊號可將累積於靶材上的正電荷消除，使得靶材可以是不導電的材料，不受限於導電金屬材料。圖 9-43 為 RF 射頻濺鍍沉積系統示意圖。

　　高功率脈衝電漿濺射(High power impulse magnetron sputtering，HIPIMS)顧名思義是在脈衝直流濺鍍系統上，添加一高功率的電源供應器，利用此高功率脈衝電源可有效提高電漿密度與靶材游離率，可在低溫下沉積無孔且高緻密的高結晶性薄膜於基材上。

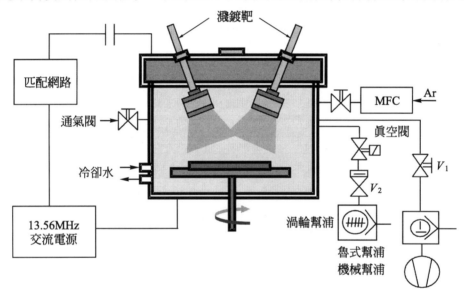

圖 9-43　RP 濺鍍沉積系統示意圖

9-10-2　化學氣相沉積(Chemical vapor deposition)

　　化學氣相沉積(CVD)是將金屬氯化物、碳化氫、氮氣等氣體導入密閉的容器內，在真空、低壓或大氣壓力下等氣氛狀況下，長時間加熱至 100°C，將所需的碳化物、氮化物、氧化物、硼化物等柱狀晶薄膜沉積在工作表面。

　　化學氣相沉積鍍膜的結合性良好，較複雜的形狀極小孔隙都能蒸鍍；唯若用於工、模具鋼，因其蒸鍍溫度高於鋼料的回火溫度，故蒸鍍後需重施予淬火與回火，不太適用於具精密尺寸要求的工、模具。表 9-5 為化學氣相沉積的常見鍍層種類。

表 9-5　化學氣相沉積的常見鍍層種類

碳化物	TiC，VC，TaC，ZrC，WC，SiC
氮化物	TiN，VN，ZrN，Si_3N_4
氧化物	TiO_2，Al_2O_3
硼化物	TiB_2，VB_2，ZrB

註：不需要強度要求的超硬合金、陶瓷等則無上述顧慮，故能適用。

1. 電漿強化化學氣相沉積

電漿強化化學氣相沉積(Plasma enhanced chemical vapor deposition，PECVD)是在眞空環境下通入高活化性的氣體分子，施以一電場使其電子得到高能量，加速碰撞氣體分子，讓氣體分子的活化性更加提高而增強其化學反應，使鍍膜易沉積於基材上。換言之，即是利用化學氣相沉積並以電漿輔助其化學反應的方法。圖 9-44 爲電漿強化化學氣相沈積示意圖。

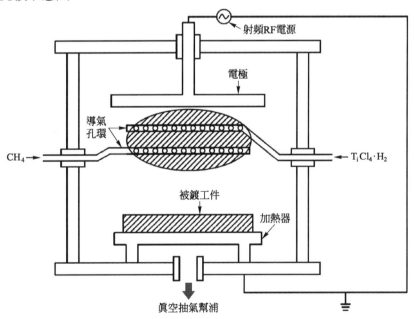

圖 9-44　電漿強化化學氣相沉積示意圖

9-11 珠擊法(Shot peening)

珠擊法是透過冷加工程序的一種破壞性方法，利用適當硬度的球體或金屬顆粒在高速下撞擊工件表面，會使工件表面層產生顆粒狀凹痕。此方法可增加其壓縮應力、壽命與減少應力腐蝕性。因裂縫不容易在有壓縮應力產生的工件表面成長，亦可增加其疲勞強度。此外，珠擊後的工件表面會有硬化層的產生。圖 9-45 為珠擊法示意圖。

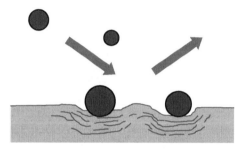

圖 9-45　珠擊法示意圖

9-12 工業應用例

一般刀工具為了增加其使用壽命，通常會在刀工具及模具上被覆一層具有耐磨耗性、自潤性與耐化學腐蝕的陶瓷材料。隨不同機械應用場合，如乾式或濕式潤滑、被加工材、受力狀況、使用溫度…等等，商業用硬質鍍層種類常見的有氮化鈦(TiN)、氮化鋯(ZrN)、氮化鉻(CrN)、碳化鈦(TiC)、氮化鋁鈦(TiAlN)、氮化碳鈦(TiCN)、與類鑽碳(Diamond-like carbon，DLC)等，其工業應用例如圖 9-46 所示(a)高硬度及耐高溫氧化之氮化鋁鈦(TiAlN)鍍層印刷電路板銑刀、(b)取代電鍍鉻且耐腐蝕之氮化鉻(CrN)鍍層積體電路封裝模具及(c)具備潤滑性高硬度之類鑽碳(DLC)半導體彎角成形模具。目前工業界不同鍍層比較如表 9-6所示。

表 9-6　各種鍍層的基本性質

	顏色	硬度(Hv)	氧化溫度	摩擦係數	耐蝕性	耐磨耗性
TiN	金色	2000～2900	550	0.65	佳	佳
ZrN	黃色	2000～2800	600	0.60	佳	佳
CrN	銀灰色	2000～2500	700	0.5	優	佳
TiC	銀白色	3200～3800	500	0.3	佳	優
TiAlN	棕色～黑紫色	2300～4500	800	0.4～0.7	佳	佳
TiCN	藍黑色	3000～3600	400	0.45	佳	優
DLC	黑色	1800～5000	300～500	0.1	優	優

(a) 氮化鋁鈦(TiAlN)鍍層印刷電路板銑刀

(b) 氮化鉻(CrN)鍍層積體電路封裝模具　　(c) 類鑽碳(DLC)半導體彎角成形模具

圖 9-46　　硬質鍍層改善工具及模具機械性能例

　　圖 9-47 為不同硬質鍍膜 TiN、CrN、TiAlN 與 CrAlN 的高溫退火後硬度比較，發現 CrAlN 具有最佳的高溫機械強度，如此可見 CrAlN 薄膜比現有工業界採用的 TiN、CrN、TiAlN 等薄膜具備高溫磨潤場合的應用性[26]。另針對 CrN 添加 Al 元素進行研究，發現加入 Al 元素形成 CrAlN 鍍膜可以提升機械性質，硬度可由 CrN 的 20-22 GPa 有效的提升超過 35 GPa，但是隨著鋁的增加殘留應力也會隨之增加。在高溫環境下，CrN 在超過 700

℃環境下，由於大量氧化使得機械性質較差，反觀 CrAlN 由於鋁的加入，使得高溫時表面形成一層氧化層 Al_2O_3 保護表面，可以有效的提高薄膜抗氧化性，如圖 9-48 所示[27]。更進一步亦發展類似 TiAlN/CrSiN 多層鍍膜機械性質的研發，此類硬質多層薄膜的設計亦可進一步提升其機械性質，如圖 9-49 所示[28]。

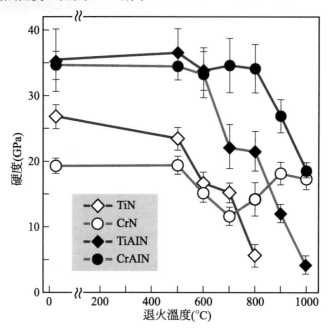

圖 9-47　TiN、CrN、TiAlN 與 CrAlN 的高溫退火後硬度比較[26]

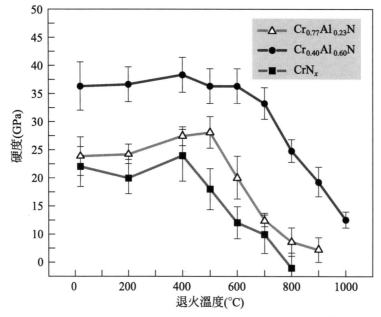

圖 9-48　CrAlN 薄膜中 Al 含量變化的硬度比較[27]

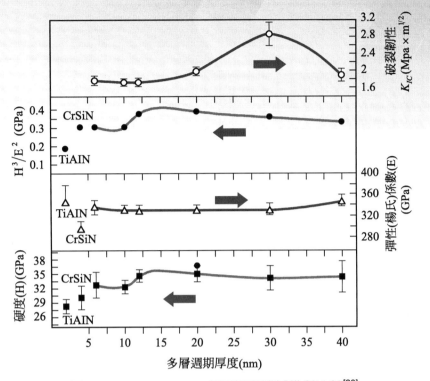

圖 9-49　TiAlN/CrSiN 多層鍍膜機械性質比較[28]

章末習題

1. 有一 Fe-0.13wt%C 合金，計算(a)在稍高於包晶點溫度時，固相(δ)與液相(L)的重量百分率，(b)在稍低於包晶點溫度時相與相的重量分率。並指出各溫度下，各項的含碳量。

2. 於 Fe-Fe$_3$C 二元相圖中(圖 9-13)列出：
   (1)所有三相反應點的組成、溫度、名稱與反應式。
   (2)繪出並解釋碳鋼經包晶反應(Peritectic reaction)非平衡冷卻後可能的鑄態微結構。

3. 說明下列碳鋼於室溫下的平衡微結構，(1)亞共析鋼，(2)共析鋼，(3)過共析鋼。

4. 何謂麻田散鐵相變化與 Bain-distortion。鋼鐵材料回火處理的目的是什麼？

5. 重繪共析鋼之恆溫轉換圖(圖 9-22)，並於圖中繪製熱處理路徑，以產生以下三種為結構：(1)100%粗波來鐵，(2)100%回火麻田散鐵與(3)50%細波來鐵＋25%變韌鐵＋25%麻田散鐵。

6. 對於含碳量相同的碳鋼，為何麻田散鐵的硬度遠高於波來鐵與球化結構鋼？

7. 何謂再結晶溫度？何謂冷加工？何謂熱加工？

8. 析出強化與散佈強化有何異同？如何實施析出熱處理？析出強化合金需具備哪些條件？

9. 何謂滲碳表面硬化？請舉例有哪些鋼種可以滲碳？其滲碳與加工程序如何進行？請舉例有哪些機械產品可以滲碳表面硬化提升其機械性能？

10. 何謂氮化？氮化用鋼有哪些種類？其氮化與加工程序如何進行？氮化與滲碳比較有哪些優缺點？

11. 何謂物理氣相沉積？試舉兩種物理氣相沉積的方法，並說明其原理？

12. 請敘述陰極電弧沉積如何鍍製氮化鈦(TiN)硬質鍍膜在高速鋼模具上，並說明為何此氮化鈦鍍膜可以作為模具表面改質之用途。

13. 何謂濺鍍？其與陰極電弧沉積有何不同？

14. 何謂化學氣相沉積(CVD)？其與物理氣相沉積(PVD)之原理有何不同？試以鍍製氮化鈦(TiN)為例說明。

Bibliography
參考文獻

1. Willam D. Callister, JR, "Materials Science and Engineering an Introduction" 8th ed., John Wiley and Sons, P.49, 2011

2. Metals Handbook, 9th edition. Vol.9, ASM, Materials Park, OH, 1985

3. Metals Handbook, 9th edition. Vol.9, ASM, Materials Park, OH, P.46, 1972

4. United States Steel Corporation, 1971

5. Edgar C. Bain, Function of the Alloying Elements in Steel, ASM, P.127, 1939

6. Tofaute and Buttinghaus, Archiv fur Eisenhuttenwesen, Vol.2, P.33, 1938

7. Christian, in Martensite：Fundamentals and Technology (ed. Petty. E.R.), Longmans, UK, 1970

8. Billy, B.A. and Crritian, J.W., The Crystallography of Martensite Transformations, JISI, Vol.197, P.122, 1961

9. Krauss, G. and Marder, A.R., Met. Trans A, Vol.2, P.2343, 1971

10. Marder, A.R. and Krauss, G., Trans. ASM, Vol.60, P.651, 1967

11. Bhadeshia, H.K.D.H. and Honeycombe, S.R., "Steels, Microstructure and Properties", 3rd edition, Elsevier Ltd. P.109, P.127, &P.143, 2003

12. Bhadeshia, H.K.D.H. and Honeycombe, S.R., "Steels, Microstructure and Properties", 3rd edition, Elsevier Ltd. P.133, P.134, 2003

13. Abbaschian, R., Abbaschian, L., and Reed-Hill, R.E., "Physical Metallurgy Principles：, 4th edition, Cengage Learning, P.593, 2010

14. Atlas of Isothermal Transformation and Continuous Cooling Diagrams, ASM, Materials Park, OH, 44073, 1977

15. Bain, E.C. and Paxton, H.W., "Alloying Elements in Steel", 2nd edition, ASM, Metals Park, OH, 1961

16. M.D., Colorado School of Mines, Golden, Colo.

17. Marder, A.R., Benscoter, A., Bethlehem Steel Corp., Bethlehem, Pa.

18. Askeland, D.R.,"The Science and Engineering of Materials"2nd edition, PWS-KENT Publishing Company ,1989

19. Silock, J.M., Heal, T.J., and Hardy, H.K., T. Inst. Met., Vol.82, P.24 & P.239,1953-54)

20. H. A. Jehn, Surface & Coatings Technology, 131 (2000) 433.

21. Y. M. Zhou, R. Asaki, K. Higashi, W. H. Soe, R. Yamamoto, Surface & Coatings Technology, 130 (2000) 9.

22. X. Zeng, S. Zhang, J. Hsieh, Surface & Coatings Technology, 102 (1998) 108.

23. M. Nordin, M. Larsson, S. Hogmark, Surface & Coatings Technology, 106 (1998) 234.

24. Z. Werner, J. Stanisawski, J. Piekoszewski, E. A. Levashov and W. Szymczyk, Vacuum, 70 (2003)263.

25. M . Parlinska-Wojtan, A. Karimi, O. Coddet, T. Cselle and M. Morstein, Surface & Coatings Technology, 188-189C (2004) 344.

26. Y.C.Chim,X.Z.Ding,X.T,Zeng,S.Zhang ,Thin Solid Films,517(2009) Pages 4845-4849

27. J.Lin,B.Mishra,J.J.Moore,W.DSpuoul,Surface and Coating Technology 202(2008) Pages 3272-3283

28. Chien-Ming Kao, Jyh-Wei Lee, Hsien-Wei Chen, Yu-Chen Chan, Jenq-Gong Duh and Shin-Pei Chen, Surface & Coatings Technology, 205 (2010) 1438.

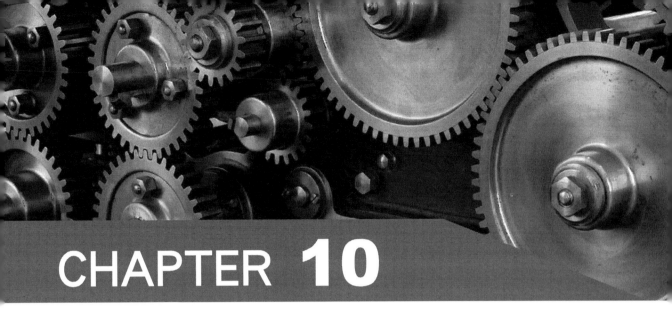

CHAPTER 10

銲接

10-1 前言

自 1801 年發現電弧後，迄今 200 多年來，各種銲接方法不斷的發展，由手工操作逐漸邁入自動化及高能量的銲接，銲接屬於傳統性的行業，曾有人稱銲接是夕陽工業，但祇要是金屬接合，銲接均居重要的地位，其言自然不攻自滅，本章因限於篇幅無法將各種銲接方法作一一詳細的介紹，僅能由目前較常使用的銲接方法作些扼要性的說明。

10-2 金屬的接合方式

機械製造係由許多零件組合成為機構或機器，其間金屬經過接合方式使零件成為具有功能的機構或機器，達到機械製造的目的。金屬接合的方式大致可分為三種：

10-2-1 機械式接合方式

將零件以機械的方式予以接合，其接合屬於暫時性，如要分開可以簡單的工具逆轉即行分離，如螺栓接合、鉚釘接合、鍵銷接合及摺縫接合等，如圖 10-1 所示。

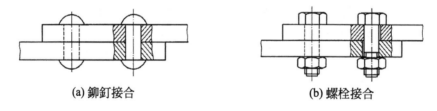

(a) 鉚釘接合　　　　　　　　　　(b) 螺栓接合

圖 10-1　機械接合方式

10-2-2　冶金式接合方式

　　以加熱或加壓方式使接合件間，藉由金屬內部相鄰的原子與分子間的吸引力所產生的結合力形成冶金鍵結所成的接合，冶金式接合後，成為永久接合，即不能再輕易分離，除非利用切割方式予以破壞，本章所介紹的冶金接合方式係以銲接為主，如圖 10-2 所示。

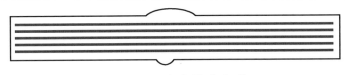

圖 10-2　冶金接合方式

10-2-3　黏著劑接合方式

　　將金屬以黏著劑予以接合，其間係利用黏著劑液體與金屬表面間的分子的結合力，於黏著劑固化後即達到接合的目的，適用於各種不同種類材料間的接合，不過接合強度比前兩類接合法為低。一般常用黏著劑有樹膠、樹脂及樹漿等，如圖 10-3 所示。

圖 10-3　黏著劑接合方式

10-2-4　各種接合方式的比較

1. 在材料使用方面：
   由圖 10-1 及圖 10-3 可知，不論機械式接合方式或黏著劑接合方式，其所使用的材料均必須以疊接的方式才可以接合，因此材料需要量多，而銲接則可以對接方式予以接合，材料則節省許多。
2. 在應力分布方面：
   機械式接合方式或黏著劑接合方式的應力分布於疊接處的應力線為曲折現像，而銲接的應力線分布為平穩情況，如圖 10-4 所示。

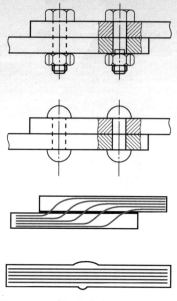

圖 10-4　各種接合方式的比較

3.　在強度方面：

　　銲接的冶金接合方式因為屬於永久的接合，其強度較機械式接合方式或黏著劑接合方式為強，不過在檢驗方面，銲接的檢驗較為複雜且費用較高，另外由於銲接會因為熱漲冷縮的關係，較容易變形，並且存有殘留應力，此為銲接的缺點。

10-3　銲接概論

10-3-1　銲接方法的種類

　　所謂銲接(Welding)，依照美國銲接協會(American welding society，AWS)的定義為：將兩件或兩件以上的金屬或非金屬的銲件，於其接合處加上熱量，使其接合部分因溫度升高而熔化，其間可以添加填料或不添加填料，銲件於接合處熔化後相互融合，凝固後即予以接合，其間亦可依需要加上壓力或不加上壓力，或者僅使填料熔化而銲件並不熔化的情況下予以接合。人類自古代銅器和鐵器時代開始即有金屬銲接的知識，由於人類文明的進步，生活逐漸趨於複雜，銲接金屬方法的知識亦更加豐富，至目前已有數十種銲接方法，依前述銲接的定義，大致可將銲接方法歸納成下列三大類：

1. 熔銲法(Fusion welding)：
   將要銲接的工作物(銲件)加熱使其達到熔點以上的溫度成爲液體，再將銲條(塡料)熔下，使兩者互相接合在一起的方法，此種銲接方法可適合一般金屬及合金的銲接。包括電弧銲接法(Arc welding)、氣體銲接法(Gas welding)、鋁鐵粉銲接法(Thermit welding)及電熱熔渣銲接法(Electroslag welding)等。

2. 壓銲法(Pressure welding)：
   將兩銲件要銲接的部份加熱，使其接近熔點成爲半流體的膠狀時，加以壓力或捶打，使兩銲件接合一起的方法，此種銲法包括電阻銲的點銲法、接縫銲法、閃光銲法，以及鍛銲法，冷間壓銲法和超音波銲法等。

3. 鑞銲法(Brazing or soldering)：
   此類方法是將非鐵金屬加溫，使其接近銲件熔點，添加塡料及銲劑，因塡料熔化的毛細管吸引作用，使熔入的塡料與母材之間緊密結合，由於銲件本身並未熔化，因此如欲將兩者分開時，僅於接合處加熱即可。此種銲法包括有硬銲法與軟銲法二種，硬銲法加溫在 800°F 以上，而軟銲法爲加溫 800°F 以下予以區分，硬銲法以銲接銅、銀材料，而軟銲法則銲接錫、鉛居多。

10-3-2　銲接方法的分類

　　早期銲接(含切割)方法的分類及相關規範係以美國銲接協會爲主，不過在 1989 年後，國際標準化機構(International standard organization，ISO)另頒訂銲接切割相關法規，此兩種標準的分類方式稍有些不同，AWS 係以銲接方法的英文名稱縮寫成簡稱分類，而 ISO 則以阿拉伯數字代表予以稱呼。目前國內的台灣銲接協會(Taiwan welding society)正規劃將兩種規範相互結合歸納，使其應用更爲廣泛，以下資料係依據 ISO4063 規範銲接方法的分類，後面的英文縮寫係依據 AWS 規範銲接方法分類之簡稱，如表 10-1 所示。

表 10-1

ISO 代號	中文名稱	英文名稱	英文簡稱
1	電弧相關銲法		
11	無氣體遮護金屬電弧銲法	Metal arc welding without gas protection	
111	被覆金屬電弧銲法	Shielded Metal Arc Welding	SMAW
112	重力式電弧銲法	Gravity Arc Welding	GW
114	自遮護式包藥銲線電弧銲法	Flux-Cored Arc Welding Self-shielded	FCAW-SS
12	潛弧銲法	Submerged Arc Welding	SAW
121	實心銲線潛弧銲法	SAW with solid wire electrode	
122	實心帶狀電極潛弧銲法	SAW with strip electrode	
124	添加金屬粉末的潛弧銲法	SAW with Metallic powder Addition	
125	包藥銲線潛弧銲法	SAW with Tubular-strip Electrode	
126	包藥帶狀電極潛弧銲法	SAW with Cored-strip Electrode	
13	氣體金屬電弧銲法	Gas Metal Arc Welding	GMAW
131	惰氣金屬電弧銲法(實心銲線)	MIG Welding with Solid Wire	
132	惰氣金屬電弧銲法(包藥銲線)	MIG Welding with Flux-cored Wire	
133	惰氣金屬電弧銲法 (金屬粉末包藥銲線)	MIG Welding with Metal-cored Wire	
135	活性氣體金屬電弧銲法(實心銲線)	MAG Welding with Solid Wire	
136	活性氣體金屬電弧銲法(包藥銲線)	MAG Welding with Flux-cored Wire S	FCAW-GS
138	活性氣體金屬電弧銲法 (金屬粉末包藥銲線)	MAG Welding with Metal-cored Wire	MCAW
14	氣體鎢極電弧銲法	Gas Tungsten Arc Welding	GTAW
141	惰氣鎢極電弧銲法(添加實心銲條)	TIG Welding with Solid Filler Rod	
142	惰氣鎢極電弧銲法(不添加銲條)	Autogeneous TIG Welding	
143	惰氣鎢極電弧銲法(使用包藥銲條)	TIG Welding with Tubular-cored Filler Rod	
145	混合氣體(氬氣加還原氣) 鎢極電弧銲法(使用實心銲條)	TIG Welding using Inert Gas plus Reducing Gas with Solid Filler Rod	
146	混合活性氣體鎢極電弧銲法 (使用包藥銲條，活性氣體保護)	TIG Welding using Inert Gas plus Reducing Gas with Tubular-cored Filler Rod	

表 10-1 (續)

ISO 代號	中文名稱	英文名稱	英文簡稱
147	混合活性氣體鎢極電弧銲法 (使用包藥銲條)	Gas Tungsten Arc Welding using Active Gas with Tubular-cored Filler Rod	TAG
15	電漿(電離子)銲法	Plasma Arc Welding	PAW
151	可熔式電極電漿銲法	Plasma MIG Welding PAW	PMW
152	粉末電漿銲法	Powder Plasma Arc Welding	PPW
153	傳導式電弧電漿銲法	Plasma Arc Welding with Transferred Arc	PAW-TA
154	非傳導式電弧電漿銲法	Plasma Arc Welding with Non-transferred Arc PAW	PAW-NTA
155	半傳導式電弧電漿銲法	Plasma Arc Welding with Semi-transferred Arc PAW	PAW-STA
18	其他電弧銲接法		
185	磁驅電弧銲法	Magnetically Impelled Arc Welding	MIAW
2	電阻相關銲法		
21	電阻點銲法	Resistance Spot Welding	RSW
211	間接式電阻點銲法	Indirect Spot Welding	
212	直接式電阻點銲法	Direct Spot Welding	
22	電阻縫銲法	Resistance Seam Welding	RSEW
221	搭接式電阻縫銲法	Lap Seam Welding	
222	搗碎式電阻縫銲法	Mash Seam Welding	RSEW-MS
223	預搭式電阻縫銲法	Prep-Lap Seam Welding	
224	線條式電阻縫銲法	Wire Seam Welding	
225	薄片對接式電阻縫銲法	Foil Butt-Seam Welding	
226	捲片式電阻縫銲法	Seam Welding with Strip	
23	電阻浮凸銲法	Projection Welding	PW
231	間接式電阻浮凸銲法	Indirect Projection Welding	
232	直接式電阻浮凸銲法	Direct Projection Welding	
24	閃光銲法	Flash Welding	FW
241	預熱式閃光銲法	Flash Welding with Preheating	
242	非預熱式閃光銲法	Flash Welding without Preheating	

表 10-1 （續）

ISO 代號	中文名稱	英文名稱	英文簡稱
25	端壓銲法	Upset Welding	UW
26	電阻植釘銲法	Resistance Stud Welding	RSTW
27	高週波電阻銲法	High Frequency Resistance Welding	HFRW
29	其他電阻銲法	Other Resistance Welding Processes	
3	氣銲法		
31	氧燃氣氣銲法	Oxy-fuel Gas Welding	OFW
311	氧乙炔氣銲法	Oxy-Acetylene Welding	OAW
312	氧丙烷氣銲法	Oxy-Propane Welding	OPW
313	氫氧氣銲法	Oxy-Hydrogen Welding	OHW
4	壓力銲法	Welding with Pressure	
41	超音波壓銲法	Ultrasonic Welding	USW
42	摩擦壓銲法	Friction Welding	FRW
421	直接驅動式摩擦壓銲法	Direct Drive Friction Welding	FRW-DD
422	慣性摩擦壓銲法	Indirect Drive Friction Welding	FRW-I
423	磨擦植釘壓銲法	Friction Stud Welding	
43	磨擦攪拌銲法	Friction Stir Welding	FSW
44	高機械能銲接法	Welding with High Mechanical Energy	
441	爆炸銲法	Explosion Welding	EXW
442	電磁脈衝銲法	Magnetic Pulse Welding	MPW
45	擴散銲接法	Diffusion Welding	DFW
47	氣體壓銲法	Pressure Gas Welding	PGW
48	常溫壓接法	Cold Pressure Welding	CPW
49	熱壓接法	Hot Pressure Welding	HPW
5	高能束銲法	Beam Welding	
51	電子束銲法	Electron Beam Welding	EBW
511	眞空電子束銲法	Electron Beam Welding in Vacuum	EBW-HV
512	大氣電子束銲法	Electron Beam Welding in Atmophere	EBW-NA
513	遮護氣體電子束銲法	Electron Beam Welding with Addition of Shielding Gases	EBW-SG

表 10-1　(續)

ISO 代號	中文名稱	英文名稱	英文簡稱
52	雷射銲法	Laser Beam Welding	LBW
521	固態雷射銲法	Solid State Laser Beam Welding	
522	氣態雷射銲法	Gas Laser Beam Welding	
523	半導體雷射銲法	Semiconductor Laser Beam Welding	
7	其他銲法	Other Welding Processes	
71	鋁熱劑銲接法	Thermit Welding	TW
72	電熱熔渣銲法	Electroslag Welding	ESW
721	電熱熔渣銲法(帶狀電極)	Electroslag Welding with Strip Electrode	
722	電熱熔渣銲法(線狀電極)	Electroslag Welding with Wire Electrode	
73	電熱氣體電弧銲法	Electrogas Welding	EGW
74	感應銲法	Induction Welding	IW
741	感應端壓銲法	Induction Upset Welding	IUW
742	感應縫銲法	Induction Seam Welding	ISW
743	高週波感應銲法	High Frequency Inductance Welding	HFIW
75	光輻射銲法	Light Radiation Welding	LRW
753	紅外線銲法	Infrared Welding	IFW
78	植釘銲法	Stud Welding	SW
783	拉弧式植釘銲法	Drawn Arc Stud Welding with Ceramic Ferrule OR Shielding Gas	
784	短週期拉弧式植釘銲法	Short-circle Drawn Arc Stud Welding	
785	電容放電拉弧式植釘銲法	Capacity Discharge Drawn Arc Stud Welding	
786	電容放電式植釘銲法 (電阻加熱尖端點火)	Capacity Discharge Drawn Arc Stud Welding with Tip Ignition	
787	電容放電式植釘銲法(可熔式套環)	Drawn Arc Stud Welding with Fusible Collar	
8	切割與挖槽法	Cutting and Gouging	
81	火焰切割法	Flame Cutting, Oxyfuel Cutting	OFC
82	電弧切割法	Arc Cutting	AC
821	空氣電弧切割法 或稱空氣碳棒電弧切割法	Air Arc Cutting ,Air Carbon Arc Cutting	AAC CAC-A

表 10-1　(續)

ISO 代號	中文名稱	英文名稱	英文簡稱
822	氧氣電弧切割法	Oxygen Arc Cutting	OAC
83	電漿切割法	Plasma Arc Cutting	PAC
831	氧化氣體電漿切割法	Plasma Arc Cutting with Oxydizing Gas	
832	無氧化氣體電漿切割法	Plasma Arc Cutting without Oxydizing Gas	
833	空氣電漿切割法	Air Plasma Arc Cutting	APC
834	高容差電漿切割法	High-tolerance Plasma Cutting	
84	雷射切割法	Laser Beam Cutting	LBC
86	火焰挖槽法	Flame Gouging, Thermal Gouging	FG
87	電弧挖槽法	Arc Gouging	AG
871	空氣電弧挖槽法	Air Arc Gouging	AAG
872	氧氣電弧挖槽法	Oxygen Arc Gouging	OAG
88	電漿挖槽法	Plasma Gouging	PG
9	鑞接法	Brazing, Soldering and Braze Welding	
91	硬銲(局部加熱方式)	Brazing with Local Heating	
911	紅外線硬銲法	Infrared Brazing	IRB
912	銲炬硬銲法	Torch Brazing	TB
913	雷射硬銲法	Laser Beam Brazing	LBB
914	電子束硬銲法	Electron Beam Brazing	EBB
916	感應硬銲法	Induction Brazing	IB
918	電阻硬銲法	Resistance Brazing	RB
919	擴散硬銲法	Diffusion Brazing	DFB
92	硬銲法(整體加熱方式)	Brazing with Global Heating	
921	爐式硬銲法	Furnace Brazing	FB
922	眞空硬銲法	Vacuum Brazing	VB
923	浸式硬銲法	Dip-bath Brazing	DB
924	鹽浴硬銲法	Salt-bath Brazing	SBB
925	銲劑浴硬銲法	Flux-bath Brazing	IMB
926	沉入式硬銲法	Immersion Brazing	IMB

表 10-1　(續)

ISO 代號	中文名稱	英文名稱	英文簡稱
93	其他硬銲法	Other Brazing Processes	
941	紅外線軟銲法	Infrared Soldering	IRS
942	銲炬軟銲法	Torch Soldering	TS
943	烙鐵軟銲法	Soldering with Soldering Iron	SIS
944	拖曳軟銲法	Drag Soldering	DGS
945	雷射軟銲法	Laser Beam Soldering	LBS
946	感應軟銲法	Induction Soldering	IS
947	超音波軟銲法	Ultrasonic Soldering	USS
948	電阻軟銲法	Resistance Soldering	RS
949	擴散硬銲法	Diffusion Soldering	DFS
95	軟銲法(整體加熱方式)	Soldering with Global Heatihng	
951	波動軟銲法	Wave Soldering	WS
953	爐式軟銲法	Wave Soldering	FS
954	眞空軟銲法	Vacuum Soldering	VS
955	浸式軟銲法	Dip Soldering	DS
957	鹽浴軟銲法	Salt-bath Soldering	SBS
96	其他軟銲法	Other Soldering Processes	
97	硬銲法	Braze Welding	BW
971	氣銲硬銲法	Gas Braze Welding	GBW
972	電弧硬銲法	Arc Braxe Welding	ABW
973	氣體金屬電弧硬銲法	Gas Metal Arc Braze Welding	GMABW
974	氣體鎢極電弧硬銲法	Gas Tungsten Arc Braze Welding	GTABW
975	電漿硬銲法	Plasma Arc Braze Welding	PABW
976	雷射硬銲法	Laser Braze Welding	LBBW
977	電子束硬銲法	Electron Beam Braze Welding	EBBW

10-3-3　銲接發展小史

在銲接方法的發展過程中，最重要的兩種銲接方法，就是電弧銲和氣銲。自從電爲人類發現以後，在銲接的發展上即利用電阻發熱原理，使銲接技術方法的進步，又進入了新的里程。而電弧最早於 1801 年爲韓福瑞‧戴威爵士(Sir Humphrey Davy)所發現，1872 年湯生(Thomson)發明利用電流通過金屬產生熱量的電阻銲法，1881 年法人狄‧馬力坦斯(De Meritens)利用碳極銲接電池用鉛板試驗成功，到 1885 年俄人貝納多斯(N.V.Bernardos)經改良發明利用碳電極與銲件產生電弧，在銲件與電弧接觸的地方，因溫度昇高而熔化與熔下的銲條結合牢固的方法試驗成功，並獲得專利，1887 年正式推出使用，但因銲接時電弧受磁場作用，發生偏斜，不能垂直銲件，因此影響銲接的工作，所以 1889 年蔡納(Zerner)發明用兩碳電極的特種夾頭，中間加一磁場線圈，使電流通過線圈內時發生一磁場的作用，逼使電弧接近。由於夾頭使用兩碳電極，溫度太高，致使銲件發生變形，且夾頭太重，使用相當不便。到了 1892 年史納維亞諾夫(Slavianoff)發明改良貝納多斯(Bernardos)法，將其中的碳電極改爲金屬電極，俾直接當成銲條使用，以節省熱量和碳極的消耗。此種方法發表後，挪威、瑞典等國家即以裸金屬銲條使用，由於銲接時空氣中氧及氮容易溶入銲接金屬中，致使銲接部位發生脆化現象，銲接品質不佳。直至 1910 年瑞典人奧斯‧基爾堡(Oscar Kiellberg)發明了包藥銲條，在歐洲使用石灰，石棉，氧化鐵等礦物質所組成之所謂銲渣遮護系(Slag shielded)的電銲條出現後，遮護金屬電弧銲接法開始應用，致使電弧銲更爲發達。爾後因治金技術的進步，檢驗銲縫的方法和銲接技術的改進，潛弧銲接法、氣體金屬電弧銲接法、氣體鎢極電弧銲接法、電熱熔渣銲接法、雷射銲接法、電子束銲接法、磨擦攪拌銲接法等陸續發明及應用後，銲接所用的設備也都朝向半自動化及自動化迅速不斷地發展。

10-3-4　銲接的用途

銲接在現代工業上用途很廣，所有軟鋼，高強力鋼，不鏽鋼，低合金鋼，鑄鐵，鋁，鈦，銅及其合金等材料的結合都可以銲接施工，故可應用於船舶，橋樑，建築，飛機，石油，化學工業設備和各種機器上的銲接。此外如磨損的車軸和機件，以及裂開汽缸，機架和鑄件氣孔缺陷等，除了一部份受強振動力作用的地方避免外，都可用銲接來修補，由於近年來各種銲條發展迅速，銲接方法發明以及銲接設備的更新，使銲接應用範圍更爲廣泛。

10-4　氣體銲接法(Gas welding)

　　氣體銲接法係以乙炔、液化石油氣、烷類及氫氣等可燃性氣體為熱源，再配以氧氣助燃將其溫度提高，以熔化金屬予以接合的銲接方法，氣體銲接法最初是使用氫氣和氧氣焰，但因所生溫度低約 2000℃，所以只用於薄板及非鐵金屬熔點低的鋁鉛等銲接，於 1862 年威爾遜(Willson)在製造金屬鈣及乙炔，同年理查特希爾(Lechatehier)發現乙炔氣與氧氣混合燃燒可得較高的溫度約 3200℃，一直到 1901 年時，氧乙炔氣的燒銲器，即所謂的銲炬(Torch)試用成功，1903 年，氧乙炔焰就普遍應用在金屬銲接上，此種氣體銲接法也稱氧乙炔氣銲法(Oxy-acetylene welding，OAW)。台灣在早期農業社會，工業剛起步，電力的供應較缺乏，由於氣體銲接法不需要使用電力，因此當時氣體銲接法在農村的應用甚為廣泛，對於台灣早期的工業貢獻良多，後來由於電弧銲接法之快速發展，相較之下，氣體銲接法的溫度較低，且銲接速度較慢，現在 1/8 吋厚度以上的強力鋼板結構，很少用氣銲，因此氣體銲接法除了用在熔點低金屬銲接及硬銲外，大多朝向氣體切割方面發展，不過由於氣體銲接法的殘留應力較小，在歐美寒冷的國家，所使用熱暖氣的管線系統，還是使用氣體銲接法來銲接。

　　茲將氣體銲接法的優缺點分述如下：

1.　氣體銲接法的優點：

　　(1)　不需要使用電力，機動性高。

　　(2)　設備簡單，設備費用低。

　　(3)　對於薄金屬的銲接佳。

　　(4)　可銲接鑄鐵、鋁及銅等金屬，應用於硬銲法。

2.　氣體銲接法的缺點：

　　(1)　由於溫度較其他銲接方法低，致銲接速度較慢，且易造成銲件變形。

　　(2)　生產效率低，不適合銲接較厚的銲件。

　　(3)　可燃性氣體容易發生爆炸的危險，在狹窄的環境銲接時應特別注意銲接人員的安全。

　　(4)　因溫度較低，如銲接加熱時間過久時，氣體中的碳容易熔入銲件中形成碳化作用，將會降低銲接品質。

氣體銲接法的設備如圖 10-5 所示。

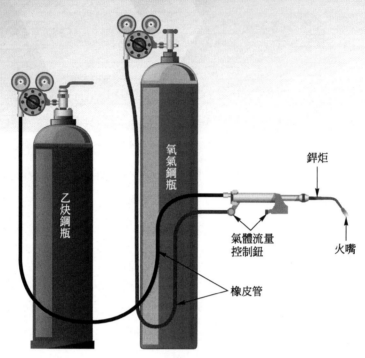

圖 10-5　氣體銲接法設備

10-5　遮護金屬電弧銲接法(Shield metal arc welding，SMAW)

　　電弧銲接法(Arc welding)，當初發明時係利用兩支碳棒作為電極與銲件產生電弧及高溫來熔化金屬，電弧生成的原理為：平時空氣原子內部電子和正離子一直保持平衡狀態，故視為絕緣體，電流無法通過。但是當兩電極加高電壓靠近時，由於強大正電極的吸引力，電子脫離空氣中的原子飛逸出來，因而使原子失去了平衡的狀態，電子即加速跑到陽極去中和，因此使電流通過氣體空間。因為電子加速跑到陽極，在它們前進途中遇著中和原子，又將電子撞擊出來產生更多的游離，所以大量電子和正離子衝擊電極產生大量的熱量，並放出強烈光線，稱為弧光，電弧銲接法即利用此種高的熱量來熔化金屬。由於電子質量較正離子小得多，電離作用時，進行速度亦較正離子高得多，故電子碰撞陽極產生熱量亦較陰極為高。如電壓低時，無法使兩極間空氣起電離作用，所以一定要將電弧相互碰觸後予以進行電離作用，始能產生電弧。

　　遮護金屬電弧銲接法即為最基本的電弧銲接法，屬於消耗性電極的電弧銲接法(Consumable electrode arc welding)，係以鋼材心線外部包覆銲藥組成的電銲條為電極，接觸母材(銲件)產生電弧，由電弧的高溫將電銲條與母材熔化後互相接合，此種銲接方法以手工操作居多，亦稱為一般手工電銲(Manual arc welding)。遮護金屬電弧銲接法在 80 年代為最重要的銲接方法，由於設備簡單、價廉且機動性高，祇要有電源的場所，接上直流或交流電銲機即可進行銲接工作，在台灣經濟建設發展中擔負重要的任務，雖然由於新的銲接方法陸續發明，但目前還是有三至四成的銲接工程使用遮護金屬電弧銲接法。

　　茲將遮護金屬電弧銲接法的優缺點分述如下：

1.　遮護金屬電弧銲接法的優點：

　　(1)　使用廣泛，可銲接活性金屬以外的金屬。

　　(2)　機械設備設備簡單，機動性高。

　　(3)　銲接品質容易掌控。

　　(4)　適用電銲條種類甚多。

2.　遮護金屬電弧銲接法的缺點：

　　(1)　與氣體金屬電弧銲接法相較，銲接速度慢，效率低。

　　(2)　銲後必須清除銲渣，且因電銲條限於長度致有許多銜接，其銜接處容易產生缺陷。

　　(3)　電銲條需要烘烤作業，以防止銲接時水分進入銲道。

　　遮護金屬電弧銲接法的設備，如圖 10-6 所示。

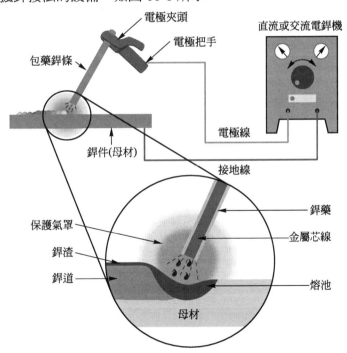

圖 10-6　遮護金屬電弧銲接法設備

10-6 氣體鎢極電弧銲接法(Gas tungsten arc welding，GTAW)

氣體鎢極電弧銲接法屬於非消耗性電極電弧銲接法(Non-consumable electrode arc welding)，係以鎢棒作為電極接觸母材產生電弧，當電弧產生高溫時，可添加或不添加填料(銲條)，將銲條與母材熔化後互相接合的銲接法。由於鎢棒電極在銲接過程中的消耗量極少，而銲道的高低寬窄係由銲條的添加多寡所形成，故稱為非消耗性電極銲接法，且因為以鎢棒作為電極，為了保護熔池，所使用的遮護氣體為惰性的氬氣或氦氣等，因此又稱為鎢棒惰性氣體電弧銲接法(Tungsten inert gas arc welding)，簡稱為 TIG。由於氦氣(He)在空氣中存量比氬氣(Ar)少且沸點較低，導致其製造成本較高，在台灣為了降低生產成本，業界使用氬氣作為遮護氣體居多，因此又稱為氬銲，目前氬銲在工業界應用非常廣泛，舉凡碳鋼、不鏽鋼、合金鋼及鋁等材料，均可以氬銲銲接，尤其在各種管類的第一層以氬銲打底，可獲得優良的銲接品質。

茲將氣體鎢極電弧銲接法的優缺點分述如下：

1. 氣體鎢極電弧銲接法(氬銲)的優點：
   (1) 起弧容易且電弧受到惰氣保護，電弧較為穩定。
   (2) 以惰氣作為保護氣體，適合銲接活性較高的金屬與合金，例如鎂、鋁、鈦等，也可銲接具耐腐蝕性或高熔點難以銲接的材料，例如鈮、鋯、鉬、不鏽鋼與超合金等。
   (3) 因不需要使用銲藥，不會產生銲渣及噴渣，可減少銲後的清理作業與處理時間。於銲接時也不會有銲渣的流動，可以清楚地看見熔池及銲道情況。
   (4) 在定值電流和弧長下，電弧電壓較低，所產生的熱量較少，使得熱輸入控制容易，且可以不添加銲條，對薄材料的銲接特別適用。
   (5) 適用範圍廣且可得良好銲接品質。
   (6) 銲接時所產生的煙霧少，造成的環境污染小。

2. 氣體鎢極電弧銲接法(氬銲)的缺點：
   (1) 由於鎢電極無法承載過大的電流，因此銲接堆積率低且速率慢，不適於厚板的銲接，一般銲接材料厚度多在 8 mm 以下。
   (2) 鎢棒電極容易觸及熔池或銲條形成污染，必須拆下磨除或更換，使得銲接中斷而造成時間浪費。

(3) 氬氣及氦氣等惰氣的價格較高，銲接成本高。

(4) 對於需要添加銲條或是特定位置的銲接，不易達到自動化。

氣體鎢極電弧銲接法的設備如圖 10-7 所示。

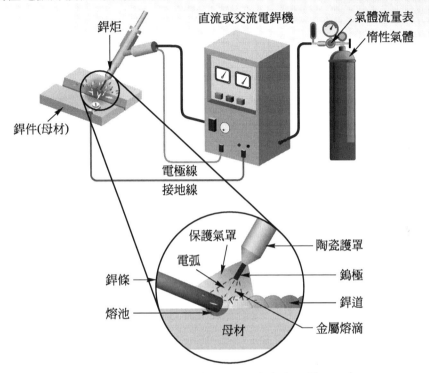

圖 10-7　氣體鎢極電弧銲接法設備

10-7　電漿電弧銲接法 (Plasma arc welding，PAW)

　　電漿電弧銲接法又稱電離氣電弧銲接法，所謂電漿係在氣體中有 30%以上的氣體分子，在高溫或高頻振盪下，被解離為一種熱傳導性甚高的離子態之稱。電漿電弧銲接法與氣體鎢極電弧銲接法類似，均以惰性氣體為保護氣體，且必須以鎢棒作為電極，不過氣體鎢極電弧銲接法的鎢棒係凸出護罩外，而電漿電弧銲接法的鎢棒則縮在護罩內，利用銲槍中電極尖端與護罩內側，通以直流的小電流及起始瞬間微小的高週波，使氬氣流經電極尖端與護罩間隙立即形成離子化氣體產生導弧(Pilot arc)，導弧建立後高週波即終止。導弧的功用係當操作者戴上面罩時，因導弧亮度使操作者便於觀察銲接前銲條正確位置後，即產生主電弧來銲接。

1. 電漿電弧銲接法(PAW)和氣體鎢極電弧銲法(GTAW)相較的優點：

    (1) 電弧熱能更能密集於銲縫，熱影響區更狹窄，電弧更穩定。

    (2) 銲接較快，滲透性較佳。

    (3) 所形成的銲道較窄且深，致銲件因銲接而引起的變形少。

    (4) 使用微電漿可銲接超薄板 0.1 mm(不鏽鋼)。

    (5) 比 GTAW 更省電，可降低銲接成本。

    (6) 鎢棒縮在冷水銅護罩內部，不會與銲件接觸，因此可避免銲道產生夾鎢現象，
        減少鎢棒對銲件的污染。

    (7) 可產生穩定的鎖孔效應，通過鎖孔效應，可獲得良好的單面銲道。

2. 電漿電弧銲接法的缺點：

    (1) 電漿銲槍結構複雜且較重，若由手工操作時，較困難觀察到銲接區電弧作用。

    (2) 當產生雙弧時，電弧柱與護罩之間的氣膜將會遭到破壞，使轉移弧電流減少，
        導致銲接過程不正常，甚至會燒壞護罩。

    (3) 由於電漿的銲槍體較大，鎢極內縮在護罩內，有些接頭較難銲接。

    (4) 電漿銲接設備雖有手持式，但大部分均與自動化系統結合，設備費用較高。

    電漿電弧銲接法設備如圖 10-8 所示。

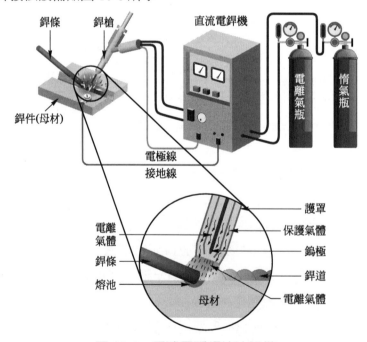

圖 10-8　電漿電弧銲接法設備

10-8　氣體金屬電弧銲接法 (Gas metal arc welding，GMAW)

氣體金屬電弧銲接法係屬於消耗性電極電弧銲接法(Consumable electrode src welding)，其與遮護金屬電弧銲接法及氣體鎢極電弧銲接法相較，屬於高效率的電弧銲接法，氣體金屬電弧銲接法的電極(銲線)係以捲盤式的細金屬線經過銲槍與銲件之間產生高熱電弧，熔化銲件與金屬線接合的銲接法。其與氣體鎢極電弧銲接法相同，遮護氣體由外部供應，遮護氣體可以使用惰性氣體、活性氣體或混合氣體來保護熔池及銲道，如以惰性氣體為遮護氣體銲接者稱為 MIG(Metal inert gas)，以活性氣體或混合氣體為遮護氣體者稱為 MAG(Metal active gas)。

MIG 以銲接非鐵金屬居多如鋁合金、銅合金等，而 MAG 銲接如使用混合氣作為遮護氣體者，則常銲接不鏽鋼，如用二氧化碳作為遮護氣體者，以銲接碳鋼居多，可直接稱呼為 CO_2 氣體銲接法。CO_2 氣體銲接法所使用的銲線為捲狀實心銲線，因銲線係經由銲線輸送器供應連續銲接，亦稱為半自動電銲。不過 CO_2 氣體係以加壓方式裝入無縫鋼瓶內，故在使用前必須先經過加溫形成氣體後始能銲接，因此 CO_2 氣體銲接法必須使用 CO_2 專用壓力錶。CO_2 氣體銲接法以銲接碳鋼類為主，目前工業上應用非常廣泛，尤其在鋼構工程的銲接，已逐漸取代遮護金屬電弧銲接法。

氣體金屬電弧銲接法的特點：

1. 因使用實心銲線，沒有銲藥故不會產生銲渣，可節省除銲渣時間。
2. 銲線為整捲細銲線，銲接過程為連續性，可減少銲道起銲熔融不良、銜接與收尾易形成銲疤、龜裂及夾渣的缺陷，銲接效率高。
3. 由於銲接速度快，熱影響區及銲道晶粒較微細，機械性質較佳，母材變形量小。
4. 以 MIG 銲接法，使銲接鋁及鋁合金更加容易。
5. 可適合全能姿勢的銲接。
6. 與其他銲接方法相較，銲接人員的訓練時間可縮短。

氣體金屬電弧銲接法設備如圖 10-9 所示。

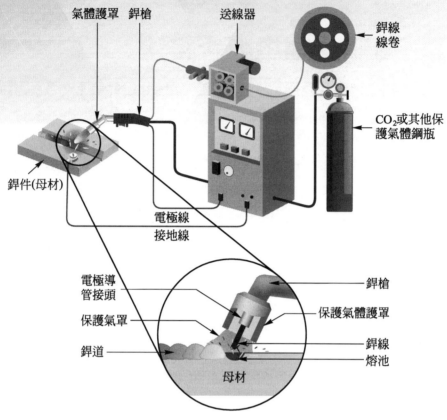

氣體護罩　銲槍　　　　送線器　　　　　　　　　　　銲線
線卷

CO₂或其他保
護氣體鋼瓶

銲件(母材)

電極線
接地線

電極導
管接頭　　　　　　　　　　　　　　　　　　銲槍

保護氣罩　　　　　　　　　　　　　　　保護氣體護罩

銲道　　　　　　　　　　　　　　　　　銲線
熔池

母材

圖 10-9　氣體金屬電弧銲接法設備

10-9 包藥銲線電弧銲接法 (Flux-cored arc welding，FCAW)

　　包藥銲線電弧銲接法亦為消耗性電極銲接法，其設備與 CO_2 氣體銲接法相同，惟所使用的銲線不同，如前所述 CO_2 氣體銲接法的銲線為捲盤狀實心銲線，而包藥銲線電弧銲接法的銲線為捲盤狀包藥銲線，其銲藥包裝在銲線內。

　　包藥銲線電弧銲接法在銲接方式分為兩大類，一種為自發遮護氣體銲線(Self-shielded flux core wire)的銲接，即是在銲接時不需要再用 CO_2 氣體遮護，係由其內部銲藥經電弧燃燒後直接產生遮護氣體來銲接，其所用的銲線心徑較大，適合在野外風速較大處銲接。另外一種為外加遮護氣體銲線的銲接法，即除了銲線為包藥銲線外，尚需要外加 CO_2 遮護氣體保護。在早期包藥銲線電弧銲接法僅能適用於平銲、平角銲及水平角銲的銲接，爾後由於包藥銲線不斷的改進，現在已可適用於各種銲接姿勢(位置)的銲接，因此外加遮護氣體的包藥銲線電弧銲接法的銲接品質較氣體金屬電弧銲接法為佳，且具有較少的跳渣，因此於碳鋼類的銲接中，比氣體金屬電弧銲接法更具重要性，而依目前工業界的應用，事實上已將包藥銲線電弧銲接法與 CO_2 氣體金屬電弧銲接法此兩種銲接方法合而為一。

　　包藥銲線的製造係以易於成形的軟鋼帶，作成曲折的外包層形狀內部充填合金元素、脫氧劑及銲藥，經過銲線製造機將軟鋼帶逐漸包覆銲藥再逐次抽製而成，大致上可分四種如圖 10-10 所示。

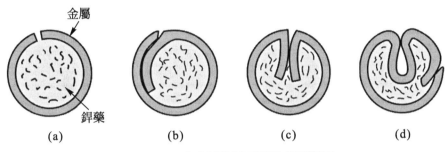

金屬

銲藥

(a)　　　　　(b)　　　　　(c)　　　　　(d)

圖 10-10　包藥銲線四種型式橫斷面

10-10 潛弧銲接法 (Submerged arc welding，SAW)

　　潛弧銲接法係以顆粒狀的銲藥覆蓋在欲銲接的銲縫上，再將赤裸銲線插入銲縫中，於銲線末端與銲件間產生電弧，使銲線保持一定的進給速度，一定的電弧長度及一定的前進速度予以銲接。由於在銲接過程中，顆粒狀的銲藥將熔池與電弧完全覆蓋，因此在銲接進行中，電弧光線不會外洩且無銲濺物，所以稱之為潛弧銲接法，也稱埋弧銲接法。

　　潛弧銲接法一般均用於自動銲接，即將潛弧電銲機裝置於軌道上，填充金屬為捲盤式赤裸銲線，而顆粒狀的銲藥，係經由特殊漏斗及軟管流下，覆蓋在銲接部位，銲接過程中操作者僅將電銲機的銲接電流、銲接電壓、銲線送給速度及銲接速度等參數設定輸入完成後，於銲線末端置一小團鋼絲絨與銲縫接觸，即可啟動開關，此時銲線即開始熔化與銲件接合，操作者於電銲機前端置一鐵線或指示光線，俾便對準銲縫，以避免銲線銲接時偏離銲縫。在銲接進行中，顆粒狀銲藥產生遮護氣體以保護熔池及銲道，部份於銲接過程中，與銲件熔合後形成銲渣覆蓋在凝固中的銲道，冷卻後即由操作者予以去除，而未與銲道熔合的顆粒狀銲藥，則由操作者回收重新置於漏斗上，漏斗上方有鐵絲網過濾雜質後，顆粒狀銲藥即可繼續使用。

茲將潛弧銲接法的優缺點分述如下：

1. 潛弧銲接法的優點：

    (1) 使用 800～2000 安培的大電流，銲接效率高。

    (2) 銲接過程中，並無電弧光線外洩及火花飛濺物，因此操作者不需要穿著防護衣服，也不需戴面罩以防止弧光照射。

    (3) 銲接電流大，以致銲接速度快，銲件變形量少。

    (4) 使用於厚鋼板及長銲縫銲接，可降低銲接成本。

    (5) 可於銲藥內添加合金元素，以改善銲道品質。

2. 潛弧銲接法的缺點：

    (1) 機械設備費用高。

    (2) 如捲盤狀銲線有嚴重彎曲時，校直困難致減低銲接效率。

    (3) 銲縫的加工精度要求必須較為嚴格，否則容易發生過熔或滲透不足的缺陷。

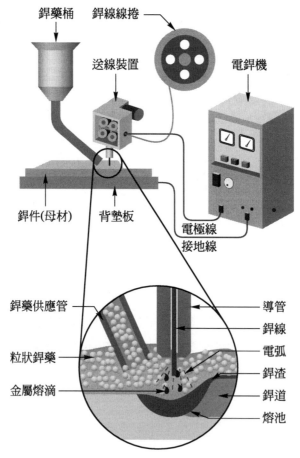

圖 10-11　潛弧銲接法設備

(4) 在銲接過程中，操作者無法觀察到熔池情況，因此銲道的好壞僅能於銲接後進行補救。

(5) 由於銲接入熱量大，致使銲道金屬結晶變粗，影響衝擊值。

(6) 侷限於平銲、平角銲及水平角銲的銲接。

(7) 顆粒狀銲藥容易受潮，需要乾燥處理。

(8) 由於使用大電流，因此不適用於 6 mm 以下板厚的銲接。

潛弧銲接法的設備如圖 10-11 及圖 10-12 所示。

圖 10-12　潛弧銲接法設備(資料來源：台灣國際造船公司提供)

10-11　電阻銲接法 (Resistance welding，RW)

電阻銲接法是利用高電流、低電壓的電流(2,000～20,000 安培，2～10 伏特)，經由兩支電極通過兩金屬銲件的接合面，瞬間產生大量的電阻熱，使銲件接合面處達局部熔化狀態，再利用電極以適當的壓力夾緊銲件，使之接合在一起的銲接法。

電阻銲接法的優點：

1. 設備簡單且操作容易，適合大量生產製程。

2. 不需要添加填料與銲藥。

3. 不會產生電弧和煙塵，較無污染。

4. 銲接速度快，銲件的熱變形與熱影響區均較小。

5. 適用於薄板銲接，尤其板金工作。且銲件精度較易控制。

　　電阻銲接法依施銲方式不同約可分為六種，包括：電阻點銲法、電阻浮凸銲法、電阻縫銲法、端壓銲法、閃光銲法以及衝擊銲法。這些銲法雖然裝置不盡相同，也應用在不同的場合，然而其所利用的原理都是一樣的，電阻銲法的設備如圖 10-13 至圖 10-18 所示。

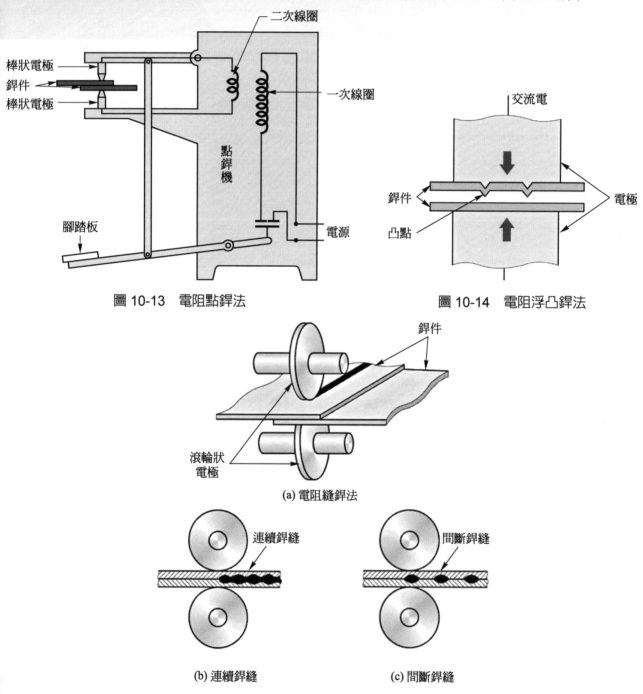

圖 10-13　電阻點銲法

圖 10-14　電阻浮凸銲法

(a) 電阻縫銲法

(b) 連續銲縫

(c) 間斷銲縫

圖 10-15　電阻縫銲法

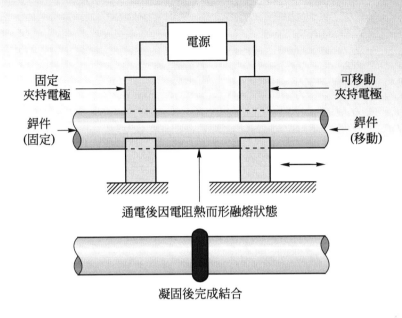

圖 10-16　端壓銲法

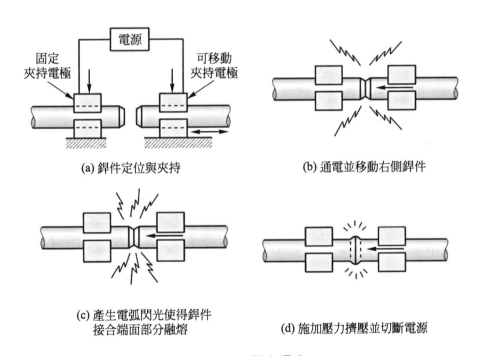

圖 10-17　閃光銲法

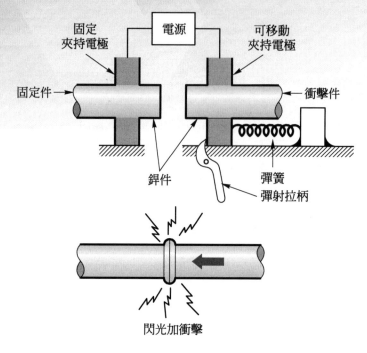

圖 10-18　衝擊銲法

10-12 植釘銲接法(Stud welding，SW)

　　植釘銲接法屬於必須加壓力的電弧銲接法,係以植釘槍將特殊銲劑充填於金屬螺栓末端,或使用耐熱性陶瓷套環套在螺栓外圍,使電弧發生在螺栓與銲件表面間,當電弧處的金屬皆成為熔化狀態時,即切斷電流,同時利用植釘槍彈簧或壓縮空氣施加壓力於螺栓上,將螺栓銲接於銲件表面。

　　目前植釘銲接法應用於鋼構橋樑及建築物非常廣泛,植釘銲接法的銲接金屬包括碳鋼、高能力鋼、不鏽鋼、銅、鋁、鈦等。植釘銲接法,一般可分為兩種,即電弧植釘銲法(Arc stud welding)與電容放電植釘銲法(Capacitor-discharge stud welding),電弧植釘銲法引發電弧的方式與遮護金屬電弧銲接法類似,係將植釘槍夾持螺栓,並於末端須套裝陶瓷套環,通以直流電,使螺栓與銲件表面產生電弧,並施加壓力予以銲接。電容放電植釘銲法,則是以植釘機上的電容器瞬間放電,將螺栓與銲件予以熔合。在應用上,電弧植釘銲法的功率較高適用於較大尺寸螺栓的銲接,電容放電植釘銲法則適用於尺寸小的螺栓,不需用陶瓷套環,僅會於銲接時於螺栓與銲件表面產生微量的火花。

植釘銲接法設備如圖 10-19 及圖 10-21 所示。

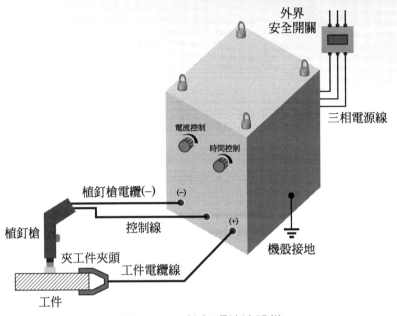

圖 10-19　植釘銲接法設備

圖 10-20　植釘銲接法
(資料來源：中國鋼鐵結構公司提供)

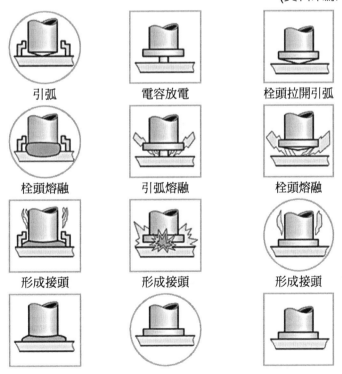

(a) 電弧法　　(b) 電阻電容放電法　　(c) 引弧電容放電法

圖 10-21　三種不同引弧方式植釘銲接法

10-13 電熱熔渣銲接法 (Electroslag welding，ESW)

電熱熔渣銲接法屬於電阻銲接法，係一種將銲件垂直銲接的銲接方法，故又稱為「自動立銲」。其原理是利用兩直立銲件留有一直立縫隙，兩側以銅擋板(需通冷卻水)罩住，並於底部裝置墊板。銲接時先將銲劑填入銲縫，由上方送入可消耗式銲線作為電極，在起銲後電極產生電弧，並將銲劑熔成熔渣，而後電流仍流經熔渣，並藉由熔渣的電阻熱進一步熔化銲線與母材，銲線持續地送入並熔化。金屬熔液從底部往上開始凝固，銅擋板隨之向上移動，達到銲件頂部後便完成銲接。電熱熔渣銲接法有消耗導管式及非消耗導管式兩種，在 70 年代的造船業非常盛行，多應用在外板的垂直立銲，爾後由於鋼材的強度提高，外板所需要的厚度減少，使用電熱熔渣銲接法即不敷成本效益，目前造船業已不再使用，倒是鋼構業之涵箱尚使用非消耗導管式的電熱熔渣銲接法。

茲將電熱熔渣銲接法的優點與缺點分述如下：

1. 電熱熔渣銲接法的優點：
   (1) 銲接金屬的堆積率高，可一次完成厚材料的銲接。
   (2) 對於接合面的加工要求較低，從切割面至銑削面均可銲接。
   (3) 亦屬於自動化銲接的一種，操作技術簡單容易。
   (4) 對於銲件水平方向及垂直方向的變形均小。
   (5) 銲接缺陷少，銲接品質高。

2. 電熱熔渣銲接法的缺點：
   (1) 只適合於立銲，其它位置銲法無法使用。
   (2) 銲接時必須一次完成，若中途停止再起動時將造成施工困難。
   (3) 不適於鋁合金及不鏽鋼等金屬的銲接，因會造成銲道品質不佳。

電熱熔渣銲接法的設備如圖 10-22 及圖 10-23 所示。

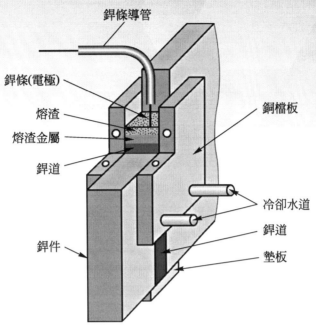

圖 10-22　電熱熔渣銲接法

圖 10-23　熱熔渣銲接法(資料來源：中國鋼鐵結構公司提供)

10-14 噴銲法(Thermal spraying)

　　噴銲法係將堆積塗層材料加熱霧化成小顆粒，再加速利用材料在半熔融狀態，堆積到預先準備的母材表面形成被覆塗層，堆積過程即為熔滴顆粒撞擊母材表面，扁平化，形成薄片狀，附著在表面凹凸之經處理母材和先前堆積的顆粒表面，一顆接著一顆，冷卻持續堆疊形成層狀結構塗層至所需要厚度的製程。噴銲的熱源包括：電弧噴銲、電漿噴銲、火焰噴銲及高速火焰噴銲等，噴銲的材料包括粉末、線材及棒材等，可噴銲的母材包括金屬及非金屬等。在噴銲的製程塗層與母材表面之間可能包括機械、冶金或化學鍵結力，但基本上為機械式鍵結，塗層材料的選用主要為母材表面功能的需求，如耐磨耗塗層、熱阻絕塗層、耐高溫氧化及表面尺寸修復，包括飛機噴射引擎的渦輪葉片、燃燒筒、高爾夫球頭、機械軸件、加熱板、絕緣板、半導體設備零組件及鋼結構件防蝕等。

一般噴銲的步驟包括：銲前母材表面處理、噴銲施工及銲後處理，分述如下：

1. 銲前母材表面處理：

   表面前處理是噴銲最重要的步驟，因銲前的表面情況會影響塗層的黏著品質及鍵結強度，包括母材表面油圬清潔與粗糙化，可用機械式、溶劑或噴砂方式處理。

2. 噴銲施工：

   依母材種類選擇塗層材料和噴銲方法，因不同噴銲製程的差異主要在加熱熔射材料的方法，以及推進霧化顆粒到達工件表面的技術，另外母材種類與堆積塗層緻密度、噴銲方法、施工程序和銲後處理有關。

3. 銲後處理：

   噴銲的塗層具有多孔特性，這些孔隙有時會連結貫穿塗層厚度，必須以封孔劑來填充這些孔隙，封孔劑的作用在防止塗層與母材界面的腐蝕、延長塗層的使用壽命、防止液體和壓力的洩漏以及防止污穢物質或研磨碎屑進入到塗層等。

   火焰噴銲法如圖 10-24 所示。

圖 10-24　火焰噴銲法設備(資料來源：台灣銲接協會提供)

10-15　摩擦攪拌銲接法 (Friction stir welding，FSW)

　　摩擦攪拌銲接法為一種相當新的銲接製程技術，其原理係將攪拌刀具裝在類似銑床的機器上，利用銑床機器的高速旋轉攪拌刀具，使銲件產生摩擦熱後將銲件接合的製程，係於 1991 年由英國銲接研究所發明，起初歐洲應用於鋁船上，隨著技術的發展，日本用於鋼鐵工業，而美國則發展使用於航太工業。近些年來，摩擦攪拌銲接法的研究非常熱門，由早期在鋁及其合金的接合技術的應用，已發展被廣泛地應用在其它輕金屬及其合金的接合技術。

　　摩擦攪拌銲接法在銲接時，必須先使用強而有力的夾治具將欲接合的銲件夾持固定在支撐板上，然後將裝於銑床上的攪拌刀具前端的探頭經高速旋轉旋入欲接合部位，攪拌刀具的肩部與待銲件表面緊密接觸旋轉產生摩擦熱，而攪拌刀具在行進時產生擠壓作用，由於銲件受到壓力與摩擦熱的作用後，因此可藉由銲接探頭來傳送此接合部位所需的熱能，致使銲件降伏強度下降，將會使其產生塑化作用，利用產生劇烈塑性流動現象形成銲道。

　　摩擦攪拌銲接法可將熔銲過程中所產生的裂縫缺陷予以消除，且銲件的合金元素也不會因蒸發作用而造成流失現象。此外，其銲道區域的形成主要是由於探頭激烈的攪拌作用，因此將可獲致細晶結構且幾乎不會產生氣孔缺陷，進而可改善銲件機械性質。

　　摩擦攪拌銲接法的優點：

1. 整個銲接過程相當簡單，且不需使用銲條或填料等消耗物。
2. 接頭邊緣不需要前加工處理。
3. 銲接前不需要事先清除工件表面的氧化物。
4. 整個過程可採自動化的銲接方式，且可採全姿勢的銲接位置。
5. 對鋁、鎂合金銲件而言，摩擦攪拌銲接可達到高接合強度的性能要求。
6. 摩擦攪拌銲接法可使用於對銲道裂縫敏感性較高的合金材料。

　　至於摩擦攪拌銲接的缺點，則包括需要強而有力的夾治具來將工件夾持固定在銲接工作台上。此外，由於需要施予較大的工作負荷才能驅使旋轉工具進行移行動作，因此銲接探頭會產生較高的磨耗率。

摩擦攪拌銲接法如圖 10-25 所示。

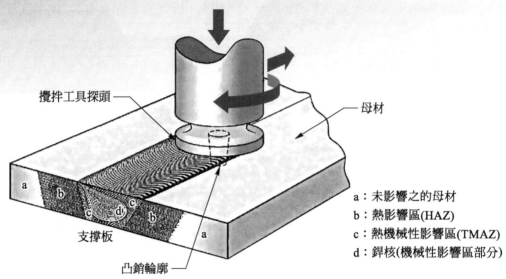

攪拌工具探頭

母材

a

b

c

d

c

b

a

支撐板

凸銷輪廓

a：未影響之的母材
b：熱影響區(HAZ)
c：熱機械性影響區(TMAZ)
d：銲核(機械性影響區部分)

圖 10-25　磨擦攪拌銲接法

10-16　雷射銲接法 (Laser beam welding，LBW)

雷射銲接法屬於高能量銲接法之一，係於 1960 年由 T.H.Maiman 博士首度研究成功紅寶石電射，爾後陸續發展二氧化碳氣體雷射及半導體雷射，由於雷射具有優越的性能，廣泛用於醫學、國防、工業的銲接及切割等。

雷射(LASER)係由英文(Light amplification by stimulated emission of radiation)第一個字的縮寫而成，其意指"輻射激發放射以造成光線放大作用"，雷射於中國大陸翻譯為"激光"。

雷射銲接法系統包括三大部份，分述如下：

1.　雷射介質：

也稱增益介質，係指可以利用此種介質材料的原子，離子或分子產生光放大作用，如固體雷射的紅寶石雷射、釹釔鋁石榴石雷射的 Nd：YAG 雷射及釹玻璃雷射等，氣體雷射的氦氖雷射及二氧化碳雷射、半導體雷射等。

2. 激發來源：

其主要是利用適當的光源來激發雷射介質，使電子能從基態因受激發而躍升至較高能階的激發態。一般有兩種激發源型式為光激發源與電激發源，固體雷射及液體雷射使用光激發源，氣體雷射及半導體雷射則使用電激發源。

3. 回饋的共振腔：

共振腔主要功能為將光限制在腔內以產生共振，使光往返經過雷射介質後不斷放大，至達到臨界值時即產生雷射光，共振腔由兩面鏡子所組成，不論是平面、凸面或凹面鏡，均可組合成共振腔。

茲將雷射銲接法的優點與缺點分述如下：

雷射銲接法優點：

1. 利用光束加熱銲件，製程很乾淨，不會產生煙塵，也不會有跳渣噴濺的情形。並可在大氣中銲接。

2. 可適用於異種金屬銲接，尤其能銲接兩種物理特性相差很大的金屬。

3. 其銲炬不用接觸到銲件，甚至雷射光束可以投射到相當遠的距離，能量不會因距離較遠而有所損失。

4. 銲接速度快，使得銲件吸熱量少，造成銲件的變形量與熱影響區小，較不會破壞材料的機械性質。

5. 可銲接微小以及薄的銲件。

6. 不需要添加填料，可直接由銲件接合面熔融接合。

7. 可精確定位，容易銲接自動化。

雷射光銲接雖然具有諸多優點，但仍有以下的限制：

1. 銲件需要良好的密合，以致前置加工非常重要。

2. 因雷射光的能量很高，若銲件的熱傳導性不佳，則過多的能量累積會使銲件表面蒸發或造成熱衝擊，形成銲接的缺陷。並使銲件的最大厚度受到限制。

3. 機械設備非常昂貴，且耗材費用高。

4. 雷射光多為不可見光，銲接時必須注意工作環境的安全維護，否則容易造成人員與周邊儀器設備的傷害。

5. 不適用於銲接對雷射光反射率高的金屬，如金、銀、銅以及鉬等。

雷射銲接大多應用於太空、國防和電子工業等。銲接時雷射光束雖然沒有傷害性，但操作人員必須配戴可過濾雷射光線的特製護目鏡以保護眼睛。同時，不可將身體的任何部位暴露於銲接時所放射出來具高熱量的雷射光束。

目前應用在銲接技術方面的雷射計有：固體雷射包括紅寶石雷射、Nd：YAG 雷射及釹玻璃雷射等，氣體雷射則有氦氖雷射及二氧化碳雷射及半導體雷射等，早期半導體雷射廣泛應用於資訊處理、光纖通訊、家電用品及精密測量上，惟近些年來，半導體雷射亦逐漸應用在銲接上，尤其最近由半導體雷射發展出來的高功率光纖雷射(Fiber laser)，因具有良好的散熱性能、良好的光束品質、轉換效率高、壽命長、體積小重量輕、營運成本低及維修費低等優點，在銲接上的使用不斷地增加。

光纖雷射銲接法設備如圖 10-26 所示。

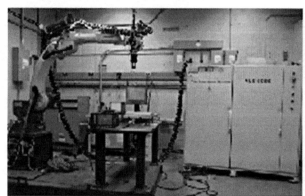 

圖 10-26　光纖雷射設備(資料來源：新銲易公司提供)

10-17 電子束銲接法 (Electronic beam welding，EBW)

電子束銲接法係利用電子光束為熱源從事金屬之接合的銲接法，亦屬於高能量銲接法，其原理乃於真空腔體內，利用陰極板加熱到 $4600°F$ 以上時，電子將會產生光能，並將此光能匯聚成束，同時調整此光束的焦點，當此電子束的焦點，高速撞擊銲件表面時，即放出高熱，使銲件接合。電子束銲接法能銲接多種金屬，尤其對於活潑的金屬如銲接鈦、鈦合金、鋯與鉿合金等的銲接更具優良性。

茲將電子束銲接法的優點與缺點分述如下：

電子束銲接法的優點：

1. 能量密度高，熱量集中，使得銲道寬度窄而且滲透深。產生的銲接熱影響區、殘留應力以及變形量都很小。

2. 不需要添加填料，直接由銲件接合面熔融後即可接合。

3. 必須在真空中進行銲接，可以得到純度高的銲道，亦不會引起銲件氧化或氮化，因此不會使強度或耐腐蝕性降低。不但適合鈦、鋯等金屬的銲接。同時也適用銲接高熔點金屬，如鉭、鎢及鉬等。

4. 熱傳導率良好材料，如鋁和鎂等，不需要預熱即可局部銲接。

5. 由於滲透深又尖銳且能夠調整並控制輸出，因此可適用於極薄板或厚板的高速銲接(厚度：0.05 mm～50 mm)。

6. 由於銲件變形量小，因此銲件可先經精密加工後再銲接，且可保有良好的精密度。

7. 可適用於異種金屬銲接。

8. 對於形狀複雜或深部的接合銲件仍可銲接。

電子束銲接雖有上述多項優點，但仍有以下的限制：

1. 機械設備費用高昂，泛用機種的生產效率低，而專用機又無法適用於各種工作。

2. 由於真空室的容量有限，使得銲件的大小、形狀與銲接位置，以及銲條的供應等都受到限制。

3. 接合面的定位精度要求嚴格，偏位量不可超過銲道寬度的十分之一。

4. 對於銲道開槽精度與接合面間隙一致性的要求很高。

5. 就入熱量而言，電流、電壓、銲速以及焦點位置均需加以控制。

6. 銲件接頭必須脫脂清洗完全。銲接室以及夾具等需要加以防鏽處理，否則容易使真空系統遭受污染。

7. 由於處在完全隔離環境下銲接，銲接速度又快，以致於銲接過程中無法立即修正。

8. 若銲件或夾治具有磁場，電子束即被偏向。因此需要預先加以消磁。

9. 不適用在真空中容易蒸發的金屬，例如鋅(Zn)、鎘(Cd)等。

電子束銲接法設備如圖 10-27 所示。

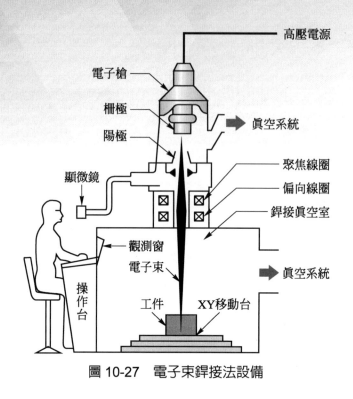

高壓電源

電子槍

柵極

陽極

真空系統

顯微鏡

聚焦線圈

偏向線圈

銲接真空室

觀測窗

電子束

真空系統

操作台

工件

XY移動台

圖 10-27　電子束銲接法設備

10-18　銲接自動化與自動化銲接

銲接技術在近些年來迅速進步，全依賴於新式銲接設備的發展，銲接所用的設備已由手銲機改進到半自動及全自動的機器，以縮短各種銲接工作的時間和人工，尤其銲接為所謂的 3K 行業或艱苦職類，目前真正從事實際銲接的技術人員大多數已四、五十歲的高齡化，年青人學習銲接技術的意願不高，且早期注重銲接作業人員技術也因其職業壽命及學習者逐漸不足，因此改善銲接自動化與增加自動化銲接，實為刻不容緩的項目，分述如下：

1. 銲接自動化：

   所謂銲接自動化係指在銲接施工的過程中，將有一部份或全部係採用自動化操控之謂。若為部份自動化，即是在銲接施工階段中，有些部份尚必須靠工作人員的手動操作配合機器來完成。而全部自動化則是銲接施工過程中，完全由機械設備來執行，毋需依靠人員的調整或操作。

(1)　銲接自動化的優點：

 a.　可使生產穩定，提高生產力。

 b.　維持產品量產品質，並降低製造成本。

 c.　改善銲接作業環境。

 d.　確保人員作業安全。

 e.　緩和熟練技術人員不足及勞動力體質的劣化的壓力。

(2)　銲接自動化的條件：

在實施銲接自動化的先決條件應在於審慎的計畫、是否合於經濟性、各施工單位間充份的配合以及獲得管理階層、產品設計人員、製造工程師及維修保養人員等的全力支持。所以一旦決定實施銲接自動化，則必須對生產、廠房、設備及相關成本等因素做詳細的分析，尤其對於操作人員應具備銲接技術的背景。

2.　自動化銲接：

自動化銲接係指在銲接過程中完全依靠機械設備操控，毋需依賴銲接人員操作，而銲接人員主要是擔任監工的角色，對銲接過程中發生異常時作即時修正。目前在台灣自動化銲接設備在技術上尚未達到完全的無人化，故仍需由銲接操作人員監控。

(1)　自動化銲接的優點：

 a.　可有效預估產量及產能。

 b.　使銲接品質的一致性，降低銲接成本。

 c.　排除人工銲的困難度可增加電弧工作時間，提高銲接效率。

 d.　減少工作人員的體力負荷，施工人員的年齡層可大為提高。

 e.　銲接人員的技能，可符合脫技能化的目標。

(2)　自動化銲接的缺點：

 a.　設備投資成本高。

 b.　需事先設定銲接順序。

 c.　銲前精度要求高，需先經過模擬後再正式銲接。

 d.　需要有機械設備安裝、程式修改以及設備維修等的專業人員。

 e.　機器型態受施工環境的限制，投資較不具彈性。

 f.　自動化銲接設備的操控人員必須經適當的訓練，始能熟悉設備的性能，俾能有效掌握設備複雜的控制系統。

(3) 自動化銲接的應用：

    a.   重力式角銲器的改善：

早期於造船公司採用重力式三角架銲接船體結構的水平角銲，如圖 10-28 所示。此種銲接的電銲條為長 700～1000 mm 長，銲接水平角銲，需用大直徑銲條在 5～8 mm，銲工僅負責換接電銲條工作，不需銲接技術、使用方便，且每人能操作 3～4 部，可大量節省銲接時間。目前已改為以包藥銲線電弧銲接法，配合名為小老鼠的自動化機器銲接，此種機器不須經常更換銲條，銲接速度快，對於造船業自動化幫助頗大。

水平角銲小型自動銲接器如圖 10-29 所示。

圖 10-28　重力式三角架銲接器
(資料來源：台灣國際造船公司提供)

圖 10-29　水平角銲小型自動銲接器
(資料來源：台灣國際造船公司提供)

    b.   潛弧銲接的發展：

船體外板使用潛弧銲接法已有三、四十年，由當初單極潛弧銲接機，已發展為雙極和四極等型式自動電銲機，例如單極潛弧電銲機銲接 1 吋鋼板時只需銲接一次即成，如用雙極型機一次銲接可達 42 mm 的厚度，由於採用自動電銲銲縫開口斜度較手銲小，不可以節省大量的人工，亦可減少電銲條耗量。目前造船用最新自動單面銲接法(One side welding)所用潛弧銲接機器，即為兩極或四極型機，可將鋼板銲縫上下兩面一次銲成，厚度可達 38 mm，無需將鋼板再翻面。另外在船體肋骨的水平角銲，也使用包藥銲線電弧銲接法配合自動化設備，一次可銲接兩面增加銲接速度，將使船舶建造進入新境界，如圖 10-30 所示。

圖 10-30　自動化水平角銲機(資料來源：台灣國際造船公司提供)

c.　機器人銲接機的應用：

機器人銲接機亦稱機械手臂，目前已大量使用於製造業，機器人銲機在操作前必須先將數據輸入，再經過教導，即依所輸入的資料在未正式銲接前由控制器引導銲槍先行模擬走一趟銲接行程，其間必須配合偵測器以量測銲縫位置、銲縫追蹤及銲縫寬度，利用偵測器探針以偵測銲槍路徑，然後將模擬銲接行程所得到的數據，轉換成機器人的座標，模擬過程經多次修正完善後，即可實際通上電源開始銲接。目前配合機器人使用的銲接方法大致上為氣體金屬電弧銲接法(GMAW)、氣體鎢極電弧銲接法(GTAW)及電阻點銲法，電阻點銲法普遍應用於汽車工業，氣體金屬電弧銲接法在製造工業應用非常廣泛，而氣體鎢極電弧銲接法由於必須將鎢棒於與自動送線間的配合較為困難起步較晚，不過現在已逐漸克服發展中。

氣體金屬電弧銲接法機器人如圖 10-31 所示，氣體鎢極電弧銲接法機器人如圖 10-32 所示。

圖 10-31　氣體金屬電弧銲接法機器人
(資料來源：伍智金屬公司提供)

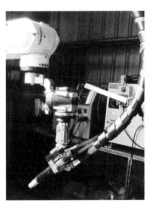

圖 10-32　氣體鎢極電弧銲接法機器人
(資料來源：新銲易公司提供)

章末習題

1. 請問金屬的接合方式有哪幾種？

2. 請說明銲接的定義？

3. 請敘述銲接的用途。

4. 請敘述遮護金屬電弧銲接法的優缺點。

5. 請敘述氣體金屬電弧銲接法的特點。

6. 何謂潛弧銲接法？

7. 請說明電阻銲接法的優點。

8. 請說明雷射銲接的優點。

9. 請說明電子束銲接法的限制。

10. 何謂銲接自動化？

Bibliography

參考文獻

1. 周長彬、蔡丕椿、郭央諶編著，銲接學，全華科技圖書公司，民國八十二年。

2. 李隆盛編著，銲接實習，全華科技圖書公司，民國七十四年。

3. 王振欽編著，銲接學，高立圖書有限公司，民國九十五年。

4. 陳志鵬編著，銲接學，全華科技圖書公司，民國九十一年。

5. 銲接工程管理基礎課程等，台灣銲接協會教材，民國八十六年。

6. 孟繼洛等編著，機械製造，全華科技圖書公司，民國九十一年。

7. R. L. O'Brien: Welding Handbook, Vol. 2, 8th ed., American Welding Society, 1991.

8. H. B. Cary: Modern Welding Technology, 4th ed., Prentice-Hall, Inc.,1998.

9. A. D. Althouse and W. A. Bowditch: Modern Welding,Goodheart-Willcox Co., Inc., 1976.

10. L. F. Jeffus and H. V. Johnson: Welding Principles and Applications,2nd ed., Delmar Publishers Inc., 1988.

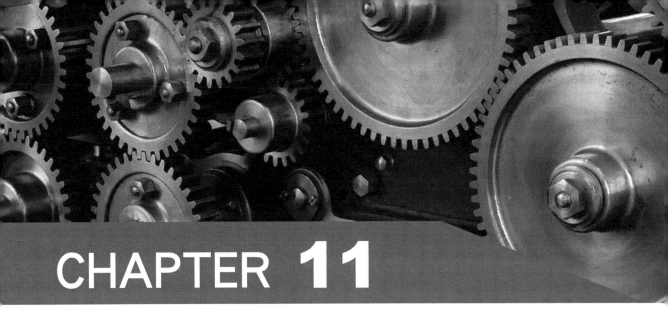

CHAPTER 11

自動化製造

·本章摘要·

11-1　自動化概論

11-1-1　定義

不用人工而是利用特別的機器設備來控制其製造的過程，使其整個過程可以依照已預定的順序而進行之工作，稱為自動化(Automation)。

11-1-2　方法

一般是藉著控制器(Controller)感測器(Sensor)，致動器(Actuator)，控制法則，特殊軟硬體等等而可以依照所偵測生產線狀況的改變，來完成整個製造流程。如圖 11-1 為自動化生產線之內涵與相關子系統。

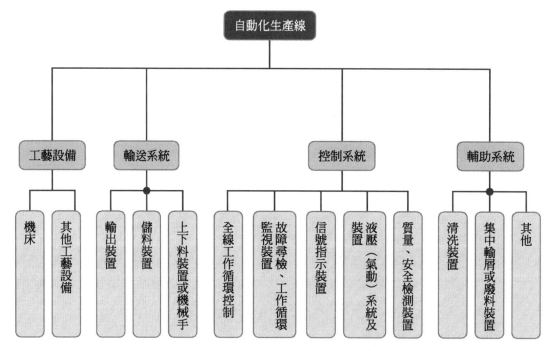

圖 11-1　自動化生產線之內涵與相關子系統

11-1-3 範圍

1. 加工過程方面：如切削，擠製，射出成型，研磨等。

2. 物料搬運方面：如原物料或在製品(Work in process，WIP)等，可由電腦所控制設備來自動搬運與儲存。圖 11-2 為自動倉儲電腦軟體系統的資訊流過程。

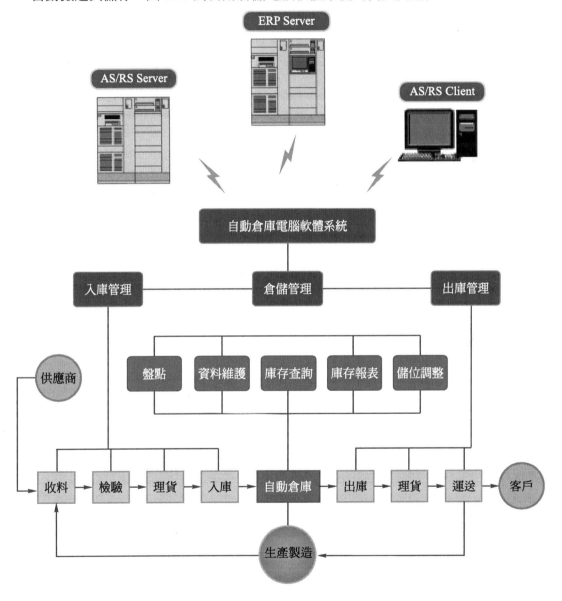

圖 11-2 自動倉儲電腦軟體系統的資訊流過程

3. 檢驗方面：成品的尺寸，表面精度，品質等自動檢驗，其方式有：

    (1) 加工中檢驗(In-process inspection)，又稱線上檢驗(on-line inspection)。

    (2) 完工檢驗(Post-process inspection)又稱離線檢驗(off-line inspection)。

4. 裝配方面：將各別的零件自動組裝成組件，再組裝為成品，此部分在自動化時挑戰相當大。

5. 包裝方面：將成品自動的包裝(Packaging)，如裝箱作業。

11-1-4　自動化目標

1. 整合加工製程各種步驟，以減少操作時間，降低勞工成本，提高產品的品質與均一性。

2. 控制生產流程與利用覆現性高的加工方法，降低製造成本，提升生產力與品質。

3. 降低人工直接參與程度，以減少人為錯誤和人工處理的損壞，並可提升 3D(Dull，Dirty，Dangerous)工作環境下安全性。

4. 利用適當之機器位置配置和物料搬運的設備與路徑，以減少廠房所需的空間，降低對土地需求。

11-1-5　採用自動化的考慮因素

1. 產品：外觀、特性、重量。

2. 所需生產率與產量。

3. 製程那些步驟需自動化。

4. 所需人力技術層次。

5. 系統可靠度與維修問題。

6. 經濟性：包括投入成本，回收年限。

11-2　製造自動化

11-2-1　定義

　　利用機械、電子、電機、特別控制器與電腦系統等，以操作並控制生產流程與生產量(率)的科技。圖 11-3 為工廠作業與製造支援用之資訊處理活動的製造模式。

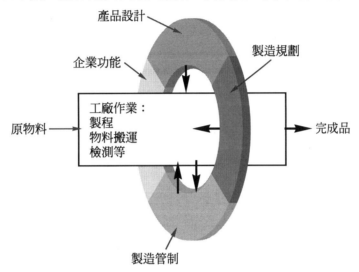

圖 11-3　工廠作業與製造支援用之資訊處理活動的製造模式

11-2-2　組成要素

1.　自動化工具機：一般為 CNC 工具機，以加工或切削零件。

2.　自動化機具：裝配或組裝，包裝等設備。

3.　自動化物料處理設備：如 RGV、AGV、AS/RS。

4.　機器人。

5.　自動化檢驗設備：如視覺辨視、CMM、Laser scanner。

6.　控制器：需有回授控制(Feedback control)與製程控制。

7.　CAD/CAE/CAM：應用電腦輔助系統，如設計、分析、加工。

11-2-3　種類

1. 固定式自動化(Fixed-position automation)：又稱硬式(Hard)自動化。

   (1) 內涵：所有機具的安排均是為了生產某一種標準的產品，如齒輪、軸、引擎塊。
   所以其切削或裝配的順序皆由機具設備的擺設位置而固定之。

   (2) 特性

   　　a. 最嚴密自動化，有時也稱為「底特律式自動化」，採高成本、專業化設備來
   執行固定一連串作業。產品尺寸和加工參數雖可以調整，但皆採用專用機，
   費用高。故僅適用於大量生量。

   　　b. 適應產品的變化能力低，故其製造彈性相當低。

   (3) 所需設備：所需之機器大都是積木式(Building block)或模組式(Modular)方式，一
   般稱為移轉機(Transfer machine)。主要部份有二個，一為加工單元，(Powerhead
   production unit)，一為移轉機構(Transfer mechanism)。而一移轉機大多包括二個
   以上的加工單元。

   (4) 加工單元：可排成直線式，圓形式或 U 形，而加工單元區需設有緩衝區(Buffer)，
   以確保部份機具損壞時可繼續加工的可行性。

2. 可程式自動化(Programmable automation)：又稱軟式(Soft)自動化。

   (1) 內涵：切削或裝配順序是由控制程式來決定。而其機具設備的擺設規劃，是可
   允許改變切削或裝配順序，而可適應不同類型產品生產。

   (2) 特性

   　　a. 不需使用專用機，一般使用的機具為 CNC 工具機，機器人等。

   　　b. 較適合批量生量，產量較固定式自動化的產量小。

   　　c. 不同類型產品轉換生產時，其機具需變更，但設置時間(Setup time)甚長。
   一般包括刀具變更(Tooling change)，夾治具架設於床台或其他相關的機具
   設定(Machine setup)等項目。

   　　d. 控制單元常為 PLC(Programmable controllers)和電腦的組合。

3. 彈性自動化(Flexible automation)：即彈性製造系統。

   (1) 內涵：乃是可程式自動化更進一步的發展。可生產不同類型的產品，而產品轉
   換時，生產線幾乎不浪費時間於機具變更之設上，因其刀具、夾具與相關機具

的設置是離線(Off-line)進行，在設置完成後，需要時即可直接送入加工機台。又零件的加工程式產生方式也為 Off-line，且是經由電腦網路將程式送入生產系統上。而彈性製造系統(FMS)也是彈性式自動化的一種。

(2) 特性

 a. 更換不同類型零件製造時，具有不浪費生產時間的能力。

 b. 不需專用機，一般仍是使用 CNC 工具機、機器人等。

 c. 控制單元常為 PLC，電腦的組合，但應用電腦方面的資訊傳遞、分析與判斷的技術相當多。

4. 三種自動化層次的比較，如圖 11-4。

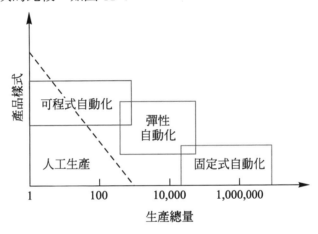

圖 11-4　三種自動化層次的比較

11-3 數值控制(Numerical control，NC)

11-3-1 定義

數值控制是一種可程式自動化方式，利用預先編好一系統的數值資料(即程式)輸入系統中，系統自動將所輸入程式指令轉換成數位信號，以控制加工設備(工具機)的運作，並對數值資料的一部分作自動插值(Interpolation)。而程式是由數值、文字與符號等所構成。簡言之，NC 即是利用準備好的加工程式來控制工具機運作，如圖 11-5。

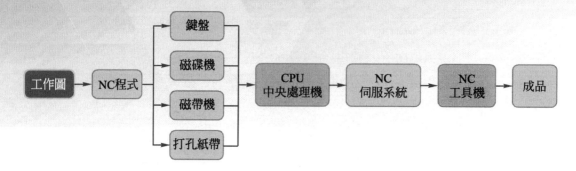

圖 11-5　數值控制(Numerical control，NC)的概念

11-3-2　NC 的特性

1. 適合生產尺寸不同而形狀複雜的零件。
2. 適合相同製程的生產過程
3. 適合小和中量(批量)生量。

11-3-3　NC 優缺點(與傳統人工與傳統工具機比較)

1. 優點
    (1) 提高機器的稼動率。
    (2) 減少鑽模與夾具的數量，且減少前置時間(Lead time)。
    (3) 降低對技術性操作人員的需求，且提升操作人員的活動性，降低勞力成本。
    (4) 提升設計與加工的彈性。
    (5) 避免人為操作的誤差，提升產品的品質，且精度易控制，減少檢驗之時間與成本。
    (6) 加工資料的儲存，修改容易。
    (7) 工時易估算，可減庫存量。
    (8) 減少所需空間。
2. 缺點
    (1) 機器的購置成本與維護費用高。
    (2) 程式設計人員與 NC 操作人員技術層次高，需兼具加工經驗與製圖的知識。
    (3) NC 程式若未能規劃適當、機器常會喪失可用性。

11-3-4　NC 的基本架構(內涵)

1. 技術資訊(Technological information)

   包括刀具編號、加工參數(如進給率、切削深度、主軸轉速等)夾具，切削液，刀具更換順序等資訊。

2. 幾何資訊(Geometric information)

   包括工程圖、零件設計圖上尺寸、精度(公差)等標註，特殊要求等。

3. 製程資訊(Process information)

   包括加工路徑、順序、原點設定、使用的夾具...等。

11-4　直接數值控制 (Direct numerical control，DNC)

早期的 NC 控制器，是屬於硬體線路(hard-wired)控制器，即 NC 所有的功能如插值(補間，interpolation)，紙帶資料的辨視，指令碼辨視等，皆是由電子電路來完成。而資料的儲存則是由紙帶為之，因當時記憶存儲相當貴，故在 1960 年代而提出 DNC。

1. 定義

   所謂直接數值控制是利用一部大型的中央電腦，以即時(Real time)與直接連結方式，同時控制多部 NC 工具機，即利用一強而有力控制器來降低 NC 控制費用而非每台工具機皆有一個控制器(因為當時電子控制器相當貴)，且不需配置記憶體，如圖 11-6。

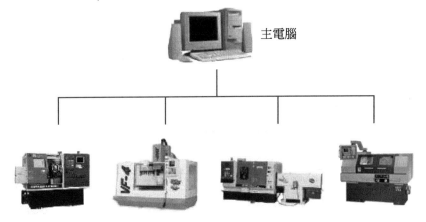

主電腦

圖 11-6　直接數值控制

故中央電腦以即時方式控制機器，將 NC 資料以連續或脈衝形式送至機器(即邊傳邊做)，如此可節省讀帶機與昂貴紙帶打孔，且利用中央電腦可貯存所有之 NC 程式以便管理和進行 NC 機器監控與最佳化模擬等且可收集作業等，但當時需求不大，且技術層次也尚未達到理想，因此 DNC 系統實際上僅用於將程式傳至 NC 工具機而已。

11-4-1 DNC 架構

架構包括四大項：

1. 大型中央電腦
2. 大型記憶裝置
3. 通訊線路
4. NC 工具機。

11-4-2 DNC 優點

1. 降低 NC 控制器費用，將 NC 資料邊傳邊做，且不需配置記憶體。
2. 可節省讀帶機與昂貴的紙帶打孔。
3. 利用中央電腦可貯存所有的 NC 程式以便管理。
4. 可進行 NC 機器監控與最佳化的模擬等且可收集加工作業的資訊等。

11-4-3 DNC 缺點

一旦中央電腦當機，則所有的 NC 工具機，全部停擺，所以原本想節省的讀帶機仍不可少。

11-5 電腦數值控制 (Computer numerical control，CNC)

所謂電腦數值控制是在 NC 系統中，以其內建(Build-in)電腦與可讀寫記憶體來執行全部或部分 NC 的基本功能，即以電腦軟體和記憶體來取代 NC 硬體繞線的固定電子邏輯電路，如此可簡化 CNC 硬體電子電路，降低成本，增加加工彈性與可靠度。所以 CNC 控制器可視為軟線(Soft-wired)控制器。比傳統 NC 控制器功能大幅增加，且僅需修改少許軟硬體即可適應多種工具機與多種功能，而不像傳統的 NC 控制器是專用型，如圖 11-7 示意圖。

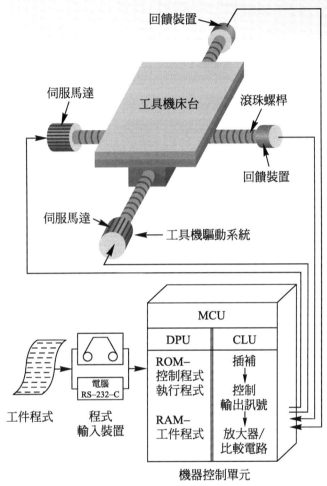

圖 11-7　電腦數值控制(Computer numerical control，CNC)示意圖

11-5-1　NC 與 CNC 的探討

1.　控制方面

NC 為 Hard wired control，是將基本功能的 IC 元件安置在印刷電路板上，再將數片印刷電路板整合插在電路母板上，而達成其特定功能。Hard wired control 是藉由輸出一連串的電壓脈波來控制其軸的運動，亦即一個電壓脈波會使機器軸移動一個單位長

度,而電壓脈波總數則決定了軸移動距離,而其輸出的脈波頻率則決定了移動的速度。CNC 為 Soft wiled control,是利用可程式化的微電腦,配合可讀記憶體來控制工具機的運作。而 CNC 系統使用二進位字組(Binary word),視電腦內微處理器(Microprocessor)而定,早期為八位元,進步至十六位元,三十二位元,現已有六十四位元。而一個位元代表受控軸一個單位長度的移動。

2. 加工能力方面

NC 是以專用的電子電路執行插補(Inrerpolation),但僅可做直線與圓弧兩種,而其他基本機能包括紙帶格式與字碼辨識,絕對或增量座標等。

CNC 的功能包括線、圓弧、螺旋、拋物線、立體曲面等抽補功能,且有編輯、通訊、顯示、輸出/入介面,補正及偏位與記憶等功能。故 CNC 較 NC 更具有彈性,且加工件的精度更高,更具有多樣性。

11-5-2　CNC 系統元件

1. CNC 工具機的構造一般可分成四大部分:

   (1) 數值控制系統:即機器控制單元(Machine control Unit,MCU)。

   (2) 機構系統:即工具機本體,包括基座,床台,主軸,齒輪系,導輪桿,換刀系統。

   (3) 伺服系統(Servo system):即驅動系統,包括伺服馬達,步進馬達,伺服放大器,脈波產生器等。

   (4) 回授系統(Feed back system):又稱量度系統。

2. MCU

   為 CNC 加工的核心,負責 NC 工具機所有機能的協調,其功能為資料輸入,資料處理(Date Pprocessing)資料輸出,機器 I/O 方面。

11-5-3　功能

1. 資料輸入以 NC 程式,所有補正等資料的輸入與儲存。

2. 資料處理:以資料處理系統(Date processing unit,DPU)解 NC 碼,產生插補資料與機器之 I/O 動作的控制碼。

3. 資料輸出：將位置以進給訊號輸出至伺服系統以驅動馬達，此功能是以控制迴轉系統 (Control loop unit，CLU)爲之。

4. 機器 I/O 介面：輸出入控制工具機的 I/O 信號，如主軸的旋轉，切削液的開關，加工循環的開始。

11-5-4　典型 MCU 組成

1. 中央處理單元(Center process unit，CPU)與記憶體(Memory)
   CPU 爲控制系統的核心，可通過軟體而常駐於主記憶體(ROM)，且通過系統傳輸匯流排(System bus)來控制各種裝置。主記憶體包括唯讀記憶體(Read-Only memory，ROM)，隨機存取記憶體(Random-access memory，RAM)。CNC 操作系統與人機介面程式則永久燒錄於 ROM 中，RAM 則用來儲存即將執行的程式。

2. 傳輸通訊(Communication)
   CNC 系統的 CPU 可藉由螢幕的介面，操作控制面板，RS232-C 等來傳輸訊息，程式，補正資料等。

3. 主軸轉速控制(Spindle speed control)系統
   由主軸控統電路與回授單元組成，通常可合併於控制迴路系統。

4. 控制迴路系統(Control loop unit，CLU)
   包括伺服控制介面與回授單元組成，即藉由伺服驅動器，將來自 DPU 的訊號放大，以便推動伺服馬達，而伺服控制介面一般包括速度控制與位置，是藉由回授單元自動偵測轉速，或位置轉數訊號的回授而完成精確的位置與速度的控制。

5. 可程式控制器(PLC)
   PLC 是作爲工具機上 ON/OFF 控制的順序控制訊號用，提供如刀具自動交換(M06)冷卻液的 ON/OFF(M07，M08，M09)計時器，計數器，機器的極限開關，緊急停止開關，NC 的 I/O 介面，機器的 I/O 介面等功能。

6. 回授系統
   CNC 系統中的回授系統是將主軸的轉速，床台的位置等訊號傳回到伺服控制介面，常使用的回授單元(元件)有編碼器、光學尺。
   編碼器一般裝置於伺服馬達後端之軸，以偵測伺服馬達的轉動角度，進而得知迴轉速度，床台移動速度，床台位置，但此方式會受到背隙或機械傳動內有所誤差，屬於間接量測型。

光學尺則安裝於床台下方，可直接偵測出床台的移動量與移動位置，此方式不受 Ball screw 背隙影響，為直接量測型。

11-6　NC 控制系統分類

1.　開迴路系統(Open loop system)

開迴路最大特色是無回授訊號，因而無法得知是否達成正確的位置與速度。對負荷的變化敏感，其致動器常為步進馬達，但因利用步進馬達與滾珠導螺桿之助，其解析度可達 0.01 mm，且因系統簡單、可靠，故便宜，如圖 11-8 所示。

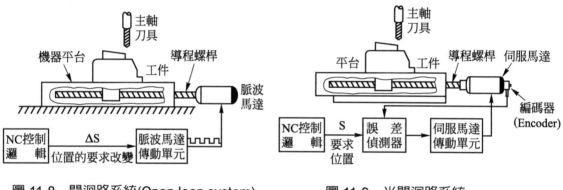

圖 11-8　開迴路系統(Open loop system)　　圖 11-9　半閉迴路系統

(Semi-closed loop system)

2.　半閉迴路系統(Semi-closed loop system)

為一般 NC 工具機採用，即使用編碼器(Encoder)來偵測 Ball screw 轉動角度，無法直接得知床台的狀態，但仍有回授訊號給系統，故稱為半閉迴路，又稱為半閉環式。而只要系統有螺距誤差與背隙誤差補償功能，其精度仍相當高，其致動器常為直流伺服馬達，如圖 11-9 所示。

3.　閉迴路系統(Closed lood system)

又稱全閉環式，即直接偵測床台的移動量與位置，若與程式要求不合，則有補正反饋輸出，故其精度最高。大多使用光學尺來直接偵測床台的移動量與位置，或者合併編碼器的使用，如圖 11-10。

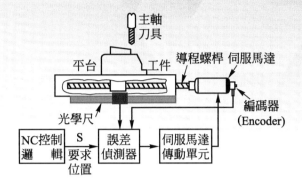

圖 11-10　閉迴路系統(Closed lood system)

11-7　NC 運動控制系統

常見的 NC 運動控制系統(NC motion control system)有下列幾種方式：

1.　點至點式(Point-to-point，PTP)

又稱位置定位式，其特點為每軸獨立運作，僅注重終點位置的正確性而不要求運動路徑，適合於鑽孔，點鉋，搪孔，等不需較高級控制的場合，如圖 11-11。

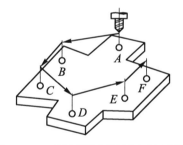

圖 11-11　點到點控制之刀具路徑

2.　直線切削式(Straight-line cut)

其特點為可設定每一軸所需切削進給率，可銑出對主軸平行面，如圖 11-12。

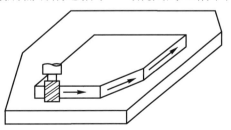

圖 11-12　直線切削控制支刀具路徑

3. 兩軸連續路徑式(Continuous path)

又稱輪廓系統式，可同時做兩軸的伺服驅動控制，不僅要求終點位置的正確性且要求運動路徑的控制，故需同時控制每一軸的位置與速度，系統較複雜。此型又稱為曲線型，可切削平面曲線的路徑或輪廓，如圖 11-13。

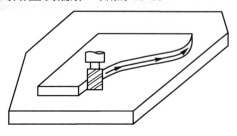

圖 11-13　兩軸連續路徑之刀具路徑

4. 三軸連續路徑式

可同時做三軸輪廓控制，需同時控制三軸的位置與速度，系統更為複雜，可切削三軸曲面，如圖 11-14。

而輪廓系統是利用插補(Interpolation)方式，在給定兩座標值間及時產生一系列的刀具移動路徑點的資料，而形成曲線、直線或曲面。

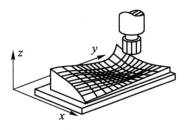

圖 11-14　三軸輪廓切削

11-7-1　NC，CNC 的插補

所謂插補(Interpolation)，又稱補間，插值，其意為在一定範圍內利用一些有限已知條件，點與終點資料，把涵蓋在此範圍內未知量推算出來，而產生所需的路徑資料與各軸速度，此乃 NC、CNC 必備基本功能。

1. NC 插補運算器是用電子電路硬體達成，而其功能僅為直線與圓弧的插補。

2. CNC 的插補運算器是以軟體程式爲之，常則爲直線與圓弧，而較高級 CNC 控制器尚提供有螺旋線，拋物線，三軸向等插補器，而高速加工用 CNC 控制器尚可提供 NURBS 的插補。更高階的插補器可大大減少所需整理的資料，且可使程式更簡潔。

11-8　分散式數值控制 (Distributed numerical control，DNC)

分散式數值控制乃是改進直接數值控制的缺失而演進出來的，又稱 DNC-2。

11-8-1　意義

分散式數值控制是利用一台中央電腦與電腦網路來協調(控制)數部 CNC 工具機的運作，並將加工程式傳至 CNC 工具機中，如此系統不但具有強大記憶與計算能力，而可處理如生產線上機器加工量的平衡分配，加工計畫清單，機器之狀態監控生產管理所需資料等，且具有相當彈性，並可發展成 FMC、FMS 或 CIM 等，如圖 11-15。

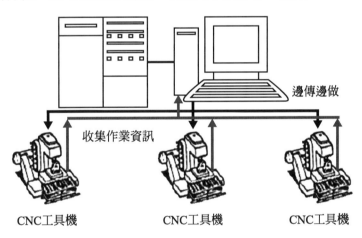

圖 11-15　分散式數值控制

11-9　NC、CNC、DNC、DNC-2 的比較

NC，CNC，DNC，DNC-2 的特點比較如表 11-1 所示。

表 11-1　NC，CNC，DNC，DNC-2 的比較

	NC	CNC	DNC	DNC-2
特性	1. 減少前置時間。 2. 減少非生產時間。 3. 提供高品質與精度。 4. 提升了製造彈性。 5. 控制機以電子電路硬體達成。 6. 僅能讀紙帶。 7. 僅具有直線與圓弧插補。 8. 控制訊號為電壓脈衝。 9. 無儲存程式能力。	除 CNC 特性(1～4)外，尚有： 1. 具有補償(刀具半徑，刀具長度)，補正功能。 2. 提供了編輯，顯示通訊的功能。 3. 可作自我診斷 4. 可更改控制特性 5. 資料輸入多樣化(紙帶，手動，RS-232)。 6. 插補功能多。 7. 控制機皆能由軟體達成。 8. 有記憶體可儲存程式。	理想但未達成的特性為： 1. 強大之計算與記憶的能力。 2. 生產資料的及時擷取與管理。 3. 自動將工作圖轉為 NC 碼。 4. 節省 NC 機器的讀帶機而以網路傳程式。 5. 以中央電腦及時控制。 6. 可做 FMC，FMS，CIM 的基礎。	實現 DNC 未完成的理想。(但是與 CNC 工具機結合) 1. 管理工件的程式。 2. 自動傳輸所需程式至 CNC。 3. 資料的蒐集與管理，且有自動產生報表能力。 4. 中央電腦不是及時控制 CNC 工具機，而是負責協調督派的管理角色。

11-10　CNC 的應用領域

　　CNC 的應用領域相當廣泛，一般可分為：

1.　切削加工。

2.　研磨。

3.　非傳統加工。

4.　裝配。

5.　量測或其他應用等五種類域。

11-10-1　切削加工的應用

　　如銑削、車削、鑽、搪、攻牙等方面的工具機，此型 CNC 工具機佔所有 CNC 工具機之 75%，如加工中心機(Machining center)，CNC 車床、CNC 車削加工中心機、CNC 銑床、CNC 鑽床、CNC 車銑複合機等。

11-10-2　加工中心機的探討

　　加工中心機(Machining center，MC)，又稱綜合加工中心機，是指一種使用電腦數值控制技術的工具機，具有自動刀具交換與可存放多把刀具的刀倉設計，而可在工件一次的安裝定位後，即可在工件不同表面上(至少二面)與不同方向上進行如銑、鑽、搪、鉸、攻牙等機製(Machining)的工具機，即有相當多的加工方式，皆可在此種機器上完成，故稱為綜合加工中心機，如圖 11-16 為台中精機所生產的臥式加工中心機，圖 11-17 為台中精機所生產的立式加工中心機。

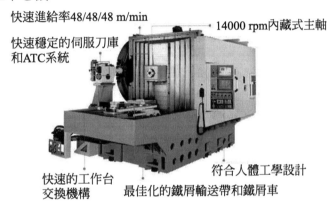

圖 11-16　臥式加工中心機(資料來源：台中精機)

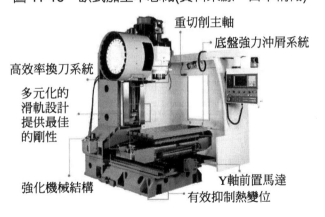

圖 11-17　立式加工中心機(資料來源：台中精機)

　　綜合加工中心機加工方式多樣化，故工件大多數的加工皆可在同一機台上完成，而有別於單一功能的傳統工具機加工方式。因為傳統工具機加工方式是每種工具機僅負責(擔任)某部分(某型式)的加工，直到所有加工程序完成為止。

11-10-3　MC 較傳統工具機的優缺點

1.　優點

(1)　生產力高，生產成本降低

MC 因具有 CNC 功能，故在設定上與操作調整上較少，且所需夾具少，不需熟練傳統技術工人，且加工參數易調整至最佳切削狀況，而延長刀具壽命，減少切削時間，故產值高，勞力成本、生產成本皆降低。

(2)　加工多樣化，減少廠區面積

MC 加工方式多，且可有效與經濟地加工出高精度各種工件尺寸與形狀加工彈性大，因而可減少所需各種工具機，進而減少所需地板面積。

(3)　具複雜加工能力且減少人力操作誤差

MC 可加工出如三維曲面工件，且精度高，重現性高，且為 CNC 控制，人為操作產生誤差。

(4)　可減少非直接操作成本

MC 加工方式，其前置時間少，且具多種加工能力的工件的安裝與拆卸時間少，縮短在製品(WIP)的搬運行程，且加工精度與重現性良好，故非加工與檢驗的時間與成本皆大幅減少。

(5)　加工彈性大，加工時間易掌握，有利生產排程規劃與控制。

(6)　MC 為高度自動化，故對操作者加工技術要求低，且一名操作者可照顧二台以上，機器稼動率高。

(7)　易與周邊設備整合，具有提升至 FMC 與 FMS 能力。

2.　缺點

(1)　機器設備昂貴，初期投資成本高，且因精度高，系統複雜，後續維護成本也高。

(2)　技術人員層次需求高，不僅需具有識圖能力，且需具有程式撰寫製作能力，且對基本維護保養知識也必須了解。

(3)　生產工件若數量少，單價低時不經濟。

11-10-4　研磨的應用

如 CNC 平面磨床、CNC 無心外圓，內圓磨床。

11-10-5　非傳統加工的應用

如放電加工機(EDM)，線切割機(WEDM)，雷射加工法(Laser machining)，水刀切割機(Water Jet Machining)，電子束加工機(EBM)。

11-10-6　裝配的應用

如 PCB 的插件機、表面黏著(SMT)，金屬銲接機等。

11-10-7　量測與其他應用

如 CNC 的 CMM(Coordinate measurement machine)、CNC 沖床，CNC 剪切機等。

11-11　適應性控制

11-11-1　定義

所謂適應性控制(Adaptive control，AC)是指系統操作所需要的參數，在系統運轉中皆會自地調整，以便適應環境的需求。而與一般動態回授控制(Dynamic feedback control)不同處在於，適應性控制不僅具有回授控制來調整其輸出，更可動態因環境的不同而調整控制機制。

11-11-2　目的

使生產量以生產品質最佳化，且降低成本。

11-11-3　需具備的基本功能

1. 自動決定加工、所需的操作狀態。
2. 根據操作狀態、自動規劃出適當控制策略或所需參數。
3. 持續地監控加工流程，且及時精確地回傳至控制中心。

11-11-4　需求的原因

NC 控制技術，可用來控制與指揮刀具的動路和定位，但若加工過程中產生非預期情況，則 NC 控制並無法反映與修正此非預期狀況，此時便需藉重適應性控制。

一般加工時會產生變動情況的原因如下：

1. 刀具磨損或斷裂。
2. 工件的幾何形狀變動。
3. 夾具鬆脫或工件剛性變動。
4. 工件材質變化大，有硬點存在。

11-11-5　適應性控制的種類

1. 限制式適應性控制(Adaptive control constraint，ACC)

   此系統乃是限制加工變數如受力，扭矩、溫度等在某一範圍內，而系統的目標即是控制加工參數如進給率、切削速度等這些可偵測到的加工變數，使其不會超出此範圍。

2. 最佳化適應性控制(Adaptive control optimization，ACO)

   此系統是經由定義的效能指標(Performance index)，如表面光度，加工切削量等可量化的指標，而系統是操作策略(目標)即是在加工過程中調整加工參數，使其可得到最佳化的效能指標。

   以車床加工為例，適應控制系統會即時偵測主軸扭矩，切削力、溫度、刀具磨耗情況及工件表面光度等，然後再提供參數給工具機控制器以進行加工。故若系統是根據所偵測之資料，決定加工所需之參數，使加工變數不會超過某一範圍，則為 ACC 系統。而後者是自動將過程最佳化，則稱為 ACO 系統，但由於 ACO 系統太複雜，目前大多為 ACC 系統。

11-11-6　適應性控制的益處

應用 AC 技術於加工上，一般可獲得效益如下：

1. 延長刀具壽命，減少生產成本。
2. 提高生產率與生產之品質。
3. 加工程式設計更方便。

4. 工件的保護性得以增加。

5. 減少操作者參數設定錯誤情況。

11-12　物料搬運

11-12-1　定義

物料搬運是包括產品製造循環中移動，儲存與零件輸送。

11-12-2　原則

1. 物料和零件搬運的時間和距離應儘量小，且廠房規劃會大大影響搬運流程，故其儲存區和處理區應配合生產線規劃。且物料搬運應是整個加工程序中的一個部份，而其行為應是可重覆可預測，亦即每次夾持位置或放置的位置應該是相同。

2. 要知道整個製造流程所需時間中，待機時間和物料搬運時間是佔最大部分(幾近90%)，故不可不慎。

11-12-3　考量因素

選定物料搬運的方式考量因素如下：

1. 重量、形狀、尺寸大小。

2. 移動的距離、方式、動路與最終位置與其方位。

3. 動路四周的障礙。

4. 操作人員所需的技術。

5. 自動化之程度與系統和其他設備整合程度。

6. 成本。

11-12-4　設備

常見搬運設備為(a)叉車，工業用搬運車；(b)自動導引車(AGV)；(c)單軌(天車)；(d)滾筒式輸送機；(e)伸臂式起重機及升降機；(f)工業機器人；及(g)整合機構、電子、磁力、氣液壓處理設備。外觀示意圖如圖 11-18。

其中若某些機械設備能夠自動地將零件由一台機器上不需額外的搬運設備,即可搬運至下一台加工機上者,稱為整合型輸送設備。

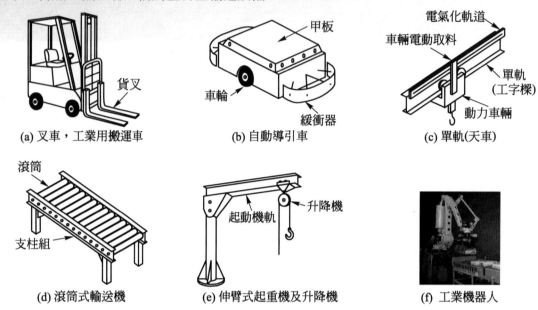

(a) 叉車,工業用搬運車

(b) 自動導引車

(c) 單軌(天車)

(d) 滾筒式輸送機

(e) 伸臂式起重機及升降機

(f) 工業機器人

圖 11-18　常見的六種基本物料運輸設備

11-12-5　工業機械人(手)

1. 工業機械人(手)

 (1) 定義

　　根據美國機械人協會(The robot institute of america)說法為:為一種具有多種功能,且可用程式來控制的操作機器,可用來搬運物料、工件、工具或特定的器具。且隨程式的不同即可進行不同之動作。外觀示意圖如圖 11-19。

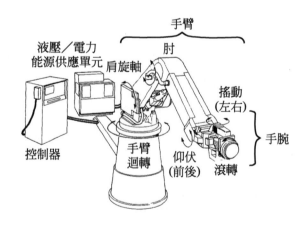

圖 11-19　工業機械人(手)外觀示意圖

(2) 結構

機械人的基本結構包括五大部份：(1)機械手臂(機構本體)，(2)端效器 (End-Effector)，(3)控制系統，(4)動力系統，(5)教導系統。

2. 機械手臂

機械手臂的運動，乃是由致動器所驅動。而每一種基本運動方式即是其自由度，簡言之，自由度即是機械手臂可轉動或移動的方向，而其基本的運動方式有六種。

(1) 基部旋轉(Base rotation)

(2) 肩部轉動(Shoulder flex)

(3) 肘部轉動(Elbow flex)

(4) 腕部搖動(Wrist pitch)

(5) 腕部擺動(Wrist Yaw)

(6) 腕部旋轉(Wrist Roll)

如圖 11-19 機械手即是一個有六個自由度的機械手。

3. 端效器

端效器是指連接在機器人腕部上裝置藉由不同裝置如夾爪、銲槍等即可進不同的工作。

4. 控制系統

可分為開迴路系統與閉迴路系統二種，而另一種分類方式，則可分成四種。

(1) 極限順序控制系統

為最低階控制，以極限開關來設定的一軸的終點位置，一般而言常為氣壓驅動且無回授訊號，常應用於取放操作(Pick-and-place)。

(2) 點至點式控制系統

可執行一系列定位點及動作的運動循環，一般並不能控制點與點間動路。常用於裝卸、上下料、點銲等。一般此型屬於伺服控制(閉迴路系統)。

(3) 連續路徑(CP)控制系統

可執行特殊之運動路徑，如直線、曲線等，一般已借重 NC 技術來做插補。常用於噴漆、電狹銲，表面拋光、去電阻、量測，複雜裝配作業。

(4) 智慧型控制系統

此型不僅有控制程式運動循環且有許多感測器，偵測環境變化，自動判斷、修正、常用於機械視覺，組裝、電弧銲等。

(5) 動力系統

常見的有液壓(用於重型)、氣壓、電氣等。

(6) 教導系統

其功能為輸入機器人操作時所需點位，指令程式等，一般包括教導盒(Teaching box)，教導終端機(Teaching terminal)，控制面板等。

5. 機械人座標系統

依其座標系統與工作空間來分類，可分成四種，外觀示意圖如圖 11-20。

(1) 直角座標系統：工作空間為長方體，擁有三個互相垂直自由度。

(2) 圓柱座標系統：工作空間為圓柱體，有二個線性移動軸(R、Z)與一個轉動軸。

(3) 球座標系統：工作空間類似半球體，又稱極座標系統，有二個旋轉軸，與一個線性移動軸(尺)。

(4) 關節幾何系統：又稱多關節型，因其結構為模擬人手關節而得名，可適應多種工作型態，佔地空間小，但其剛性不足。

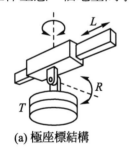

(a) 極座標結構

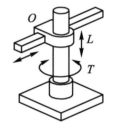

(b) 圓柱座標結構

(c) 直角座標結構

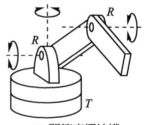

(d) 關節座標結構

圖 11-20　機械人座標系統外觀示意圖

11-12-6　機器人應用

　　早期機械人應用場合為 3D(Dull，Dirty，Dangerous)或 3H(Hot，Heavy，Hazardous)，但現在的著眼點是如何利用機器人以提高工業生產力與產品的品質和減少人工成本。大部分應用場合如下：

1. 物料夾持，工件更換與傳送工件。
2. 送零件進入熱處理爐或取出。沖壓床零件下料。
3. 銲接，鉚接，電弧切割，水刀切割。
4. 去毛邊、拋光、噴漆、塗黏著劑。
5. 自動組裝。
6. 自動量測。

11-12-7　機器人選用考慮因素

1. 載重能力。
2. 移動速度。
3. 定位解析度。
4. 重復性。
5. 自由度。
6. 工作包絡面。
7. 機器手的形式。
8. 控制系統。
9. 程式記憶。
10. 經濟性。
11. 安全性。
12. 可靠性。

11-13 工件夾持

　　所有支夾持設備皆有其使用上限制，因此工件夾持設備種類繁多，如夾爪、夾頭、磁力吸盤、心軸與各種夾治具。

11-13-1 名詞解釋

1. 夾具(Clamp)：為一種多用途簡單夾持工具，如壓板、螺栓、楔形塊的組合。

2. 治具(Fixture)：為針對特殊用途而設計的夾持設備，其外型常會配合其工件形狀，且會有將工件定位效果，使夾持時工件每次皆在同一位置與方向。

3. 鑽模(Jig)：為針對特殊用途而設計的夾持設備，具有基準面和基準點，以提供工件與刀具(鑽頭或銑刀)精準定位，使工件夾持、定位一次完成與導引刀具至加工位置，可節省許多時間，常用於大量生產。

4. 模組化夾治具(Modular fixture)：乃是以基板，支撐件，壓板，螺栓，定位塊，虎鉗等標準元件，整合成一套可拆裝分解，可重複使用，而且可適應多種工件外型的夾治具。適用性廣泛，可節省專用夾治具費用與製作前置時間，常用於彈性夾持系統中，如圖11-21。

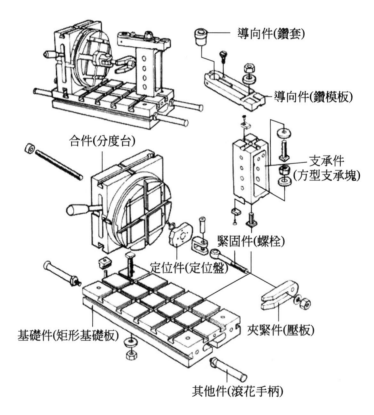

圖 11-21 模組化夾治具

11-14　組裝與拆卸 (Assembly and disasembly)

11-14-1　選擇考量

組裝(Assembly)又稱裝配，組裝傳統上是相當耗人工，因此佔產品成本很高比例。而要選擇何種組裝方式與使用何種裝配系統來進行，須視下列因素：

1. 工廠真正生產速率。
2. 工廠產品總產量。
3. 產品的生命週期。
4. 勞工是否充沛。
5. 成本。

11-14-2　組裝策略

每個工件皆有其公差，當在組裝時，若每種零件的數量相當大(如軸承生產時的軸承環與滾珠)，則產生兩種組裝策略(方法)，包括(1)隨機組裝(2)選擇性組裝。

1. 隨機組裝(Random assembly)
   按產品所需的零件，由各別零件堆各拿一件即進行組裝者稱之，其優點為流程時間短，不需花費另外量測與分級的成本。但缺點為產品組合後精度不穩定，且組裝過程中有時會產生不必要干涉現象。

2. 選擇性組裝(Selective assembly)
   將產品所需的零件，每個零件的尺寸皆須量測，然後再依大小分級放置，則組裝時再分別挑選合適級數的零件組裝。舉例而言，將軸承環與滾珠按尺寸分級，則組裝時最大的滾珠會與最小外徑的軸承內環和最大內徑軸承外環來組裝。此法的優點為成品精度穩定，且零件不需極小公差即可得到極小公差的成品，缺點為每件零件皆須量測與分級，會增加量測成本。

11-14-3　組裝方法(Assembly method)

基本上可區分為三種方法:

1. 手工組裝(Manual assembly)

   在小批量時,此發法最為經濟,且對裝配複雜的產品皆可行,且是最有彈性方式。但在大量生產時,需注意勞工成本與人性化的考量

2. 高速自動化組裝(High-speed assembly)

   利用特別設計的傳送設備與夾治具.載具和工作頭(工具)將零件按次序而進行。

3. 機械人組裝(Robot assembly)

   使用 1~2 個一般用途機械人,在同一組裝站進行組裝,或使用多個機械人在不同一組裝站同時進行組裝,而此時機械人的端效器部分皆會有特殊設計,如夾爪、真空吸盤或電動起子等。但大多數情況是合併使用,視產品組裝的特性來應用。

11-14-5　自動化裝配系統結構型態

依其實體結構型態可分為 a.旋轉分度型機器 b.直線型機器 c.旋轉木馬型 e.單一工作站型。其綜合比較如表 11-2 所示。分述如下:

1. 旋轉分度型機器(Rotary indexing machine)

   又稱轉盤型機器(Dial-type machine),通常是以同步(間歇)式加工(裝配)。

2. 直線型機器(In-line assembly machine)

   又稱直線分度型機器(In-line indexing machine),乃是人工裝配線翻版,可應用於連續、同步、非同步裝配系統

3. 旋轉木馬型(Carousel assembly system)

   又稱環形機器,乃是直線型加上旋轉分度型的綜合,可應用於連續、同步、非同步裝配系統。而非同步式特別適用於半自動化裝配。

4. 單一工作站型(Single-station assembly machine)

   其裝配作業皆在一個工作站內完成,且在單一位置上進行,可應用於手工或機器人裝配。

表 11-2　輸送系統與裝配系統結構的組合

輸送型態 機器形式	固定零件系統	同步輸送	非同步輸送	連續輸送
單一工作	可	無	無	無
旋轉分度型	無	可	無	可
直線型	無	可	可	可
旋轉木馬型	無	可	可	可

11-14-6　易於組裝設計(Design for assembly，DFA)

易於組裝的設計規劃(方針)依不同的組裝方式如在手工、自動化、機器人等組裝方法而各有不同。

1. 對於手工組裝而言

   (1) 盡量使產品所需的零件形式與總數減少，以減少組裝步驟與所需夾治具，進而降低組裝成本。

   (2) 使組裝的零件不是具有高度的對稱性，因為具有高度的不對稱性，可降低組裝產生錯誤。

   (3) 零件的設計需有防呆設計，使不正確位置的零件無法組裝成功。

   (4) 產品外型設計，應讓眼睛可看清楚組裝過程(避免障礙)。

2. 對自動化組裝而言

   因為在自動化組裝時，零件需可以一個一個由送料機以正確的方位送出，才可進行組裝，因此設計原則除上述幾點，尚有如下：

   (1) 為使零件可以被整列、定向，故在設計零件時須考慮其尺寸，形狀和重量，並需可防止與其他零件糾結，且需注意其耐磨耗。

   (2) 產品本身設計需使組裝的方向只有一個，且最好是垂直方向。

   (3) 產品在設計階段就必須將組裝流程一併考量，使組裝容易，不會有障礙。且儘量以圓弧和錐度來取代外部尖角或內孔邊緣。

3. 對機器人組裝而言

   除需注意手工組裝與自動化組裝原則外，需遵守下列幾點：

(1) 儘量設計組裝零件皆可讓同一中機器人端效器(夾爪)可以夾持，而不需更換夾爪。當然零件送入方位也需容易讓機器人夾持。

(2) 需兩方向同時施力且需旋轉之緊固零件如螺栓與螺帽的組合，不太適合由機器人來組裝。儘量設計成如鈕釦式、黏貼式之結合，或銲接、鉚接的方式。而若是以自攻螺釘的類則不在此限。

11-14-7　易於拆卸的設計(Design for disassembly，DFD)

為使日後維修或零組件更換方便，在產品設計時除易裝也要易拆，而 DFD 尚未有一般之通則，但可用 DFA 的規則為參考，當然 DFD 之觀念也應用於產品的可用資源回收的綠色環保，使產品報廢後，讓可用之零組件極易拆卸。(以免因拆卸成本高而不做資源回收)。

11-14-8　易於維修的設計(Design for service，DFS)

產品設計，不僅希望好裝易拆，也需讓維護人員容易維護，此種設計觀念稱為維修設計(DFS)。在產品設計時，即讓易損壞或易磨耗的消耗品元件，在拆卸時，不需拆卸其他尚完好零件即可將其拆卸而進行維修。

11-15　電腦整合製造

11-15-1　CIM 的定義

製造工業(Manufacturing)包含了產品所有相關的活動與行為，從概念設計，產品發展、生產、市場到其後之售後服務皆涵蓋其中，而電腦整合製造(Computer-integrated manufacturing，CIM)即是將各種層次的自動化，藉由相互連線的電腦網路以整合式資料庫為中心，經由資訊處理功能進行整合，亦即將研究、發展、設計、裝配、檢驗、品管、規劃、管理等方面，藉由電腦加以整合，稱為電腦整合製造，如圖 11-22 至圖 11-25。

CIM 是一種方法學和一種目標，而不只是設備與電腦組合連結而已，因為整合需要充分了解產品設計、材料、製程與設備功能間的定量關係，以及其他相關之事務，因此可以調節材料的需求，產品型式及因應市場需求的變化。因此可說 CIM 即是將製程，物流、資訊流加以自動化，並且完美整合以達到快速而經濟產生高品質產品系統。

圖 11-22　電腦整合製造之概念示意圖一(資料來源：
https://market.cloud.edu.tw/content/senior/life_tech/tc_t2/manufac/manu/cim.htm)

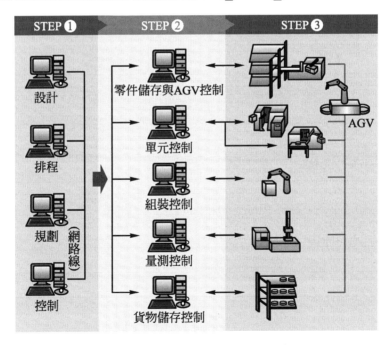

圖 11-23　電腦整合製造之概念示意圖二
(資料來源：機械製造 II，姜禮德，龍騰文化，2014)

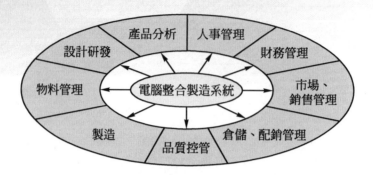

圖 11-24　電腦整合製造之概念示意圖三(資料來源：
http://www.cs.nccu.edu.tw/～lien/BCC/InfoBasic/hardcopy.htm)

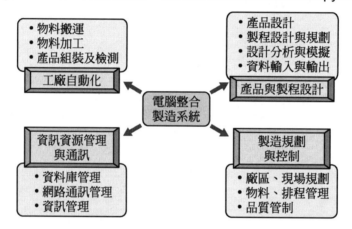

圖 11-25　電腦整合製造之概念示意圖四(資料來源：
https://www.slideserve.com/tyler-stuart/6391493)

11-15-2　基本組成

　　CIM 系統是由一些子系統所組成，包括業務規劃、支援、產品設計、製程規劃、程序控制、自動化等。其相關技術如下：

1. 電腦輔助設計/電腦輔助工程/電腦輔助製造(CAD/CAE/CAM)。
2. 電腦輔助製程規劃(CAPP)。
3. 物料資源規劃與製造資源規劃(MRP/MRPⅡ)。
4. 製造程序與系統的模擬。
5. CNC 工具機。

6.　物料處理系統(MHS)與機器人(robot)。

7.　群組技術(GT)。

8.　管理資訊系統(MIS)。

9.　彈性製造系統(FMS)。

10.　通訊技術。

11.　電腦輔助測試(CAT)。

11-15-3　CIM 架構

　　以機器和資訊的觀點出發，一般可分五層，即單機層，單元控制層，場區控制層，工廠層，企業管理層。

11-15-4　CIM 的精神與基本關鍵技術

1.　CIM 精神：先合理化再自動化。

2.　CIM 基本關鍵技術

　　(1)　整體自動化系統設計與規劃技術。

　　(2)　整合各種資料的整合性資料庫設計與管理技術。

　　(3)　電腦通訊傳輸網路技術。

11-15-5　CIM 與自動化比較

　　一般而言，一個生產系統包括二大部份，一為實際的物料生產、加工，輸送的製造活動，為支援製造活動製造資訊處理，故 CIM 與自動化的不同點為：

1.　著重點

　　自動化較偏重實際製造活動物料生產加工程度的自動化。而 CIM 不僅有物料生產自動化，更加著重製造資訊處理能力。

2.　層次

　　自動化較偏重於自動化技術，而 CIM 不僅需自動化技術，更需有整合時的藝術。

11-15-6　CIM 優缺點

1. 優點

   (1) 可適應生命週期相當短暫產品，可回應快速變動市場需求和強化全球化競爭力。

   (2) 可善用物料與機器，並且可善用人員能力。

   (3) 藉由良好生產管制，排程，軟體製造程序控制與\管理而降低產品成本，且強化產品質與均一性，進而提升公司形象。

2. 缺點

   (1) 導入 CIM 規劃時間相當長。

   (2) CIM 的花費金額相當大。

   (3) 維護與架設人員能力需高。

   (4) 導入 CIM 時，易因對 CIM 認識不清而失敗。

11-15-7　CIM 整合型資料庫

整合型資料庫(Integrated database)可以說是 CIM 的重心，缺少整合型資料庫，就會產生許多無法相互溝通自動化的孤島(Automation island)，而使 CIM 預期功能完全失效。

整合型資料庫包含了與產品、設計、製程機器、設備、物料、生產、採購、庫存、銷售、會計、財務、市場等有關的精確詳細且可隨時更新變動的最新資料。而資料的型態可分為五大類：

1. 資源資料：如公司財務、人員、機器、設備、工具、物料等能力與狀態。

2. 產品的資料：如產品形狀、大小、尺寸、規格、所需之零組件等。

3. 生產的資料：如產品或零組件製程。

4. 操作的資料：如生產排程，產量和裝配需求。

5. 資料管理的屬性：如管理者、軟體版本、使用等級等。

11-15-8　電腦輔助設計(Computer aided design，CAD)

1. 定義

   CAD 是指利用電腦來進行設計的開發，分析與評估、修正等工作。通常結合了互動式電腦繪圖(Interactive computer graphics)，可以使用於產品或零件的機械設計和幾何模型之建立，而廣義的 CAD 則是包含了電腦輔助工程(Computer Aided Engineering，

CAE)，利用已建立好的幾何模型來進行分析與評估，如結構件支撐時的應力、應變、撓度或溫度分布等。

2. 組成元件

軟體則包括互動式的電腦繪圖軟體、分析軟體、資料庫軟體，硬體則有 CPU、輸出/入的週邊設備如螢幕、滑鼠數位板、繪圖機、印表機等。

3. CAD 的優點

(1) 由管理的角度而言

    a. 提高生產力與品質。

    b. 設計更具多樣性與彈性。

    c. 可減少設計人員人數，且降低設計成本。

    d. 提昇企業的形象。

(2) 由工程的角度而言

    a. 前置時間減少。

    b. 圖面易於修改，保存與管理。

    c. 可提供 CAM 製造資料。

    d. 提昇設計的精確度並使工程分析簡單化。

    e. 可輔助檢驗與測試。

    f. 較佳的溝通介面(因為有良好圖示介面，創意容易溝通)。

6. CAD 系統的類別

以 CAD 所建模型(Model)形式來區分，其類別如下：

(1) 2D 繪圖(2D drawing)

以橫截面來描述工件僅能得到物體輪廓，為一系列直線與曲線組成。可用工程資料相當少，但資料結構單純。

(2) 2-1/2D 線架構(2-1/2 Wire frame)

將 2D 物件(圖形)，以平移掃掠(Translational sweep)或旋轉掃掠(Rotation sweep)來得到相當於立體影像。

(3) 3D 線架構(3D wire frame)

由點直線，圓弧等基本元素來構成 3D 圖形，即以邊緣線與頂點來描述工件。其幾何元素僅有點、線、圓弧而已，其資料結構與 2D 相同，結構單純，可大量減少電腦計算，但無法唯一地描述實體。因為為一對多對應，且沒有工件表面(Face)的資料。

(4) 3D 表面模型(3D surface model)

以各種解析的曲度或平面元素來描述物件，但無法構成真正的實體。

(5) 3D 實體模型(3D solid model)

3D 實體模型的基本要素為幾何圖形基本資料(Geometry)和其拓樸資料(Topology)。3D 實體模型雖因資料量較大，較佔記憶體，但因其資料格式定義完整，故可提供完整的三度空間上工程分析，製程資訊等，且較不會引起觀察者混淆。

11-15-9 電腦輔助製造
(Computer aided manufacturing，CAM)

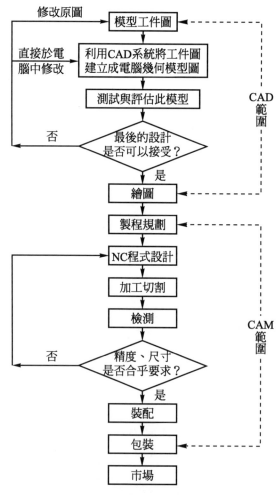

圖 11-26 CAD/CAM 與生產流程間之關係

1. 內涵

   所謂電腦輔助製造(Computer aided manufacturing，CAM)係利用電腦及其技術來協助包括製程規劃，加工，排程，廠區監控，管理及品質管制，MRP，MPRII，GT 等。通常 CAD 與 CAM 被結合成 CAD/CAM 系統，如此品設計資訊可不需人工處理而直接轉換成製造時有用規劃資訊，而進一步處理而產生操控工具機，物料搬運設備，與自動化檢測所需指令與資料。

   而在操控工具機中，CAD/CAM 的特色是能產生 NC 工具程式與工具路徑模擬，來觀察切削的情形。

2. CAD/CAM 系統應用

   (1) NC 程式，robot 程式寫作。

   (2) 模具設計與製造(射出，鍛造…)與刀具，夾具等設計。

   (3) 品管與檢測。

   (4) 製程規劃，排程分析。

   (5) 工廠佈置。

3. CAD/CAM 的基本作業流程與作業關係如圖 11-26 與圖 11-27。

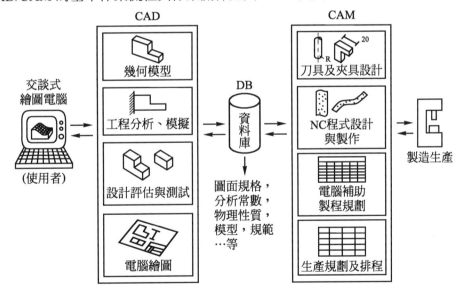

圖 11-27　使用者與 CAD/CAM 系統間之溝通關係

11-15-10 電腦輔助製程規劃(Computer aided process planning，CAPP)

1. 製程規劃定義

   是依據零件工程藍圖等設計資料，擬定由原物料至成品中各階段製造操作程序及方法，並記錄於某些特定表單上，以提供現場操作人員進行加工或裝配之用。而一個詳細製程規劃表單中需包含所需機具、刀具、夾具、切削路徑、切削程序、切削的條件等。

2. 製程規劃角色

   (1) 用以預估工時、成本、物料需求，以利生產規劃與排程之用。

   (2) 利用製程資訊如 NC 程式、刀具、夾具等資料，以利生產控制之用。

3. 製程規劃的工作內容

   (1) 藍圖分析階段：

   需瞭解零件幾何特性，尺寸資料。尚須瞭解材料特性、時程需求等。

   (2) 製程擬定階段：此階段為製程規劃作業主體。

   　　a. 選擇所需的加工方法。

   　　b. 安排加工順序。

   　　c. 選擇加工機器與刀具。

   　　d. 決定所需夾冶具。

   　　e. 決定夾冶具、工件、刀具位置。

   　　f. 選擇切削參數。

   　　g. 刀具路徑決定。

   (3) NC 程式設計階段：

   NC 程式的產生，可用人工或搭配 CAD/CAM 軟體。

   (4) 製造工時預估階段：

   製程規劃需提供預估製造工時，以便生管人員進行排程。

   (5) 製造成本預估階段：

   製程規劃需預估製造成本，因製造成本是採購部門訂價的依據(對中心廠而言)，也是業務部門報價與接單評估指標(對衛星廠而言)。因此製造成本估算時效性與正確性皆相當重要。

4. 排程規劃的種類

  (1) 人工(傳統)製程規劃

    a. 規劃人員要求(具備之能力)

      i. 良好的識圖能力。

      ii. 對工具機、刀具、夾冶具的功能皆須明瞭。

      iii. 瞭解零件的特性，製造品質與生產成本關係。

      iv. 了解各種加工法且可分析不同製程。

    b. 人工製程規劃的問題

      i. 新進人員訓練困難，且熟練工程師漸缺乏。

      ii. 作業耗時，且品質不穩定，易出錯。

      iii. 工時估算與製造成本的估算易出錯(精度差)。

      iv. 與 CADCAM 系統整合效果差。

  (2) 電腦輔助製程規劃(CAPP)

    a. 內涵
    利用電腦以輔助製程所需資料的生產、擷取、與儲存，來解決人工製程規劃之問題。

    b. 優點

      i. 降低對規劃工程師之經驗與技術的依賴度。

      ii. 減少規劃所需時間與成本，縮短前置時間。

      iii. 產生一致的製程規劃，資料較統一。

      iv. 考慮較周全，增加生產力。

  (3) 需輸入的資料

    需含有零件設設外觀、尺寸、公差要求、GT 編號、材質、硬度需求等資料，而其資料型態可為 CAD model 檔案或設計描述。

  (4) CAPP 系統的種類

    目前有修正式 CAPP(Variant CAPP)與創成式 CAPP(Generative CAPP)兩大類。

    a. 修正式 CAPP(Variant CAPP)
    修正式 CAPP 又稱為擷取式(Retrieval)CAPP，乃是應用群組技術(Group technology，GT)。先行將所有零件依其外型，加工特徵、加工精杜、材質等…特性進行整理，將具有類似特性的零件組成零件族群，並建立分類編碼系統，再針對每一個零件族群建立標準的製程規劃資料，並儲存於電腦資料庫中。上述之步驟乃是修正式 CAPP 系統的建立階段。而使用流程為首先將新工件予以編碼，以決定是哪一族群，再以工件之族群碼，利用電腦快速找出此零件族的標準製程，然後規劃工程師再逐步檢查與修正，並藉電腦資料庫的輔助，減少規劃時所需查詢的規格資料，製造資源資料等的時間，而可以快速地完成此新工件的製程規劃。並再將此新工件的製程規劃資料加入資料庫中。

修正式 CAPP 的優缺點：

i.　優點：
   (i)　投資成本較低，系統建立時間短。
   (ii)　較符合業界的需求。

ii.　缺點：
   (i)　仍須依賴有經驗的規劃人員。
   (ii)　標準製程的建立不易。
   (iii)　製程規劃時，維護其一致性有困難。
   (iv)　系統間的整合能力缺乏。
   (v)　全新的零件無法進行規劃。

b.　創成式 CAPP(Generative CAPP)
   創成式 CAPP 是採利用電腦，當規劃人員輸入系統所需的零件資料後，即系統會依照內建的決策邏輯，會自動地產生該零件之製程規劃而不需人工的協助。亦即創成式 CAPP 可說是一種試圖模擬製程工程師的思考邏輯程序，而直接產生工件之製程規劃的方法。
   組成元素:創成式 CAPP 系統一般包含了，a.製造資料庫　b.工件描述單元　c.決策邏輯單元。

i.　製造資料庫：包含了各種製造資源的資料，有刀具、工具機、加工參數等。

ii.　工件描述單元：讓使用者輸入系統所需的工作資料。

iii.　決策邏輯單元：決策邏輯乃是決定如何加工工件製程法則。系統乃是依此邏輯自動產生製程規劃。早期大都使用決策樹(Decision trees)或決策表(Decision tables)方法，現在則使用人工智慧(Artificial intelligent，AI)的方法，如專家系統(Except system)來進行。

創成式 CAPP 的缺點：

i.　由於資深製程工程師的排斥心理，決策樹(表)，或專家系統中的知識庫建立不易。

ii.　由 CAD 資料庫中自動取出工件加工特徵的技術尚未完全成熟。

iii.　無自動學習與改進能力。(專家系統除外)

iv.　投資成本較大，建立時間長。

v.　系統之修改與維護不易。

vi.　利用決策樹(表)或專家系統，其決策推理能力仍有限。

使用步驟：

i.　工件的描述資料輸入系統。

ii.　系統結合決策邏輯單元與製造資料庫，自動產生製程規劃的所有文件。

11-15-11　群組技術(Group technology，GT)

1.　定義

群組技術乃是一種哲學，一種觀念與原則。此技術，主要是透過群組(cluster)方式，將具有類似特性零件予以辨認並歸類與編碼(零件族)，以利製造或設計等生產流程的進行，如圖 11-28 所示。

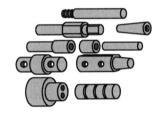

圖 11-28　一族於製造上擁有相類似加工需求的零件，但其在設計上的特性有所不同

2.　群組技術的應用

由整體製造流程切入，則在製造、設計、市場、物料管制、採購與生產計畫上皆可應用 GT。

(1)　在製造上應用

在製造時常可發現某些零件外型不同，但其製程極為類似，因此應用 GT 來形成零件族群(Part family)。

a.　將其對應製程規劃資料存入資料庫內，則可應用於 CAPP。

b.　可建立一個製造單元(Manufacturing cell)，即機器群(Machine group)，用來製造同一零件族群內零件。由於製造單元內機器僅生產類似產品，故可使生產規劃與流程控制容易。而此種機器布置方式稱為群組佈置(GT layout)。而也可將零件族內全部零件的加工特徵來組成一個複合零件，以利搜尋。

(2) 在設計上應用

在設計時常可發現某些零件的外行設計具有更度相似性,各可將類似零件及合併歸於一個設計族群(Design family)。則新零件設計,可以由同一個零件族中取出資料再修改,可減少設計工作量,且促使零件資料標準化,增進設計能力。

且可將一設計族群中所有零件中所含所有設計特徵全部組成一個零件,此零件又稱虛擬零件,亦稱複合零件(Composite component),則設計上可以此複合零件來代替此零件族。

(3) 在市場(Marketing)上應用

GT 配合電腦後,在市場上應用如產品資料,設計資料,成本資料,製造資料取出分析。而可達到迅速反映市場需求變化,並可減少預測風險。

(4) 在物料管制上應用

應用 GT 在製程佈置後,可使製程時間變短,亦即同時也降低在製品(WIP)與產品所需物料存貨量,而建立零件族後,則可將物料內容標準化,且提供快速地物料需求服務。

(5) 在採購上應用

利用 GT 來作物料採購的分析工具,可將複雜而繁多的採購物件與廠商,簡化成幾個供應商與採購零件族。如此可得較佳供應商來源選擇,減少延誤,降低成本。

(6) 在生產計畫上應用

應用 GT 在生產計畫上時,要先建立一個有效率物料流程系統,然後設立好零件族與機器群,則在規劃新零件生產時,儘量使其符合既有群組生產條件。其內容為零件生產方法安排,人員指派,工具的選用與加工機器之指派等,使整個物料流程效率得以提升。

3. 加工單元(Machine cell)建立

(1) 內涵

加工單元即是利用 GT 分析後所得機器群(Machine group),又稱製造單元(Manufacturing cell),是指用來製造某一零件族所需的一組機器。

GT 布置乃是將製造某一零件族所需各種功能的機器集合佈置在一起。而其佈置方式有兩種:a.虛擬單元(Virtual cells) b.實際單元(Actual cells)。

a. 虛擬單元(Virtual cells)

機器並沒有眞正重新移動佈置，僅是以機器群的觀念來安排零件加工。此法彈性大(∵機器未搬動，同一範圍內的機器可加工許多族零件)，但加工製程動線不良。

b. 實際單元(Actual cells)

將原本傳統工廠內一功能式佈置機器位置重新安排，合併機其成爲機器群，如此一來可減少製品庫存，簡化生產途程與排程作業，降低生產週期與生產費用。

4. 功能式佈置與群組佈置比較

(1) 功能式佈置(Functional layout)

又稱製程佈置(Process layout)，是將具有同一功能的機器安排在同一區內，如車床區，鑽床區等。此種佈置方式會造成一個零件切削流程必須經數個加工區，且可能會進出同一區數次，如此一來則造成(a)物料搬運次數多，造成排程上之困難，(b)在製品的數量大增，增加成本積壓，(c)刀具、夾冶具與工具機之數量增加，(d)生產週期變長，生產費用變高。

(2) 群組式佈置(Group layout)

是將加工機具安排成單元(Cell)型態，而每一單元可生產某一零件族內所有零件，使物流更有效率，而克服了功能式佈置缺點。

功能式佈置與群組式佈置之比較，如表 11-3 所示。

表 11-3　功能式佈置與群組式佈置之比較

項目	功能式佈置	群組式佈置
部門間的移動數量	多	少
移動距離	較長	較短
移動路徑	變化性	固定
工作等待時間	較長	較短
生產時間	較高	較低
在製品數量	較多	較少
監督困難度	較高	較低
排程複雜度	較高	較低
設備使用性	較低	較高

11-15-12　物料需求規劃和製造資源規劃

1.　物料需求規劃(Material requirement planning，MRP)

　　(1)　意義：

　　　　MRP 是一種計量技術，利用電腦大量記憶和快速運算能力，而將產品生產排程，轉換成該項產品原物料與零組件的詳細用量與需求，並具同時也排定每一項料件訂貨與出貨日期，以配合主生產排程所需。故 MRP 觀念相當簡單，但執行上卻很複雜。

　　(2)　MRP 所需輸入資料與其輸出

　　　　MRP 系統所需輸入資料包括三部分：主生產排程，物料清單，庫存記錄。

　　　　a.　主生產排程(Master production schedule，MPS)資料
　　　　　　為一份列出產品的名稱、訂購數量和完成日期表單。

　　　　b.　物料清單(bill of material，BOM)資料
　　　　　　物料單是一份文件或電腦檔案，其內容包括所有生產產品所需要物料、零件規格、以及部分裝配資料。此份資料足以說明產品如何製造以及每個產所需的零件和次裝配的數量，並包含了用來生產零件和裝配所需實際設備資料。通常 BOM 資料是由設計與製造工程部門提供的。簡言之，BOM 是記載生產一項產品所需所有零組件或原料的用量與生產狀態設備資料清單。

　　　　c.　庫存記錄(Inventory Record)資料
　　　　　　為記錄所有零組件，或成品目前數量、歷史資料、備用料等記錄。而需注意是必須包含有物料、零組件及成品裝配前置時間(Lead time)。

　　(3)　MRP 提供在管理上幫助

　　　　MRP 可提供許多報表與資料來提供管理上需求，一般有 a.物料需求計畫表。b.採購時程表。c.訂單排程表。d.重新排程通知單。e.庫存狀態表。f.績效報表。g.例外報表與其他資料。h.庫存預測。

　　(4)　使用 MRP 優點

　　　　a.　降低庫存。

　　　　b.　可迅速回應主排程變動。

　　　　c.　避免訂單延誤，提高生產力。

    d.　減少設定與生產變動(更)時成本。

    e.　提升機器稼動率。

2.　製造資源規劃(Manufacturing resource planning，MRPII)

MRPII 乃是 MRP 再提升與擴大，其意為將產能規劃，現場與訂購排程加入原有的 MRP 中，且具有回應計畫變動回饋功能並再與企業經營、計畫財務行銷計畫、績效評估等系統相結合，再透過模擬功能，使期能配合經營計畫，而對所有的資源之取得與分配方式進行整體式協調，且可及時地預估可能的變化或異常現象，使管理者探取因應措施，而可將資源做最佳分配。

可知 MRPII 是將具有回饋功能閉迴路型 MRP 與財務規劃和模擬(Simulation)功能整合在一起。

11-15-13　彈性製造單元(Flexible manufacturing cell，FMC)

1.　單元式製造(Cellular manufacturing)

應用群組技術將欲加工零件分類為零件族後，進而可規劃為機器群，而此機器群即是所謂的製造單元(Manufacturing cell)，乃是製造系統(Manufacturing system)的一個小單元，一般是由一個到數個工作站所組成。而每個工作站(Workstation)則包含一台(稱為單一機器單元)至數台機器(群組機器單元)不等，且每個工站可執行零件的不同加工。而所謂單元式製造即是利用一個到數個製造單元來進行製造的方法，特別適合在具有相當一致需求零件族的生產。廣泛應用於板金成形和切削加工。其使用機具，用於板金成形設備有衝床(Punching)，剪床(Shearing)，折床(Hending)和其他成形機器，用於切削加工之設備有加工機，車床，鐵床，磨床，鑽床等。而上述設備可為專用機或是 CNC 式機器。

而單元式製造在某些方面也可具某種程度自動化，如：

    a.　在工作站上，裝卸工件，刀具方面。

    b.　在工作站間，以物料搬運系統來傳送工件和刀具方面。

    c.　在單元內加工控制與排程方面。

    d.　單元內自動檢測與測試方面。

(1)　單元式製造優點

    a.　工作推展與進行較經濟。

b. 可立即檢測產品品質問題。

c. 提供工作人員操作多樣性，較不會乏味。

d. 提升生產力。

(2) 製造單元佈置方式

a. 直線式(Line type)：適合具有機械化物料處理系統。

b. U 型(U-shape)：適合群組機器單元，且物料由人員來處理。

c. L 型(L-shape)：為直線式變形。

d. 環形(迴圈型)(Loop)：適合機械化物料處理系統。

(3) 決定佈置方式考量因素

佈置時需考產品的形狀、大小、重量與生產率，生產方式等而決定所使用機器與材料搬運系統排列方式。

2. 彈性製造單元(Flexible manufacturing cell，FMC)

為因應市場快速需求變化與少量多樣產品需要，而藉電腦，單元控制器，網路，CNC工具機，CNC 加工機，機器人，AGV 或其他機械化物料搬運系統，來提升經由群組技術所組成製造單元的彈性，使其可在同一加工時段內，能加工不同種類或族群工件，大幅擴充製造單元之能力與加工彈性系統，稱為彈性製造單元，如圖 11-29 至圖11-31。

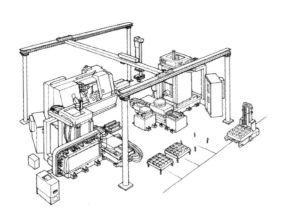

圖 11-29 彈性製造單元示意圖一
(資料來源：彈性製造系統，葛自祥，高進鎰 譯，高立圖書，2000)

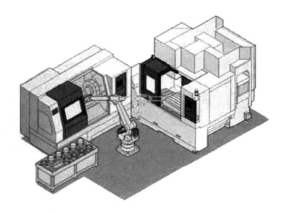

圖 11-30 彈性製造單元示意圖二

圖 11-31　彈性製造單元外觀圖(資料來源：

http://www.victortaichung. com/web/smart_factory/headpage.php)

(1) 彈性製造單元與單元式製造不同點：

    a.　電腦功能強弱與大小：彈性製造單元電腦功能要求較高。

    b.　非加工性機具數量：彈性製造單元有較多非加工性機具，如 CMM，零件清洗機等。

    c.　自動化層次：彈性製造單元自動化之層次較高。

11-15-14　彈性製造系統
(Flexible manufacturing system，FMS)

1. 定義

    FMS 是一套藉由自動化物料搬運系統，將一些獨立的或一群的 CNC 工具機與周邊機器，串連在一起，且所有機器通訊介面均有和中央電腦連線，而由中央電腦全權指揮控制的高度自動化製造系統，如圖 11-32 至圖 11-34。

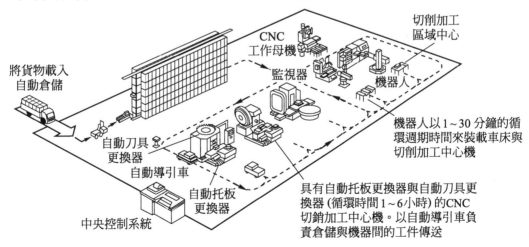

圖 11-32　彈性製造系統示意圖一

(資料來源：彈性製造系統，葛自祥，高進鎰 譯，高立圖書，2000)

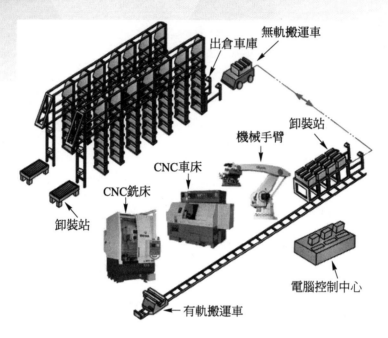

圖 11-33　彈性製造系統示意圖二

(資料來源：機械製造 II，姜禮德，龍騰文化，2014)

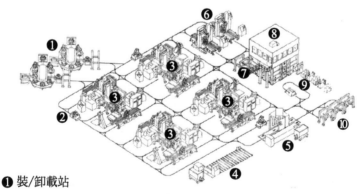

❶ 裝/卸載站

❷ 線控導引車　　　　❺ 零件清潔站　　　　❽ 控制中心機房

❸ CNC 綜合加工機　　❻ 檢驗站　　　　　　❾ 運輸車維修站

❹ 自動切屑移除系統　❼ 人工檢查站　　　　❿ 預備件停留區

圖 11-34　彈性製造系統示意圖三

(資料來源：彈性製造系統，葛自祥，高進鎰 譯，高立圖書，2000)

2. FMC 與 FMS 的關係

FMC 是 FMS 中某一工作站群組，但實際上 FMC 是 FMS 之縮影，可說是小型 FMS。故換言之 FMS/FMC 是一種以主控電腦(或稱單元控制器)搭配如 PLC 等控制設備，來控制數台 CNC 工具機，並指揮無人搬運車調派系統往來與連結各加工站，儲放站，裝卸站，清洗機或量測站間，自動搬運工件並配合自動倉儲(AS/RS)進行物料或成品的管理，除操作人員於裝卸站裝卸工件外，其餘之工作則完全由主控電腦來控全部生產流程運作，彈性指揮多種工作同時在系統內加工、檢測與儲放等。

3. 需要彈性製造原因

在製造系統中，高生產率與高彈性是兩個相互矛盾的特性。獨立之 NC 機器，其彈性高，產品之多樣性大，但相對的產量卻低。而移轉生產線(Transfer line)其生產率與量皆相當大，但其生產之產品的多樣性卻相當低。故彈性製造系統則具備了中等產量，中等多樣性的能力，且保有(或近似)獨立 CNC 工具機彈性。

(1) FMS 彈性涵義

FMS 中之彈性是指在同一加工時段內，在不停機的狀態下，可加工數個同種類不同種類(兩件族群)工件的同時生產(Simultaneous production)。

4. FMS 之組成元性(系統架構)與功能

FMS 有五個主要的組成元素，如下所述：1.CNC 工具機。2.控制系統。3.物料搬運(處理)系統。4.操作人員。5.自動倉儲。

(1) CNC 工具機

是 FMS 之製造核心，CNC 工具機本身彈性能力，幾乎就是 FMS 彈性之來源。如 CNC Lathe，CNC M.C.，CNC 式的 CMM 等。而 CNC 臥式加工機是 FMS 不可式缺之要角，而 MC 托板交換機構也是一個重要介面。

(2) 控制系統(Control system)

在 FMC 中則稱爲單元控制器(Unit controller)，其實可說電腦與電腦內 FMS 控制軟體程式之統稱。而電腦除需具備一般電腦配備外尚需有一些信號介面(I/O)來連接 CNC 工具機控制器和周邊的控制器(PLC)。

控制系統一般需具備功能：

a. 儲存和傳送分配零件加工程式。

b. 工作的流程監控。

c. 生產控制。

d. 系統與切削工具監控。

控制系統架構：控制系統，一般有包含許多子控制系統，如資料庫，刀具控制，零件控制，機器控制，運輸控制，保養維修控制等。其架構如圖 11-35。

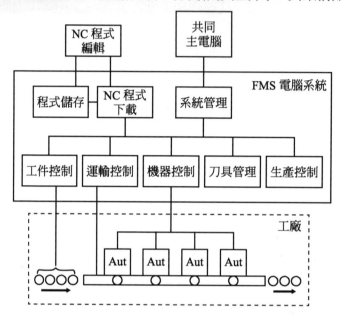

圖 11-35　FMS 控制系統架構架

5. FMS 的優缺點

(1) 優點

a. 可快速更換生產工件的種類且可多樣工件同時混線生產。

b. 可降低因更換工件種類與換站加工所造成之在製品(WIP)的數量。

c. 前置時間縮短，工具機的稼動率(使用率)高。

d. 可將工件架設、裝卸等需要人工操作等事情，集中於日班來做，則夜班與大夜班可無人自動化，故降低直接與間接的人工成且增加產量與機器稼動率。

e. 生產的狀況與資訊會自動搜集與回報至管理資訊系統，方便掌握系統狀況與生產進度。

f. 系統中有一部機器故障，仍有能力繼續生產。

(2)　缺點

　　a.　系統架設的費用高且時間長。

　　b.　需有中上層者全力支持，且對 FMS 觀念需正確，否則易失敗。

　　c.　一般僅適用在高單價或高獲利產品生產。

(3)　物料處理系統(Material handling system，MHS)

　　即前述之物料搬運系統，MHS 是 FMS 的中樞，在控制系統監控下，MHS 會按照預定的路線，傳送工件到 MC 及其他工具機或設備使其連接起來。

　　a.　MHS 的功能

　　　　從原物料的儲存到最後的檢驗，有效率且及時地移動工件，包括傳送加工完成或檢驗完成工件送至工具機清洗站，檢驗站或倉儲區。可節省工件一站接一站傳送前置時間

　　b.　MHS 的設備

　　　i.　滾子輸送機(Roller conveyer)：用來移動托板上工件往返於各工作站間，沒有彈性，但價格低。

　　　ii.　高架軌道路徑系統：可節省廠區空間。

　　　iii.　有軌直線運輸機(RGV)：類似火車之台車系統，設計簡便但無彈性。

　　　iv.　無人搬運車(AGV)：以電池為動力之自行推進的搬運車。

　　　v.　機器人(Robot)：有氣壓、液壓、電氣等方式。

　　c.　無人搬運車(Automated guided vehicle，AGV)探討

　　　　原義為自動導引車但國內俗稱無人搬運車，如圖 11-36，其類型依其導引方式分為下列三種：

圖 11-36　廣運公司之自動導引車外觀圖
(資料來源：http://www.kenmec.com/tw/AGV.aspx)

　　　i.　電磁導引式：又稱電線導式，利用埋設於下或黏貼於地面上的電線，所產生的磁場來導引。

ii. 光電導引式：利用貼於地面上的反光帶或反光漆來引導。

iii. 金屬帶導引式：利用貼於地面上的金屬帶，利用 AGL 上電磁感應開關來感應而導引。

上述三種屬於固定路徑式，而最新的導引技術為非固定路徑式，如利用雷射來進行導引或機器視覺來導引。

(4) 操作人員(Human operator)

FMS 雖然是高度自動化的系統，仍不可缺，操作人員，因為人是 FMS 的關鍵角色，其功能(工作)如下：

a. 工件來裝卸。

b. 刀具的更換與設定。

c. 設備維修與保養。

d. 資料輸入。

e. 更改零件的程式。

f. 系統程式發展與維護。

(5) 自動倉儲(Automatic storage /Retrieval system，AS/RS)

為了使機器維持在運轉動態此在作業前，所有的原料，托板，刀具等皆需準備妥當，因為若欠缺這些要件，一旦需要時會導致加工設備無法完全發揮與效能，故需要一套自動化存取設備來供應加工機器所需。

所謂 AS/RS 是利用電腦控制，使物料或工件不需人力介入下，可自動進出倉儲能記錄進出倉儲之物料的數目，放置的位置，與任何有助於精確庫存控管資料的一套自動化倉庫(Automatic warehouse)，如圖 11-37 與之用於單元貨載 AS/RS 系統與圖 11-38 橫臥迴轉式儲存系統。

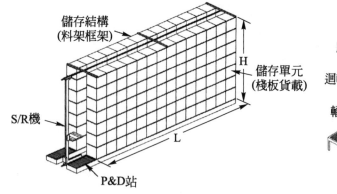

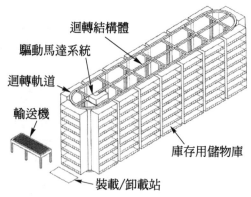

圖 11-37　用於單元貨載 AS/RS 系統　　圖 11-38　橫臥迴轉式儲存系統

AS/RS 主要構成要素：

AS/RS 主要構成要素有 a.倉庫本體結構。b.儲存及提取的設備。c.控制系統。

a. 倉庫本體結構：即物料架，主要是提供多層儲放空間。而依其結構又可分爲自立式鋼架與整體式鋼架。自立式鋼架是指架結構是安裝在建築物內，而由地面支撐，鋼架本身不是建築物的部分結構。而整體式鋼架則是鋼架本身即是建築物結構之一部分。

b. 儲存及提取設備：俗稱叉取機，可來回倉儲趟的兩旁，搬運物料或工件往返固定點間。如由料架儲位至出庫暫存區，或由入庫暫存區至料架儲位。一般可分爲應用輕物料的單桅式或重物料雙桅式。

c. 控制系統：類似 FMS 單元控制器，具有進料，儲存，補給，出貨功能。

11-15-16　及時生產(Just-in-time production)

1. 定義

及時生產是一種拉式系統(Pull system)，即以訂單方式來生產零件，以產品最後的裝配需求來決定生產時間，使無庫存，無在製品庫存，且依需求的排程，而具有理想的生產量之一種生產方式，如圖 11-39。

JIT 系統是一種由產品端向原料端提出需求的管理模式，亦即當業務單位接到的訂單並確定後，生產單位需先訂出每批量生產計劃，同時提交給原料管理單位，且詳細記載在「看板」上並適時更新，再向原料管理單位申請原料，然後再上線生產如此一來，原料管理單位能夠確實掌握原料需求，以減少原料庫存。生產完成的產品也可以在第一時間出貨，避免成品庫存，降低庫存壓力。

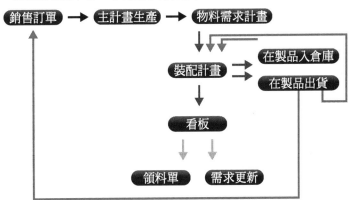

圖 11-39　JIT 系統

2. 推式系統(Push system)

即爲傳統製造方式,即根據訂單排程來生產零件,且分批生產,再放置於倉庫,其庫存量與成本皆大。

3. 基本要求或內涵

   (1) 零件也需即時檢驗(製造時即檢驗),確保品質,降低製程的變異。

   (2) 實施時需仔細考量與模擬各種加工操作,使流程中,不會產生附加價值的動作(操作)皆需除去,以避免資源閒置與減少浪費。

   (3) 需藉協調與合作來迅速解決發生於管理人員,工程師和操作人員間相關問題。

   (4) 實施 JIT 範圍也需包括公司以外供應商,衛星工廠或公司內其他部門半成品,補給品,或所需零件物料的及時運送。

4. 特點:需有可靠的供應商,衛星工廠,或銷售業者等間的密切配合,且有可靠運輸系統,而供應商可以用一天爲基準所需數量來及時運送所需零組件。

5. JIT 的目標

   JIT 是爲消除浪包括物料,機器,人力,資本整個製造系統庫存品浪費,故其目標如下:

   (1) 及時收到所需補給品(包括零件或便利)。

   (2) 及時生產出用於下一流程所要用零件或組件。

   (3) 及時生產與運送成品至銷售處。

6. JIT 的優點

   (1) 廢料損失少(因可及時檢出瑕疵品),重製次數與費用低。

   (2) 零庫存(或低庫存)。

   (3) 縮短生產時間。

   (4) 縮短補給的時間。

   (5) 提升品降低成本。

   (6) 改善文件處理流程。

7. 看板(Kaban)管理系統

   爲豐田汽車公司推行 JIT 時所產生的方法。看板是一種看得見的記錄。包括生產卡片和運送或移動卡片。使生產者或搬運人員,可清楚而及時知道,需生產的量或讓搬運人員要搬運的零件爲何,數量與地點。

章末習題

1. 簡述製造自動化的簡單定義與在製造業中常見的組成要素。

2. 何謂數值控制(Numerical control，NC)？優缺點為何？

3. 試比較 NC，CNC，DNC 與 DNC-2 的特點。

4. NC 運動控制系統可分成哪幾大類？

5. 選定物料搬運的方式需考量哪些因素？

6. 工業機械人可應用於哪些場合？

7. 易於組裝的設計規劃(方針)在手工、自動化、機器人等組裝方法時，個需考量哪些事項？

8. 簡述電腦整合製造的內涵。

9. CIM 系統是由一些子系統所組成，試簡述可包含哪些子系統？

10. 電腦輔助設計(CAD)與電腦輔助製造(CAM)的內涵各為何？CAD/CAM 系統可應用那些方面？

11. 何謂群組技術？群組技術可應用於那些方面？

12. 何謂物料需求規劃(Material requirement planning，MRP)？使用 MRP 優點為何？

13. 何謂彈性製造系統(Flexible manufacturing system，FMS)？FMS 有哪幾個主要的組成元素？

14. 何謂及時生產(Just-in-time production)，JIT 的目標與優點為何？

參考文獻

1. 巫維標，王森川，"數控工具機"，新文京開發，2001。

2. Lin，S. C. Jonathan，數控工具機 徐永源譯，高立圖書 ，1999。

3. 彈性製造系統，葛自祥，高進鎰 譯，高立圖書，2000。

4. http://www.victortaichung.com/

5. 自動化概論，郭興家，劉新在，高立圖書，1998。

6. 自動化概論，張充鑫； 賴連康，全華科技，1992。

7. 工業機器人，張義發； 李廣齊；溫家俊高立圖書，1995

8. https://market.cloud.edu.tw/content/senior/life_tech/tc_t2/manufac/manu/cim.htm

9. 機械製造II，姜禮德，龍騰文化，2014

10. http://www.cs.nccu.edu.tw/～lien/BCC/InfoBasic/hardcopy.htm

11. https://www.slideserve.com/tyler-stuart/6391493

12. http://www.victortaichung.com/web/smart_factory/headpage.php

13. http://www.kenmec.com/tw/AGV.aspx

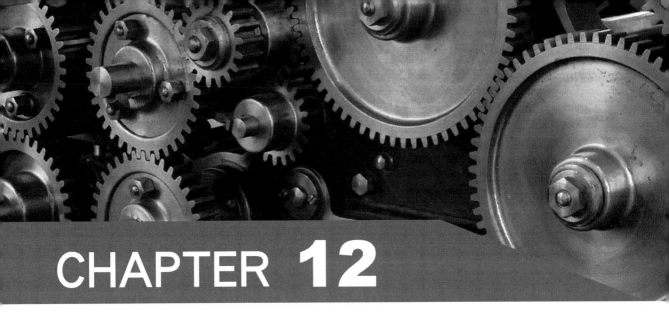

CHAPTER **12**

先進製造技術

· 本章摘要 ·

12-1 前言

　　製造業是現代國民經濟和綜合國力的重要支柱，製造業約占我國 GDP 的 25%，而其就業人口占總就業人口約 27%以上，爲我國經濟成長的重要基礎，由此可見，製造技術的水準將對一個國家的經濟實力和科技發展的水準產生重要的影響，因此各國政府都非常重視先進製造技術的研究和發展。

　　先進製造技術(Advanced manufacturing technology)源於 20 世紀 80 年代的美國，爲提高製造業的競爭力和促進國家經濟增長而提出。同時，以電腦爲中心的新一代資訊技術的發展，推動了製造技術的飛躍發展，逐步形成了先進製造技術的概念。

　　1993 年，美國政府批准了由聯邦科學、工程與技術協調委員會(FCCSET)主持實施的先進製造技術計畫(Advanced manufacturing technology，AMT)計畫。先進製造技術計畫(AMT)是美國根據本國製造業面臨的挑戰和機遇，爲增強製造業的競爭力和促進國家經濟增長，首先提出了先進製造技術(Advanced manufacturing technology)的概念。此後，歐洲各國、日本以及亞洲新興工業化國家如韓國等也相繼作出回應。

1. 美國 AMT 計畫目標是：

   (1) 研究開發世界領先的先進製造技術，以滿足美國製造業對先進製造技術的需求，提高製造業的競爭力

   (2) 通過教育與培訓計畫提高勞動力素質

   (3) 促進具有環境意識的製造等。

2. 美國 AMT 計畫中的專案包括：

   (1) 設計技術：建構準備階段所需的設計工具與技術。

   (2) 製造技術：提升實際生產過程中所需的加工工藝和設備。

   (3) 支援技術：建製爲前兩類開發項目提供所需的基礎核心技術；

   (4) 製造技術基礎設施：爲有效地管理專案的開發，以及推動將這些專案應用於實際生產中的方法與機制。

　　因此，先進製造技術(Advanced Manufacturing Technology)，是指集結了機械工程技術、電子技術、自動化技術、資訊技術等多種技術爲一體所產生的技術、設備和系統的總稱。

近年來，隨著科學技術的不斷發展和學科間的相互融合，先進製造技術迅速發展，不斷湧現出新技術、新概念。例如：奈米加工、群組技術(GT)、精益生產(LP)、同步工程(CE)、敏捷製造(AM)、快速成型技術(RPM)、虛擬製造技術(VMT)等。21 世紀的製造業不斷經歷新的技術革命，通過持續變革、快速回應、加強產品全生命週期內的品質、功能、服務和注重環保等增強市場競爭力。因此，先進製造技術可說是不斷吸取電腦、資訊、自動化、新材料和現在傳統管理技術，將其綜合應用於產品的研究與開發、設計、生產、管理和市場開發、售後服務，同時能取得社會經濟效益的綜合技術。

而在 2008 年金融危機爆發後，美國開始努力推進"再工業化"。而為因應德國提出之工業 4.0，美國亦提出"先進製造夥伴計畫(Advanced Manufacturing Partnership，AMP)"(簡稱 AMP 計畫)，如圖 12-1 所示。

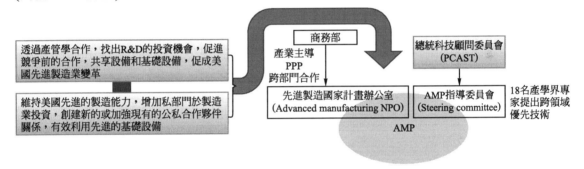

圖 12-1　美國提出之「先進製造夥伴(Advanced Manufacturing Partnership，AMP)計畫

先進製造夥伴計畫是美國"再工業化"戰略中規模較大的製造業產學研聯合的創新項目之一，最早由美國總統科技顧問委員會於 2011 年 6 月發佈的政策報告《確保美國先進製造業領導地位》中提出，並得到了美國總統歐巴馬的快速批准，並於 2011 年 6 月 24 日在卡內基梅隆大學發表演講中宣佈正式實施 AMP 計畫。該計畫主要目標是把美國的產業界、學界和聯邦政府部門聯繫在一起，通過共同投資新興技術來創造高水準的美國產品，使美國製造業贏得全球競爭優勢。2013 年 9 月 26 日，歐巴馬又宣佈重組 AMP 指導委員成員，被稱為"AMP 指導委員會 2.0"(Advanced Manufacturing Partnership Steering Committee "2.0")，進一步肯定和落實 AMP 計畫。AMP 計畫體有 3 個特點：1、產、學、政緊密合作，2、重視人才發展與供給，3、關注商業環境與營造。

在 AMP 計畫實施初期，主要進行了四個方面的部署，一是自 2011 年，由美國國防部、國土安全部、能源部、農業部和商務部等部門先期投入 3 億美元，與產業界合作，在關係美國國家安全的關鍵產業和關係關鍵產業長期發展的創新技術方面進行投資。二是啓動美國政府啓動一項名爲"材料基因組(Materials genome initiative，MGI)"的項目，投入 1 億多美元，以期縮短先進材料從開發到應用推廣的時間。三是由美國國家科學基金會(NSF)、國家航空航太局(NASA)、國立衛生健康研究院(NIH)和農業部將共同投入 7000 萬美元支援新一代機器人的研發。四是由美國能源部整合現有和預算資金，初期投入 1.2 億美元，開發節能製造技術和材料。

如今，國際先進大國紛紛投入先進製造技術，先進製造技術發展已經成爲一個龐大的技術群。在機械製造的整個過程中，無論是在產品的設計開發，還是在產品生產製造或是經營管理中，都能充分利用先進製造技術，促進機械製造業產生根本性變化。

12-2　先進製造技術發展的面向與特色

12-2-1　先進製造技術發展的面向[1]

先進製造技術發展主要表現在以下幾個方面：

1. 企業生產組織的變革

    由於先進製造技術的應用，現代機械製造企業逐步改變了傳統觀念，在生產組織方式上發生了五個變化：

    (1) 從傳統的順序工作方式轉變成並行(同步)工作方式。

    (2) 從金字塔式的多層次生產管理結構轉變成扁平的網路結構。

    (3) 從按功能劃分部門的固定組織形式轉變成動態、自主管理的小組工作組織形式。

    (4) 從品質第一的競爭策略轉變成快速回應市場的競爭策略

    (5) 從以技術爲中心轉變成以人爲中心。

2. 產品設計開發應用了現代設計技術的最新成果

    現代設計的方法和技術主要有綠色設計與同步工程出現：

    (1) 綠色設計：綠色技術就是爲了減輕環境污染或減少原材料、自然資源使用的技術、工藝或產品的總稱。綠色設計的目的是克服傳統設計的不足，使產品滿足環保的要求。它包括產品從概念形成到生產製造、使用乃至廢棄後的回收、重用及處理等各個階段。綠色設計從根本上防止了污染，節約了資源和能源。因此，綠色設計也是現代機械製造業進行產品設計開發的一個重要原則。

(2)　同步工程：同步工程是現代設計的一個重要方法，是對產品及其相關過程(包括製造過程和支援過程)進行同步、一體化設計的一種系統化的工作模式。傳統的順序工程設計，是先進勝需求分析，然後進行產品設計，再進行生產製造，最後是產品上市。這種設計方法，資訊是單向依次地傳遞。採用同步工程方法，則將各個工程設計過程與其後續過程同步進行設計，而且上下過程之間的資訊交流是雙向的，並據此作出決策。這意味著，採用同步工程方法，從一開始就要考慮產品整個生命週期中的所有因素，如用戶要求概念形成、成本品質、報廢處理等。這就有利於提高產品品質、降低成本、縮短研製週期。同步工程就是將設計、工藝和製造結合在一起，利用電腦互聯網同步作業，可大大縮短生產週期。

(3)　電腦輔助設計。電腦輔助設計是以電腦為工具，說明設計人員進行設計的適用技術的總稱。在設計過程中，人們可以進行創造性思維活動，完成設計方案構思、工作原理擬定，並將設計思想和設計方法經過綜合、分析，轉換成電腦可以處理的數學模型和解析這些模型的程式。在程式運行過程中，人們可以評估設計結果，控制設計過程，電腦則可以發揮其分析和存儲資訊的能力，完成資訊管理、繪圖、類比、最佳化和其他數值分析任務。電腦輔助設計包括的內容很多，如概念設計、優化設計、有限元分析、電腦模擬、電腦繪圖等。

(4)　虛擬技術得到廣泛應用。虛擬技術是以電腦支援的模擬技術為前提，對設計、加工、裝配等工序統一建模，形成虛擬的環境、虛擬的過程、虛擬的產品以及虛擬的企業。面對新的挑戰和競爭，過去那種大而全的企業已越來越沒有優勢，各種開放式的合作開發、生產與銷售與日俱增。使用者訂貨、產品創意設計、零部件生產、總成裝配、銷售及售後服務等各個環節都可分別由不同地域的企業按某種契約進行互利合作。通過國際互聯網、區域網和企業網，世界上任何地方的用戶都可訂貨，還能進行異地設計、異地製造，然後在最接近用戶的地方交貨。

12-2-2　先進製造技術發展的特色

1. 製造過程的精密化、綠色化、快速化和高效化

   (1) 精密化(Precision)

   20 世紀 60 年代，一般加工精度為 100 μm，精密加工精度為 1 μm，超精密加工精度為 0.1 μm；到 20 世紀末，一般加工精度 1 μm，精密加工精度為 0.01 μm，超精密加工精度為 0.001 μm(= 1 nm)。在現代超精密機械中，對精度要求極高，如人造衛星的儀錶軸承，其圓度、圓柱度、表面粗糙度等均達奈米級(Nanometer scale)。譬如，電子製造中所要求的控制精度趨於奈米級、加工精度趨於次奈米級。精密和超精密加工技術包括精密和超精密切削加工、磨削加工、研磨加工以及特種加工和複合加工(如機械化學研磨、超聲磨削和電解拋光等)三大領域。超精密加工技術已向奈米技術發展，近年來奈米技術的出現，促使超精密加工向其極限加工精度—原子級加工進行挑戰，亦促進了機械科學、材料科學、光學科學、測量科學和電子科學的發展，如圖 12-2 至圖 12-4。

圖 12-2　多軸超精密加工機(資料來源：國家實驗研究院儀器科技研究中心)　圖 12-3　大口徑離軸拋物球面鏡(單點鑽石車削)(資料來源：國家實驗研究院儀器科技研究中心)　圖 12-4　超精密輪磨加工(資料來源：國家實驗研究院儀器科技研究中心)

   (2) 綠色化(Green)

   製造過程的綠色化是從環境保護角度出發，在製造的各個階段都要充分考慮到環境保護。這裡的環境不僅是自然環境，還包括社會環境和生產環境，要做到可持續發展，走向人類社會和自然界的和諧。綠色製造是人類社會可持續發展戰略在現代製造業中的體現，綠色織造主要涉及到資源的優化利用、清潔生產和廢棄物的最少化和利用，對產品而言，綠色製造覆蓋產品的設計、生產、包

裝、運輸、流通、消費及報廢等整個產品生命週期。

在綠色設計方面，選擇綠色無毒、無污染、易回收、可再用或易降解的材料；提高產品的可拆卸性能，產品只有通過拆卸和分類才能較徹底地進行材料的回收和零部件的再迴圈利用；設計時充分考慮產品的各種材料組分的回收利用的可能性、回收處理方法及工藝、回收費用等與產品有關的一系列問題，從而達到簡化回收處理過程、減少資源浪費、對環境無污染或少污染的目的。綠色製造與設計的內涵如圖 12-5 所示。

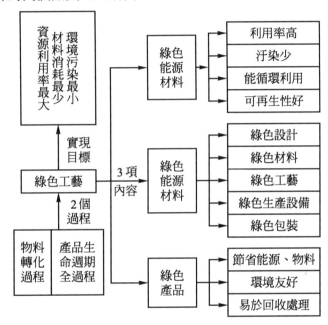

圖 12-5　綠色製造與設計的內涵

(3) 快速化(Fast)

　　製造過程的快速化是指對市場的快速回應和對生產的快速重組，它要求生產模式有高度的彈性和敏捷性。否則，就不能以最快的速度應對市場變化，最終將被淘汰。所以，製造過程的快速化是先進製造技術發展的"動力"。

(4) 高效化(Efficient)

　　製造過程的高效化要求單位時間內生產的產品數量多。社會的進步是由生產力的發展所推動的，而生產力的發展則是由生產率的提高所推動。因此，製造過程的高效化是先進製造技術發展的"追求"。

2. 製造方法的自動化、網路化、整合化和智慧化

(1) 自動化(Automation)

自動化技術自 20 世紀初出現以後，經歷了由適合於單一品種大批量生產的剛性自動化、到多品種小批量的彈性自動化、多品種變批量的綜合自動化的發展過程，自動化技術的成功應用，極大地提高了產品的生產率，有效地向用戶提供優質產品，同時還可以完成高危工作環境的任務。對於像汽車、發動機這樣生產批量較大的行業的自動化，可通過機床自動化改造、使用自動機床、組合機床、自動生產線來完成。小批量生產自動化可通過 NC，IMS，MC，CAM，FMS，CIM，IMS 等來完成。未來的自動化將更多的考慮"人一機一環境"等的協調關係。

(2) 網路化(Internet)

製造過程中的市場開發、原料採購、產品設計、零件加工、機器裝配、成品銷售等環節，已不局限於一個企業、一個集團或者是一個國家，借助網路技術，特別是 Internet，跨越不同的企業之間存在的空間差距，組織、管理和利用分散在各地的製造資源，建立靈活有效、互惠互利的異地、跨國界動態企業聯盟，通過企業之間的資訊集成、業務過程集成、資源分享，對企業開展異地協同的設計製造，網路行銷、供應鏈管理等提供技術支撐環境和手段，實現產品商務的協同、產品設計的協同、產品製造的和供應鏈的協同，極大地縮短了產品的研發週期，降低了研發費用，提高整個產業鏈和製造群體的競爭力。

(3) 整合化(Integration)

隨著時代的推移，在傳統製造工藝技術不斷發展的基礎上，將電腦技術、資訊技術、新材料技術和管理技術等有機融合於產品生命週期中去，形成多專業學科的相互融合的技術綜合體，先進製造技術其內涵跨越了傳統製造技術和企業及加工工廠的邊界，它是一個包含從市場需求、創新設計、工藝技術到生產過程組織與監控、市場資訊回饋、企業文化在內的工程系統；是以先進製造工藝、電腦應用技術為核心的資訊、設計方法、工藝技術、能源工程及相應的工程管理技術整合的現代製造工程…。整合化包含技術整合、管理整合、技術與管理整合。目前整合化主要是指：現在技術的整合；加工技術的整合；企業整合，即管理整合，包括生產資訊、功能、過程的整合。

(4)　智慧化(Intelligence)

智慧化是製造技術發展的前景。資訊時代借助機器實現人的腦力勞動部分機械化和自動化，使人擺脫繁瑣的計算和分析，有更多的精力從事創造性勞動。智慧化是製造技術的發展趨勢之一，智慧化促進了製造系統的彈性化，使它具有更為完善的判斷與適應能力，保證製造系統以最佳的狀態在運行過程。智慧化製造模式的基礎是智慧製造系統，它是智慧和技術的集成而形成的應用環境，也是智慧製造模式的載體。它突出了在製造諸環節中，以一種高度彈性與整合的方式，借助電腦類比的人類專家的智慧活動，進行分析、判斷、推理、構思和決策，取代或延伸製造環境中人的部分腦力勞動，同時，收集、存儲、處理、完善、共用、繼承和發展專家的製造智慧。

12-3　先進製造技術的生產模式

在社會經濟快速發展和市場競爭日益激烈的今天，製造業僅僅依靠改進加工技術、提高裝備水準是滿足不了市場的要求，必須從總體策略、組織結構、管理模式等方面適應市場的要求，生產模式是指企業體制、經營、管理、生產組織和技術系統的形態和運作模式。

12-3-1　精實生產(Lean production)

1990 年美國麻省理工學院詹姆斯等花了 5 年時間考察全球近百家汽車製造廠，在 "The Machine That Changed The World" 一書中提出精實生產的概念。並依此來描述日本豐田汽車公司生產方式，認為日本 20 世紀 80 年代成功的原因在於採用了新型的生產模式。豐田生產方式又稱精實生產方式，或精益生產方式。精實生產(Lean production，LP)，也稱精益生產或精益製造(Lean manufacturing)，其特徵內涵如圖 12-6。

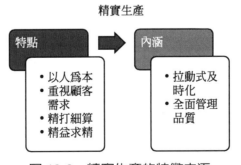

圖 12-6　精實生產的特徵內涵

1. 精實生產的特點是：

   (1) 以人爲本，調動所有員工的積極性和創造性。

   (2) 重視顧客需要，按顧客的需要提供適銷對路的產品，並提供優質服務。

   (3) 精打細算，消除製造過程中一切冗餘的人、物、活動、崗位、時間、空間，要求工人一專多能，實現完美生產。

   (4) 精益求精，追求製造過程中各個環節和全過程的不斷完善，及時解決問題，實現零廢品、零庫存和產品的多樣化。

2. 精實生產的內涵包括：

   (1) 拉動式及時化(Just in time)生產：以最終用戶的需求爲生產起點強調物流平衡，追求零庫存，要求上一道工序加工完的零件立即可以進入下一道工序。組織生產線依靠一種稱爲看板(kanban)的形式。即由看板傳遞下道向上道需求的信息(看板的形式不限，關鍵在於能夠傳遞信息)。生產中的節拍可由人工干預、控制，但重在保證生產中的物流平衡(對於每一道工序來說，即爲保證對後退工序供應的準時化)。由於採用拉動式生產，生產中的計劃與調度實質上是由各個生產單元自己完成，在形式上不採用集中計劃，但操作過程中生產單元之間的協調則極爲必要。

   (2) 全面品質管理：強調品質是生產出來而非檢驗出來的，由生產中的品質管理來保證最終品質.生產過程中對品質的檢驗與控制在每一道工序都進行。重在培養每位員工的品質意識，在每一道工序進行時注意品質的檢測與控制，保證及時發現品質問題.如果在生產過程中發現品質問題，根據情況，可以立即停止生產，直至解決問題，從而保證不出現對不合格品的無效加工。對於出現的品質問題，一般是組織相關的技術與生產人員作爲一個小組，一起協作，儘快解決。

12-3-2 敏捷製造(Agile manufacturing，AM)與 虛擬企業(Virtual enterprise，VE)

20 世紀 80 年代，爲恢復美國製造業在全球的領導地位，由美國國防部組織了理海大學和通用汽車公司等13家大公司爲核心的有100多家公司參與的聯合研究組，最終於1991年完成了 "21 世紀製造業發展戰略" 報告並提交美國國會，此報告提出了 "敏捷製造" 的概念。

　　敏捷製造(AM)是指企業實現敏捷生產經營的一種製造哲理和生產模式。敏捷製造包括產品制造機械系統的彈性、員工授權、製造商和供應商關係、總體品質管理及企業重構，如圖 12-7。敏捷製造是借助於電腦網路和資訊整合基礎結構，構造有多個企業參加的"虛擬企業(VE)"環境，以競爭合作的原則，在虛擬製造環境下動態選擇合作夥伴，組成面向任務的虛擬公司，進行快速和最佳生產，如圖 12-8 與圖 12-9。

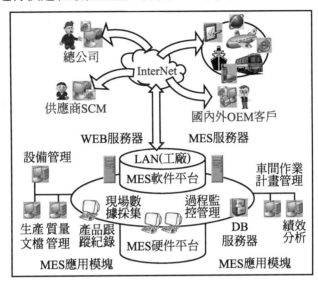

圖 12-7　敏捷製造系統(資料來源：https://www.itsfun.com.tw/%
E6%95%8F%E6%8D%B7%E8%A3%BD%E9%80%A0/wiki-6542246-7819026)

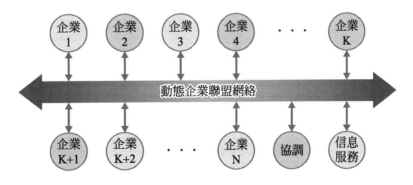

圖 12-8　「虛擬製造」環境與虛擬企業

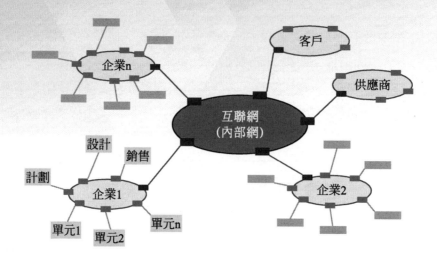

圖 12-9　虛擬企業網路結構

1. 敏捷製造的特點如下：

(1) 需求回應的快捷性，快速回應市場當前和未來可預知需求，開發、生產符合用戶設計或訂貨要求的產品。

(2) 製造資源的整合性，不僅是企業內部的資源共用與資訊整合，還包括企業間的各種資源整合起來，實現技術、管理和人的整合，從而在產品的生命週期內，最大限度地滿足使用者的需要。

(3) 組織形式的動態性，為贏得機遇性市場競爭，利用資訊技術和網路技術，實現不同組織和企業間的動態組織，它隨任務的產生而產生，並隨任務的結束而結束，這種互利互惠、協同作戰、資源互補的聯合組織，被稱為虛擬企業(VE)，又稱為動態聯盟。

案例介紹

以西班牙為總部的 Zara 是國際化服裝製造商和零售商 Inditex 旗下的領導品牌。它的運作方式就是由敏捷製造。該公司可以設計、生產和交付一件新衣服，並在短短 15 天內將它推出，在全世界範圍內的各家分店開始展示。這樣的速度以前在時裝界是聞所未聞的，設計師們通常要花幾個月的時間來設計下一個季度的衣服。

12-3-3　電腦整合製造(Computer integrated manufacturing，CIM)與智慧製造(Intelligent manufacturing，IM)

1974 年，美國的哈林頓博士在"Computer Integrated Manufacturing"一書中提出電腦整合製造(CIM)的概念。整合製造的兩個基本觀點是：(1)系統觀，企業的各個經營環節，從市場、產品的開發、加工製造、管理、銷售及服務都是一個不可分割的整體，需要統籌考慮；(2)製造資訊觀，企業整個生產經營過程，實際上是資訊採集、傳遞和加工處理的過程。

CIM 是企業組織、管理和實現現代化生產的新模式，它將企業的人、技術、管理三要素以及資訊流、物料流、價值流有機地集成在一起，逐步實現企業全過程的電腦化綜合，它能使企業在總體優化的前提下，尋求局部最佳化並達到全域最佳化運行，以獲得最大效益。

IM 是在 20 世紀 80 年代人工智慧技術廣泛應用的基礎上產生的，它的特點是：製造的各個環節的高度彈性化、高度整合化和智慧化，通過電腦來類比人類專家的智慧活動，對製造問題進行分析、判斷、推理、構思和決策，取代或延伸製造環境中人的部分腦力勞動，並對人類專家的製造智慧進行收集、存儲、完善、共用、繼承與發展。

12-4　先進製造技術發展中的關鍵技術簡介

美國先進製造業合作委員會規劃出了 11 個技術領域包括積層製造(3D 列印)、奈米製造、數位製造…等，認爲這些領域將對製造業競爭力的決定起到關鍵作用。舉其與機械相關者如下：

1. 傳感、測量和過程控制：幾乎所有先進製造技術都有一個共通的東西：它們都由處理巨量數據的電腦驅動。正因如此，那些捕捉並記錄數據的東西才如此重要，如監測濕度的傳感器、確定位置的 GPS 跟蹤器、測量材料厚度的卡尺等。這些設備不僅越來越多地用於智慧手機的智慧化，還使得智能、靈活、可靠、高效的製造技術成爲可能。在一座現代化的工廠裡面，傳感器不僅有助於引導日益靈敏的機器，還提供管理整個工廠的運營所需要的信息。產品從誕生到送達都可以跟蹤，某些情況下還可以跟蹤到送達之後。在這個過程中，一旦有問題出現，比如在噴漆室的濕度不適宜噴塗的時候，傳感器就會偵測出來，向機器操作者發送警報信號，甚至是向工廠管理者的手機發送警報信號。

2. 材料設計、合成與加工：新機器將需要新材料，新材料將使新式機器的製造成為可能。隨著將材料細分到原子或分子層級、幾乎不需要經過漫長的實驗室步驟就可以進行操縱的進展出現，塗層、複合材料和其他材料的開發正在加快。借鑒人類基因組計劃(Human genome initiative)取得的廣受認可的成功，能源部(Department of energy)等美國政府機構 2011 年發起成立了材料基因組計畫(Materials genome initiative，MGI)，如圖 12-10 所示。其目標是將確定新材料、把新材料推向市場所需要的時間縮短一半。目前這個過程可能需要耗時幾十年，比如鋰離子電池技術是 20 世紀 70 年代埃克森(Exxon)的一名員工首次構想出來的，但一直要到 90 年代才開始商業化。這個計畫涉及的部分工作，便是讓該領域內散落在世界各處的研究人員共享創意和創新。

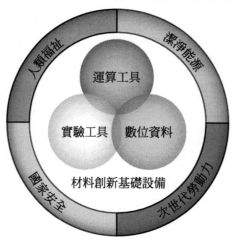

圖 12-10　材料基因組計畫內涵

3. 數位製造技術(Digital Manufacturing Technology)：工程師和設計師使用電腦輔助的建模工具已經有些年，不僅用於設計產品，還以數位方式對產品進行檢測、修正、改良，常常省略了更費錢、更費時的實體檢驗過程。雲端計算和低成本 3D 掃描儀正在將這些方法從尖端實驗室裡搬出來，使之進入主流。

4. 奈米製造(Nanomanufacturing)：一奈米等於一米的 10 億分之一(1 nm $=10^{-9}$ m)，所以奈米製造的意思就是能夠在分子、甚至原子層面操縱材料。預計奈米材料將來會在高效太陽能電池板、電池的生產過程中發揮作用，甚至會在基於生態系統的醫學應用當中發揮作用，比如在體內安置傳感器，可以告訴醫生癌症已經消失。未來幾代的電子設備和運算設備或許也會非常依賴於奈米製造。

5. 可撓性電子製造(Flexible electronic manufacturing)：比如可彎曲的平板電腦，與體溫連線、在你需要的時候提供冷氣的衣服等。這些可撓性技術已經在向主流進發，預計會定義下一代的消費設備和運算設備，成為未來 10 年增長最快的產品門類之一。圖 12-11 為可彎曲式軟性太陽能板。

圖 12-11　豐新光電股份有限公司的可彎曲式軟性太陽能板
(資料來源：http://www.walsolar.biz/zh-tw/)

6. 積層製造(Layered manufacturing or Additive Manufacturing)：又稱快速原型或 3D 列印，不僅有希望在產量只有一件的時候就能夠實現很高的品質，還有希望為全新的設計、材料結構與材料組合創造條件。能夠製作 1,000 多種材料(硬塑料、軟塑料、陶瓷和金屬等)的快速原型機已經開發出來，如圖 12-12。

圖 12-12　中詮微動開發的 3D 印表機，台灣開發設計生產製造(MIT)，金屬機身、透明外罩，外觀採極簡設計，造型精緻美觀，科技感十足。挑戰百萬等級列印品質，採用線性滑軌與滾珠螺桿等精密機械，精度可達 0.05 mm(資料來源：https://www.starmen.com.tw/)

7. 工業機器人(Industrial robot)：工業機器人可以每天 24 小時、每周七天地運轉，精度可重複且越來越高，時間上可以精確到幾百分之一秒，空間上可以精確到人眼都看不到的程度。它們精確地匯報進展，在接受效率測試的時候做出改進，如果安裝了先進的傳感系統，還會變得更加靈巧，如圖 12-13。隨著機器人變得越來越普遍，它們的經濟性也在提高。另外，隨著生物技術和奈米技術的進步，預計機器人能夠做的事情將越來越精巧，如藥品加工、培植完整人體器官等。像 Rethink Robotics 公司的 Baxter 這樣的機器人可以在人的身邊安全地工作，從而提高生產效率。

圖 12-13　Rethink Robotics 公司的 baxter 機器人(資料來源：http://www.rethinkrobotics.com/)

8. 先進成形與連接技術：當前大部分機器製造技術基本上還是依靠傳統技術、特別是針對金屬的技術，如鑄造、鍛造、加工和銲接等。但專家認為，這個領域的創新時機已經成熟，可以用新的方法來連接更多種類的材料，同時提高能源和資源效率。比如冷成型技術就有可能作為一項修復技術或先進銲接技術而發揮重大作用。

12-5　微奈米加工技術

12-5-1　奈米加工簡介

精密加工、特種加工、超精密加工技術、微型機械是現代化機械製造技術發展的方向之一。精密和超精密加工技術包括精密和超精密切削加工、磨削加工、研磨加工以及特種加工和複合加工(如機械化學研磨、超聲磨削和電解拋光等)三大領域。超精密加工技術已向奈米($1 \text{ nm}=10^{-3} \mu\text{m}$)技術發展。

在現代超精密機械中，對精度要求極高，如人造衛星的儀錶軸承，其圓度、圓柱度、表面粗糙度等均達奈米級；基因操作機械，其移動距離為奈米級，移動精度為 0.1 nm。細微加工、奈米加工技術可達奈米以下的要求，如離子束加工可達奈米級，借助於掃描隧道顯微鏡(STM)與原子力顯微鏡(AFM)的加工，則可達 0.1 nm。

奈米科學技術是目前迅速發展、最富有活力的科學技術，受到世界各國的高度重視。奈米科技包括：奈米體系物理學、奈米化學、奈米材料學、奈米生物學、奈米電子學、奈米製造學、奈米力學等。奈米科學技術在不同的學科領域有具體的內涵，奈米製造科學技術主要涉及到奈米量級(0.1～l00 nm)的精度、微結構和表面型貌。奈米技術已在奈米機械學、奈米電子學和奈米材料技術得到了應用。因此，它促進了機械科學、光學科學、測量科學和電子科學的發展。

本節僅就微奈米加工重要的掃描探針奈米加工技術進行介紹。

12-5-2　基於掃描探針技術的奈米加工

奈米科技的發展，近十幾年來一直是許多學術以及工業界共同努力以及發展的目標，其最大的重點在於進入奈米尺度後，材料本身所具備的獨特物理、化學以及光學等等的性質將會有所變化，也因此造就了許多專家及學者投身於奈米科技的領域從多方面著手進行研究，不過若想觀察到這些微觀尺度下現象的發生或變化，想必一定要有足夠解析度的工具才能達成研究的規畫與目標，也因此造就許多顯微鏡的技術與儀器因應而生。因此可說奈米技術的發展與掃描探針顯微鏡(Scanning probe microscopy，SPM)的發明有著密切的關係。

掃描探針顯微鏡係指具有掃描機制與動作及微細探針機制的顯微鏡，利用微小探針，來探測出樣品與探針表面的作用面，如穿隧電流、原子力、磁力、近場電磁波等等，並使用一個具有三軸位移的壓電陶瓷掃描器，使探針在樣品表面做各位置的掃描，進而獲得樣品表面的資訊與性質。

掃描探針顯微鏡技術包括：掃描穿隧顯微鏡(STM)、原子力顯微鏡(AFM)、摩擦力顯微鏡或側向力顯微鏡(LFM)、磁力顯微鏡(MFM)。掃描探針顯微鏡是具有奈米檢測分析與奈米製造(加工)功能的儀器。

1. 掃描穿隧顯微鏡(STM)技術

掃描探針顯微鏡家族，是由 STM 發明開始的。1981 年 IBM 兩名研究員 Gerd Binnig 及 Heinrich Rohrer 發明了掃描穿隧顯微鏡(Scanning tunneling microscope，STM)，自此掀起了對表面物理研究革命性的突破與發展，而兩位發明人也因此在 1986 年獲得了諾貝爾物理獎的殊榮(圖 12-14，圖 12-15)，藉著掃描探針針尖的原子與樣品表面之間的穿隧電流效應來觀察樣品表面的原子排列，而這也使得人類能夠透過 STM 這項技術觀察到原子等級解析度的影像。

圖 12-14　Gerd Binnig、Heinrich Rohrer 與其發明的 STM

圖 12-15　Gerd Binnig、Heinrich Rohrer 與其發明的 STM

STM 的量測原理為當 STM 的金屬探針極逼近導電性試片表面(探針和試片之間施以電壓)，探針尖端會產生極小的穿隧電流(Tunneling current) ，而且穿隧電流的大小與探針離表面的高度有關，利用控制一定的穿隧電流量讓探針掃描時維持一定的高度，如此掃描器的 Z 軸就可以描繪出表面高度的變化，再結合 XY 軸的變化就可以描繪出 3D 的表面結構。STM 空前的高解析度使其成為在奈米尺度上觀察研究物質表面結構和性質的重要工具，圖 12-16 為 STM 的量測原理示意圖。

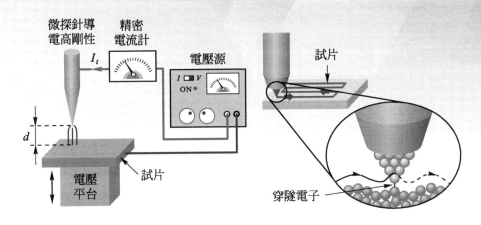

圖 12-16　STM 的量測原理

STM 是一種基於量子穿隧效應的高解析度顯微鏡，可達到原子量級的解析度，同時它還可以進行原子、分子的搬遷、去除和添加，實現奈米量級甚至原子量級的超微細加工。

在 STM 工作時，探針針尖與工件表面之間保持 1 nm 以下極其微小的距離，施加在針尖和基材間的電壓導致很高的場強，產生穿隧電流束。通過改變場強等某些參數，處於針尖下的樣品由於電子束的影響會發生某些物理化學變化，如：相變、化學反應、吸附、化學沉澱和腐蝕等，這就給"加工"提供了可能。由於穿隧電流束空間通道極其狹小，因此受到影響或發生反應的表面區域也十分微小，直徑通常在奈米量級。在如此小的區域上發生某種反應和變化，意味著實現了奈米級加工、奈米級微結構的製造。

自 1981 年 STM 問世以來，基於它的加工技術已經進行了很多探索性工作，研究在多個方面展開：微小粒子及單原子操作、表面直接刻寫、光蝕刻、沉積和刻蝕，已經有許多奈米加工實例被報導。在某些特殊條件下，STM 針尖可以對吸附在基材表面上的原子、原子團、微小顆粒進行操作，有目的地將其移動和搬遷，從而形成奈米微結構。

1990 年美國 IBM 的 Eigler 等人在超低溫和超真空環境下，首先實現了這項工作，用 STM 將 Ni(110)表面吸附的氙(Xe)原子逐個搬移，成功地用單個原子排列出了 IBM 三個字母，如圖 12-17。在此之後，IBM 的科學家和許多國家的科學家進行了深入的探索和嘗試，對多種原子進行了搬移，也實現了分子的搬移排列，典型的例子是 Eigler 和 Schweizer 做的 "分子人" 試驗。他們成功地移動了吸附在鉑表面的 CO 分子，並用這些分子排成一 "人" 字形結構。

圖 12-17　美國 IBM 的 Eigler 等人用氙(Xe)原子逐個搬移，成功排列出了 IBM 三個字母

利用 STM 技術進行刻蝕和沉積也受到特別關注。加工過程可在溶液中或氣相環境下進行。採用稀釋的 HF 等腐蝕性液體作爲電解液，施加適當的隧道電流、偏置電壓和掃描速度，可在某些材料上進行直接刻蝕，腐蝕出奈米級寬度的線條。而當採用含有金屬離子的電解液時，通過適當的加工條件，針尖對應的局部微小區域，會產生金屬離子的電化學沉積，形成奈米級寬和高的微結構。

STM 可以提供低能聚焦電子束，由電腦控制作精確的掃描運動，對塗覆了抗蝕膜的樣品表面進行奈米微影術(Nanolithography)加工。由於這個低能電子束的束徑極小，因此可以獲得很小線寬的圖形。IBM 科學家在矽片上均勻塗覆 20 nm 厚的聚甲基丙烯甲脂(PMMA)抗蝕膜，然後進行 STM 直寫微影加工，獲得了 10 nm 線寬圖案。通過對抗蝕膜顯影處理、金屬沉積、去除抗蝕膜等一系列製程，最終在表面上形成金屬薄膜構成的奈米級的圖形。

2.　原子力顯微鏡(AFM)技術

由於 STM 須憑藉著穿隧電流做爲其回饋的機制，所以造成受檢測的材料必需具備導電的特性，因此使得受檢測的樣品種類受到很大的限制。

有鑑於此，在 1986 年由 STM 的發明人之一 Binnig、Stanford 大學的 Quate 以及 IBM 的 Geber 等一同開發出同樣是以掃描探針做爲基礎的原子力顯微鏡(Atomic Force Microscope，AFM)，其運作的原理乃是透過當探針針間的原子與材料表面相互接近時(約幾個或數十個 nm 之間)，原子與原子間相互產生的斥力(Repulsive force)以及凡德瓦力(Van der Waals force)做爲其量測的回饋機制，也因此即便是不具備導電特性的材料也依然能夠透過這樣的方式進行微觀尺度下材料表面形貌的量測與分析，大大的提升了檢測上的方便以及通用性。除了這項特色外，原子力顯微鏡也能夠在一般的大氣環境下進行操作，並且獲得相當高的空間解析度，也因此造就了操作較爲方便簡單的特性。此後 AFM 與 STM 更是，成爲學術以及工業界研究表面物理與發展奈米科技不可或缺的重要儀器之一。而 AFM 和 STM 一樣，亦可做爲一種奈米加工工具，可對表面進行奈米尺度的刻蝕、沉積、加工和修飾。

隨著科技進步與發展，加工尺度與精度已由傳統的微米等級逐步朝向奈米尺度前進。要進行奈米加工，在學術界研究奈米加工尺度現象的利器，原子力顯微鏡(AFM)可說是第一選擇。

AFM 之探針一般由成份為 Si 或 Si_3N_4 懸臂樑及針尖所組成，針尖尖端直徑介於 5 nm 至 100 nm 之間。主要原理是藉由針尖與試片間的原子作用力，使懸臂樑產生微細位移，以測得其表面結構形狀，其中最常用的距離控制方式為光束偏折技術。在探針針尖原子與樣品表面原子的作用力(凡得瓦力)會使探針在垂直方向移動，而此微調距離若以二維函數儲存起來便是樣品的表面圖形(Surface topography)。因探針與樣品表面的作用力可以控制在非常微小的量，約在 $10^{-6} \sim 10^{-10}$ 牛頓的範圍，因此 AFM 的解析度可達原子尺寸。圖 12-18 為 AFM 探針。

(a) 三角形探針　　　　　　　　　(b) 懸臂梁形探針

圖 12-18　AFM 探針

AFM 分為五大主件：探針、偵檢器(四象限光電二極體)、掃瞄器(壓電陶瓷)、迴饋電路及電腦控制系統，如圖 12-19，而商用的 AFM 外觀如圖 12-20。

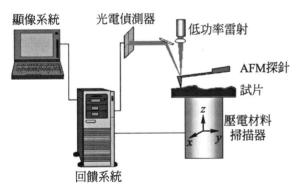 

圖 12-19　原子力顯微鏡的示意圖　　　圖 12-20　東南科技大學 D3100 原子力顯微鏡的外觀

AFM 基本原理是以二極體雷射光束照射聚焦至探針的懸臂樑背面，藉由反射鏡反射至一高靈敏度光電偵測器上，此偵測器又可稱為四象限光電二極體，再經放大電路轉成電壓訊號顯示於機台控制螢幕上。由於四象限光電二極體可同時得到垂直方向及水平方向的訊號，因此懸臂樑的垂直及左右偏移量可同時測出。當電腦控制 X、Y 軸推動器使試片掃描時，回饋系統便控制 Z 軸驅動器調整探針與試片距離，使垂直差分訊號保持固定，通常兩者距離會在數十至數百 Å 之間，只要記錄探針在掃描面上每一紀錄點的垂直微調距離(簡稱為高度)這些資料便能反映出表面形貌。

而除了上述的應用外掃描探針顯微鏡的技術經過不斷的研究與發展，因此許多其它的功能因應不同的需求而生，例如側向力顯微鏡(Later force microscope，LFM)、磁力顯微鏡(Magnetic force microscope，MFM)、掃描式表面電位顯微術(Scanning kelvin microscopy，SKM)等等。

將具有高解析度的原子力顯微鏡(Atomic force microscopy，AFM)應用於微影加工上，便形成掃描探針微影術(Scanning probe lithography，SPL)。而 SPL 是新世代的新微影技術，一方面可藉由探針與表面的作用力，觀察具有奈米甚至原子級程度的高解析度表面形貌及表面特性。另一方面，也可以利用探針與表面之間的作用力來改變局部表面的物理或化學性質，這作用如同微影術一樣，深具發展潛力。其主要的原理乃是利用具有奈米尺度之探針做為加工的工具，透過機械力或電化學的方式在材料表面進行奈微米尺度的局部加工或表面修飾，且加工過程中無須在無塵室中進行因此大大的降低了製造上的成本，並且可以透過這樣的方式達到製造奈微米結構之目的。

(1) 機械力的微影模式

　　在 AFM 探針針尖施加一定的力，在常溫常壓下就可以在金屬或非金屬基材上直接刻寫出線寬在數十奈米至次微米級的圖形。這種方法可進行高解析度的刻劃奈米尺度的結構與圖案製作，如圖 12-21 至圖 12-23 所示。

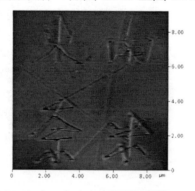

圖 12-21　每個字僅 2000 nm 大小，加工線寬僅 300 nm，深度僅 30 nm

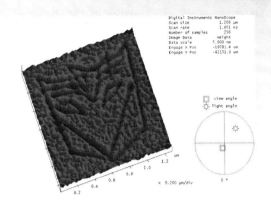

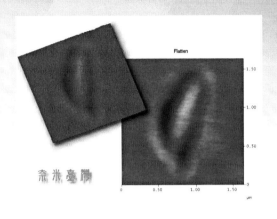

圖 12-22　在黃金表面上加工 1000 nm × 1000 nm 的複雜奈米圖案

圖 12-23　在銅表面上加工 500 nm × 1000 nm 的奈米台灣圖案

(2)　電化學的微影加工模式

　　而在大氣環境下，在探針上外加一電壓，則探針和樣品間會產生一強大的電場，藉此電場分解吸附於樣品表面的水膜，而發生陽極氧化改變樣品表面稱為奈米氧化術(Nano-oxidation technology)，可用來製作氧化物結構。此技術在奈米加工領域亦有著良好的前景。AFM 奈米氧化術原理如圖 12-24 所示，加一負偏壓於探針，探針和樣品間的強大電場驅使覆蓋在樣品表水膜解離，生成 O^{2-} 或 OH^- 等負離子，與樣品表應，產生氧化物，如圖 12-25 至圖 12-27 所示。

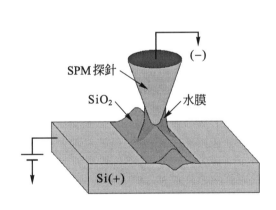

圖 12-24　奈米氧化術示意圖

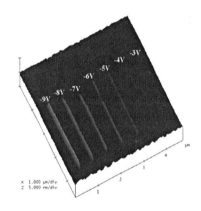

圖 12-25　在 Si 晶圓上以不同偏壓製作初奈米結構

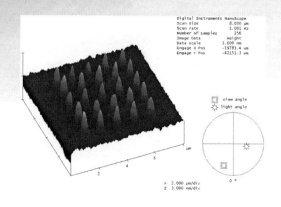

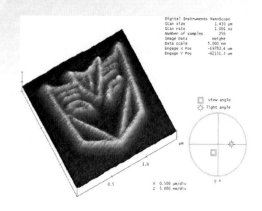

圖 12-26　在單晶矽完成半高寬 300 nm，高　　圖 12-27　在單晶矽完成 1000 nm×1000
　　　　　2 nm 的奈米點　　　　　　　　　　　　　　nm 的複雜奈米圖案

　　這些方法在機制、技術等方面還存在著許多問題，需要去探索和解決，例如過程的重複性和可靠性、工作條件和環境、所獲奈米結構的穩定性等。在生產實際中應用這些技術，還要作出深入與細緻的研究努力。

12-6　綠色製造[1]
(Green manufacturing，GM)

　　綠色製造又稱環境意識製造(Environmentally conscious manufacturing，ECM)或清潔製造 CM(Clear manufacturing)等，一般認為綠色製造技術是指在保證產品的功能\品質\成本的前提下，綜合考慮環境影響和資源效率的現代製造模式。

　　綠色製造是人類社會可持續發展策略在現代製造業中的實現，綠色製造主要涉及到資源的優化利用、清潔生產和廢棄物的最少化和利用，對產品而言，綠色製造覆蓋產品的設計、生產、包裝、運輸、流通、消費及報廢等整個產品生命週期。它使產品從設計\製造\使用一直到產品報廢回收整個壽命週期對環境影響最小，資源效率最高，也就是說要在產品整個生命週期內，以系統整合的觀點考慮產品環境屬性，改變了原來末端處理的環境保護方法，對環境保護從源頭開始。並考慮產品的基本屬性，使產品在滿足環境目標要求的同時，亦保證產品應有的基本性能使用壽命和品質等。

簡言之，綠色製造是一個綜合考慮環境影響和資源效率的現代製造模式，其目標是使產品從設計、製造、包裝、運輸、使用到報廢處理的整個產品生命周期中，對環境的影響(負作用)最小，資源效率最高，如圖 12-28。

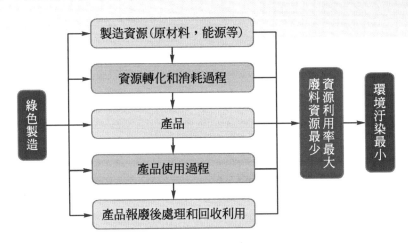

圖 12-28　綠色製造中產品生命周期

12-6-1　綠色製造的內涵

由於綠色製造的提出和研究歷史很短，其概念和內涵尚處於探索階段，至今還沒有統一的定義。綜合現有文獻，特別是借鑒美國製造工程師學會的藍皮書的觀點和我們所作的研究，綠色製造的基本內涵可描述如下：綠色製造是一個綜合考慮環境影響和資源效率的現代製造模式，其目標是使得產品從設計、製造、包裝、運輸、使用到報廢處理的整個產品生命周期中，對環境的影響(負作用)最小，資源效率最高。

綠色製造從產品設計階段就開始考慮資源和環境問題，以綠色加工技術，綠色材料以及嚴格、科學的管理，使廢棄物最少，並儘可能使廢棄物資源化、無害化，從而使企業經濟效益和社會效益達到最好。

圖 12-29 所示為綠色生態型製造企業模型。可以看到，綠色製造作為先進的現代製造模式是一個"大製造"的概念。綠色製造的"製造"是物質從自然來到自然去的可持續發展的無窮迴圈的一個環節。

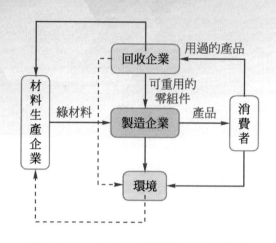

圖 12-29　綠色生態型製造企業模型

12-6-2　綠色製造的實質內容

　　從綠色製造的定義可知，綠色製造涉及的問題領域包括三部分：(1)製造領域，包括產品生命周期全過程；(2)環境領域；(3)資源領域。綠色製造就是這三大領域內容的交叉集合，如圖 12-30 所示。

　　綠色製造的內容涉及產品整個生命周期的所有問題，主要應考慮的是 "五綠"(綠色設計、綠色材料選擇、綠色加工規劃、綠色包裝、綠色處理)問題。

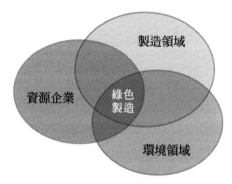

圖 12-30　綠色製造

"五綠" 問題應整合考慮，其中綠色設計是關鍵，這裡的 "設計" 是廣義的，它不僅包括產品設計，也包括產品的製造過程和製造環境的設計。綠色設計在很大程度上決定了材料、加工技術、包裝和產品壽命終結後處理的綠色性。

　　在綠色設計方面，選擇綠色無毒、無污染、易回收、可再用或易降解的材料；提高產品的可拆卸性能，產品只有通過拆卸和分類才能較徹底地進行材料的回收和零部件的再迴圈利用；設計時充分考慮產品的各種材料組分的回收利用的可能性、回收處理方法及工藝、回收費用等與產品有關的一系列問題，從而達到簡化回收處理過程、減少資源浪費、對環境無污染或少污染的目的。

　　綠色製造系統除了涉及普通製造系統的所有訊息及其整合考慮外，還特別強調與資源消耗訊息和環境影響訊息有關的訊息應整合地處理和考慮，並且將製造系統的訊息流、物料流和能量流有效地結合與處理。

企業要眞正有效地實施綠色製造，必須考慮產品壽命終結後的回收和處理，這就可能形成企業、產品、用戶三者之間的新型集成關係。有人建議，需要回收處理的主要產品(汽車、冰箱、空調、電視機等)，用戶只買了其使用權，而企業擁有所有權而且必須進行產品報廢後的回收處理。

12-6-3　綠色製造的效益

綠色製造不僅是一個社會效益顯著的行爲，也可能是取得顯著經濟效益的有效手段。例如，實施綠色製造，最大限度地提高資源利用率，減少資源消耗，可直接降低成本；同時，實施綠色製造，減少或消除環境污染，可減少或避免因環境問題引起的罰款。

並且，綠色製造環境將全面改善或美化企業員工的工作環境，既可改善員工的健康狀況和提高工作安全性，減少不必要的開支；又可使員工們心情舒暢，有助於提高員工的主觀能動性和工作效率，以創造出更大的利潤。另外，綠色製造將使企業具有更好的社會形象，爲企業增添了無形資產。當然，綠色製造本身需要一定的投入，從而增加了企業的成本。因此，根據實際情況，對綠色製造的效益與成本進行對比分析，從而確定綠色製造的經濟效益。

現在全球製造業正颳起了一陣巨大的生產技術改革旋風，高生產率及低成本已不再是唯一的準則。在 21 世紀，「綠色產品」和「綠色製程技術」將會成企業的競爭優勢，因此，企業不應只將「綠色製造」視爲商業或行銷考量，而應將其視爲企業的重要策略決策。比起其他已開發或開發中的國家，這樣的發展將對以出口導向爲主的台灣企業帶來更大的影響及衝擊。

綠色製造的重點在於節能、省水、有毒物質處置、廢棄物減量、廢氣排放減量，以及各種環保指標。有鑒於「綠色製造」應用廣泛，以及台灣 LED 及太陽光電產業的快速發展，SEMI 邀集半導體、面板、太陽能、LED 和 MEMS 產業代表與相關設備材料商，共同籌組「SEMI 高科技綠色製程委員會」，以 SEMI 環境衛生安全(EHS)產業標準爲基礎，從原料和設備研發著手，要共同提升台灣的綠色競爭力，更藉此宣告台灣高科技產業對於挑戰永續發展的決心。綠色議題全球發燒，全球領導製造商包括台積電、聯電、旺宏、友達、奇美、晶元電子等領導製造商都不約而同指出，該從製造源頭導入綠色設計概念(Design for Green Manufacturing)。順應這波對於節能、省水、減廢、回收、再利用的相關設備需求，綠色設備與環保材料將大放異彩！

在波斯灣戰爭期間，美國陸軍支援大隊在短短 3 個月時間內，利用再製造技術恢復了戰區 70%的損壞裝備，日本富士施樂公司對可再利用的零部件進行修復和處理後迴圈再使用，利用率達到 50%以上，擁有舊零部件的影印機產量達到總產量的 25%。美國對鋼鐵材料報廢產品的再製造已經取得顯著效果；節省能源 47%～74%，減少大氣汙染 86%，減少水污染 76%，減少固體廢料 97%，節省水量 40%。

爲減少切削加工過程中切削液對環境的污染，出現了最小量潤滑切削、於切削、低溫噴射液氮磨削、氣體射流冷卻切削等綠色切削和磨削加工技術，切削加工過程中沒有或只有微量的切削液。與傳統的濕切削相比，降低了加工成本，避免了廢液的處理。

12-7　虛擬製造技術 (Virtual manufacturing technology，VMT)

　　虛擬製造技術是由多學科先進知識形成的綜合系統技術，其本質是以電腦支援的建模、模擬技術爲前提，對設計、加工製造、裝配等全過程進行統一建模，在產品設計階段，即時同步模擬出產品未來製造全過程及其對產品設計的影響，預測出產品的性能、產品的製造技術、產品的可製造性與可裝配性，從而更有效地、更經濟地靈活組織生產，使工廠的設計佈局更合理、有效，以達到產品開發週期和成本最小化、產品設計品質的最佳化、生產效率的最高化。

　　虛擬製造技術填補了 CAD／CAM 技術與生產全過程、企業管理之間的技術缺口，把產品的工藝設計、作業計畫、生產調度、製造過程、庫存管理、成本核算、零部件採購等企業生產經營活動在產品投入之前就在電腦上加以顯示和評價，使設計人員和工程技術人員在產品眞實製造之前，通過電腦虛擬產品來預見可能發生的問題和後果。虛擬製造系統的關鍵是建模，即將現實環境下的物理系統映射爲電腦環境下的虛擬系統。虛擬製造系統生產的產品是虛擬產品，但具有眞實產品所具有的一切特徵。因此，可說虛擬製造技術是製造技術與電腦模擬技術相結合的產物。

　　一般來說，虛擬製造的研究都與特定的應用環境和對象相聯繫，由於應用的不同要求而存在不同的側重點，因此出現了三個流派，即以設計爲中心的虛擬製造、以生產爲中心的虛擬製造和以控制為中心的虛擬製造。

　　而結合虛擬實境技術的虛擬製造(Virtual manufacturing)可在加工裝配設計與員工訓練等許多方面可獲得更好的效果。

　　虛擬實境(Virtual reality，VR)技術是使用感官組織仿真設備和真實或虛幻環境的動態模型生成或創造出人能夠感知的環境或現實，使人能夠憑藉直覺作用於電腦產生的三維模擬模型的虛擬環境。

　　基於虛擬實境技術的虛擬製造(Virtual manufacturing)技術是在一個統一模型之下對設計和製造等過程進行整合，它將與產品製造相關的各種過程與技術集成在三維的、動態的模擬真實過程的實體數位模型之上。其目的是在產品設計階段，借助建模與模擬技術及時地、模擬出產品未來製造過程乃至產品全生命週期的各種活動對產品設計的影響，預測、檢測、評價產品性能和產品的可製造性等等。從而更加有效地、經濟地、柔性地組織生產，增強決策與控制水準，有力地降低由於前期設計給後期製造帶來的回溯更改，達到產品的開發週期和成本最小化、產品設計品質的最佳化、生產效率的最大化。

　　虛擬製造也可以對想像中的製造活動進行模擬，它不消耗現實資源和能量，所進行的過程是虛擬過程，所生產的產品也是虛擬的。虛擬製造技術的應用將會對未來製造業的發展產生深遠影響，它的重大作用主要表現在幾個方面：

1. 運用軟體對製造系統中的五大要素(人、組織管理、物流、資訊流、能量流)進行全面模擬，使之達到了前所未有的高度整合，為先進製造技術的進一步發展提供了更廣大的空間，同時也推動了相關技術的不斷發展和進步。

2. 可加深人們對生產過程和製造系統的認識和理解，有利於對其進行理論昇華，更好地指導實際生產，即對生產過程、製造系統整體進行最佳化配置，推動生產力的巨大躍升。

3. 在虛擬製造與現實製造的相互影響和作用過程中，可以全面改進企業的組織管理工作，而且對正確作出決策有不可估量的影響。例如：可以對生產計劃、交貨期、生產產量等作出預測，及時發現問題並改進現實製造過程。

4. 虛擬製造技術的應用將加快企業人才的培養速度。我們都知道模擬駕駛室對駕駛員、飛行員的培養皆有良好作用，虛擬製造也會產生類似的作用。例如：可以對生產人員進行操作訓練、異常程序的應急處理等。

　　虛擬製造是以虛擬實境和模擬技術為基礎，對企業全部生產經營活動進行建模，在真實製造實現之前，實現電腦上的產品設計\加工製造\計畫制定\經營管理\成本核算\品質管理以及市場行銷等。從而更有效\更經濟\更靈活地組織製造生產，使工廠的設計與佈局更合理\更有效，以達到產品的開發週期和成本的最小化\產品設計品質的最佳化\生產效率的最高化。虛擬製造技術的廣泛應用將從根本上改變現行的製造模式，對相關行業也將產生巨大影響，可以說虛擬製造技術決定著企業的未來，也決定著製造業在競爭中能否立於不敗之地。

案例介紹

虛擬組裝

從 2003 年開始，福特汽車借助人體工程學研究、3D 列印原型件、模擬製造等技術，來模擬裝配風險評估，將組裝線上工人受傷事故率降低了 70%。這一行動，使得超過 5 萬名工人得以在更加安全的環境下工作。在每輛新型號汽車發售之前，都有超過 900 次的模擬組裝風險評估。用在模擬裝配風險評估過程有三種核心技術，分別是 3D 列印技術、全身動作捕捉和沉浸式虛擬實境，如圖 12-31 至圖 12-34。

圖 12-31　模擬的生產線環境

圖 12-32　福特汽車用在模擬裝配時之全身
　　　　　動作捕捉

圖 12-33　福特汽車用在模擬裝配時之沉浸式
　　　　　虛擬實境技術

圖 12-34　福特汽車之模擬裝配系統

在動作捕捉的過程中，超過 53 個動作感應器固定在員工的全身，以便收集他們在工作中四肢、背部和軀幹的協同動作。超過 5 萬個資料收集起來，來展示肌肉拉伸、收緊和偏移。最後，沉浸式虛擬實境技術使用一套配有 23 個相機的運動捕捉系統和一個頭戴式顯示器，使一個工人獲得像是在未來工作站中一般的感受。這些測試結果將納入工人工作環境安全水準和效率水準的考量，以及加入到車輛整體設計可行性的評估之中。

為了驗證員工不同大小手掌在操作中的安全性，尤其是在需要精確操作的時候，福特人體工學工程師 3D 列印完全尺寸的汽車部件，用於檢驗在某個流水線上真正能夠給員工留下的操作空間，如圖 12-35。這種實驗資料，已經被證明完全勝過模擬資料，並有助於更好的生產決策。

圖 12-35　以 3D 列印一個比例模型來驗證裝配可行性

章末習題

1. 先進製造技術發展主要表現在哪些方面？

2. 先進製造技術發展的特色有哪些？

3. 精實生產的特點與內涵為何？

4. 何謂敏捷製造？其特點為何？

5. 簡述先進製造技術發展中的關鍵技術。

6. 簡述掃描穿隧顯微鏡(STM)技術的量測原理。

7. 掃描探針微影術(Scanning probe lithography，SPL)的特點為何？

8. 簡述綠色製造與設計的內涵，且說明綠色製造的重點在哪幾的指標？

9. 何謂虛擬製造技術？虛擬製造技術作用主要表現在幾個方面？

Bibliography
參考文獻

1. MBA 智庫百科(http://wiki.mbalib.com/)

2. http://www.ced.org.tw/images/Knowledge/%E5%BE%9E%E5%9C%8B%E9%9A%9B%E6%99%BA%E6%85%A7%E8%A3%BD%E9%80%A0%E8%B6%A8%E5%8B%A2%E7%9C%8B%E5%8F%B0%E7%81%A3%E7%94%A2%E6%A5%AD%E7%9A%84%E6%A9%9F%E6%9C%83%E8%88%87%E6%8C%91%E6%88%B0.pdf

3. https://www.cbc.gov.tw/public/Attachment/7271117671.pdf

4. https://www.manufacturing.gov/programs

5. http://www.itrc.narl.org.tw/Research/Project/ultra-precision.php

6. https://www.itsfun.com.tw/%E6%95%8F%E6%8D%B7%E8%A3%BD%E9%80%A0/wiki-6542246-7819026

7. http://www.walsolar.biz/zh-tw/

8. https://www.starmen.com.tw/

9. http://www.rethinkrobotics.com/

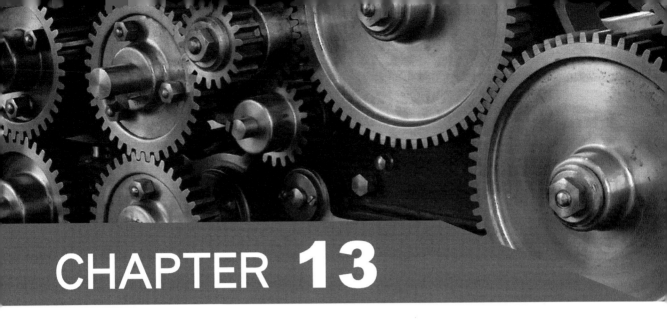

CHAPTER 13

製造系統與規劃

13-1　前言

　　20 世紀以來，工廠系統以及機器的運用引發工業革命，科技的發展將人類帶入工業社會。早期製造技術的發展，著重在生產技術上的競爭，但逐漸地轉變為製程技術的競爭。隨著顧客需求的變化，企業在生產方式上也跟著改變。1960 年代以前，製造企業均強調生產力的最大化，製造系統的規劃以追求效率為主要目標；1970 年代初期，顧客對產品品質的要求逐漸提升，製造企業除了追求效率外，開始重視產品品質，效率和品質成為此一階段的主要目標。在 1980 年代以後，顧客對產品的要求由標準型漸次轉為要求個性化和差異化，面對此種外在環境的變化，製造系統的規劃則轉向重視生產彈性之提升。企業一致認為唯有提高製造系統的彈性程度，以應付多樣少量的市場需求，才能在競爭者的環伺之下建立競爭優勢。

　　現今技術發展日益成熟，生產競爭的重點朝向製程上的革新、整合的技術及品質上的競爭。製造系統是企業用於製造產品的組織，在面臨高度競爭的環境中，企業必須藉著製造系統來因應(1)製造技術的快速變革；(2)整合各種技術的複雜性；(3)建立高品質低成本的生產方式。

13-2　何謂製造系統

　　製造系統依不同的觀點而有不同的定義，基本上可從組織架構、系統轉換及系統流程三個方面來說明。

13-2-1　組織架構層面

　　製造是一個複雜的系統，由於製造涉及產品生命週期(包括產品設計、材料選擇、製程規劃、加工過程、裝配、檢驗、產品配銷、售後服務等)的全部過程或部分環節，它涵蓋大量產品製造的相關事務，所採用的製造程序及其相關的資源與設備。從組織架構的觀點，製造系統是一個為生產製造零件與產品而組織的工廠，其構成的元件包括：

1. 用於生產的加工機器、工具、夾具，和其他附屬裝置。

2. 生產物料搬運系統。

3. 生產人員。

4. 用於協調或控制生產設備的控制系統。

13-2-1　系統轉換層面

　　系統概念可用來分析製造系統的架構，系統(System)一詞是源自希臘文(Systema)，為組合之意。所謂系統是一群彼此互相關聯但功能互異之元件的組合，元件之間共同運作並朝向同一特定目標，彼此藉由可識別參數或數值參數交互溝通。在簡易的結構中，一個系統可用典型的「投入－轉換處理－產出」模式來描述，係以一種計畫性的轉換過程，接受輸入並產生輸出。

　　製造程序是一系列有關產品生產之操作與活動，將原物料轉換成具有附加價值產品的過程。因此，製造系統可定義為生產要素的轉換程序，利用投入的資源改變某些物料的狀態(如外表形狀，物理結構或特性)以製造生產的過程。如圖 13-1 所示，製造系統的投入資源包括人力(Manpower)、機器設備(Machine)、物料(Material)及資金(Money)等，系統經過「設計」、「生產」及「管理」等處理程序，轉換成市場需要、高品質、低成本、能準時交貨、高附加價值(Value-added)的產品。唯系統必須加上回饋與控制兩個概念，才得以有效地運作。回饋攸關系統的績效表現，為確保系統的產出能夠符合預期的需求，乃透過持續監控轉換過程的回饋，並評估回饋值採取必要的控制動作，讓系統的效能達到最佳目標。

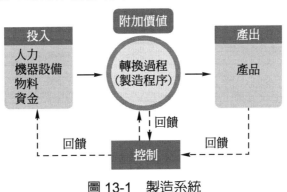

圖 13-1　製造系統

13-2-3 系統流程層面

系統流程是指系統中工作組成、協調的方式。製造是一項非常複雜的活動，綜合許多生產法則、製造技術以及管理策略，並且專注於生產有價值的產品。製造系統可視為生產的運作流程，是物料、製造資訊、和製造活動的具體工作流程，主要包括製程規劃、製造處理與生產控制三項作業流程，如圖 13-2 所示。

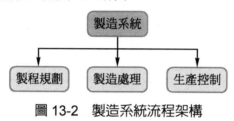

圖 13-2　製造系統流程架構

整個製造系統的作業流程，始於產品的設計，根據產品設計規格進行製造程序的規劃，發展生產系統之控制策略。當規劃與控制的操作確定，原物料與零組件乃依循事先所規劃之流程開始進行製造加工處理，生產符合設計要求之零件與產品。整個製造系統是透過一套企業程序，來管理生產，解決技術上與運籌上(Logistics)的問題，此企業程序的作業項目包括設計製程與生產設備，規劃與管制生產訂單，管理物料訂購、控制廠內工作流程進度，及確保高品質標準之產品。

綜合上述說明，一個製造系統是執行製造程序所需的資源設備與完成製造作業的程序所組合而成，透過一個具有組織性的轉換程序，所有相互關聯的元件能接收輸入並產生輸出，共同運作以達到目標，所包括的不只是一個製造資源設備，同時包括轉換過程所需的生產計畫與系統管制活動，使生產物料(物料流)和製造資訊(資訊流)在系統中適時適地的傳遞。

13-3　製造系統的功能模式

一個典型的製造系統為達成將輸入有效的轉換成輸出，必須透過各種活動在系統內交互運作，這些活動是以產品為主體，涵蓋原物料供給至產品產出的過程，圖 13-3 說明一個製造系統的功能模式，包括有製程規劃、製造處理程序、物料搬運、檢驗與測試及協調與管制五項功能。

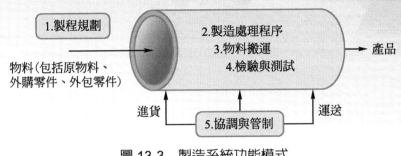

圖 13-3　製造系統功能模式

13-3-1　製程規劃

製造生產一項產品，其加工程序－即製程之細節，必須經過周詳的規劃及嚴密的監控。製程規劃是用來規劃「自原料開始到加工，以至於產品完成期間」，所經過最經濟有效的加工途徑，主要著眼於生產、操作程序、機器、刀具與夾具、及裝配的選擇方法。根據產品設計文件中的規格，決定最適當的製造方法和裝配作業的順序，使用製造工程技術將機器、加工程序、及人員做最佳的組合，以期達到製造成本最低、生產效率最高、產品品質最適當的一項計畫。其影響的因素包括：生產型態、機器設備的性能、機器設備的負荷與產能、員工的安排及標準化作業的建立等。

製程規劃主要的作業內容包括：

1.　決定生產的程序

由於一般設計圖只有標示產品的最終尺寸、公差、形狀與使用材料等資訊，並未說明加工的方法、使用的機器及加工的步驟等製造資訊。因此，必須先訂定出一套經濟有效的加工方法與順序，以供所有操作人員遵循。對於加工性的產品，需由有經驗的製程技術人員，根據產品設計文件中的規格，依產品使用的原材料形狀、加工步驟與方法，逐一列出完整的生產程序。至於裝配性的產品，則是依據產品裝配圖或操作程序圖來設定其裝配作業的程序。

2.　決定每一製程所用的機器與工具

基於機器的產能、加工能力與負荷考量，以決定所使用的機器，選擇機器時，除考慮經濟性及最低成本外，亦應同時考慮各機器間的負荷平衡，以使生產時能有最佳的效率。

3.　決定所需材料型態與數量

產品材料的材質雖已於設計階段指定，但材料的尺寸及型式，則必須配合加工方式及機器設備來決定，而所需材料數量則是由產品所展開的物料清單來決定。

4. 決定操作人力與時間

根據標準操作方法、機器的能力、並配合工作研究與時間研究，來決定每一項作業所需的人員數目與作業時間。

5. 決定檢驗點

在製程中進行檢查程序的時間點是品管所考慮的重點，主要是在決定生產程序中，於何時、何項作業、作何種的檢驗項目，以確保所生產的產品符合設計規格要求。一般可區分為離線檢查、線上檢查/製程中檢查及線上/製程後檢查三種方式。

13-3-2　製造處理程序

基本上，製造處理程序可分為加工作業及裝配作業兩個類型。加工作業主要是藉由改變物料幾何、物理性質、機械性質或外觀之技術，將工件材料由某一狀態轉成最終所要工件或產品的狀態來附加價值，使其成為完成品所需要之組裝零件。典型的加工製程包括鑄造、鍛造、擠製、塑膠成型、切削加工、板金沖壓等。

裝配作業則是結合兩或兩個以上各自獨立的零組件以產生新的組合零件，通常稱之為總成、次總成。裝配的結合方式，有採用如熔接與銲接製程的永久性結合，或使用機械元件如螺栓與螺帽、鉚釘、壓合與擴張性結合等半永久性結合。

13-3-3　物料搬運

物料搬運單元為製造系統中銜接兩個相鄰的工作站，或是將非自製的物料供應至系統內之關鍵單元。製造工廠內物料搬運的目的，在於移送原料、半成品、零件與成品、工具以及材料等，從一個地點(倉庫、加工站或檢驗站)到另一個地點，以便利整體製造作業的進行，其作業內容則包含工件搬送、工件暫存以及對加工機具的供應物料等作業。相較於加工和裝配程序兩種具有附加價值功能的製造作業，物料搬運所花費的時間通常較加工生產時間為長，且不具有加值的功能，因此在製造流程中，必須盡可能地消除不必要的物料搬運，盡可能高效率的執行，以減少成本與人力浪費。物料搬運規劃的目標則包括「儘可能減少搬運作業」、「縮短搬運距離」、「減少在製品」與「使破損減少至最少」。

13-3-4　檢驗與測試

　　檢驗目的是決定製造產品是否符合設計標準與規格，例如檢查機械元件的實際尺寸，是否符合工程圖上所標註的公差。主要有下列兩種檢驗：製程檢驗是針對製程變異的觀測，藉以判定製程是否應持續運作或停止；產品的檢驗，則是檢定產品是否合乎規格，亦稱為「產品驗收」。測試通常是關乎於最終產品的功能性規格，不強調組成產品之單一零件的個別性能，是產品研發階段的一項作業。產品測試時，在完全不考慮內部結構和內部特性情況下，將產品視為一個不能打開的黑盆子，進行測試每項產品所應具有的功能是否都能正常使用。

13-3-5　協調與管制

　　此項功能是將製造系統內部的資源，尤其是指人力、機器設備、物料、資金等，作最有效的規劃、協調與管制。協調是針對製造系統中各生產部門間規劃所需生產的產品、數量、生產程序、機器工具與生產期限等，以建立生產目標，並完成企業使命的一種活動過程。為達到所訂定之生產目標，就必須考慮未來所需的各項製造資源種類及數量，並對這些資源作合理的分配，以最低的成本達到預定生產的產品種類及數量。

　　管制作業是依照原訂生產計畫，將執行的成效作適時的核對與檢討，以檢討實際製造作業的進行結果是否符合預期的狀況。工廠階層的管制包括勞工有效運用、設備維護、工廠物料搬運、存貨管理、高品質產品按時運交，與維持最低水平的營運成本。

　　在現今競爭的環境中，製造系統的運作，應朝下列的要求與趨勢發展：

1. 產品必須完全符合設計要求、產品規格及標準。

2. 產品必須以最經濟且最環保的方式製造。

3. 從設計到組裝各階段必須建立產品品質，而非依賴產品完成後的品質測試。

4. 在高度的競爭環境下，生產方式必須有足夠的彈性，以符合變化中的市場需求、產品種類、生產速度、生產量，並準時交貨。

5. 針對製造業不斷發展的材料科技、生產管理方式及電腦整合技術，必須持續評估其合適性，適時性及經濟上的應用。

6. 製造者須時時注意客戶對產品的反應，使產品持續的改善。

7. 製造業組織須善用其所擁有的生產資源，不斷努力以達更高的生產力。

13-4 製造系統的製程型態

製程型態是製造系統轉換程序的一般管理方式，製程經常以產品的實體形狀、材料及生產流程、彈性及產量大小來分類。一般而言，若針對非連續性的製造系統，製程型態大致可分為大量製造、批量製造及零工式製造三種型態。

13-4-1 大量製造(Mass productions，MP)

大量製造也稱為「重複生產」，主要是用於產品的需求量相當高且產品種類別少的場合，當產品的製造程序可以高度標準化，並允許重複性製程產生時，採用大量生產之方式是最有效率，且設備的投資成本也較符合經濟效益。

大量製造的製造系統，一般採用流線型的製程配置，稱為產品佈置(Product layout)，如圖 13-4 所示，係將多部機台或工作站依產品的製程及操作順序予以排列，通常利用動力輸送帶於工作站間運送在製品，以減少在製品數量與減少中間搬運的無附加價值動作，因此極有效率。若流程的規劃是以製造加工為導向，稱為生產線(Product line)，如果流程的規劃是以組裝為導向，則稱為裝配線(Assembly line)。其排列的形式有直線型、L 型、U型、分枝型及旋轉型。此類系統主要應用於組裝生產，其產品包括汽車、個人電腦、電視及大都數消費性產品。

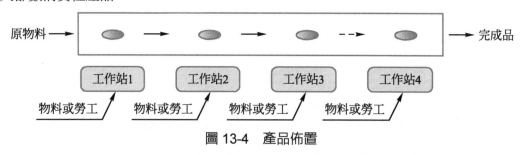

圖 13-4 產品佈置

生產線的產量取決於週期時間最長的工作站，該工作站通常被稱為瓶頸站。因此使用產品佈置時，必須考慮如何改善瓶頸站及平衡每一站的工作時間，以期減少物料的搬運時間、降低在製品、降低生產時間。至於所謂「生產線平衡」，是指將生產線中的作業分配於幾個工作站，使各個工作站執行所需的作業時間彼此近乎相同(即達到平衡)，亦即生產線的閒置時間最小化。否則，每個工作站的作業時間差異太大，會浪費在機器設備與操作人員在等待的時間，而影響產量。

大量製造的優點在於效率高，單位成本低，生產人員的技術要求偏低，製造管控容易，較低的單位物料搬運成本及設備的高利用率。其缺點則是不易因應需求變更、技術更新及產品設計改變等生產因素的變化，況且若有一工作站當機，將會影響整條生產線，故較缺少彈性。同時，由於過度分工造成工作枯燥乏味，而且重複性工作無法使員工進步，可能會造成心理問題以及壓力傷害。

13-4-2　批量製造

製造系統每次生產一小批量產品，稱為批量製造，當一批產品完成後，系統則變更設備之設定以生產下一批產品，不同批次之生產零件需要不同的加工順序與加工路徑。批量製造的生產設備通常是採用製程佈置，將功能型式相同的機器安排在同一群組內，形成一個部門或工作中心，例如將一個工廠分成幾個部門，包括車床部門、銑床部門、鑽床部門等，如圖 13-5(a)所示，圖 13-5(b)則為不同產品之製造加工途徑之示意圖。因各個工作站不會互相直接影響到產量，故較有彈性，適用於少量多樣的產品。唯在生產過程需要隨時搬運材料及零件，浪費時間，導致在製品庫存偏高，因此，各工作中心與部門間的相對位置的規劃，通常是以使物料搬運成本最低為設計考量。

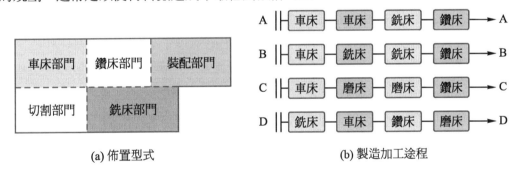

(a) 佈置型式　　　　　　　　　　(b) 製造加工途程

圖 13-5　製程佈置

批量製造系統的另一種設備佈置方式則是將工廠中要生產加工的零件或產品，根據群組技術(Group technology)依其設計屬性(例如外形)或製造屬性(如車削或銑槽)的相似性，將之分成若干零件族(Part family)，再將生產每一零件族的機器或處理集合放置一單元內，並依加工的順序予以排列，將這些機器形成一個製造單元(Manufacturing cell)，以進行一小群族的生產製造，此種製造單元的佈置稱為群組佈置，如圖 13-6 所示。製造單元的形成，是根據特定零件族加工所需的操作而定，包括零件分群與機器分群兩部分。群組佈置適用於小批量多樣化的生產，由於一個製造單元可以加工一個工件族(包含幾個工件)，故可適合多品種的生產，其典型的效益為降低製造前置整備時間，減少生產流程時間，降低工廠的存貨數量。

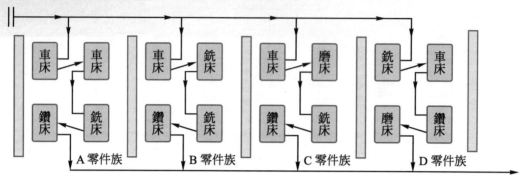

圖 13-6　群組佈置

13-4-3　零工生產

零工生產產品的年生產量低且製造批量小，通常是以客戶訂單為導向，生產設備主要是以泛用型設備為主，生產人員須具備有較高的技術能力，此一製程型態有極高的生產彈性，其設施型式稱為工作坊(Job shop)，模具的生產過程就是典型的零工生產方式。設備的規劃著重在於能夠處理不同製程需求變化的零件與產品，因此通常採用依功能取向的佈置。當產品極大而不易搬動時，則將產品放置於固定的地點，而生產所需的物料、工具、人員及機器設備則是移到產品位置處，進行製造生產或裝配的生產活動，此種佈置稱為固定位置佈置(Fixed-position layout)。此類產品範例有建築一棟大樓、興建橋墩、飛機或船的製造、新產品開發等。圖 13-7 顯示大量生產、批量生產及零工生產三種製造系統的比較。

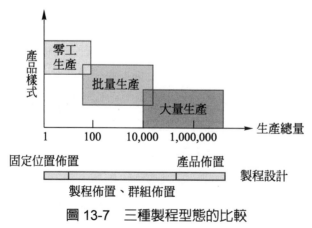

圖 13-7　三種製程型態的比較

13-5　製造系統的規劃與控制

　　規劃與控制是製造系統的一個作業支援系統,主要是在處理、協調製造系統之後勤支援的問題,以確保製造作業能有效順利的運作,產出預定的產品。基本上,作業支援系統可分成生產規劃與製程控制兩個階層,如圖 13-8 所示,說明現代製造系統中生產規劃與製程控制之相關活動及其彼此間關係。生產規劃是在開始生產產品前,基於顧客訂單及銷售預測,存貨情形及製造資源產能影響因素,對所欲生產的產品類別、數量及何時生產,做全盤性的考量,發展出合理且有效的計畫。生產規劃主要是對製造系統將來期望的一項陳述,但該計畫未必能確實達成,譬如顧客需求的臨時變更,供應商無法按時出貨,機器可能發生故障,員工臨時曠職,這些變數都可能阻擾計畫的實現。製程控制則是一種處理過程,用來偵測與監控製造現場實際的運作情形,將執行的結果作適時的核對與檢討,以檢討實際的進行結果是否符合預期的狀況,視需要隨時調整製造資源,透過短期的重新擬定,或針對某項作業的干預,俾使製造作業重新步入正軌,達成計畫所設定的目標。

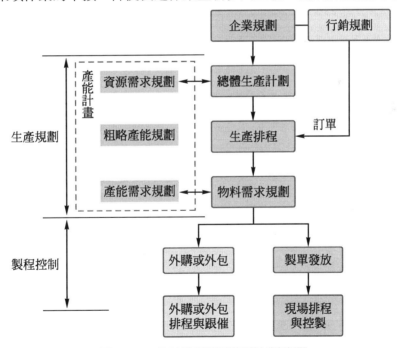

圖 13-8　生產規劃與製程控制流程

13-5-1　生產規劃(Production planing)

由於製造系統受到資源有限的限制，包括成本限制、產能限制、時間限制、及品質限制。因此生產規劃的作業主要是涉及：(1)決定製造那個產品，何時完成？(2)安排零件和產品的交貨/生產；和(3)規劃完成生產所需的人力、時間及設備資源。

生產規劃可依時間時程分為長期、中期、和短期的規劃，此一區分主要的目的在避免於同一時間同時考慮過多有關生產的各種影響因素。長期性的生產計畫如廠址選擇、產能計畫與產品計畫等，其計畫期間涵蓋一年以上至十年。因此，當考慮長期生產規劃時，規劃中的每一個項目都較為粗略，此一階段所考慮的是整個年度的產量，主要以財務預算的條件來設定生產目標。事實上，在這期間實際考慮的是不同的事業單位，所生產出來的數十種不同的產品。中期的生產計畫如人力僱用、採購計畫、存量計畫及生產量等，其計畫期間涵蓋一季至一年；在另一方面，當真正開始從事生產時，必須考慮許多有關生產特定項目的細項決策如生產排程、原物料採購、人員工作分派及進度管制等，許多資源都已分配確定，不宜大幅變動，則屬於短期生產規劃的考慮因素，其計畫期間則涵蓋一周至一個月。

在各個層級的生產規劃當中，需要一些合理的機制，將高階層企業計畫中營運目標轉換為實際的生產數量與活動。因此，當在討論長期、中期、和短期的計畫時，必須專注在如何將上階層所訂定的目標轉換為本階層的可行方案。透過這一系列的規劃作業，製造系統管理者才能掌握工廠內的產品清單、出貨時程、出貨數量、原料及零件需求等，以及對企業所擁有的人力與機器設備等資源配合產量加以規劃。如圖 13-8 所示，製造系統中生產規劃可區分成三個階段：(1)總體生產規劃，(2)主生產排程，及(3)物料需求規劃。

1. 總體生產規劃(Aggregate production planning)

　　總體生產規劃是一個時程為 6～12 個月的中期生產計畫，主要是協調企業內的產品設計、生產及配銷各部門，針對主生產產品的產出水準制定生產計畫，以達到有效利用製造資源的目標。總體生產計畫之所以稱為「總體」，主要是所考慮的產品因素係以產品家族為單位，所謂的產品家族係指所需生產資源相當接近的產品，譬如 Apple 公司不同款式的 iPad 可視為一個產品家族，而不同型式的 iPod 因所需要生產資源與 iPad 有相當大的差異；因此，iPad 和 iPod 可視為二個不同的產品家族。規劃時則將不同款式的 iPad 和 iPod 看成一種單一產品，著重整個需求及產能。

透過對產品、時間及人力三項因素加以整合，可以有效的將這一個規劃時程的產出率，雇用水準、存貨水準、欠交訂單及外包等方案作合理的分析及產能的規劃，發展出一總體生產計畫表，如表 13-1 所示之範例。

表 13-1　總體生產計畫表

產品線	月									
	1	2	3	4	5	6	7	8	9	10
iPad 產品族	200	200	200	150	150	120	120	100	100	100
iPod 產品族	80	60	50	40	30	20	10			
iPod touch 產品族							70	130	25	100

產能規劃是針對現場的生產資源，例如人力或設備資源，加以分配以符合產出需求。總體生產規劃的產能規劃稱之為資源需求規劃，主要是針對包括人力雇用水準、臨時工人、工作班次量、人工小時、儲備存貨、外包數量與機器投資等生產資源項目，擬定因應需求變化的計畫方案。在決策之前，必須有產能與產品需求的數量化資料。規劃時，首先就規劃期間預測總需求量並估算產能的水準，進而擬定產能規劃的可行方案，以因應需求的起伏變化時提供選擇採用，最後則是配合當時實際情境，選定最佳的產能規劃。

產能規劃如有所缺失將會直接影響生產活動，過高的產能顯然是資源的浪費，是企業極力避免的現象；然而，若產能過低則會影響交貨日程，降低競爭力而將失去商機。在進行產能規劃時，規劃管理者必須要能認知產能規劃的目標，並定義產能規劃優劣的衡量指標。一般產能規劃時常用的策略有：

　　a.　提昇顧客服務水準。

　　b.　降低存貨投資水準。

　　c.　降低生產速率改變率。

　　d.　降低人力水準改變率。

　　e.　提昇機器設備使用水準。

上述有關產能規劃的管理目標，有許多是互相抵觸而不可能同時達成，例如，在提昇機器設備使用水準之際，相對地容易造成較高的存貨水準。因此，規劃管理者必須明確地瞭解廠區系統所適用的產能規劃目標以定義較合理的衡量指標。在訂定合理的衡量指標後，接下來必須考慮在調節產能部份所能夠採用的規畫方案，以下將針對主動產能規劃方案以及被動產能規畫方案兩大部份進行討論。

(1) 主動產能規劃方案

主動產能規劃方案認為市場需求是一個可以透過某些方式加以調節的變因，亦即採取某些方式對市場需求加以主導。通常使用主動產能規畫方案的企業廠商，其在市場上較具影響力或較重要，而這些方案通常與行銷業務的方案有關，主要的策略包含：

a. 互補產品：主要針對季節性需求的產品，尋找一個使用類似生產資源，而其季節性正好相反的產品，則可成為互補產品。例如：割草機與除雪機即為此項產品組合。

b. 價格策略：通常是使用價格差異以改變市場對某些特定產品的需求型態，將需求轉移，使其更接近產能。例如：較廉價的早場電影票便可充分利用離峰時間的產能。

(2) 被動產能規劃方案

被動產能規劃方案則認為市場需求是無法調節的變因，因此必須被動的接受現有的市場需求，其因應的策略，絕大多數以調節生產產能中的各項變因，常用的方案如下：

a. 人力資源調節：是最基本的被動產能規畫方案，利用雇用或解聘員工以達到人力資源調節的目的。此方案可能受到如法律約束、人員技術替代性高低、員工士氣的影響限制。

b. 加班或寬放時間：在現有人力下利用加班或減時生產以達到產能調節的目的。此方案可能受到如生產力降低、品質不佳及工會加班限制的影響。

c. 期望存貨：利用提早生產累積存貨，以應付預知在未來的大量需求。但此方案將導致較高的存貨成本，且須承受存貨過時的風險。

d. 外包生產：在人力及設備均無法應付現有市場需求時，外包能使規畫者獲得暫時的產能，但外包生產過程較難控制，而且可能導致較高成本及品質問題。

e. 延遲訂單或缺貨：使用延遲交貨的方式將需求轉移至其他時期，來達成產能的調節，甚至在極端的情況下缺貨本身也是一個可以考慮的方案。但此方案可能受到商譽損失、顧客忠誠度的下降的影響。

對於生產管理者而言，熟悉上述各項被動產能規劃方案，並配合生產系統特性加以混合運用，以產生符合產能規劃管理目標的總體計畫，是建立整體生產計畫最重要的一環。

2. 主生產排程(Master production scheduling，MPS)

　　為了將生產規劃能用於製造作業的實施，必須將總體生產規劃分解成特定的產品需求，以決定人力需求、物料，以及存貨需求。主生產排程為一個短期生產計畫，通常使用月份設定達交量，其規劃時程為 2～4 個月，且定期更新計畫。主排程上承總體生產計畫，下接物料需求計畫，是生產規劃與控制的核心。主生產排程是針對某一產品型態，某一規劃時間，進行特定生產組合、數量、日期及生產設施的安排以符合市場需求。例如，根據表 13-1 所示，Apple 代工製造商總體生產規劃在 1 月有 200 個 iPad 訂單，若該產品有 iPad mini 與 iPad air 兩種款式。雖然兩種 iPad 可能有相同的零件，或在加工及組裝上有相似的作業，但在部份物料、零件和作業上仍會有些微差異，因此必須將這 200 個 iPad 所需的物料、零件、作業排程與規劃存貨需求，轉換成各種款式的特定數量(iPad mini 產量 120 個，iPad air 產量 80 個)，如表 13-2 所示。

表 13-2　主生產排程表

產品線	月									
	1	2	3	4	5	6	7	8	9	10
iPad mini 產品	120	120	120	100	100	80	80	70	70	70
iPad air 產品	80	80	80	50	50	40	40	30	30	30
iPod 5 產品	80	60	50	40	30	20	10			
iPod touch1 產品							70	50		100
iPod touch2 產品								80	25	

　　主排程根據訂單的時間性，原物料的供應情形以及生產機具、人力的調度來排定生產加工時間的先後，避免列出超過製造系統之機器與人力每月所能生產的數量。一旦初步的主生產排程產生，便進一步訂定出一個概略產能規劃，以測試可用產能對於主排程的可行性，確保沒有存在明顯產能限制。此一概略產能規劃主要是檢核系統的產能與倉儲存貨、人力及供應商，以避免存在有會導致主排程無法運作的重大缺陷。如果發現目前的主排程不可行，則須提出增加產能(例如，透過加班或外包)，或是修改主生產排程。

主排程流程是以下列三項投入資訊為基礎：(1)期初存貨，即前一期的實際現有庫存量；(2)排程中每一期的預測值；(3)顧客訂單，即已經承諾顧客的數量。整個排程流程作業首先於估算出預計現有庫存量，以顯示何時需要額外的存貨，進而推算出可用於承諾的存貨(Available to promise，ATP)及主生產排程。如表 13-3 所示，表中的可用於承諾的存貨數值，代表任一生產時期之可用存貨的最大數量，亦即行銷人員可以承接訂單的最大數量。每週的預計可用存貨數量，其推算方式如下：

可用存貨數量 ＝ 上週存貨 － 本週需求量(預測需求與已承諾顧客訂單兩者較大者)

當預計現有庫存量為負值時，表示此時需要補充存貨，亦即需要計畫進行一批量的生產，則將此批量生產排入主生產排程。如表 13-3 中所示，推算至第 3 週時，其可用存貨數量為– 29 (= 1 – 30)，因此需在第 3 週排入一批量的生產(假設生產批量大小為70)。換言之，在第 3 週預計將加入 70 個數量的存貨，其可用存貨數量為 41(= 70 + 1 – 30)。

至於可用於承諾的存貨量之推算方式，實務上有數種方法，其中一種應用前瞻的程序，是將顧客訂單逐週加總，直到出現 MPS 數量那週為止。第 1 週 ATP 值的推算公式如下：

可用於承諾的存貨(ATP) ＝ 期初存貨+ MPS 數量 － 推算期間之顧客訂單加總

其他有 MPS 數量的各週 ATP 值的推算公式為：

可用於承諾的存貨(ATP) ＝ MPS 數量 － 推算期間之顧客訂單加總

根據表 13-3 的排程，在第 3 週出現 MPS 數量，因此將第 1 週與第 2 週顧客訂單加總等於 53，然後以期初存貨 64 加 MPS(第 1 週為 0)再減去加總之顧客訂單 53，求得可用於承諾的存貨數為 11。從第 3 週開始，顧客訂單加總為 10 + 4 =14，ATP 為 70 –14 = 56。若銷售訂單超出 ATP 數值，則須協調主生產排程，藉由調整 MPS，以滿足增加的訂單數量。

表 13-3　主生產排程表

	1月				2月			
	1	2	3	4	5	6	7	8
期初存貨64　需求	30	30	30	30	30	30	30	30
顧客訂單(已承諾)	33	20	10	4	2			
可用存貨數量	31	1	41	11	41			
MPS			70		70			
ATP	11		56		68			

3. 物料需求規劃(Material requirement planning，MRP)：

物料需求規劃是一種以電腦為基礎的資訊系統，將主排程之完成品的需求轉換成在不同時間階段之次組裝組件、零件、原物料等需求。MRP 系統架構如圖 13-9 所示，系統的輸入資料包含主生產排程、物料清單和其他的工程和製造的資料及存貨記錄。一個完整的物料需求計畫不但提供生產部門重要的採購依據，同時是控制生產進度的排程工具，在經過 MRP 後，各項實質的生產活動才依序展開。

物料需求規劃的推演乃是依據主生產排程的需求透過物料清單(BOM)的展開，並考慮現有之庫存狀況，由到期日向後推算，利用前置時間和其他資訊，緊密規劃生產產品之個別零件與次組裝組件的需求量與時程，以決定在各時期所應進行各項生產活動，適時地發出製造工單，進而達到準時交貨的目的。對於必須採購之原物料或零組件，則須向上游供應商傳送採購訂單，事先將所有項目規劃妥善。

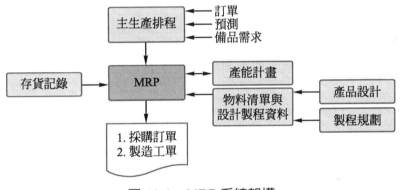

圖 13-9　MRP 系統架構

執行物料需求規劃程序，須先參考該產品的物料清單，列出生產一單位產品所需的零件與次組裝組件及原物料及其數量，一般是以階層方式描述成一產品結構樹。如圖 13-10 為 iPod Touch 的產品結構樹，是由 2 個 U 和 3 個 V 所組成。此外，每一個 U 需要 1 個 W 和 2 個 X，而每一個 V 則是由 2 個 W 和 2 個 Y 所組成。物料需求規劃的推演程序，首先根據主排程所規劃之最終產品的數量與時間，藉由單一裝配層次的物料單，推算需要多少零件與次組裝組件，進而檢查所需零組件之存貨數量，以求出該項零組件的淨需求，此淨需求即構成下一裝配層次解析後之物料清單的排程，依此方式持續進行，直到產品結構的底層。表 13-4 說明 iPod Touch1 產品物料需求規劃的推演，根據表 13-2 所示，iPod Touch1 產品必須在第 7 週完成 70 台的組裝，參考圖 13-10 之 iPod Touch 產品的物料清單，表 13-4 推演出 iPod Touch1 產品的各個零組件的需求量及需求時間點。

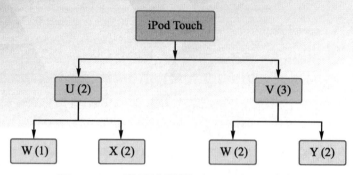

圖 13-10　產品結構樹–iPod Touch 為例

表 13-4　物料需求規劃表範例

週		1	2	3	4	5	6	7	8	
T	需求日期							70		前置時間1週
	下訂單的日期						70			
U	需求日期						140			前置時間2週
	下訂單的日期				140					
V	需求日期						210			前置時間2週
	下訂單的日期			×2	210					
W	需求日期				560					前置時間3週
	下訂單的日期	560								
X	需求日期				280					前置時間1週
	下訂單的日期			280						
Y	需求日期				420					前置時間1週
	下訂單的日期			420						

13-5-2 廠區控制(Shop floor control)

　　廠區控制主要是管理與控制製造工廠裡產品加工、裝配、搬運與檢驗的實際作業，以執行製造規劃。以工廠協調功能的觀點，廠區控制工作主要包括排程、派工、監督三項作業。排程作業係依據過去的經驗及客戶的需求，使用不同的法則擬定生產時程以配合生產作業的需要；派工作業依據途程計畫，生產現場所有設備及人員的狀況，分配工作以執行所制定的排程，並以即時方式控制工廠內的作業流程，其目的在於使人員與機器能依照排定的時間完成規定的工作。監督作業在於監看正在進行的製造命令，查核各項作業的實際進度，以確保生產進度與計畫進度一致，提供生產狀態資料並反應予排程模組。

典型廠區控制系統如圖 13-11 所示，主要可分成：製單發布、製單排程及製單進度三個階段

1. 製單發布

　　製單發布可視為規劃階層與現場控制管理系統間的介面，負責控制製造工單發放至製造現場的流量。製單的發布乃是基於物料需求規劃系統所發出的授權生產訊息，並綜合工程與製造資料庫中所列出的產品結構與製程規劃，而發展出工廠生產所需文件。所提供的生產文件，包含有：

(1) 途程表以說明生產品項的製程規劃。

(2) 存貨領取單以領取所需之原物料。

(3) 生產工作卡片列出所需時間與人力或訂單進度。

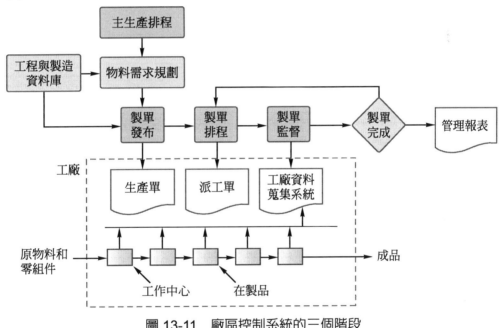

圖 13-11　廠區控制系統的三個階段

2. 製單排程

　　製單排程是將生產所需的資源分配給所需此資源的製造工單，這些資源包括物料、人員、機器設備及工具。將生產製單指派於工廠各工作中心，於派工單中明列各工作中心完成生產製單的日期及優先順序。製單的排程主要是根據機器負荷及工作序列兩個因素作考量。

常用於生產排程的規則包含：

(1) 先到先服務：以到達機器的順序為依據。

(2) 最早交期：交期最早者有最高的優先。

(3) 最短的製程時間：製程時間較短者較為優先。

(4) 最短緩衝時間：所謂緩衝時間是指所需製程時間與截止交期剩餘時間之間的差值，該差異最小的工作優先執行。

(5) 關鍵比值：為剩餘時間除以所需製程時間，該比值越小優先度越高。當該比值 <1 時，即表示該項工作無法在交期前完成。

有時不同製單的相對優先可能受下列因素而有所改變，如產品需求量的增加或減少，設備故障導致生產延遲，不良原物料而延遲製單或顧客取消訂單等。

3. 製單進度

製單進度擔任規劃階層與現場階層的聯繫，作業內容包括：

(1) 提供生產資訊予廠區監控功能，以作為生產或製程上決策者訂定決策的依據。

(2) 監控工廠各訂單的狀況，並提供生產進度與績效評估報表供管理階層參考。

(3) 在發現實際進度有異常時，必須持續不斷將異常狀態的回饋與控制功能傳送到相關模組，緊急協調各部門以採取適當的補救措施，並將異常狀況及處理情況以報告方式，通知生產管制部門主管或相關主管。

最後之進度報告用於指出製造命令發出後的實際進行狀況，若有進度落後情況，則應修正製造命令或日程計畫，因此，進度報告中應列出已完成的工作及未完成的工作，並說明進度落後的原因。

13-6　存貨管制(Inventory control)

存貨是指產品的庫存貨儲存，為製造系統在製造轉換過程中，用於支援生產、生產相關活動及滿足顧客需求時所需使用到的物料。依傳統的看法，製造系統中的物料一般可分為原物料、組件、在製品及製成品。

存貨的目的可以視為彌補「需求」與「供給」時間及數量不確定性的一種措施。任何一個製造企業，為了滿足市場或顧客的需求，必須要有存貨的存在。存貨管制則是在持有存貨成本最小化及顧客服務最大化兩個對立的目標之間尋求適當妥協。最小存貨成本建議存貨最小量，因而可能產生缺料的情形而延遲訂單交貨。另一方面，爲充分滿足顧客服務則需有大批存貨使顧客能夠立即擁有，致使提高持有存貨成本。然而存貨必須支付存貨成本，其中包含了各項倉儲管理費用、保險費用、過時淘汰以及機會成本等，通常每年存貨成本約爲存貨價值的 30%左右。而如果公司產品是對時間相當敏感的高科技產品，例如電腦或電腦周邊產品，因過時淘汰所帶來的成本則更爲驚人。

13-6-1　存貨管制系統

存貨管理方式的主要差異來自於需求項目的性質。獨立需求(Independent demand)係指外界或消費者對最終產品的需求，這種需求是相當穩定的。當需求項目是由製造產品所衍生，用於生產完成品的原物料、零件和裝配件，這些項目稱爲相依需求(Dependent demand)。例如：市場對汽車的需求爲獨立需求，生產汽車的零件和原物料，如車燈、雨刷等，就是相依需求(因爲在任何時期所需零件和原物料的總數量是生產汽車數的函數)。

存貨管制系統主要有永續盤存系統和定期盤存系統兩種。永續盤存系統採定量訂購模式，又稱定量管制系統是事件導向的管理模式，如圖 13-12 所示。系統必須持續監控庫存，當存貨降到再訂購點時，就會發出訂購固定數量 Q 之訂單。此系統在每一次庫存有增減時，就必須更新庫存記錄，以確定是否已達到再訂購點。其發生的時機完全是依據產品的需求來決定的，所以在任何時間均可發生。此存貨控制系統的優點是：管理者可辨識經濟訂購量、且訂購數量固定。然其爲能瞭解存貨水準何時達到訂購點，需持續監視、盤點現有存貨，是一費時、費力的模式。

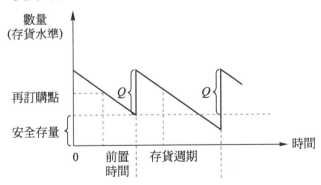

圖 13-12　永續盤存系統–固定訂購量模式

定期盤存系統則是採定期訂購模式，是時間導向的管理模式，如圖 13-13 所示。定期盤存系統每隔一固定期間即檢查目前庫存量再決定訂購量，將存貨水準提升到最高庫存量水準，因此每期的訂購量可能有所不同，完全視耗用率而定。該系統的缺點是：每次檢核時均須決定訂購量，且在兩次訂購期間無法精確控制，易造成缺貨損失。而該系統優點則是：不需持續監視及盤點現有存貨，可減少花費在監控存貨的支出，且多項存貨同時訂購時，其訂單理與裝運亦較爲經濟。

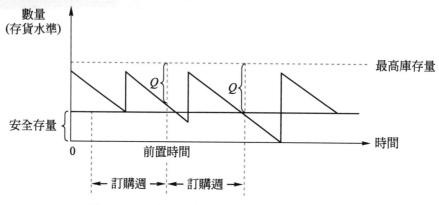

圖 13-13　定期盤存系統–固定週期時間模式

存貨管理主要關切兩個面向，一個是服務水準，也就是在正確的地點、時間，擁有正確且足夠的存貨量；另一則是訂購與持有存貨成本。存貨管理的整體目標是在合理的存貨成本下，能夠達到讓顧客滿意的服務水準。爲達此目標，決策者必須決定何時訂購以及訂購數量兩項重要因素。由於存貨系統的前置時間與需求率皆爲不確定的因素，所以需要持有額外的存量，稱爲安全存量，以減少在前置時間中造成缺貨的風險。況且隨著缺貨的風險的減少，服務水準也會隨著提高。因此，決定安全存貨數量對管理者而言亦是一項關鍵決策。

13-6-2　存貨控制模式

經濟訂購量模型旨在探討有關訂購多少量的問題。所謂經濟訂購量係指年存貨成本總和最小化下的訂購量。爲簡化問題，此模型乃做下列數項假設：

(1)　年需求量，儲存成本及訂購成本均爲已知常數。

(2)　訂購貨品均能一次全數送達，且前置時間固定。

(3)　不考慮缺貨情況，故無缺貨成本。

在經濟訂購量模型下，存貨成本包括存貨持有成本與訂購成本。由於未來需求預測是在確定情況之下，不會有存貨短缺的現象發生，故不考慮有短缺成本的存在。每年的總訂購成本是以每筆訂購成本 S 乘以每年的訂購次數。因為年需求量 D 假設為常數，故訂購次數等以 D/Q，其中 Q 為每次訂購量，則

每年的總訂購成本＝$(D/Q) \times S$

上式中的唯一變數為 Q，因此訂購成本端賴每次訂購量的影響。

如圖 13-12 所示，當存貨量為 Q 時，由於年需求為已知而固定，存貨量所呈現的斜線是往右下方下降的。當存貨量降至再訂購點時，則進行訂購，訂購量為經濟訂購量。經過前置時間後，所訂購的數量如期送達，驗收後存貨又達最高量 Q。在訂購的數量到達之前，存量為最低或等於零。如此週而復始，反覆進行。因此，在任何一個循環週期中，其平均存貨水準為 $Q/2$。若 P 表存貨物品單價、i 為儲存費率(一年)，每單位每年的持有成本 $H = P \times i$，則

每年的存貨持有成本 ＝$(Q/2) \times H$

故存貨總成本(TC)為存貨持有成本與訂購成本的總和，即

$TC = (Q/2) \times H + (D/Q) \times S$

如圖 13-14 所示，訂購成本與持有成本的反向變動關係，其存貨總成本曲線呈現為一凹型曲線，最佳訂購量即是存貨總成本曲線的最低點。

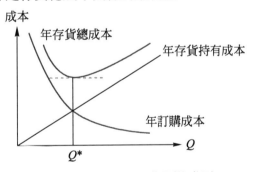

圖 13-14　經濟訂購量模式型

將總成本式對 Q 微分，並令該方程式為零，即可求得最佳訂購量

$$Q^* = \sqrt{\frac{2DS}{H}}$$

將最佳訂購量 Q^* 代入存貨總成本式中，可得最小存貨總成本：

$TC_{\min} = (Q^*/2) \times H + (D/Q^*) \times S$

例題 一零件年需求量為 12000 個，其單價為 80 元，若儲存費率為 24%/年，生產線一次變線設定成本共 800 元/時，試求該零件之最佳經濟訂購量？

答：$Q^* = \sqrt{\dfrac{2 \times 12000 \times 800}{80 \times 0.24}} = 1000$個

13-7　電腦整合製造

　　由於近代電腦科技的蓬勃發展，製造系統引進電腦科技的應用，主要可分成兩個層面：(1)透過電腦控制、數值控制機器與機器人，將製造操作與生產流程予以自動化(Automate)；(2)透過電腦智慧、通訊網路及資訊科技，將製造程序、操作與管理及所有生產資訊整合(Integrate)為一整個系統。整體而言，製造系統的發展，強調於下列四個主軸：CAD/CAM 的整合、整合生產規劃與管制系統、發展精敏的製造程序及透過現場監控系統進行製程管制。

　　產品的製造涉及包括產品設計、製程規劃、生產規劃、檢驗、產品配銷等環節。21世紀初，電腦與資訊科技在上述各個階段的程序，大致都已發展出獨立運作的電腦應用系統。譬如產品設計階段的電腦輔助設計(Computer aided design，CAD)協助設計建構幾何模型、工程設計與分析、設計的查驗與評估及自動工程圖繪製。製造生產階段的電腦輔助製造(Computer aided manufacturing，CAM)統合從生產前的準備規劃至生產加工過程中的作業管制。製造系統是一包括製程規劃、製造處理與生產控制等多層面的複雜系統流程，整個製造過程不僅包含大量的庫存，還需擷取與整合即時的生產資訊，讓組織中各流程間分享資訊。在電腦化的趨勢下，根據製造的系統流程，乃逐步地發展出如物料需求規劃、製造資源規劃(Manufacturing resource planning，MRP-II)、企業資源規劃(Enterprise resource planning，ERP)及供應鏈管理(Supply chain management，SCM)等以電腦為主的資訊系統。

13-7-1　製造資源規劃

　　製造資源規劃是 1980 年代由 MRP 進化的一套電腦化生產規劃系統，除將 MRP 的範圍擴展至產能需求規劃，同時亦將企業組織的其他功能領域(例如行銷、財務)納入規劃程序中，其中主要有產能規劃與現場生產管制模組。

　　如圖 13-15 所示 MRP-II 系統的流程，MRP 仍然是 MRP-II 規劃程序的核心，程序始於總體生產規劃，隨之進行粗略產能規劃，爲主排程規劃評估各種資源的可行性，進行初步的產能面檢查，通常最初所擬定的生產計畫都須加以修正。一但產能面評估可行，主生產排程就可以確定，系統流程便進入物料需求規劃執行階段，進而產生物料與排程需求。俟確認 MRP 規劃的可行性後，即可依照規劃結果在規劃點投單生產。在圖 13-15 所顯示之 MRP-II 系統中存在許多生產規劃和可用產能間的回饋迴路，形成一個封閉環狀系統，經由回饋功能控制所有的製造規劃、排程和物料，以滿足主生產排程的需求，協調製造系統的主要功能，得以在正確的時間生產正確的產品。

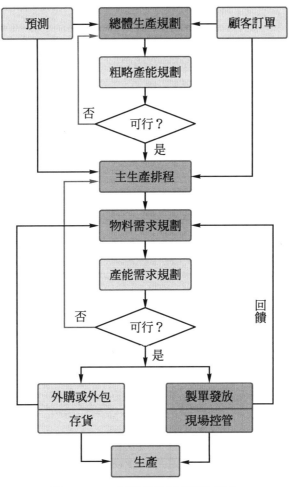

圖 13-15　製造資源規劃的概念

13-7-2　企業資源規劃

企業資源規劃是將企業內部各部門(包括財務、會計、生產、物料管理、品質管理、銷售與配銷、人力資源管理…等)的資訊，利用資訊科技整合在一起，即時地將企業資源做最有效整合的一套跨功能的資訊系統。基本上，企業資源規劃系統是 MRP-II 的延伸，主要是從製造與生產、財務與會計、銷售與行銷、與人力資源中各種關鍵的企業流程收集資料，透過資料庫管理系統來整合生產、訂單處理與存貨管理等核心程序，提供核心程序相關的即時資訊。系統係針對所有在製造組織中的資訊，就企業內所有資源進行有效的規劃與控制，以追蹤企業資源(如資金、原料與產能)，以及企業任務的執行情形(包括產品之訂單、庫存、配送的狀態)，並能預測原物料及人力資源的需求。

典型的企業資源規劃系統，大致上都包括有四個主要應用模組：(1)製造與生產、(2)配送與銷售、(3)財務與會計、(4)人力資源應用等。製造與生產流程模組用來處理原物料需求規劃、生產規劃與產能規劃。配送與銷售流程模組係支援客戶相關的活動，提供訂單管理、採購與物流規劃，銷售模組則提供銷售分析、銷售規劃與定價分析的功能。人力資源應用模組負責員工管理作業，從人力需求規劃、作業流程分析到薪資紅利管理。財務與管理會計模組則包括財務會計、投資管理、成本控制、資產管理及企業績效衡量等功能項目，提供即時的財務資料及利潤分析等資訊。

13-7-3　供應鏈管理

供應鏈管理是企業本身結合其上游供應商、製造商及下游之顧客、經銷商，將產品從生產到配送等相關活動流程，進行跨功能部門間運作之整合與協調合作的策略，如圖 13-16 所示。本質上，供應鏈管理著重在追求企業合作的效率，以較少的產品前置時間與營運成本為最佳考量，使得產品可以正確的數量生產，並在適當時間配送到正確地點，使系統成本最小，來獲取企業營運的競爭優勢。

美國供應鏈協會曾針對供應鏈管理提出下列的定義說明：「所謂供應鏈管理乃是為了回應與滿足市場需求，企業針對原料、服務及資訊所採取的整體管理流程」。因此一個有效的供應鏈管理，必須要能在最小成本下，提供客戶最高品質的服務。同時為達到最大的整合效益，整體供應鏈流程必須要同步化，顧客、供應商、經銷商及製造商間，藉由資訊的快速傳遞，仰賴彼此的協調、合作與溝通才得以達成。供應鏈管理包括產品供應與需求的管理，原物料、零組件的採購、製造與裝配，物料的存貨管理，訂單管理及行銷與配送通路及交付顧客等之業務流程管理。

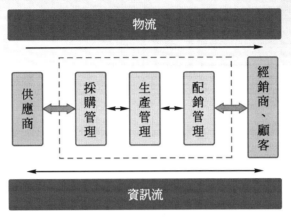

圖 13-16　供應鏈管理示意圖

13-7-4　電腦整合製造系統

　　1980 年代中期生產系統管理及區域網路的導入使用，製造系統的架構乃朝電腦整合製造系統發展。電腦整合製造系統是應用電腦資訊、通訊網路及自動化技術，將製造系統中所有產品設計、製程規劃、製程、分配與管理等方面的業務活動，藉著電腦網路經由資訊處理功能，將之電腦化整合，統合在一個整合性資料庫的環境下運作。圖 13-17 所示為美國製造工程學會(Society of manufacturing engineers，SME)所提出的 CIM 環，說明一個三層式的電腦整合製造系統架構。最外層為一般企業管理層，包括行銷、策略規劃、財務及製造管理與人力資源管理。中間層則由工廠自動化、產品與製程、製造規劃與控制三個構面組成，說明產品生命週期中在製造系統中之所有生產活動。最內層則包括資訊資源管理、共同資料庫及網路通訊，為系統整合的核心技術。

　　理論上，電腦整合製造的理念係將製造系統的所有功能與活動在一個整合與協同的環境下運作，因此需要具備一個整合性資料庫，以提供整個製造組織共同使用。系統資料庫所儲存的資訊主要是包含與產品、設計、機器、製程、物料、生產、財務、採購、銷售和庫存等有關之最新、詳細且精確的資料。因此，各業務部門的資訊可以互通共享、即時傳遞，確保正確且一致的資訊。

　　就組織的觀點而言，電腦整合製造系統是由一些子系統所組成，主要有：業務規劃與支援、產品設計、製程規劃、製程自動化及控制，以及製造控制系統。若依據電腦整合製造的控制架構，這些子系統可區分成二種功能：

1. 規劃功能：包括預測、排程、物料需求規劃、配銷及會計。
2. 執行功能：包括系統產品與製程控制、物料搬運、測試及檢測。

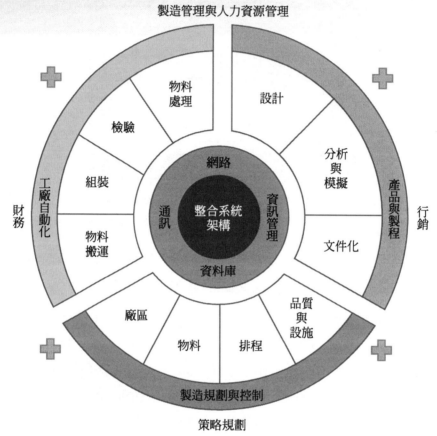

圖 13-17　CIM 環

電腦整合製造系統的主要利益包括：

1. 透過較佳的製程控制，品質可以確保穩定。
2. 即時的製造資訊，降低製造中的庫存品，增進生產力且降低產品成本。
3. 針對製造系統的生產、排程及管理，能完全掌控。
4. 可快速適應變動的市場需求，因應全球化的競爭。

13-7-5　製造執行系統
(Manufacturing execution system，MES)

資訊系統在製造系統中扮演非常重要的角色，資訊的收集是在製造程序上以電腦介面連線，從相關製造設備與流程中直接搜集資料，進而經資訊處理及資訊轉換產生有用的資訊，經電腦監控人員研判資料後再做必要之控制。電腦製程控制則是除了監測的任務外，電腦進一步地發出指令回饋到製造流程執行必要的控制動作，掌控廠區生產活動的狀態，並回報給上層以調整控制參數。在電腦整合製造系統中，為建立生產規劃系統(如 MRP，MRPII)與製造現場監控系統之橋梁，需要一套現場資訊流自動化系統，製造執行系統的概念與架構乃因應而生。

基本上，製造現場控制系統可分為三個層次：

1. 機器設備控制器：主要是接受上層製造控制系統的加工命令，以控制所屬機器設備的加工作業，例如 CNC 控制器、機器人控制器。

2. 製造控制系統：實際監控整個生產現場的加工過程及機器設備，蒐集現場資源、設備及物料的使用情形，即時回饋給製造執行系統。

3. 製造執行系統：主要是根據生產管制單位所規劃的生產與作業排程，執行與監督現場的所有生產活動，並將現場資源使用狀況及製令生產績效即時提供生產規劃單位及製造控制系統使用。

製造執行系統是一從接到訂單開始從事生產到產品完成，在生產線上傳送產品生產的即時資訊給使用者監看。將製造現場之人力、物料、機器、時間、成本等資訊儲存於資料庫，據以追蹤管理目前正在進行的各項製造作業，且將現場製造資訊及時回饋給規劃系統，並產生相關管理報表，以提供決策者參考。

製造執行系統可分成規劃、執行、控制與製造四個功能層次。系統接收來自規劃階層的生產計畫，產生廠區中可執行的短期排程與工作命令。在工作命令執行期間，製造執行系統同時收集、整理、分析來自廠區中的資訊並回報規劃階層，視實際生產狀況調整規劃及排程，以確實掌握生產狀況。基本上 MES 的功能可歸納如下：(1)生產資源的掌握分配；(2)現場排程、派工；(3)品質管理；(4)製程管理；(5)保養與維修；(6)績效分析；(7)生產相關文獻管理；(8)生產資料搜集；(9)人力管理；(10)產品資料記錄追蹤。

13-8 新世代製造系統

13-8-1 及時生產系統(Just-in-time production system，JIT)

及時生產的概念起源於美國，但第一次大規模的實現是由日本豐田汽車公司副總裁大野耐一(Taiichi Ohno)所發展。JIT 是一套哲學，其主要的理念是「只在需要的時候，按需要的量，生產所需的產品」，目的是用來減少整個製造系統的材料、機器、人力、資本及投資的浪費，也就是追求一種無庫存、或庫存量達到最小的生產系統。JIT 技術是存貨管理的一個變革，JIT 也是一套生產管理的整合系統。

在傳統製造中，企業將原物料從庫存區或採購進來後，依生產計畫分批送至製造現場，根據排程生產零件，此種方式稱為「推式生產」(Push production)模式，如圖 13-18(a)所示。在及時生產系統則是透過拉式系統(Pull system)，如圖 13-18(b)所示，將原物料拉往需要的工作站，亦即以訂單方式生產零件，在下游工作站的作業狀況許可的情況下，上游工作站才被允許將原物料(或加工物)傳至下游工作站，由於加工物在前後工作站的「決定權」在於「後工作站」，所以這種後工作站決定前工作站的關係，故稱為「拉式生產系統」。理想的情況是，在生產系統中依生產順序在下一站所需某個零組件的時候，上一站剛好將所需的零組件數送達。製造系統降低了原物料的庫存，提高了企業的運作效率，也增加了企業的利潤。

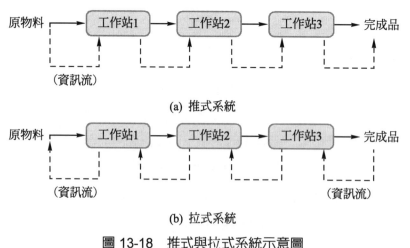

圖 13-18 推式與拉式系統示意圖

　　JIT 觀念的實施需要透過精確地協調生產和供應，並模擬各種的製造操作，將所有無附加價值的操作及閒置資源使用之浪費現象予於消除。製造現場的浪費常存在於：(1)生產過量；(2)每人或每工作站所花的時間；(3)搬運過程；(4)製造過程；(5)沒有必要的存貨；(6)沒有必要的動作；(7)瑕疵品的產出。同時，要使 JIT 有效地運作，需仰賴許多基礎技術，例如，穩定的生產、彈性化的資源、小批量生產、快速機器設定、看板式生產控制、高品質及可靠的供應商等。

　　拉式系統是透過某種『信號』控制生產活動的進行，在日本實施係採用看板(Kanban)，即是看得見的紀錄。每一個看板對應一個標準的生產數量或包裝數量，看板卡片的基本資訊包括零件編號、零件型式、單位容量、包裝型態、來源處、目的地等。常見的看板形式主要有兩種，分別為：

1.　生產看板：是授權產品生產的卡片，其統籌在一個工作站上之一個貨櫃或搬運車的特定零件的生產。

2.　運送看板：是授權產品輸送的卡片，其統籌從一個工作站至另一個要使用這些零件的工作站的一個貨櫃或搬運車的零件運送。

13-8-2　精實生產系統(Lean production system，LPS)

　　1985 年美國麻省理工學院(MIT)籌組一個「國際汽車計畫」(IMVP)的研究團隊。在丹尼爾‧瓊斯(Daniel T. Jones)教授的領導下，針對 14 個國家的近 90 個汽車裝配廠進行實地考察，就西方的大量生產方式與日本的豐田生產方式進行對比分析，最後於 1990 年發表「改變世界的機器」(The machine that changed the world)一書，把豐田生產方式定名為「精實生產」(Lean production)，成為普受全世界關注的一套生產管理系統，是繼大量生產模式之後人類現代生產模式的新里程碑。

　　精實生產是一項製造哲學與技術，藉由消除生產過程中的任何環節所產生不必要的浪費，來縮短從收到顧客訂單到交貨的時間。換言之，「精實生產」強調以較少存貨較省空間，較少材料搬移距離，較少機器裝卸時間，較少人力等來達成較佳成本效率及品質。剛好及時生產是構成精實生產系統的關鍵要素。

　　一個精實生產體系主要是建立在下列三個技術基礎上：

1.　全面品質管理，是確保產品品質，達到零不良率目標的主要措施；

2.　及時生產和零庫存，是縮短生產週期和降低生產成本的主要方法；

3.　小組技術，是實現產品多樣、客製化定單生產、擴大批量、降低成本的技術基礎。

　　精實生產之核心理念強調以顧客的需求爲其生產價值，徹底消除不必要的浪費、降低成本，採取後拉式生產，以建立一個滿足顧客要求的生產系統。精實生產之組織特徵有：短的生產時程、多樣化產品型態、使用較一般的生產機器、多能工、小批量及持續的品質控制程序。因此，一個製造系統要重從舊有之模式朝向精實生產模式邁進，其所需要改善之項目，可分成下列五個階段循序進行：

1. 穩定階段：重點在於確立產品品質、精實基礎的建立與組織變革的調整。
2. 暢流階段：重點在於降低庫存、縮短生產週期、提升人均產量。
3. 同步化階段：重點在於各製程工序同步搭配、物料供應的精確搭配。
4. 後拉式生產：簡化管理程序爲後拉式看板生產。
5. 平準化生產：以小批量方式提高生產線生產彈性。

　　精實生產管理最終目標必然是企業利潤的最大化，具體目標則是透過消滅生產中的一切浪費來實現成本的最低化。精實生產可視爲生產管理技術與組織作業革新的整合，此構築了一個產業面對多變化的產品市場的調適能力。

13-8-3　智慧型製造系統(Smart manufacturing system)

　　18 世紀末，英國人瓦特蒸汽機的發明，提供工廠機器運轉的動力，引發第一波的工業革命，20 世紀初，美國亨利・福特提出的移動生產線，對工廠生產的方法產生重大影響，零件標準化及可互換性的概念逐漸普及，大規模的生產線改變了原來工業革命後的工匠生產方式，進入了大量生產的規模經濟時代大幅降低生產成本，整體工業乃進入第二波的工業革命。1970 年代電子與電腦科技的快速發展，數值控制技術及可程式控制技術的開發與應用，促進產業自動化，成爲第三波的工業革命。現今資訊科技與網路技術的蓬勃發展，人類正朝第四波的工業革命邁進，發展智慧型製造爲核心的工業型態，以逐級提升工廠自動化、電腦整合製造能力爲主。

　　新世代智慧型製造系統，整合訊號感測(Sensing)、運算處理(Processing)、邏輯推理判斷(Reasoning)及反應控制(Reacting)等四大子系統，構成一個智慧化循環流程，如圖 13-19 所示，開發出具環境感知，安全人機互動與自主決策能力的設備與系統。以因應多元、多樣的製造需求，著重產銷流程的掌握，提高生產過程的可控性、即時正確蒐集生產資訊，合理的生產規劃與排程。

圖 13-19　智慧型製造系統示意圖

　　智慧化技術的導入，則是建構於傳統自動化的基礎架構上，整合視覺與力量等感測技術，逐步建立適用於大量客製化的製造系統，提升單機自動化效能。現在產品除了上市時間越來越快，產品功能亦漸趨多元，導致設計的開發時程大為縮短。未來的發展，係朝向設計端及行銷端整合，虛擬產品開發的技術讓生產體系反應更加快速。

　　至於在系統整合的層面，未來 21 世紀的製造系統，除了考慮金流，資訊流，物流外，還須考慮將資源回收納入流程的環保流；同時，網際網路的大量運用，也對製造系統的型態產生衝擊，因而，虛擬製造，虛擬企業，和環保製造成為新世代製造系統的主流。

章末習題

1. 描述製造系統的意義？一個製造系統包括哪些要素？

2. 試比較大量製造、批量製造及零工式製造三種製程型態的差異？

3. 使用製程別佈置時，需考慮那些因素？使用產品別佈置時，又需權衡什麼？

4. 生產線平衡的主要目標為何？若生產線不平衡，會造成哪些情況？

5. 製造系統中，關於生產規劃的三個層面為何？

6. 說明總體規劃在管理上有何意義？

7. 主排成的投入有哪些？產出有哪些？

8. 製造系統中，廠區控制系統的三個階段為何？分述其作業內容？

9. 持有存貨的主要原因為何？

10. 說明兩種存貨管制系統的差異？

11. 舉例說明推式系統及拉式系統，並說明兩者的差異？

12. 電腦整合製造有哪些利益？

13. 描述智慧型製造系統的意義？

14. 某玩具製造商每年使用約 32000 個矽晶片，若工廠每年 240 個工作天中晶片的使用率呈穩定狀態，每年持有成本為每個晶片 0.6 元，而訂購成本為 24 元，試求：(1)最佳訂購量？(2)訂購週期？

15. 請根據下列存貨管理資料回答下列問題：(一年= 50 週)需求量為 500/週，訂購成本為 40 元/次，年持有成本為 0.5/個/年，前置時期為 3 週。試求：(1)最佳訂購量？(2)訂購週期？(3)平均存貨量？

16. 產品 X 係由 1 單位 A、1 單位 B 及 2 單位 C 所構成；產品 Y 係由 1 單位 A、1 單位 C 及 2 單位 D 所構成。而 A 組件係由 1 單位 B 組件與 2 單位 D 零件所組成；B 組件係由 1 單位 C 零件與 1 單位 D 零件所組成。試根據低階編碼技術分別繪出產品 X 及產品 Y 之產品結構樹。

Bibliography

參考文獻

1. 陳振益等譯，生產與作業管理，全華圖書公司，2005，原著：Operation Management, Roberta S. Russel、Bernard W. Taylor III, Pearson Prentice Hall.

2. 王俊程等譯，自動化生產系統，高立圖書公司，2006，原著：Automation, Production Systems, and Computer-Integrated Manufacturing, Mikell P. Groove, Pearson Prentice Hall.

3. 何應欽譯，作業管理，滄海書局，2010，原著：Operation Management, Willian J. Stevenson, McGraw Hill.

4. 王立志著，系統化運籌與供應鏈管理，滄海書局，1999。

5. 王海等譯，機械製造，台灣培生教育出版，2010，原著：Manufacturing Engineering and Technology, Serope Kalpakjian Steven Schmid Pearson.

CHAPTER 14

品質工程與管理

14-1　國際標準介紹

　　ISO 9001 是國際標準組織針對公司品質管理系統(Quality management system)所制訂的國際標準，自從 1987 年正式發行第一版 ISO 9000 品質管理系列標準後，全球企業已能接受將品質管理系統運用到公司全面管理相關作業流程，使公司的各項工作流程更加易於管理與改善；公司並能因此建立管理改善的能力，強化企業體質。將研究發展與專業化生產技術導入於品質管理系統上，來確保原材料、生產製程及成品的品質受到管制以持續改善，並達成品質持久性及信賴度，以符合顧客的要求。

14-1-1　國際標準的由來

　　國際標準起源於 1906 年國際電工委員會(International electro-technical commission，IEC)，專門負責電工、電子技術標準的擬訂 IEC 標準發展工作，主要由技術委員會(TC)，次技術委員會(SC)進行。其他領域的標準，則由 1926 年設立之「國際聯邦國家標準化協會」(International federation of the national standardizing associations，ISA)負責，ISA 最初負責重點在於機械工程領域，但因第二次世界大戰爆發於 1942 年停止活動。1946 年 25 國代表在倫敦開會決議設立新國際組織，目的是推動一致性的國際通用標準，打破國際交流障礙以加速國際標準之調和化與單一化，增進國際間科學、智慧、技術與經濟活動的合作與效益。隔年，1947 年，於瑞士日內瓦成立非官方「國際標準組織(ISO)」(International organization for standardization)，透過國際標準組織運作而達成國際協定則公布為國際標準。

　　國際標準組織(International organization for standardization)若依照字面上而言，其縮寫應為「IOS」才對，但為何要縮寫為「ISO」？第一個原因是考量發音上的問題，因為如果將兩個母音「I」與「O」放在一起，在英語發音上會產生困擾。第二個原因是該組織引用希臘語「ISOS」，代表「平等」的意思，也是英語的「Isonomy」(法律之下人人平等)，強調在 ISO 組織內的會員國或區域代表，不論其大小，僅能只有一位代表，每位代表的權利與義務是為相等。

　　ISO 9001 自 1987 年發行，1994 第一次執行並接受驗證之後，在這 30 多年間風行全球，成為全世界品質管理方面基本的共同語言，目前大家所使用的 ISO 9001，要求組織以流程管理模式建立品質管理系統，在全球 180 個國家中，已有超過 250 萬家企業或組織，取得 ISO 9001 驗證證書。

　　國際標準的制訂是由國際標準組織(ISO)下設的技術委員會(Technical committee，TC)與次委員會(Subcommittee，SC)負責制訂，需經過工作小組草案版(Work Draft，WD)、技術委員會草案版(Committee draft，CD)、國際標準版草案(Draft of international Standards，DIS)、最終國際標準版(Final draft of internal standards，FDIS)與正式發行的國際標準版(International Standards，IS)等制訂過程，IS 版的產生必需經過國際標準組織(ISO)會員國或區域代表投票，且經過多數代表同意，才得以正式發行。圖 14-1 為 ISO 標準改版經過流程。

工作小組草案版(Work draft，WD)

↓

技術委員會草案版(Committee draft，CD)

｜

國際標準版草案(Draft of international standards，DIS)

最終國際標準版(Final draft of internal standards，FDIS)

↓

正式發行的國際標準版(International standards，IS)

圖 14-1　ISO 標準制訂流程

　　但由於 ISO 在 2012 年規定了所有管理系統標準都需要遵守之高階結構、文字以及名詞與定義，目前 ISO 9001 已於 2014 年 10 月 10 日完成國際標準草案 DIS(Draft international standard)之投票表決，獲得 90% 以上之支持，並在 2015.09.23 完成新版標準之發行，因此本文為大家分析 ISO 9001：2015 IS(International standard)標準版的主要改變，期能協助組織或企業，為迎接 2015 年新版的 ISO 9001：2015 到來。

14-1-2　國際標準應用範圍

　　國際標準組織(ISO)依據不同領域如：機械、電工、食品、營建、運輸、資訊、醫療……等產業(相關範圍請見表 14-1)，制訂各類產品不同標準，目前大約已制訂多種產品標準，ISO 9001 稽核之產品別分為 39 類(Nr.1～Nr.39)，如表 14-1 所示。

表 14-1　ISO 產品範圍

1. 農業、漁業	2. 採礦業及採石業
3. 食品、飲料和煙草	4. 紡織品及紡織產品
5. 皮革及皮革製品	6. 木材及木製品
7. 紙漿、紙及造紙業	8. 出版業
9. 印刷業	10. 焦炭及精煉石油製品
11. 核燃料	12. 化學品、化學製品及纖維
13. 醫藥品	14. 橡膠和塑膠製品
15. 非金屬礦物製品	16. 混凝土、水泥、石灰、石膏
17. 基礎金屬及金屬製品	18. 機械及設備
19. 電子、電氣及光電設備	20. 造船
21. 航空、航太	22. 其他運輸設備
23. 其他未分類的製造業	24. 廢舊物資的回收
25. 發電及供電	26. 氣的生產與供給
27. 水的生產與供給	28. 建設
29. 批發及零售	30. 賓館及餐廳
31. 運輸、倉儲及通訊	32. 金融、房地產、出租業務
33. 資訊技術	34. 科技服務
35. 其他服務	36. 公共行政管理
37. 教育	38. 衛生保健與社會公益事業
39. 其他社會服務	

14-1-3　ISO 9000 系列的起源

　　近代品質管理系統的抽樣管制與統計管制概念，最早起源於 1920 年，抽樣計畫由美國貝爾發表的批次允收不良率百分比而來，而統計管制概念則源於修瓦特博士(Dr. Shewart)所發明的修瓦特管制圖，第二次世界大戰期間，北約(NATO)制訂出一系列的聯軍品質保證刊物(Allied quality assurance publication，AQAP)針對軍事供應商制訂國防採購用品的檢驗規範，使得供應商必須負責監控所有會影響品質的活動，包括管理階層的管制系統以及品質系統的有效性概念。美軍品保標準(MIL-Q-9858；1950)就是在這樣的概念下孕育而生。後來北大西洋公約組織也依此制訂品保標準(A.Q.A.P；1950)，而英國國防部也將之制訂為國防標準(DEF　STD.；1972)，後來衍生為英國國家標準(BS-5750；1979)，這些標準雖然在英國如火如荼的進行，其他國家也並非原地踏步。到了 1980 年代，情況已經到達必須要統一管理的階段，由國際標準組織(ISO)負責協調全世界標準化的工作，並於 1987年頒佈了 ISO 9000 系列第一版，隨後又於 1994 年、2000 年、2008 年及 2015 年進行修訂，隨後各國也依據 ISO 9000 系列制訂國家標準(見圖 14-2)。

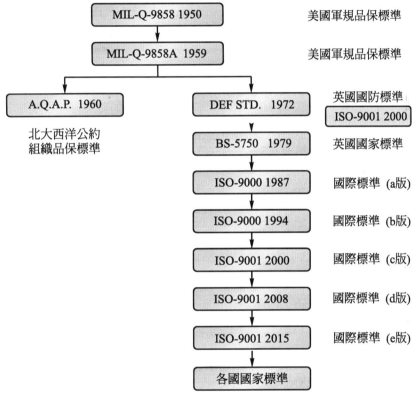

圖 14-2　ISO 標準沿革

14-2　ISO 9000 品質管理系統概念

14-2-1　ISO 9000 系列品質管理標準之改版

　　ISO 9000 系列品質管理標準最早於 1987 年 3 月由 ISO/TC 176 技術委員會品質保證組制訂公佈。目前該標準已廣爲世界各國所依循，並轉譯而制訂爲各國的國家標準(如美國 ANSI/ASQC Q90 系列、日本 JIS Z 9900 系列等)。而各國企業貿易亦依此品質保證制度做爲雙方契約中品質保證規範。我國標準檢驗局已於 1990 年 3 月將 ISO 9000 系列標準轉譯爲國家標準 CNS 12680～12684。

　　ISO 9000 系列品質保證與品質管理標準，是製造廠商與服務業品質保證系統的最低要求水準，其並不是產品標準，不界定產品管制方法，亦不規定管制成本與溝通等方法。

1.　ISO9000：1994 年版(b 版)

　　ISO 9000 系列品質保證與品質管理標準，在 1994 年版中主要由 ISO 9000、ISO 8402、9001、9002、9003、9004 等標準所組成，有中最重要的幾個標準相關內容簡述如下：

　　ISO 9000 在 1994 年版的標準，共有 20 項基本要項條文，其內容爲(4.1)管理責任；(4.2)品質制度；(4.3)合約審查；(4.4)設計管制；(4.5)文件與資料管制；(4.6)採購；(4.7)顧客供應品之管制；(4.8)產品之識別與追溯性；(4.9)製程管制；(4.10)檢驗與測試；(4.11)檢驗、量測與測試設備之管制；(4.12)檢驗與測試狀況；(4.13)不合格之管制；(4.14)矯正與預防措施；(4.15)搬運、儲存、包裝、保存與交貨；(4.16)品質紀錄之管制；(4.17)內部品質稽核；(4.18)訓練；(4.19)服務；(4.20)統計技術。

(1)　ISO 8402 爲品質－詞彙。

(2)　ISO 9000「品質管理與品質保證標準－選擇與指導綱要」，主要內容爲告知廠商如何選用合適的品質管理模式與制度，其考慮因素可爲設計過程的複雜性、設計成熟度、生產過程之複雜性、產品或服務之特性、產品或服務的安全性與經濟性等。

(3)　ISO 9001「品質制度－設計、開發、生產、安裝與服務的品質保證模式」，製造廠商依詢此品質保證與品質管理制度從事設計、開發、生產、安裝與服務的作業，將可確保製造品質與服務品質的一致性，以建立消費者與買方的信心。

(4) ISO 9002「品質制度－生產、安裝與服務的品質保證模式」，適用於設計規格已確定的產品，製造廠商只從事生產、安裝與服務的活動，其基本要項共 19 項條文。不包含「設計管制」條文。

(5) ISO 9003「品質制度－最終檢驗與測試的品質保證模式」，適用於供應商在最終檢驗與測試階段能保證符合規定要求，其基本要項共 16 項條文，並無「設計管制」、「採購」、「製程管制」、「服務」等四條條文，其中管理責任、品質制度、產品之識別與追溯性、不合格的管制、矯正與預防措施、品質記錄之管制、內部品質稽核、訓練、統計技術等部份條文之要求比 ISO 9001 及 ISO 9002 略為寬鬆。

(6) ISO 9004「品質管理與品質系統要項－指導綱要」係提供組織內部施行品質保證模式，可做為內部管理參考，其基本要項共 17 項條文。

2. ISO9001：2000(c 版)及 ISO9001：2008(d 版)年版的 ISO 9001 將舊有 94 年版的缺點不是部份進行修正包括系統連貫性加強及以整體流程規劃為導向考量，將 20 個條文(4.1～4.20)濃縮成 5 大主要的章節(4～8 章)，包含(第四章)品質管理系統；(第五章)管理階層責任；(第六章)資源管理；(第七章)產品實現；(第八章)量測、分析和改善。

14-2-2　ISO 9001：2015(e 版)之改版

國際標準組織(ISO)被要求定期對他們的標準進行審核與升級，確保國際標準符合國際變化與期望要求。目前，新版 ISO 9000 系列已於 2015 年正式公佈實施，ISO 9001：2015 品質管理系統主要由 4 個基本標準組成。

1. ISO 9000：品質管理系統－基本要點與詞彙。
2. ISO 9001：品質管理系統－要求。
3. ISO 9004：品質管理系統－績效改善指引。
4. ISO 19011：品質與環境管理系統稽核指引。

新版的 ISO 9001：2015，其內容改版結構有下列特點：

(1) 標準的結構與內容更能適用於所有產品類別、不同規模以及各類型的企業。

(2) 強調品質管理系統的有效性以及適切性，注重顧客需求、產品品質與流程，故不單只是著重於文件程序與紀錄。

(3) 提倡企業在確保標準有效性的前提下，可以依據企業的特殊性以及經營管理特點做出不同的選擇，給予更多的靈活度。

(4) 在標準中充分展現品質管理系統的七大管理原則，以便於理解標準的要求。

(5) 採用"過程方法"，同時展現組織管理的一般原則，有助於企業結合自身的生產和經營活動來建立公司的品質管理系統。

(6) 強調高階管理者的責任，包括對於建立品質管理系統以及持續改善的承諾，確認顧客的需求以及期望能夠得到滿足，確保所需要的資源以及所訂定的品質政策以及品質目標能夠得到落實。

(7) 監視顧客滿意或不滿意的訊息，並作為評鑑品質管理系統績效的的重要指標。

(8) 將"持續改善"視為提升品質管理系統有效性的重要手段。

(9) 標準的概念明確，用語通俗，易於理解。

(10) 對文件化的要求更加靈活，強調文件能為過程加分，紀錄只是一種證據的形式。

(11) 強調 ISO 9001 和 ISO 9004 標準的協調一致性，有助於組織績效的提升。

(12) 提高與環境管理系統標準或其他品質管理系統標準的相容性。

14-3　ISO 9001：2015 之特色

　　評估自 2000 年及 2008 年版以來，品質管理系統在做法與技術上，發生很大改變，2015 年版之發展因應未來 10 年或更長時間內，穩定的核心需求，保持對任何部門中各種規模和型式之組織有關之通用性，經由保持目前有效的過程管理，獲得產生預期的結果，反應出日益複雜、愈見嚴峻和動態之組織經營環境上的變化，應用 ISO 管理體系標準，以提高相容性(如 9001、14001 及 45001 三合一)促進組織有效的實施和推動與有效的執行，第一、二、三方之稽核的符合性及有效性，並評估用簡化的語言和文件書寫風格，以加強對標準要求的瞭解和一致性的詮釋，訂定 2015 年版。

　　2015 年版之特色為：

(1) 提供一個可提供組織在未來 10 年或更長遠未來，所使用之穩定的核心要求。

(2) 保持組織對任何部門中，各種規模與型式之有關之通用性。

(3) 保持現行組織對經由有效的流程管理，獲得預期結果之重視與強調。

(4) 評估自 ISO9001：2000、ISO9001：2008 年主要改版以來，品質管理系統在作法與技術上發生之改變。

(5)　可以反映出愈來愈複雜、要求愈來愈多之組織，在營運環境上的變化。

(6)　促進組織有效的實施推動，並有效的執行第一、二及三方稽核之符合性驗證。

(7)　可使用簡單的語言及撰寫方式，以加強組織對標準要求之了解與一致的解釋。

2015 年版之主要重點為：

(1)　執行 QMS 的組織必須要鑑別，會影響品質的工作人員所需要的能力及確保其有能力去執行。而能力指的是"提供知識與技能以達成預期的結果"。

(2)　ISO9001：2008 所採用的名詞"文件"與"紀錄"將被新的名詞，"文件化資訊"所取代；原採用名詞"產品"，改為"產品與服務"。

(3)　組織將被要求採取以風險為基礎的方法，來決定對外部提供者管制程度與型式(例如供應商或外包商)及所有外部提供的商品或服務。

(4)　組織嘗試執行 QMS 時，將必須決定和 QMS 有關的利益團體是誰，以及鑑別這些利益團體的要求是什麼。利益團體(或稱之為利害關係人)將被定義成會影響，受到影響，或察覺到因組織執行 QMS 的活動或決定時，本身會受到影響的任何人或組織。

(5)　當組織規劃 QMS 時，應鑑別及解決其風險與機會，以確保 QMS 能夠達成其預期產出。為了達成此目的，組織必須有計畫採取行動，解決這些風險和機會、整合和落實到 QMS 的流程及評估這些行動的成效。

(6)　預防措施不再是特定要求，其主要原因是 QMS 的主要目的之一，無論如何其本身就是一種預防工具，組織必須有風險評估(條文 6.1 說明)。

表 14-2　ISO Annex SL 管理系統標準高階結構第 4 章到第 10 章之要求重點

條文		要求重點
4	組織環境	內外部課題、了解利害相關者之需求與期望
5	領導	承諾、政策、組織業務權責
6	規劃	風險、目標與達成目標之計畫
7	支援	資源、能力、認知、溝通、文件資訊
8	營運	營運規劃與控制
9	績效評估	監督評量與評估、客戶滿意度、內部稽核、管理審查
10	改進	不符合項目與矯正措施、持續改進

ISO 9001：2015 年版的主要條文，如表 14-3 所示。

表 14-3

ISO 9001：2015
4 組織環境 　4.1 了解組織與其環境 　4.2 了解利害相關者之需求與期望 　4.3 決定品質管理系統之範圍 　4.4 品質管理系統與其流程
5 領導 　5.1 領導與承諾 　5.2 品質政策 　5.3 組織角色，職責與職權
6 品質管理系統規劃 　6.1 風險與機會相關行動 　6.2 品質目標與規劃 　6.3 變革規劃
7 支援 　7.1 資源 　7.2 能力 　7.3 認知 　7.4 溝通 　7.5 文件資訊
8 營運 　8.1 營運流程規劃與管制 　8.2 產品與服務需求之決定 　8.3 產品與服務之設計與開發 　8.4 外部提供產品與服務之管制 　8.5 產品與服務提供 　8.6 產品與服務放行 　8.7 不符合流程產出，產品與服務
9 績效評估 　9.1 監督、評量、分析與評估 　9.2 內部稽核 　9.3 管理審查
10 改進 　10.1 概述 　10.2 不符合與矯正措施 　10.3 持續改進

14-4　驗證活動簡介

　　ISO 組織是一個標準制訂與發佈的組織，並不涉及 ISO 驗證與發證活動。ISO 9001 合格證書與登錄作業是由各國成立的認證團體所執行，如英國的 UKAS 與美國的 RAB 等 (各國認證團體如表 14-4 所示)；而驗證活動大多由民間的驗證機構所擔任，例如 BSI、TUV、TUV、SGS、BVQI、DNV、AFAQ 等。這些驗證機構必須通過認證團體登錄通過，才具有執行驗證活動的資格(圖 14-3)。例如當 A 公司希望取得英國 UKAS 發出的 ISO 9001 品質管理系統證書時，必須先找尋通過 UKAS 登錄，已經取得資格的驗證公司例如 BVQI、TUV、RW、SGS 等機構，進行公司品質管理系統的稽核驗證，驗證通過後，才能取得驗證機構所發出的 ISO 9001 核可證書。驗證核可的企業會便登錄於英國工商部 ISO 名單中。驗證機構會於每半年至一年執行公司後續的驗證活動，以確保公司能持續維持 ISO 9001 品質管理系統的適切性和有效性。

表 14-4　認證團體(AB)

項次	國家	認證團體
1	美國	American national accreditation program for registrars of quality systems (ANSI-RAB NAP)、American national standards institute (ANSI)、Registrar accreditation board (RAB)
2	加拿大	Standards council of canada (SCC)
3	英國	United kingdom accreditation service (UKAS)
4	法國	Comité français d'accréditation (COFRAC)
5	德國	Trägergemeinschaft für akkreditierung gmbH (TGA)
6	義大利	Servizio di taratura in italia (SIT)
7	瑞士	Swiss accreditation service (SAS)
8	中國大陸	China national accreditation servics for conforming assessment(CNAS)
9	香港	Hong kong accreditation service (HKAS)
10	新加坡	Singapore accreditation council (SAC)
11	日本	The japan accreditation board for conformity assessment (JAB)
12	韓國	Korea accreditation board (KAB)
13	俄羅斯	Federal agency on technical regulating and Metrology (GOST R)
14	澳洲	Joint accreditation system of australia and New zealand (JAS-ANZ)
15	南非	South african national accreditation system (SANAS)
16	台灣	Taiwan accreditation foundation (TAF)

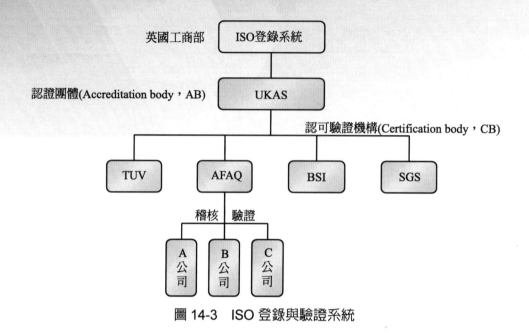

圖 14-3 ISO 登錄與驗證系統

14-5 稽核員登錄簡介

　　合格稽核員國際註冊(The international register of certificated auditors，IRCA)是全世界最原始最大的品質管理稽核員授證機構，它的總部位於英國倫敦，是品質保證協會(Institute of quality assurance，IQA)的分支機構，亦是自給自足且獨立運作的機構。目前在全球已經有超過 180 國家以及 35,000 個稽核員進行註冊。目前 IRCA 的稽核員登錄主要是針對品質、環境管理、職業安全衛生、軟體開發、資訊安全以及食品安全等管理系統的稽核員進行登錄。稽核員進行國際登錄的目的是希望讓認證機構所派的稽核員，其能力與資格能夠達到一定水準。IRCA 主要有兩大功能，第一是稽核員的授證，第二是執行訓練(如圖 14-4)。稽核員的登錄要求可分為五大要件：

1. 學歷資格。
2. 工作經驗年資。
3. 品質經驗年資。
4. 稽核員訓練課程。
5. 實際稽核經驗。

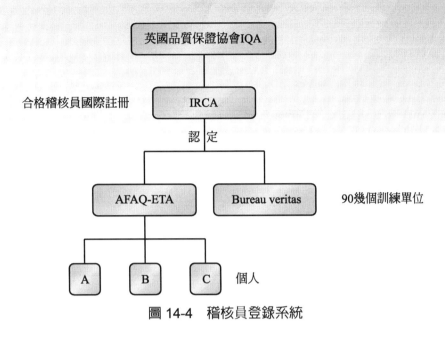

圖 14-4　稽核員登錄系統

　　前三項資格，大多與個人經歷有關，在稽核員訓練課程方面，需經過 IRCA 核准的訓練單位進行教育訓練，通過考試後，才能發給檢定合格證書；在實際稽核經驗方面，則需要個人累積相關的工作經驗與稽核場次，這些都會列入評分當中。在稽核員申請登錄的等級有：內部稽核員(Internal auditor)、見習稽核員(Provisional auditor)、稽核員(Auditor)、主導稽核員(Lead auditor)與最高稽核員(Principal auditor)等，所有等級的稽核員必須依照 IRCA 針對人員是否滿足前五項的要求，並針對其訓練與稽核經驗給予不同的等級，例如申請登錄者僅滿足前四項的要求，則具有見習稽核員等級的資格，請者必須要有更一步的稽核經驗，才能申請登錄稽核員或主導稽核員。經過認定核准的稽核員都會收到一張如同信用卡般的身份證明卡。所有認定登錄的稽核員每三年必須再完成登錄的手續，這個辦法的用意，是確保那些稽核員能夠持續從事適切的稽核工作，保持有效的登錄資格。

14-6　常見國際標準管理系統

　　ISO 9001 是一個國際通行的品質管理系統標準，適用於不同的製造業或服務業等。國際標準組織亦針對其他不同的產品與企業制定了相關的品質管理系統，如：ISO 系統有哪幾種呢？

從 1947 年成立至今，ISO 國際組織出版超過 17000 國際標準，範圍從標準制定到運作執行的，例如農業和建築，從機械工程、醫療設備到最新的資訊技術發展都包含其中。

1.　ISO 9001：2015 品質管理標準

系統簡述：西元 1987 年經由國際標準化組織(ISO)的品質管理和品質保證技術委員會(ISO/TC 176)所制定的所有國際標準統稱為 ISO 9001。

ISO9000 適合於全世界各行各業用以提高它們的產品、設計、工程或服務的品質層次，從而達到世界認可的水準。

ISO9000 系統乃是目前全世界 ISO 系統執行最多的標準之一。

2.　ISO 14001：2015 環境管理系統

系統簡述：ISO14001 是由國際標準化組織 ISO/TC207 負責制定的一份國際公認的環境管理系統標準。說明組織需要建立一個環境管理系統，藉以要求組織展開、實施環境政策和目標。

並需符合國家的法令法規之要求以及相關重大環境考量面。適用於組織辨認，相關環境考量須重視並加以管控、改善。在政府和私人的強力要求下指導各類組織取得和表現正確的環境行為，證實組織是具有環保意識的團體，組織的作業是不會對環境造成破壞。

ISO 14001 的標準目的，乃是為將環境保護意識，深入相關組織團體中，藉由針對生產執行過程中對環境的影響，加強管控。

3.　IATF 16949：2016 全球汽車業品質管理系統

系統簡述：IATF 16949 是 ISO 技術規範，能統合全球汽車產業中，現有的美國、德國、法國和義大利等汽車業品質系統標準；同時明確列出品質系統中針對汽車相關產品的設計/研發、生產、安裝與維修服務的各種規定。要成為全球汽車產業，就需要世界級的產品品質、生產力、競爭力和持續改善的能力，為了達成此目標，不少汽車製造商均堅持供應商必須嚴格遵守(專為汽車產業供應商設計的)品質管理標準所載技術規範，也就是 IATF 16949：2016。

IATF 16949 的標準目的，乃在於提升汽車產業品質，以維護消費者使用操作安全，加強各流程中分析管控。

4. ISO 45001：2017(OHSAS 18001：2007)職業安全衛生管理系統

   系統簡述：勞工的安全與衛生是保障勞工生存權與工作權基礎，也是確保人力資源穩定供需、社會安定與經濟發展基石。

   OHSAS 18001(Occupational health and Safety assessment series specification)是由英國標準協會協同全球各國標準制定委員會、驗證機構依據各國職安衛管理體系標準共同整合制定一個國際性職業安全衛生管理系列標準。

   ISO 45001：2017 的標準目的，在於協助組織在風險評估的基礎上，建立並維護本身的職安衛政策及目標。

5. ISO 22000：2016 食品安全管理系統

   系統簡述：ISO 22000：2005 食品安全管理系統，是由 ISO 國際標準組織的食品技術委員會(ISO TC34)所制定，於 2005 年 9 月份正式公佈。

   ISO 22000：2016 國際標準是結合了 ISO9000 的 PDCA 精神，融入了 HACCP 的原理，參考了 GMP、GHP 等規定，確實展現在 ISO 22000 國際標準內容中。

   這讓全球食品供應鏈有明確的方向，使推動食品安全管理系統並獲得認證通過的業者，可以在市場上展現貫徹食品安全的決心，並獲致全球消費者的信賴與認同。

   ISO 22000 的目的就是讓食物鏈的過程中，所有類型的組織執行食品安全管理系統，讓消費者吃的安心、用的安心。

6. HACCP 危害分析及關鍵點控制管理

   系統簡述：Hazard analysis and Critical control point 簡稱 HACCP，中文譯為(危害分析及關鍵點控制管理體系)。該系統為一鑑別、評估及控制食品安全危害的系統，即分析產品整個加工過程中可能產生的危害，並設重要管制點予以嚴格監控，以有效預防食品危害的發生。

   此為源頭管理的理念，有別於傳統事後針對產品檢驗的管理措施，具事先防範危害發生的功能。

   HACCP 雖說目前已包含於 ISO 22000 系統中，但因推行較久，市場認知程度比 ISO 22000 更高。所以目前還是有很多企業在廣告說明中，除了提出通過 ISO 22000 驗證外，還通過 HACCP 認證。

7. ISO 13485：2016 醫療器材品質管理系統

系統簡述：ISO 13485/EN 46001 醫療器材品質管理系統，乃經由 ISO 組織於 2003 年 7 月，發佈了最新版的 ISO 13485：2003，係以 ISO 9001：2000 為藍本，配合醫療器材產業特性加以增、刪部分條文，成為一個可單獨使用的標準。ISO 13485：2016 特別要求適用 ISO 9001 標準、以及美國醫療器材品質系統規範(Quality system regulation，QSR/cGMP)是目前最為完整的醫療器材設計、製造與服務品質保證標準。ISO 13485 的目的實是為加強醫療器材在生產過程當中是否符合安全性要求的管制，有分植入、非植入式兩種。

8. ISO 27001：2016 資訊安全管理系統

系統簡述：資訊安全管理系統(Information Security Management Systems，簡稱 ISMS)，由英國工業貿易部倡導，2005 年國際標準組織已正式頒布 ISO 27000：2005 資訊安全管理系 統標準，且我中華民國也依此制定國家資訊安全標準，編號為 CNS 27001。ISO/IEC 27001 的制訂宗旨乃是為確保企業資訊的機密性、完整性及可用性，透過 ISO/IEC 27001 的 39 個控制目標及 134 項控制措施，讓企業在執行過後，能夠提升內部資訊安全之成效、提高顧客的交易信心。

9. TL9000：2016 電信產業品質管理系統

系統簡述：TL9000 是 QUEST 委員會(Quality excellence for suppliers of telecommunications forum)為通訊行業(包括硬體，軟體及服務)制訂的品質標準。

從字面意義上可以看出，TL 是代表通訊(Telecommunication)，9000 則是代表建構在 ISO9000 基礎之上的認證標準。

TL9000 內容涵蓋電信產業硬、軟體、系統、服務業的品質管理要求，目的在促進電信及通訊服務的品質與可靠度，為全球電信產業發展維持一套通用的品質標準，包括可提報、可衡量的績效與成本方面的量化指標。TL9000 驗證標準清楚地將產品的設計、開發、生產、交貨、安裝、維護及處理等列入制定標準的必要條件，並提供許多不同的方法及公式，如 NPR、FRP、OFR、RR 等，用來衡量產品品質的績效表現，期望能提高效益與降低成本，並強化企業競爭力。

10. AS9100：2016 航空工業品質管理系統

系統簡述：AS9100 認證是國際航太產業與組織共同努力的一項重要成果，是由國際標準組織航空技術委員會(ISO TC20)與美國的 AAQG、歐洲的 European association of

aerospace industries(AECMA)、及日本 Society of japanese aerospace companies(SJAC)
等單位合作，所發展的國際品質體系，並獲得 International Aerospace quality group
(IAQG)的認可，於 1999 正式公佈，2001 修改為 SAE AS9100 認證：2000 版標準。

SAE AS9100 認證：2000 標準化要求，將使航太廠商有單一的航太品質體系可循，節
省過去為應付不同顧客所需付出龐大體系建立與後續的審核成本。

SAE AS9100 認證：2000 是航太品質體系要求的標準，建立在 ISO9001：2000 的基礎
上，並增加航太產品在安全、可靠度及品質上的特殊要求，期於合理成本下確保顧客
的滿意與創造世界級的產品。

以下針對常用的品質管理系統加以說明：

11. ISO50001：2011 能源管理系統

ISO 於 2011 年 6 月 9 日發佈最新能源管理系統標準，包含能源效率、使用與消耗，
並評估優先採用的節能技術，以提昇整體供應鏈的效率。ISO 50001 是目前能源管理
系統比較新的標準，提出機構或組織在能源管理系統方面的發展、執行方針和目標，
並對能源相關的主要法規及資訊給予重視。

ISO50001 能源管理標準廣泛適用於工業廠房、商業設施或整個組織的能源管理，尤
其是：鋼鐵、金屬、化學、建築、造紙、紡織、水泥、煤炭、電力等 9 大行業及其他
產業均適用。

12. ISO 28000：2016 供應鏈安全管理系統

供應鏈安全管理系統國際標準，是為了保護人身、財產、信息和基礎設施安全而制定
的管理系統，適用於任何參與到本地、國內和國際供應鏈業務的公司和組織。供應鏈
安全是對涉及國際性供應鏈的公司基本要求，尤其是那些需要符合海關及其業務夥伴
的更高安全要求的公司。

13. ISO 29990：2011 非正規教育及培訓的學習服務管理系統

ISO 29990 對於學習服務提供者(LSPs)提出制定文件的、人力資源管理、學習服務設
計、評估與衡量的要求，對於非正規教育提供一個通用模式，並為服務提供者及其客
戶對非正規教育、培訓和發展的設計、改進。

14. IECQ QC 080000：2017 有害物質流程管理系統(HSPM)

HSPM 特別針對電子產業所生產零組件，對人體及環境有害物質之管控。

章末習題

1. 什麼是 ISO 9001？

2. ISO 9001：2015 之績效評估要求重點為何？

3. ISO9001：2015 年版之特色為何？

4. 有害物質流程管理系統(HSPM)標準代號為何？

5. ISO 9001：2015 之組織環境要求重點為何？

6. 請說明台灣認證機構代號。

7. 稽核員的登錄要求可分為五大要件為何？

Bibliography
參考文獻

1. 施議訓編著，國際標準驗證，ISO 9001：2015，全華圖書股份有限公司，105 年 10 月。

2. 謝宗興著，企業導入 ISO 9001：2000 版品質管理系統研究，碩士論文，逢甲大學企業研究所，台中，92 年 1 月。

3. 經濟部標準檢驗局，中華民國國家標準 CNS 12681(ISO 9001：2005)，品質管理系統-要求。

4. Afnor 貝爾國際驗證(AFAQ)訓練教材。

5. 田口式品質工程學，高立出版社。

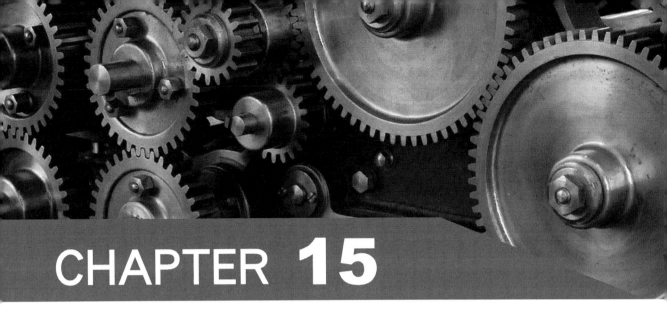

CHAPTER 15

現代機械製造未來展望

15-1 迎接智慧化製造的來臨

15-1-1 前言

　　製造工程是國家競爭力的核心，也是工業生產力之母。在「現代化機械製造」乙書的出版，每位讀者已經學習到各種機械製造的基礎專業知識與理論。諸如：工程材料、量測與檢驗、金屬鑄造、高分子與玻璃成形、粉末冶金技術與應用、金屬塑性成形、切削加工、改質處理、銲接、自動化製造、先進製造技術、製造系統與規劃、品質工程與管理等十三個主題，每一個主題皆是一位製造工程師的基本認知，相信每一位讀者應有共同的觀念。除此之外，每一位製造業的專業人士，更需要有配合變化快速的「智慧化製造」。在迎接智慧化製造的改變「生產環境」中，本章將介紹智慧化製造的發展。(參閱圖 15-1 所示)

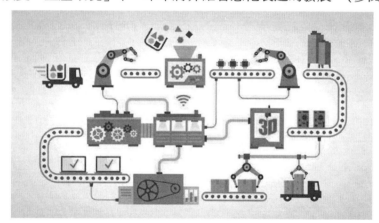

圖 15-1　智慧化製造(資料來源：Linked In)

15-1-2 智慧化製造的特性

　　近年來，由於工業電腦之進步，機器人應用日漸成熟，在智慧化製造皆以系統化進行，其作業與特性，可分為下列幾項(如圖 15-2 所示)：

1. 加工作業智慧化

　　將各種數值控制加工(CNC)，透過物聯網(有人稱機聯網)來蒐尋智慧化製造，直接執行加工程式碼，來取代加工人員之動作，讓加工作業聰明化，也讓整體工廠變聰明。

圖 15-2 智慧化製造特性

2. 組裝作業智慧化

組裝作業一般有兩個或三個以上零件，進行組裝作業，這些組裝作業智慧化，也智慧化製造特點之一，工廠內為配合迎接智慧化製造之來臨；此智慧化的工廠在機器人整合製造環境下，國際智慧型自動化設備取代組裝作業。

3. 物料搬運智慧化

在製造系統中，在各種物料加工或組裝作業，智慧化工廠期待物料搬運必須配合機器人整合製造，要及時將物料搬運至正確的加工站位置，以節省人力成本及物料之堆積。

4. 檢驗與測試智慧化

智慧化製造系統所使用之工業電腦，日漸成熟地加入各種新技術，如物聯網、機聯網、甚至人工智慧，使得機器人整合製造，更為智慧化，包括自動化光學檢測(Automated optical inspection，AOI)設備，融入智慧化及自動化機台中。

5. 智慧控制

智慧控制是智慧化製造的大腦，原來定型化之控制電腦，由於先進科技的融入，將機聯網、機器人、無人化控制、擴增實境、虛擬實境(AR/VR)及人工智慧等加入智慧控制行列，使機械製造系統演變為另一種型態。

15-1-3 智慧化製造的關鍵技術

現代化機械製造是工業進化的結果，在資訊科學及新興科技的加入，不得不讓傳統的製造程序，轉型為智慧化及人性化，但整個製造的關鍵技術，在智慧化製造過程中，亦與下列關鍵技術形成相當性鏈結。

1.　電腦整合製造技術

　　此技術約在 1990 年代左右提出，包括：工廠自動化、產品與製程設計、製造規劃與管制及資訊與通訊管理等關鍵技術。

2.　電腦輔助設計與製造(CAD/CAM)技術

　　在 CAD 方面，主要的設計構想以 2D 或 3D 模式呈現，進行所需要的模擬及分析，並加入視覺化功能。CAM 則在支援製造活動，在製造規劃和控制中，可輔助工件程式化，在製造程序中產品可以選擇不同設備，工具或加工順序來完成製造加工，同時配合電腦輔助製造規劃(Computer-aided process planning，CAPP)建立最佳化製程，也是在啟動智慧化製造的必備能力。

3.　智慧化製造現場資訊需求技術

　　此技術可以分為二大時期，在物聯網技術之前及物聯網應用之後，在物聯網應用之前有：(1)製造執行系統技術，如收集製造現場的原物料、未成品、成品、機台狀況等資訊。(2)製造控制系統，如人機介面之應用，加工現場之執行、監督及回饋等系統。(3)設備控制器改善，如異常狀況回報。(4)在智慧化過程，加入應用物聯及人工智慧等技術，來串聯機器人慧能化服務。這些皆是新科技資訊需求。

4.　智慧化製造的現場需求技術、機器人的應用技術及彈性製造系統的應用：

　(1)　最基本的製造現場的組成技術有：生產加工設備(包括一般加工機及 3D 列印設備)、生產搬運設備(每種工件搬運及無人搬運車)、生產儲存設備。

　(2)　工業用機器人應用技術，越來越重要及智慧化，配合 AI 技術就能合乎智慧化製造之需求，機器人之組成元件有手臂本體、末端執行器、機器控制系統及關節驅動系統，未來配合智慧化製造之需求，工業用機器人還有很大發展與進步空間，如圖 15-3 所示。

　(3)　彈性製造系統是現代邁入智慧化製造的必備條件之一，其範圍包括有：加工設備單元、儲存設備單元、搬運設備單元及資訊系統單元等。

圖 15-3　工業用機器人(資料來源：Linked In)

15-2 智慧化製造與工業 4.0

15-2-1　工業 4.0 的興起

工業 4.0，最早是在德國 2011 年的漢諾瓦工業博覽會被提出，在 2012 年 10 月由羅伯特、博世有限公司的 Siegfried Dais 及利奧波第那科學院的孔翰寧組成工業 4.0 工作小組，向德國聯邦政府提出了工業 4.0 實施建議，在 2013 年 4 月 8 日的漢諾瓦工業博覽會中，工業 4.0 工作小組提出了最終報告。因此，德國率先在 2013 年德國聯邦政府，整合教育與研究部、經濟部及科技部等單位，正式將工業 4.0 納入「國家技術戰略 2020」專業計畫，初期即投入 2.0 億歐元，用來提昇製造業的電腦化、數位化和智慧化。同時，德國機械及製造商協會即設立「工業 4.0 平台」，而德國電氣電子及資訊技術協會公佈了第一個工業 4.0 標準化路線圖。此目標與以前不同，不是在創造新的工業技術，重點是在整合目前工業技術、銷售系統及產品品質檢驗技術等，而是建立一個智慧化工廠，此工廠具有高度適應耐力、資源應用高效率及符合人因工程學的智慧工廠；同時注重商業流程及價值流程的整合；而必需將智慧整合感測控制系統、大數據分析及物聯網基本技術納入。

美國在 2013 年亦提出「智慧製造領導聯盟」的組織，也致力於製造業的未來。此聯盟是一個非營利性組織，由製造業公司、供應商、技術顧問公司、製造商集團、大學、政府機構和實驗室所組成。美國政府及民間各界亦非常重視智慧化製造的發展。

約1780年~1830年　　　約1870年~1920年　　　約1950年~2010年　　　約2010年~現今

機械取代手工　　生產線推動大量生產　　IT自動化生產　　智慧生產

工業1.0
機械化　　　　　工業2.0
電氣化　　　　　工業3.0
自動化　　　　　工業4.0
智慧化

圖 15-4　工業 4.0 進化論(資料來源：Giga Circle 與企業通)

依據德國慕尼黑製造技術專家桑德勒(Ulrich Sendler)在 2014 年出版《工業 4.0：即將來襲的第四次工業革命》乙書中及，特別接台灣天下雜誌編輯人員專訪皆指出；「目前工廠的各單機的功能會慢慢沒有價值性及不自動化，而必須將不同生產機器，完全進行機聯網，將點對點、端對端之間，以大數據分析技術，給予聯網，來為客人服務」。因此，專家桑德勒明確指出，工業 4.0 的定義，是「透過虛實整合，實際地掌握與分析終端使用者，來驅動生產、服務及商業程式的創新」。

15-2-2　工業 4.0 與現代機械製造的關連性

工業 4.0 在台灣，同樣地在 2015 年起，無論政府、民間及學術界皆非常重視，在台灣一年半內舉辦近百場論壇，也組成不團體到德國參訪的團體一團接著一團。國內製造商也有上百家公司提出工業 4.0 為目標，並開始實際採取行動，應用工業 4.0 理念，使工廠變聰明；每個機器皆有智慧系統偵測異常功能；加速投資高端設備，以遠見換取長久利益，向智慧化所需的關鍵機械製造因素邁進，落實工廠生產智慧化，各種加工機具加速更新，配合智慧化；該公司也應用大數據分析成為最佳的智慧化製造的經驗值。

另一個智慧化工廠的功能，是個人化及智慧化服務，如產生了工業 4.0，在產品開發測試，可以縮短開發測試時期，並可減少研發成本，並應用協同式研發。又如在與供應商的接單與採購方面，可以縮短進料、接單到生產時間，並減少庫存。

當各公司引進工業 4.0，在生產流程會邁入智慧化及積極化，可以承接大量高製化，產品少量多樣；在過程中，應用各機器狀態監控及智慧化預防性的維護功能；與生產線最佳化自動調整。當引進工業 4.0 在客戶服務中，可以增加機器狀態監控及預防性維護，甚至可以展開客戶機器遠端維修。商業活動之行銷服務，可以讓消費者獲得個人化產品，而接近企業與消費者互動機會。在這方面工業 4.0 與智慧化製造，要開始有三點功能，如上中下游所有機器聯網連線，自動對話溝通(即物聯網)，開始進行各零組件、產品全生命週期追踪記錄，同時，應用生產數據即時分析，提供生產系統。

15-2-3　工業 4.0 與新技術的結合

邁向工業 4.0 的智慧化工廠，其應用之軟體、硬體及創新科技，初步整理有硬體部分，包括有：感測裝置、網路裝置、機器人、穿戴式裝置、3D 列印、智慧型手機、平板電腦及工業電腦。而軟體部分包括有：雲端平台、大數據分析、人工智慧(AI)、虛擬實境 VR/擴增實境 AR。創新科技包括 5G 新技術、AI 及機器人，將撐起工業 4.0 骨幹之地位，如圖 15-5 所示。

(a) 3D列印(資料來源：Contacto)

(b) 智慧型手機(資料來源：http://bloganchoi.com)

圖 15-5　工業 4.0 技術應用

(c) 人工智慧(資料來源：Pixpo)

(d) 虛擬實境(VR)(資料來源：http://virtualrealityinsider.com)

圖 15-5　工業 4.0 技術應用(續)

　　台灣的機械製造業面對市場快速變化，市場需求個人化，若生產條件若沒有跟隨時代的進步，在未來勞動力缺乏一大環境下，只有加強推動工業 4.0 智慧化機械製造才是上策。但專家桑德勒特別提出解釋：「很多企業把工業 4.0，視為工廠自動化和無人化，這種狹義的觀念是不完整的。」而經過德國多年的論證及經驗；可說明「工業 4.0 不只是生產和自動化，而是產品開發生產銷售與服務，整個系統生命週期之管理與服務。工業 4.0 更是政府科技政策的重要部份」。

15-3　現代化製造工程師應有的思維

　　機械製造是完成工業生產的任務手段，也是最具代表性的主要部分。在現在的強盛大國，如美國、德國及英國等皆是，以機械製造為最重要工業政策。而中國大陸在近期與德國合作，共同發表行動網路，中德兩國合作期望將「世界工廠」變成「世界的工業 4.0 工廠」，在 2014 及 2015 年，中國大陸已買了近 40 家德國企業，中國大陸就矢志要將製造大國變強國。而英國的國家製造政策，是結合產官學研資源，提供英國業界工業 4.0 解決方案，合作研發數值工廠自動化及人機協同等先進製造技術，要讓英國重回製造，平台才剛啟用，已吸引 IBM、日本三菱、川崎等企業，來尋求合作之機會。

　　身為台灣的製造工程師，在面對工業 4.0 時代來臨，也是接受第四次工業革命的工程師們，為我國的製造工程的競爭力提升。每位工程師要了解此波的工業革命，是著重在智慧化，將是我國製造技術的優勢能否維持之關鍵，不論是德國工業 4.0 科技政策、美國的智慧化工業政策、日本的人機未來工廠之願景、韓國之新世代智慧工廠，中國大陸的製造2025，而我國生產力 4.0，就以智慧化為每位製造工程師，能更深入思考當前智慧化製造與工業 4.0 之關鍵課題。包括要有整合下列技術之能力，這些技術有：(1)感測器；(2)物聯網；(3)雲端計算；(4)人工智慧；(5)大數據分析；(6)虛實系統；(7)機器人協同；(8)人機協同技術；(9)5G 技術應用；(10)3D 列印等。誠盼未來的製造工程師勇於面對及學習，相信國內的智慧化機械製造會發揚光大。

章末習題

1. 請說明智慧化製造的特性。

2. 介紹智慧化製造的關鍵技術。

3. 何謂工業 4.0，請加以說明。

4. 介紹工業 4.0 與現代化機械製造有何關連性？

5. 請說明一位現代化製造工程師應有的思維。

Bibliography
參考文獻

1. 劉益宏、柯開維、郭忠義、王正豪、林顯易、陳凱瀛、蕭俊祥、汪家昌等編著，工業4.0理論與實務，國立台北科技大學出版，全華圖書公司代製作與總經銷，2016年6月，第1版。

2. 萬中一、陳嘉宇、呂佩如、陳梅鈴撰稿，產業追蹤－智慧機注入AI塊－創有感需求，及5G新技術－撐起工業4.0骨幹，經濟日報，2017年7月9日出刊，A12版。

3. 魯修斌撰，機械產業等再活化，經濟日報－機械展望專利，2016年12月8日出刊，第1版。

4. 工業4.0－維基百科，自由的百科全集，https://zh.wikipedia.org, zh-tw,工業4.0。

5. 未來製造它說了算！德國的章魚戰略：工業4.0／產業，工業4.0／2015-01-06／即時／天下雜誌，www.cw.com.tw, article. Action? Id = 5063514。

國家圖書館出版品預行編目資料

現代機械製造 / 孟繼洛等.編著. -- 初版.--
　　新北市：全華圖書，2018.10
　　　面　；　公分
　　ISBN 978-986-463-937-3(平裝)

1. 機械製造

446.89　　　　　　　　　　　　107015284

現代機械製造

作者 / 孟繼洛、許源泉、黃廷合、施議訓、李勝隆、汪建民、黃仁清、張文雄、
　　　蔡忠佑、林忠志、鄭耀昌、張銀祐、鍾洞生、陳燦錫、丁傑明

發行人 / 陳本源

執行編輯 / 翁千惠

封面設計 / 林彥彣

出版者 / 全華圖書股份有限公司

郵政帳號 / 0100836-1 號

印刷者 / 宏懋打字印刷股份有限公司

圖書編號 / 06305

初版一刷 / 2019 年 1 月

定價 / 新台幣 700 元

ISBN / 978-986-463-937-3 (平裝)

全華圖書 / www.chwa.com.tw

全華網路書店 Open Tech / www.opentech.com.tw

若您對書籍內容、排版印刷有任何問題，歡迎來信指導 book@chwa.com.tw

臺北總公司(北區營業處)
地址：23671 新北市土城區忠義路 21 號
電話：(02) 2262-5666
傳真：(02) 6637-3695、6637-3696

南區營業處
地址：80769 高雄市三民區應安街 12 號
電話：(07) 381-1377
傳真：(07) 862-5562

中區營業處
地址：40256 臺中市南區樹義一巷 26 號
電話：(04) 2261-8485
傳真：(04) 3600-9806

讀者回函卡

掃 QRcode 線上填寫 ▶▶

姓名：　　　　　　　　　　　生日：西元　　　年　　　月　　　日　　性別：□男 □女

電話：（　　）　　　　　　　　　手機：

e-mail：（必填）

註：數字零，請用 ⊕ 表示，數字 1 與英文 L 請另註明並書寫端正，謝謝。

通訊處：□□□□□

學歷：□高中・職　□專科　□大學　□碩士　□博士

職業：□工程師　□教師　□學生　□軍・公　□其他

學校／公司：　　　　　　　　　　　科系／部門：

・需求書類：

□A. 電子 □B. 電機 □C. 資訊 □D. 機械 □E. 汽車 □F. 工管 □G. 土木 □H. 化工 □I. 設計

□J. 商管 □K. 日文 □L. 美容 □M. 休閒 □N. 餐飲 □O. 其他

・本次購買圖書為：　　　　　　　　　　　　　　　　書號：

・您對本書的評價：

封面設計：□非常滿意 □滿意 □尚可 □需改善，請說明

內容表達：□非常滿意 □滿意 □尚可 □需改善，請說明

版面編排：□非常滿意 □滿意 □尚可 □需改善，請說明

印刷品質：□非常滿意 □滿意 □尚可 □需改善，請說明

書籍定價：□非常滿意 □滿意 □尚可 □需改善，請說明

整體評價：請說明

・您在何處購買本書？

□書局　□網路書店　□書展　□團購　□其他

・您購買本書的原因？（可複選）

□個人需要　□公司採購　□親友推薦　□老師指定用書　□其他

・您希望全華以何種方式提供出版訊息及特惠活動？

□電子報　□DM　□廣告（媒體名稱　　　　　　　　）

・您是否上過全華網路書店？（www.opentech.com.tw）

□是　□否　您的建議

・您希望全華出版哪些書籍？

・您希望全華加強哪些服務？

填寫日期：

感謝您提供寶貴意見，全華將秉持服務的熱忱，出版更多好書，以饗讀者。

2020.09 修訂

親愛的讀者：

感謝您對全華圖書的支持與愛護，雖然我們很慎重的處理每一本書，但恐仍有疏漏之處，若您發現本書有任何錯誤，請填寫於勘誤表內寄回，我們將於再版時修正，您的批評與指教是我們進步的原動力，謝謝！

全華圖書　敬上

勘 誤 表

書　號		書　名	作　者
頁　數	行　數	錯誤或不當之詞句	建議修改之詞句

我有話要說：（其它之批評與建議，如封面、編排、內容、印刷品質等‧‧‧）